CCTV 시스템

이진범 지음

홍릉과학출판사

머리말

CCTV 시스템은 광학, 전기, 전자, 통신, 그리고 IT분야에 이르는 폭넓을 지식을 필요로 한다. 이 업계에 종사하면서 가장 아쉬웠던 부분이 신입사원 교육용으로 활용할 만한 제대로 된 교재가 없어서 매번 인터넷을 뒤지거나 단편적인 지식의 전달만 이루어졌던 점이다.

애초에 이 책은 현재 근무하는 회사의 사내 교육용 교재로 기획되었지만 글을 쓰다 보니 많은 다른 사람들에게도 알리고 싶은 욕심이 생겼다. 비록 일천한 경험을 바탕으로 만들어진 도서이지만 나름대로는 CCTV라는 분야에 대하여 가능한 많은 내용을 다루면서도 쉽게 설명하려고 노력하였다.

그러나 여러 분야에 대하여 다루고 있다 보니 이 책이 어떤 독자의 눈에는 단순한 지식의 나열일 수도 있고, 어떤 독자의 눈에는 터무니없이 어려운 단어들의 조합일 수도 있을 거라 생각한다. 이 책의 목표는 책을 완독한 독자가 CCTV 기기의 카탈로그나 사양서 혹은 시방서를 읽을 수 있는 수준에 도달하는 것이며 딱 그만큼의 지식만을 전달하고 있다. 개인적인 욕심으로는 좀 더 많은 분야에 대하여 좀 더 깊이 있는 내용을 다루고 싶었으나 CCTV 시스템이 워낙 다양한 분야와 연관되어 있는 관계로 어쩔 수 없이 깊이가 얕고 폭이 넓은 내용만을 다루게 되었다.

기존의 아날로그 방식의 CCTV와 현재의 IP 기반 CCTV는 많은 부분을 공유하고 있지만 상당히 다른 면모를 보이고 있다. 그래서 아날로그 방식에서는 아주 어려웠던 부분들이 IP 기반 방식에서는 쉽게 풀어낼 수 있는 반면에 반대의 경우도 종종 마주치게 된다. 다행스럽게도 글쓴이는 네트워크와 서버 엔지니어로 오랫동안 근무했던 경험이 바탕이 되어 조금은 쉽게 적응할 수 있었으나 그렇지 않은 분이라면 이 책 외에도 네트워크나 서버 혹은 스토리지에 대하여 다루고 있는 다른 책을 통하여 좀 더 많은 지식을 얻기 바란다.

이 책은 카메라나 렌즈 혹은 네트워크 장치들의 가장 기본적인 내용만을 다루고 있으므로 실제로 CCTV 시스템을 구축하기 위해서는 내용이 많이 부족한 것도 사실이다. 하지만 CCTV 시스템을 구성하는 각종의 기기들에 대하여 한 번 보는 것만으로도 분명히 도움이 되리라 생각하며, 차후 기회가 된다면 개정판이나 증보판을 통하여 좀 더 많은 내용을 전달하고자 한다.

끝으로 이 책을 완성할 수 있도록 도와준 우리팀원들과 항상 늦은 밤까지 기다려준 가족들에게 감사의 말을 전한다.

차례

01 CCTV 시스템의 개요

02 촬상부

차례

차례

04 감시부와 제어부

차례

05 CCTV 네트워킹

차례

06 CCTV 응용 시스템

07 CCTV 시스템 설계와 구축

차례

부록

01

CCTV 시스템의 개요

Chapter 01 CCTV 시스템의 개요

Chapter 01

CCTV 시스템의 개요

이 장에서는 CCTV 시스템이란 무엇이고 어떤 요소들로 구성되어 있는지를 살펴보고, SD급 시스템과 HD급 시스템에 대해서도 설명한다.

매일매일 새로운 기술들이 쏟아져 나오고 있지만 기본 기술을 모른다면 새로운 기술을 익히는 데 어려울 수밖에 없으니 오래된 기술이라고 절대 무시하지 말고 차근차근히 살펴보도록 하자.

1 CCTV 시스템의 정의

CCTV(폐쇄회로 텔레비전, Closed-Circuit Television)은 "독립적인 전송망을 가지고 있는 영상감시장치"를 말한다. CCTV라는 약어는 폐쇄회로(閉鎖回路, Closed-Circuit)와 텔레비전(Television)으로 나누어 볼 수 있는데 각각의 단어를 먼저 살펴보도록 하자.

우리가 일상생활에서 흔히 "텔레비전"이라고 부르는 장치의 정확한 명칭은 "텔레비전 수상기(受像機, Television Set 또는 Television Receiver)"이다.

텔레비전 자체는 촬영-전송-수신(수상)에 관계되는 시스템을 의미하기 때문에, 텔레비전 수상기와는 구별되어야 한다. **CCTV의 개념을 이해할 때 가장 우선되어야 할 부분이 바로 텔레비전과 텔레비전 수상기의 구분**이며, 이 구분만 확실히 이해한다면 전체 시스템을 이해하는 데 많은 도움이 될 것이다.

텔레비전 시스템은 폐쇄회로시스템(Closed-Circuit System)과 개방회로시스템(Open-Circuit System)으로 분류할 수 있다.

- **개방회로시스템(Open-Circuit System)** 영상정보를 불특정 다수에게 전달하는 것을 목적으로 하며, 일반적으로 말하는 TV방송(공중파)이 여기에 속한다.
- **폐쇄회로시스템(Closed-Circuit System)** 영상정보를 특정의 목적으로, 특정한 사용자에게 전달하는 것을 목적으로 하며, 일반적으로 CCTV나 Cable TV가 여기에 속한다.

CCTV의 영상전송방식은 유선이 일반적이지만, 무선으로 전송할 수도 있다. 하지만, 전송방식에 관계없이 특정한 사용자들만 수신할 수 있는 원거리 영상전송 시스템이기 때문에 "폐쇄회로 텔레비전"이라고 한다.

CCTV는 방범용, 산업용, 교육용, 의료용, 교통감시용, 방재용, 주정차단속용, 사내방송용 등 그 용도가 다양하며, 범죄예방을 위한 방범용의 목적으로 가장 수요가 많다.

2 CCTV 시스템의 구성

(1) CCTV구성의 3대 요소

초기의 CCTV는 고정되어 있는 카메라에서 영상을 송출하고 전송하여 모니터(수상기)에 영상을 표출하는 단순한 기능만을 수행할 수 있었다. 당시의 시스템의 구성은 촬상부, 전송부, 감시부의 3요소만 있었으며, 각각의 구성요소는 다음과 같다.

- **촬상부** 카메라가 핵심 구성품이며, 렌즈나 하우징 등 보조 장치(액세서리)가 이에 포함된다. 영상을 촬영하는 역할을 담당한다.
- **전송부** 유선 또는 무선통신을 이용하여 영상신호를 전송하는 역할을 담당하며, 케이블이 핵심 구성품이다.
- **감시부** 전송받은 영상을 수신하여 화상으로 표출하는 역할을 담당하며, 모니터(수상기)가 핵심 구성품이다.

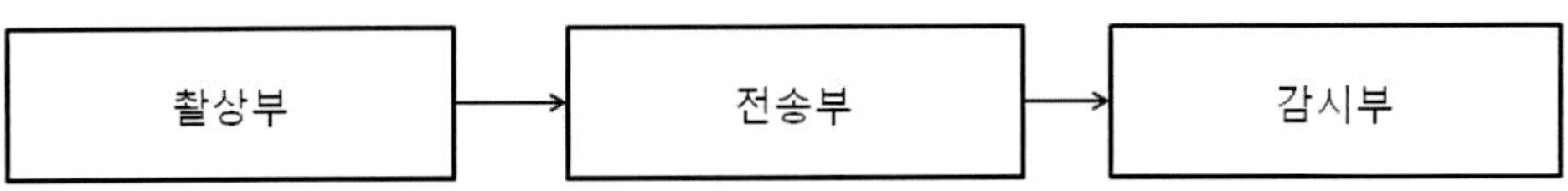

▲ 그림 1-1 CCTV구성의 3대 요소

(2) CCTV구성의 4대 요소

기술이 발전함에 따라 CCTV 시스템에 요구되는 기능들이 추가되어 왔으며, 특히 카메라를 상하좌우로 회전시키거나, 멀리 있는 피사체를 크게 촬영할 수 있는 Zoom기능이 요구되었다. 때문에 위에서 언급한 3대 요소 외에 "제어부"라는 한 가지 구성요소가 추가로 필요하게 되었으며, 제어부는 현장제어부와 센터제어부로 구성된다.

○ **촬상부** 카메라가 핵심 구성품이며, 렌즈나 하우징 등 보조장치(액세서리)가 이에 포함된다. 영상을 촬영하는 역할을 담당한다. 현재에는 카메라 회전장치(PTZ Driver: 팬틸트 드라이버)나 전동줌렌즈(Motorized Zoom Lens)가 촬상부의 구성요소로 추가되었다.

○ **전송부** 유선 또는 무선통신을 이용하여 영상신호를 전송하는 역할을 담당하며, 케이블이 핵심 구성품이다. 현재에는 아날로그영상을 TCP/IP를 이용하여 전송할 수 있도록 해주는 "비디오서버(Video Server)"가 전송부의 구성요소 중 하나로 포함된다.

○ **감시부** 전송받은 영상을 수신하여 화상으로 표출하는 역할을 담당하며, 모니터(수상기)가 핵심 구성품이다. 현재에는 영상을 녹화할 수 있는 DVR(Digital Video Recorder)이나 NVR(Network Video Recorder)이 감시부의 구성요소 중 하나이다.

○ **제어부** 조이스틱이나 버튼을 이용하여 원격지에 있는 카메라(정확히는 팬틸트 드라이버)를 상하좌우로 회전시키거나 Zoom조정을 할 수 있도록 신호를 송출하는 장치(센터 제어부)와 그 신호를 수신하여 실제로 동작을 수행하는 리시버(PTZ Receiver) 등의 장치(현장 제어부)를 말한다.

사실, 제어부의 분류는 명확하지 않은데, 대부분의 DVR 등의 녹화장치는 감시부에 속하기는 하지만 별도의 통신장치를 이용해 팬틸트를 제어할 수 있는 기능을 가지고 있으며, 전송부에 속하는 비디오서버도 제어 신호를 송출하는 기능을 가지고 있기 때문이다. 이는 기술의 발전에 따라, 과거에는 조이스틱 + 리시버로 구성되어 있던 제어부가 통합되어 간소화된 것이라고 보면 된다. 특히 TCP/IP를 이용하여 영상을 전송하는 IP 카메라의 경우나 팬틸트 일체형카메라(PTZ Camera)에서는 구분이 더욱 어려워진다.

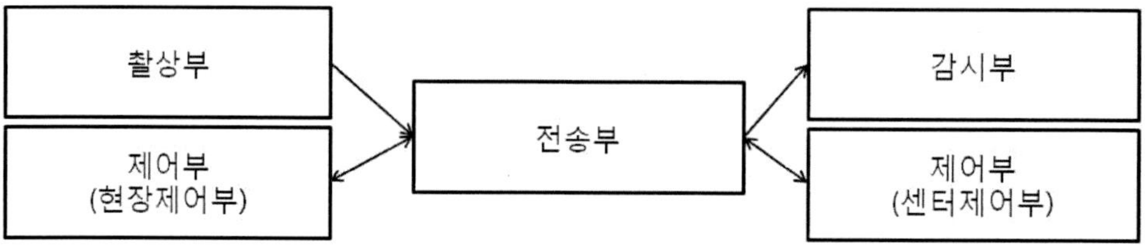

▲ 그림 1-2 CCTV구성의 4대 요소

(3) CCTV 시스템의 발전

초기에 아날로그 카메라 + 동축케이블 + TV수상기로 구성된 CCTV 시스템은 현재 스피드돔 카메라 + 인터넷 + 스마트폰으로도 구성될 만큼 많은 변화가 일어났다.

이 장에서의 CCTV세대 구분은 표준이 아니며, 이해를 돕기 위하여 필자가 임의로 구분한 것이다.

최초의 CCTV 시스템은 벽이나 기둥에 고정되어 있는 아날로그 카메라와 영상을 전송하기 위한 동축케이블, 영상을 표출하기 위한 TV(모니터)로 구성된 간단한 구성이다. 현재의 기준으로는 시대에 뒤떨어져 보일지 모르겠지만, 당시에는 NASA나 핵미사일발사대 등 일부에만 사용될 수 있는 고가의 첨단장비였다. 물론 현재에도 간단히 구성하고자 하는 경우에 사용되고 있는 구성이다.

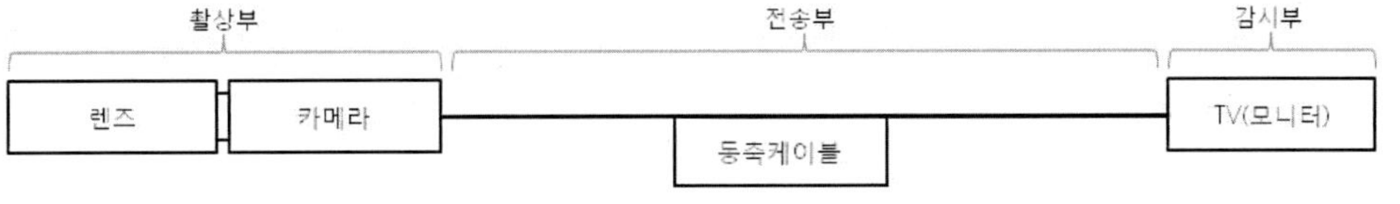

▲ 그림 1-3 1세대 CCTV

CCTV 시스템을 사용하는 사용자의 요구가 증가함에 따라, 카메라를 상하좌우로 회전시키거나 멀리 있는 피사체를 크게 당겨서 볼 수 있는 Zoom기능을 요구하게 되었다. 이 요구에 따라 전동줌렌즈, 팬틸트, 리시버, 컨트롤러 등이 추가로 개발되었으며, 리시버와 컨트롤러는 영상전송을 위한 동축케이블과는 별도의 케이블과 통신규약을 이용하여 제어 신호를 송수신하게 된다. 불과 10여 년 전까지만 해도 이 구성방식이 CCTV구성의 표준이었다고 해도 좋을 정도이며, 아직도 많이 사용하고 있는 구성방법이다. 필요에 따라 감시부측에 DVR등의 녹화장비를 연결하여 사용하는 것이 일반적이다.

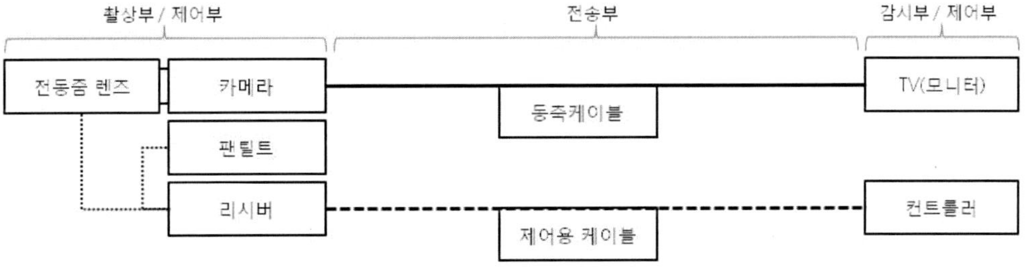

▲ 그림 1-4 2세대 CCTV

컴퓨터용 네트워크, 특히 인터넷의 발달은 우리 생활에 많은 변화를 가져왔다. CCTV의 세계에서도 인터넷 등에 카메라를 연결하여, 아주 멀리 떨어진 곳에 있는 카메라 영상을 보기 원하는 수요가 발생하였고, 이에 따라 "비디오서버"라는 장치가 개발되었다. 비디오서버는 아날로그 카메라가 송출하는 영상을 받아 네트워크를 이용해 전송할 수 있도록 변환해 주는 장치이며, 반대편인 감시부에서는 Decoder라는 장비를 이용하여 다시 영상을 아날로그로 변환하여 표출하였다.

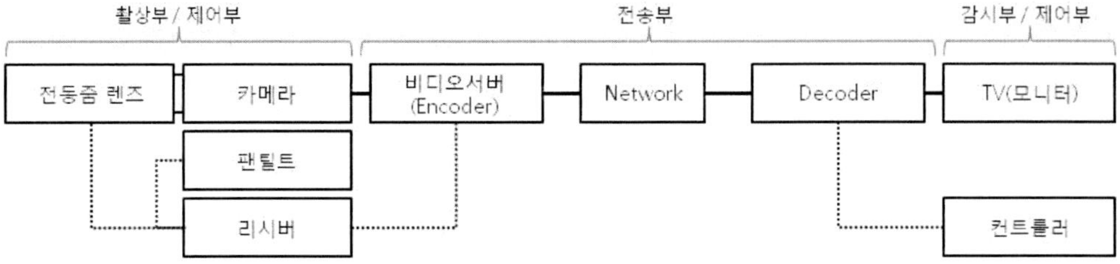

▲ 그림 1-5 3세대 CCTV

사실 CCTV에서 영상의 녹화는 필수적인 부분이라고 할 수 있기 때문에 대부분 DVR 등의 녹화장비를 연결하여 영상을 녹화하며, 아날로그 신호만 받을 수 있었던 구세대 TV수상기에서 발전하여 컴퓨터용 모니터나 디지털 TV수상기가 대중화되었기 때문에 현재 대부분의 감시용 모니터는 이런 컴퓨터용 모니터나 디지털 TV수상기를 이용하고 있다.

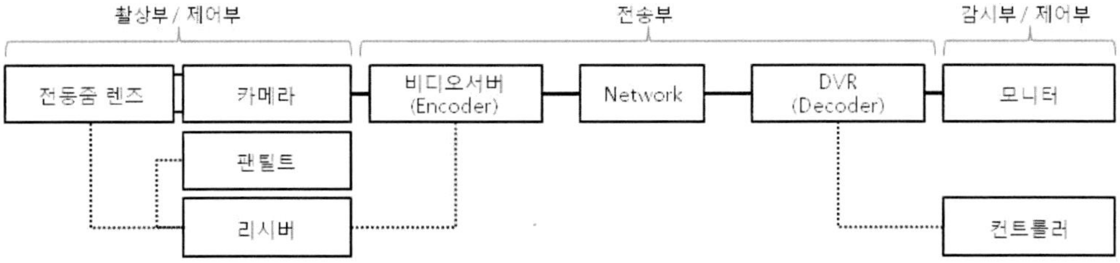

▲ 그림 1-6 녹화장치가 연결된 3세대 CCTV

기존의 아날로그 카메라와 비디오서버 조합은 충분히 유용하지만, 별도로 비디오서버를 구매해야 하는 불편함과 아울러 추가적인 비용을 부담할 필요가 있었다. 그렇다면 아예 카메라 자체가 네트워킹을 지원하게 된다면 이 문제는 간단히 해결할 수 있고, 구성이 간단해지니 만큼 비용이나 고장에 대한 부담도 줄어들게 된다. 바로 IP 카메라의 탄생이며, 현재 많은 종류의 제품이 판매/설치되고 있다.

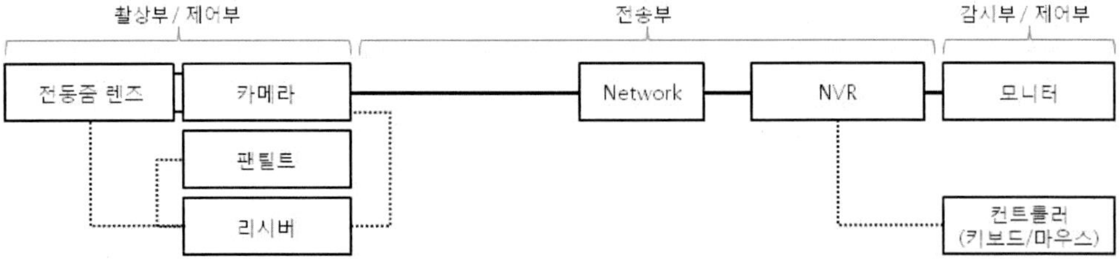

▲ 그림 1-7 4세대 CCTV

IP 카메라 중에서도 팬틸트와 카메라가 일체화되어 있는 Speed-Dome 카메라를 사용하면 이 구성은 더욱 간단해지며, 실제로 촬상부 측에는 카메라 하나만 설치되면 될 정도로 간단히 시공할 수 있다.

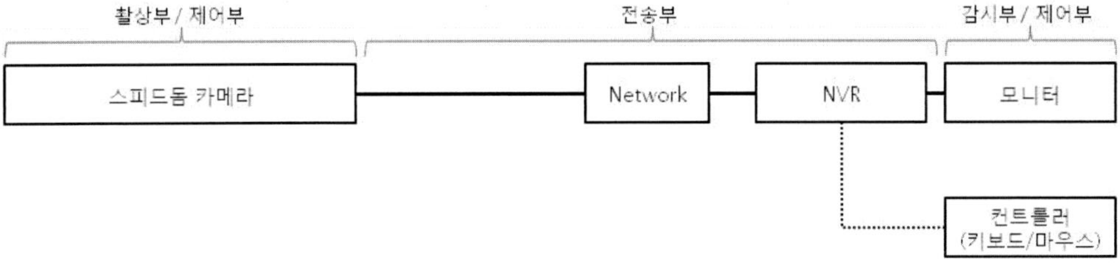

▲ 그림 1-8 IP Speed Dome 카메라를 이용한 4세대 CCTV

이상과 같이 간단히 CCTV의 발전사를 알아보았는데, 실제로는 수많은 규격, 표준, 영상의 표출방법, 코덱 등등에 따라 아주 다양하고 복잡한 구성이 가능하다는 점을 참고하기 바란다.

3 SD 시스템과 HD 시스템

(1) 아날로그 시스템과 SD(Standard Definition)

아날로그 텔레비전 시스템은 서로 다른 세 가지 표준이 있다. CCIR/PAL 방식은 유럽, 호주, 뉴질랜드와 아시아 대부분의 지역에서 사용되고, EIA/NTSC 방식은 우리나라를 비롯하여 미국, 일본, 캐나다에서 사용되며, SECAM 방식은 프랑스, 러시아, 이집트 등에서 사용된다.

우리나라에서는 미국과 일본의 영향을 받았기 때문에 NTSC 방식의 텔레비전시스템을 사용하고 있으며 CCTV 역시 NTSC 방식의 카메라나 모니터, 녹화장치가 주를 이루고 있지만, 일부 기종의 장비에서 NTSC 방식과 PAL 방식을 모두 지원하는 것을 볼 수 있다. 또한, SECAM 방식의 장비는 우리나라에서 찾아보기가 아주 힘들다. 따라서 **이 책에서 다루는 아날로그 CCTV 시스템은 모두 NTSC 방식**이라고 생각하면 된다.

PAL 시스템은 625개의 주사선과 초당 50필드(25프레임)를 기준으로 하고 있으며, NTSC 시스템은 525개의 주사선과 초당 60필드(30프레임, 정확히 30프레임/60필드는 아니다)를 기준으로 하고 있다.

아날로그 텔레비전의 표준 권고안은 4:3의 화면비율을 사용하였고, 이 기준은 흔히 사진이나 영화촬영에 사용되는 필름의 표준비율을 그대로 사용한 것이었다. 아날로그에서 디지털 시스템으로 전환이 비교적 빨랐던 우리나라에서조차 디지털 TV에 사용되는 16:9 혹은 16:10의 비율이 일반화된 것은 2005년 이후이며 현재에도 4:3비율의 영상장치는 여전히 많은 곳에서 사용되고 있다.

보충설명

16:9규격의 TV나 모니터가 보편화 된 지 오래 되었지만 여전히 많은 사람들이 4:3규격의 영상을 선호한다. 특히 프로그래머나 문서편집을 위주로 하는 사람들은 조금이라도 세로로 긴 화면을 제공하는 4:3규격의 모니터를 선호하는데, 심지어는 이 책을 쓰고 있는 필자도 거의 10년 전에 생산된 4:3 비율의 모니터를 어렵게 구해서 사용하고 있다.

아날로그 텔레비전시스템은 끊김이나 깜박거림이 없는 영상(정확히는 사람의 눈을 속이기 위해) 비월주사(Interlaced Scanning)라는 방식을 사용한다. 비월주사방식은 525개(NTSC기준)의 수평라인을 화면에 표시할 때 순차적으로 화면에 주사하는 방식이 아니라, 홀수 주사선과 짝수 주사선을 교대로 주사하는 방법이다. 즉, 첫 번째 영상(필드)을 표시할 때에는 한 장의 그림(프레임)의 홀수 라인만 화면에 주사하고, 두 번째 영상(필드)을 표시할 때에는 짝수 라인만 화면에 주사하는 방식이다.

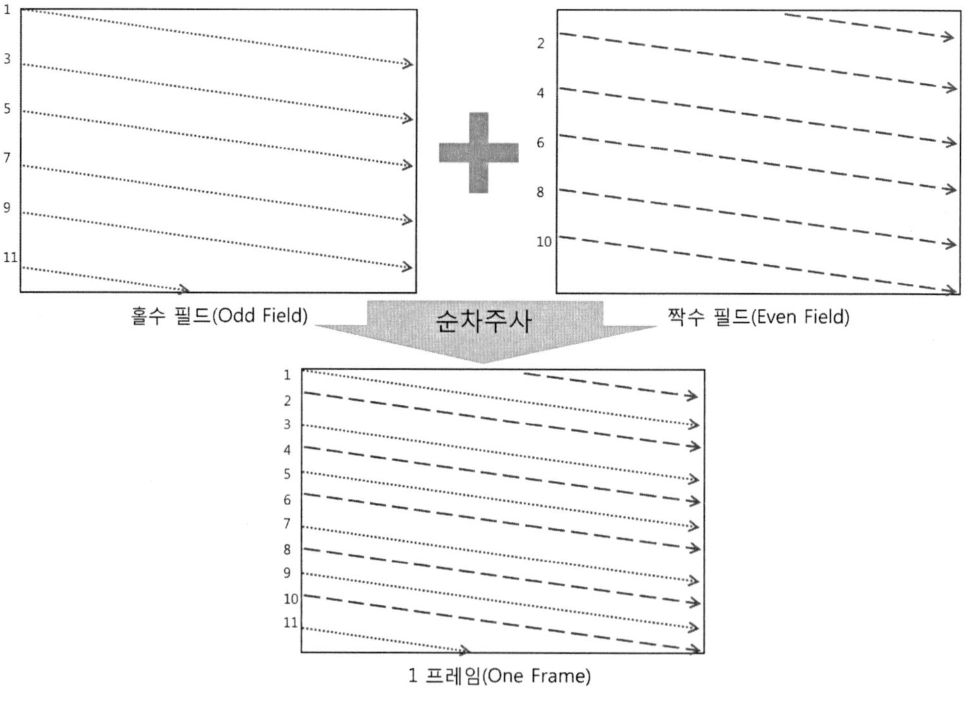

▲ 그림 1-9 비월주사 개념

결론부터 말하자면, 비월주사 방식은 사람의 눈을 속여서 영상의 품질이 높은 것처럼 보이게 하기 위한 속임수에 가까운 방식이기 때문에 순차주사(Progressive Scan)에 비하여 화질이 현저히 떨어진다.

하나의 홀수 필드와 짝수 필드를 합쳐서 1 TV 프레임(Frame)이라고 부른다. 따라서 NTSC 방식에서는 초당 60개의 필드/30개의 프레임을 이용하여 영상을 표시하게 되는데, 실제로 정확히 표현하자면 **초당 29.97 TV프레임이며 편의상 30프레임**이라고 하는 것에 유의해야 한다. 일상적인 사용에는 30프레임이라고 표현해도 무리가 없지만 영상을 변환할 때에는 이 어중간한 프레임 수 때문에 곤란에 처할 수도 있다.

▼ **표 1-1** PAL/NTSC/SECAM

시스템	NTSC	PAL	SECAM
라인/필드	525/60	625/50	625/50
수평주파수	15.734 kHz	15.625 kHz	15.625 kHz
수직주파수	60 Hz	50 Hz	50 Hz

현재 우리나라에서 구할 수 있는 아날로그방식의 CCTV 카메라는 거의 모두 NTSC 방식을 사용하고 있으며, 디지털 방식의 카메라들의 상당수도 설치 시 편의를 위하여 NTSC 방식의 영상신호를 제공하고 있다. 이는 NTSC 방식의 모니터가 저렴하고 크기가 작은데다가, 규격이 표준화되어 있으므로, 말 그대로 "전원과 영상케이블만 연결하면" 영상을 볼 수 있기 때문이다.

거의 대부분의 아날로그 CCTV 카메라는 BNC 커넥터와 동축케이블을 이용하여 영상을 전송하게 되는데, 뒤에서 다룰 확장 아날로그 시스템이나 HD-SDI 방식의 카메라들도 영상전송용으로 동축케이블을 사용하고 있으므로 BNC 커넥터가 장착되어 있다고 해서 무조건 아날로그(NTSC) 카메라라고 속단하지 않도록 주의해야 한다.

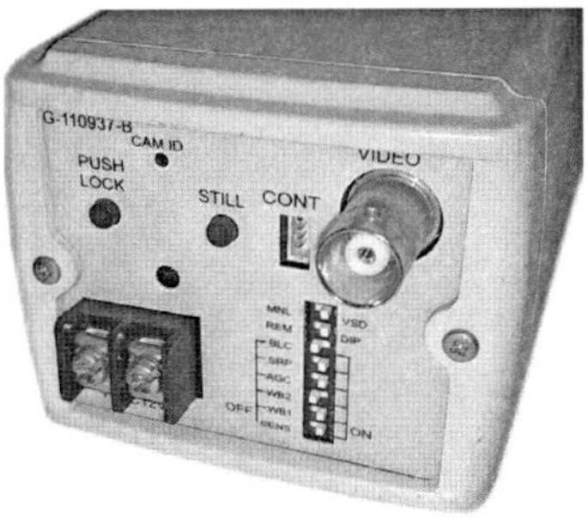

▲ **그림 1-10** 아날로그 카메라의 BNC 커넥터

아울러 아날로그 카메라에서 제공하는 해상도(720×480 이하)를 흔히 SD(Standard Definition)라고 부르는데, 이는 엄밀히 말하자면 잘못된 용어이며, 아날로그 영상신호를 디지털 영상신호로 변환한 영상을 SD라고 부르는 것이 정확하다.

아래에는 각종 SD급 이하의 비디오규격을 정리하여 보았는데, 현재에 사용되는 규격은 그리 많지 않지만 아날로그 방식의 CCTV(특히 DVR)에서는 이 규격들을 간간히 찾아볼 수 있다.

- **CIF(Common Intermediate Format)** CIF는 화상회의 시스템에서 사용되는 비디오 형식으로 352×288해상도에서 초당 30프레임을 전송한다.
- **QCIF(Quater CIF)** 현재는 사용되는 경우가 거의 없는 형식이기는 하지만 가끔 오래된 DVR을 보면 QCIF로 해상도로 녹화할 수 있는 기능을 제공한다. CIF의 1/4크기이므로 해상도는 176×144이다(크기는 면적을 기준으로 하므로 면적기준 1/4은 길이기준 1/2과 같다).
- **4CIF(4XCIF)** QCIF와는 반대로 CIF의 4배 크기 규격으로 해상도는 704×480이다. 흔히 4CIF = D1이라고 잘못 알려져 있는 경우가 많은데, 해상도에서 약간의 차이가 있다.
- **VGA** 컴퓨터에서 사용되는 오래된 비디오 규격이다. 256컬러 이상을 재현하기 위한 표준 규격이며 640×480해상도를 가진다.
- **QVGA(Quater VGA)** VGA규격의 1/4크기이므로, 해상도는 320×240이다.
- **D1** 아날로그 방식의 카메라에서 만들어낼 수 있는 가장 고화질 규격이며 720×480의 해상도를 가진다.

▼ **표 1-2** SD이하 급 해상도 명칭

	해상도	
	NTSC	PAL
D1	720 × 480	720 × 576
VGA	640 × 480	640 × 480
QVGA	320 × 240	320 × 240
4CIF	704 × 480	704 × 576
2CIF	704 × 240	704 × 288
CIF	352 × 240	352 × 288
QCIF	176 × 112	176 × 144

아날로그 시스템이라고 해서 디지털 시스템에 비하여 결코 간단하지만은 않으며, 상당한 수준의 전기, 전자, 광학에 관한 지식을 기본적으로 가지고 있어야 한다. 4CIF규격의 해상도가 왜 704×480인지, 왜 같은 명칭의 규격인데 NTSC 방식과 PAL 방식에서 해상도가 차이가 나는지 등 많은 의문이 있을 수 있겠지만 너무 세분화되고 깊이 있는 기술은 이 책에서 추구하는 바가 아니므로 단지 이런 명칭의 규격이 이런 해상도를 제공한다고만 알고 있으면 실무에서는 충분하다.

명칭이 어쨌든 간에 메가픽셀급(100만 화소 이상) 카메라가 보편화된 지금에 와서는 아날로그 방식의 CCTV 시스템은 시대에 뒤떨어진 것으로 취급되고, 현재 시공되는 대부분의 CCTV 시스템은 메가픽셀급 IP 카메라를 사용한다. 하지만 영상의 손실이나 전송지연이 거의 없는 아날로그 시스템의 특성 때문에 아직도 일부 특수한 영역에서는 일부러 아날로 그카메라나 확장 아날로그 카메라를 사용하기도 한다.

(2) HD 시스템

아날로그 시스템이 태생적으로 가질 수밖에 없는 낮은 해상도로 인하여 답답함을 느낀 소비자들은 점점 더 높은 해상도를 요구하게 되었고, 20세기 말부터 고화질 텔레비전시스템을 표준화시키고자 하는 연구는 미국과 일본을 중심으로 하여 활발히 진행되었다. 당시 일본은 아날로그 방식의 HDTV를, 미국은 디지털 방식의 HDTV를 표준화시키기 위하여 노력을 기울이고 있었으며 시험방송이나 상업적 송출은 일본의 NHK가 먼저 시작하였지만 결국 채택된 표준은 미국의 디지털 HDTV규격이 되었다.

CCTV분야에서는 아직 경쟁이 끝나지 않았다. 컴퓨터네트워크를 전송로로 사용하는 IP 기반 시스템이 대부분의 시장을 장악하고는 있지만 IP 기반 CCTV 시스템이 가질 수밖에 없는 전송지연문제나 영상의 손실문제, 그리고 기존 동축케이블을 철거하고 새로 TP 케이블을 포설하는 문제 등 다양한 기술적, 경제적 문제 때문에 HD-SDI나 AHD 등 "동축케이블을 이용하여 전송하는 HD시스템"들도 상당수 시장에 출시되어 있다.

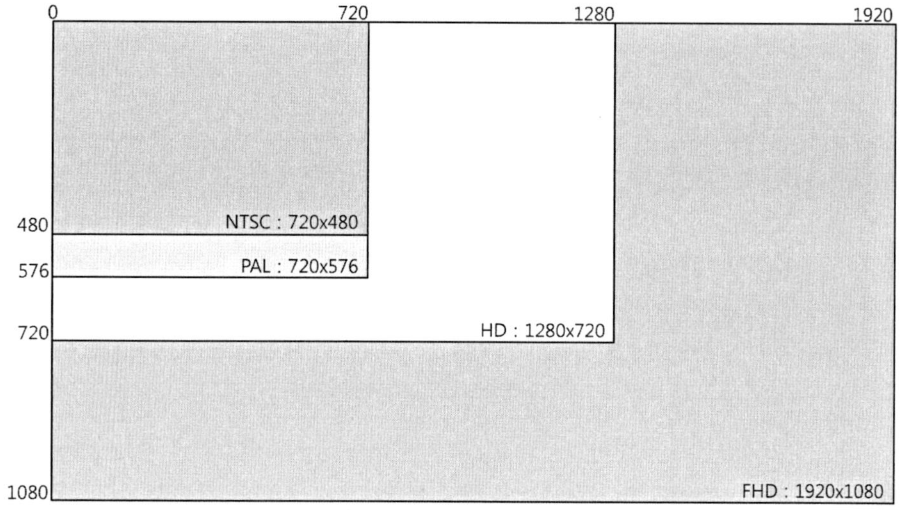

▲ 그림 1-11 HD 해상도

HD-CCTV의 표준은 몇 가지가 있다. 이 중에는 디지털방식도 있고, 아날로그 방식도 있으며 지원하는 해상도에도 차이가 있지만 중요한 사항은 "아날로그(SD)보다 높은 해상도를 제공한다.", "16:9의 종횡비를 가진다."라는 부분일 것이다.

▼ 표 1-3 SHD 해상도와 주사방식

	해상도	비압축 대역폭	압축 대역폭	주사방식
HD 720P	1280 × 720	1.485 Gb/s	2 ~ 10 Mbps	Progressive Scan
HD 1080i	1920 × 1080	1.485 Gb/s	2 ~ 10 Mbps	Interlaced Scan
HD 1080P	1920 × 1080	2.970 Gb/s	4 ~ 20 Mbps	Progressive Scan

IP 기반 시스템은 컴퓨터 네트워크를 전송매체로 이용하는 기술이기 때문에, 인터넷만 연결되어 있다면 지구 반대편에 있는 카메라의 영상도 내 컴퓨터 모니터에서 볼 수 있는 장점이 있다. 물론 아날로그 시스템을 비롯한 다른 규격의 시스템들도 적당한 변환장치(흔히 비디오 서버라고 부른다)를 사용하면 IP 기반 시스템으로 변환시킬 수 있지만, 별도의 변환장치를 사용하는 것보다는 처음부터 IP 기반으로 만들어진 시스템을 선택하는 것이 비용이나 유지보수 측면에서 유리한 것은 당연하다.

▲ 그림 1-12 IP 카메라의 RJ-45포트

▼ 표 1-4 우리나라에서 가장 많이 사용되는 HD-CCTV 시스템 규격

기술	AHD	HD-SDI	IP
규격	open	open	open
신호타입	아날로그	디지털	디지털
영상품질	좋음	매우 좋음	좋음
최대 해상도	720 P/1080 P	1080 P	1080 P 이상
기존동축케이블선로 재사용	가능	제한적 가능	컨버터 필요
시공난이도	쉬움	보통	어려움
최대 전송거리	500 m	150 m	100 m
전송용 케이블	동축	동축	TP
전송케이블 품질	낮음	높음	낮음
신호규격	CVBS	SDI	IP
압축/손실	×	×	○
전송지연	없음	없음	있음
녹화장치	AHD DVR	SDI DVR	NVR
유지보수 난이도	낮음	낮음	높음
전체시스템 가격	낮음	높음	높음

HD-SDI시스템은 원래 방송용 규격이지만 CCTV 분야에서도 사용된다. 특히, 아날로그 방식의 CCTV 대신에 고화질의 HD CCTV로 교체하고 싶지만, TP 케이블의 포설이 부담되는 사용자들에게 적절한 대안이 될 수 있다. 하지만 방송국에서 사용하는 고가/고품질의 동축케이블에 비하여 기존에 포설된 동축케이블의 품질은 그리 좋은 편은 아닌데다가 최대 전송거리에 제약이 있기 때문에 그리 널리 사용되지는 않는다.

하지만 IP 기반 시스템과는 달리 영상의 손실이나 전송지연이 거의 발생하지 않기 때문에 은행이나 마트와 같이 즉각적인 반응이 필요한 곳에서는 IP 기반 시스템에 비하여 훨씬 좋은 효과를 볼 수 있다.

▲ 그림 1-13 HD-SDI 카메라의 BNC 커넥터

HD-SDI 시스템이 "기존 동축케이블을 그대로 사용할 수 있다"라고 광고하고 있기는 하지만 실제로는 고품질의 동축케이블을 새로 시설해야 하는 경우가 많기 때문에 그리 실용적이지는 않다. 그래서 "가격에 민감한" 소비자를 위한 틈새시장을 노리고 개발된 것이 바로 AHD(Analog HD)방식이다. 이 규격은 낮은 품질의 동축케이블에서도 고화질 영상전송이 가능하고 최대 전송거리가 길기 때문에, 기존 동축케이블 선로를 그대로 재사용하여 고화질의 영상을 전송할 수 있는 장점이 있다.

실제로 기존 아날로그 시스템에서 AHD 시스템으로 변경할 때에는 모든 구성품을 그대로 유지한 채로 단순히 카메라와 DVR만 교체하면 될 정도로 간단하다.

하지만 아날로그라는 태생적인 한계 때문에 HD-SDI 만큼의 고품질 영상을 제공해 주지도 못하고, IP 카메라 만큼의 유연한 확장성도 가지고 있지 못하기 때문에 그리 널리 사용되고 있지는 않는 방식이다.

기타 규격으로 다이브엑스(Daivx)사(社)의 HD-PDI, 하이크비전(Hikvision)사(社)의 TVI, 다후아(Dahua)사(社)의 CVI등의 방식이 있기는 하지만 해당 회사의 독자규격이라 타사 제품과의 호환성이 떨어지기 때문에 국내에서 제품을 찾아보기가 어렵다.

보충설명

현재 CCTV에서 흔히 사용되는 용어가 바로 "메가픽셀(MP, MegaPixel)"이며, 이 단어가 카탈로그에 인쇄되지 않으면 시대에 뒤떨어진 제품으로까지 취급되기도 한다. 사실 이 용어는 특별한 것이 아니라 단순히 "100만 화소(픽셀) 이상의 카메라"를 가리킨다.

1920×1280 해상도를 가지는 FHD는 200만 이상의 화소를 가지고 있기 때문에 당연히 이 범주에 속하며, 현재 시장에서 구할 수 있는 대부분의 IP 카메라는 메가픽셀 카메라라고 할 수 있다. 이 중에서 HD 720, HD 1080 등 표준 비디오 규격의 카메라는 그냥 HD 720 카메라 등으로 부르고, 이 규격 외에 100만 화소 이상의 카메라만을 메가픽셀 카메라라고 구분하기도 하지만 극히 일부의 경우이며 대중적이지는 않다.

(3) 4K/QHD/UHD

방송 분야에서는 이미 FHD규격 이상의 해상도를 제공하는 새로운 규격이 표준화되었다. 흔히 4K HD 또는 UHD(Ultra HD)라고 부르는 규격이 바로 그것이다.

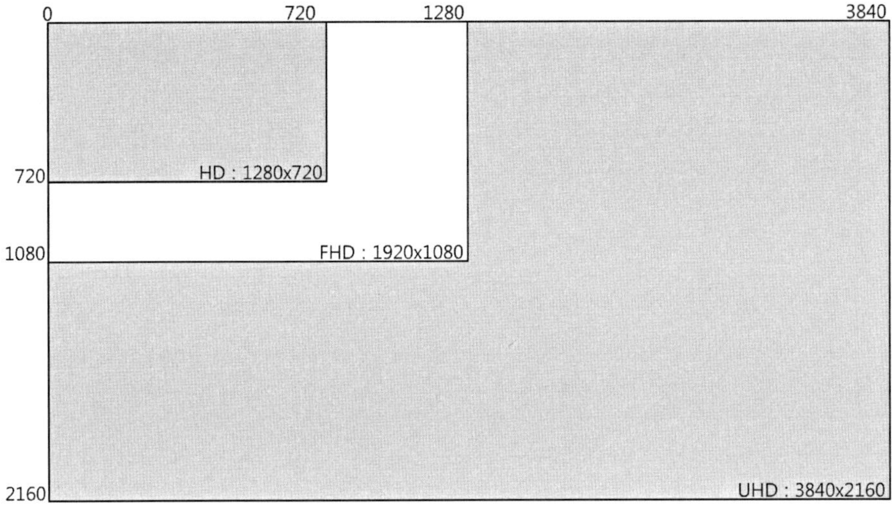

▲ 그림 1-14 HD와 UHD규격

UHD 규격은 기존 HD의 해상도인 1920×1080보다 4배 높은 3840×2160 픽셀의 해상도를 제공한다(면적기준 4배이다).

HD규격 모니터(TV)에 비하여 고가이기는 하지만, UHD 모니터(TV)는 우리 주변의 마트에서도 쉽게 살 수 있을 정도로 대중화가 된 상태이며, CCTV용 카메라 제작사에서도 상당수의 제품이 이미 출시되어 있다. 해상도가 높아진 만큼 전송에 사용되는 네트워크의 부하량이 많아지고, 추가적인 저장장치가 필요한 관계로 인하여 아직까지는 UHD CCTV를 구축한 사례는 많지 않다. 하지만 주변여건의 변화와 기술의 발전에 따라 더 높은 해상도를 제공하는 CCTV 카메라와 저장장치도 곧 널리 사용될 것으로 보인다.

02

촬상부

Chapter 02 CCTV 카메라

Chapter 03 렌즈

Chapter 04 촬상부 액세서리

Chapter 02 CCTV 카메라

초기의 CCTV용 카메라는 박스형 아날로그 카메라 밖에 없었지만, 기술이 발달하고 소비자의 요구가 다양해짐에 따라 현재는 많은 종류의 제품들이 출시되어 있다. 전체 CCTV 시스템의 규모나 구조에 따라 카메라가 차지하는 비중은 모두 다를 수 있지만 시스템을 구성하는 핵심 기기라는 데에는 이견이 있을 수 없다.

이 장에서는 CCTV용 카메라의 분류방법과 구조 및 기능에 대하여 설명하고 있다.

1 카메라의 분류방법

국제적인 표준은 아니지만 형태에 따른 분류방법을 흔히 사용하고 있으며, 비슷한 형태의 카메라도 모델에 따라 제공하는 기능이 다를 수 있다. 모든 카메라 제조사의 카탈로그나 사양서

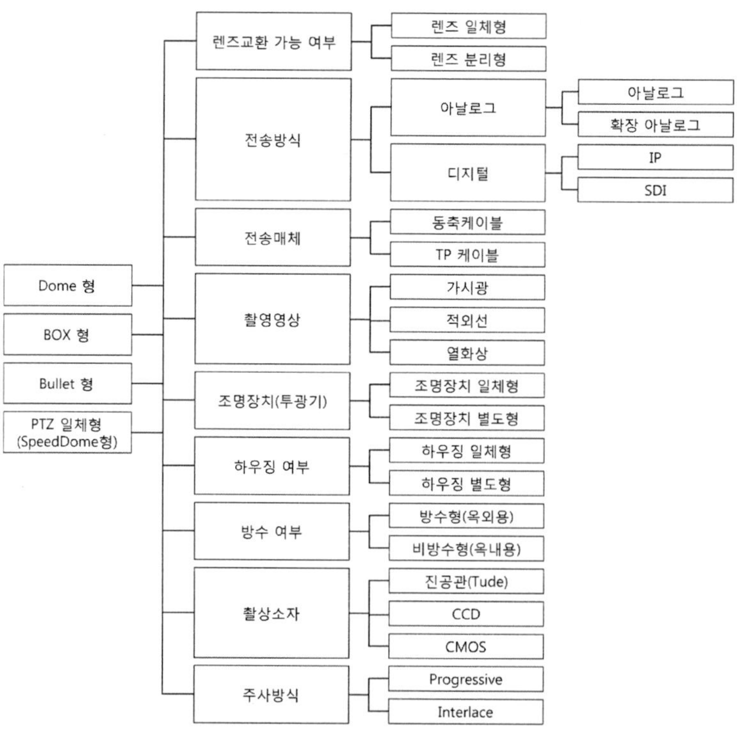

▲ 그림 2-1 카메라의 분류

에는 해당 카메라가 제공하는 기능들이 나열되어 있는데, 핵심적인 내용을 알고 있어야지만 사양서를 제대로 읽을 수 있다. 이 장에서는 카메라의 분류방법과 각 기능들에 대해서 알아보도록 하자.

2 형상에 따른 카메라의 분류

형상에 따른 카메라의 분류는 가장 흔히 사용하는 카메라의 분류방식이며, 카메라의 기능과는 상관없이 단순히 외관의 형상만으로 분류한다.

다시 한 번 말하지만, 이 분류방법은 표준이 아니며(분류방법의 국제적인 표준은 없다) 이해를 돕기 위하여 편의상 구분해 놓은 것이다. 아울러 이 책에서 설명하는 것들 외에도 많은 기능들이 카메라 제조사에 의해 제공되고 있으므로, 항상 카메라의 매뉴얼이나 카탈로그를 면밀히 살펴볼 필요가 있다.

(1) 박스(BOX)형 카메라(표준형 카메라)

표준형이라고도 불리는 박스형카메라는, 이름그대로 생김새가 직육면체(Box)와 유사하기 때문에 붙여진 이름이다. 대부분의 박스형카메라는 돔카메라나 불릿(bullet) 카메라에 비하여 크기가 크고 무거운 데다가 비싸기까지 하다. 그럼에도 불구하고 다른 형태의 카메라가 구조적으로 불가능한 많은 장점을 가지고 있기 때문에 현재에도 박스형카메라의 인기가 높다.

▲ 그림 2-2 여러 가지 박스형카메라

크고, 비싸고, 무겁고, 별도의 하우징이 필요한 데다가 가격까지 비싼 박스형카메라가 인기 있는 이유는 다음과 같다. 이 이유는 카메라 메이커의 입장이므로 소비자의 입장과는 다소 차이가 있을 수 있다.

- 렌즈를 교환할 수 있도록 만들기 쉽다.
- 촬상소자의 크기를 크게 할 수 있다.
- 방우(防雨,) 방수(防水), 방진(防塵), 내진동(耐振動) 등 여러 가지 보호 하우징을 사용할 수 있다.
- 크기의 제약이 적기 때문에 각종 추가기능을 쉽게 확장할 수 있다.
- 작동온도의 범위를 넓게 만들기 수월하다(저온/고온 동작성이 좋다).

사실, 현장에서 박스형카메라를 사용하는 이유는 첫 번째와 두 번째인 경우가 많다. 다른 형태의 카메라들은 대부분 렌즈의 교체가 불가능하거나, 가능하다 하더라도 그 범위가 극히 제한적임에 비하여 박스형카메라는 마운트(Mount)만 일치한다면 어떤 렌즈라도 사용할 수 있기 때문이다. 일반적으로 사용하는 디지털카메라와 비교하자면 박스형카메라는 DSLR 카메라에, 다른 형태의 카메라는 컴팩트 카메라에 비유할 수 있다.

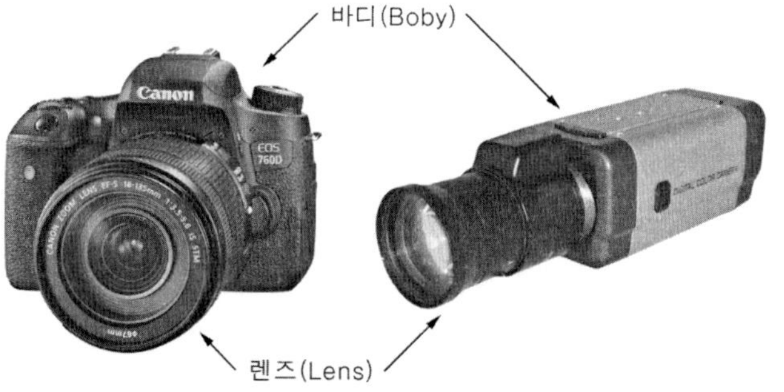

▲ 그림 2-3 DSRL과 박스형카메라의 비교

또한, 다른 형태의 카메라들이 대부분 1/3인치 크기 이하의 촬상소자를 가지는 데 비하여 Box형은 크기의 제약이 상대적으로 적으므로 1/2인치나 2/3인치, 크게는 1인치 급의 촬상소자를 가진 제품도 있다. 물론, 촬상소자가 큰 카메라는 그만큼 비싼 가격이지만 필요에 따라 가격을 무시하고서라도 고성능의 제품이 필요할 때도 있기 마련이다.

▲ 그림 2-4 박스형카메라의 구조

하지만 이런 장점에 비해 단점도 상당히 많은데

- 크기가 크다.
- 카메라 보호를 위한 별도의 하우징이 필요하다.
- 가격이 비싸다.
- 카메라의 배선(영상/통신/전원)이 노출된다.
- 큰 크기 때문에 카메라를 숨기기 어렵고, 카메라가 바라보는 방향이 쉽게 노출된다 (카메라의 각도 문제는 때로는 장점이기도 하다).

등이 박스형카메라의 단점이라고 할 수 있다.

렌즈교환이 가능하다는 것이 박스형카메라의 가장 큰 장점이라고 언급했지만 모든 모델이 그런 것은 아니며, 단초점렌즈가 고정결합되어 렌즈교환이 불가능한 모델도 있고, 가변초점렌즈가 고정 결합된 모델, 전동줌렌즈가 일체형인 모델, C마운트를 이용해 렌즈를 결합할 수 있는 모델, CS마운트를 이용해 렌즈를 결합할 수 있는 모델, 독자규격의 마운트를 사용하는 모델 등 여러 가지 제품이 있으므로 용도에 맞는 제품을 선택해야 한다.

▲ 그림 2-5 CCTV용 렌즈

이 중에서도 C또는 CS마운트를 이용하여 렌즈를 결합할 수 있는 제품이 가장 대중적이며, 카메라와 전동줌렌즈가 일체형인 제품도 많은 선택을 받고 있다. 이는 특수한 경우를 제외하면 전동줌 렌즈와 카메라를 각각 구매하는 것보다는 일체형 모델이 가격이 저렴하고 크기가 작기 때문이다.

박스형카메라는 카메라와 렌즈의 보호를 위한 하우징이 반드시 필요하며, 카메라를 상하좌우로 움직이기 위한 팬틸트와 결합하게 되면 크기가 상당히 커지게 된다. 따라서 최근에는 실내 설치용으로 박스형카메라를 설치하는 사례가 그리 많지 않으며, 옥외의 방범용으로도 스피드돔 카메라나 불릿카메라를 많이 사용하는 추세이다.

하지만 다양한 렌즈, 예를 들어 장거리 촬영을 위한 고성능 줌렌즈나 밝은 영상을 위한 대구경렌즈를 장착할 수 있다는 점이 박스형카메라의 가장 큰 장점이며, 촬상소자의 크기에 있어서도 다른 형태의 카메라들에 비해 자유롭기 때문에 고성능/특수용도의 카메라는 대부분 박스형으로 출시된다.

(2) 돔형 카메라

박스형카메라가 가지는 장점들에도 불구하고 크기와 비용이라는 큰 단점도 무시할 수 없는 부분이다. 사용자들은 항상 가격은 싸고, 크기가 작으며, 성능이 좋은 제품을 요구하기 때문에, 이 요구에 맞추어 개발된 것이 바로 고정형 돔(Fixed Dome)카메라이다.

돔카메라는 렌즈의 교환 편의성이나 촬상소자의 크기를 일부 희생한 대신에 카메라 보호용 하우징을 일체화시키고 크기를 줄인 제품인데, 크기가 상대적으로 작기 때문에 설치가 용이하고, 눈에 잘 띄지 않으며, 가격 또한 저렴하다.

▲ 그림 2-6 돔형 카메라

돔카메라의 장점은

- 크기가 작고 가볍다.
- 가격이 저렴하다.
- 크기가 작기 때문에 눈에 잘 띄지 않는다.
- 투명 재질의 커버(돔)으로 보호되고 있어서 카메라가 바라보는 방향이 잘 노출되지 않는다(때로는 단점으로 지적되기도 한다).
- 천장, 벽면 등 어디라도 부착이 용이하다.
- 배선을 노출시키지 않고 설치할 수 있다.

이라고 볼 수 있으며, 단점은

- 렌즈의 교환이 불가능하거나 극히 제한된다.
- 촬상소자의 크기가 대부분 작다(1/3인치 이하).
- 수평 이상의 각도로(즉, 위쪽을 보도록) 설치가 어렵다.
- 투명 커버가 이물질(주로 먼지나 빗물)로 인해 오염되기 쉽다.
- 오래 사용하면 플라스틱 재질의 투명 커버에 크랙(Crack)이 생기거나, 황변현상이 발생한다(주로 옥외에 설치한 카메라에 많이 발생한다).

등을 들 수 있다.

고정형 돔카메라도 제한적으로 렌즈의 교환이 가능하기는 하지만, 표준규격이 미흡하여 각 카메라 제조사에서 제공하는 전용의 렌즈를 사용해야 하며 그마저도 구하기가 아주 어렵다. 때문에 처음부터 카메라를 구매할 때 용도에 맞는 렌즈가 장착된 카메라를 구매하는 것이 일반적이다. 일부 돔카메라에는 가변초점렌즈가 부착되어 있거나, 아예 수동 줌렌즈가 부착되어 있어서 설치 후에 화각의 조절이 가능하다.

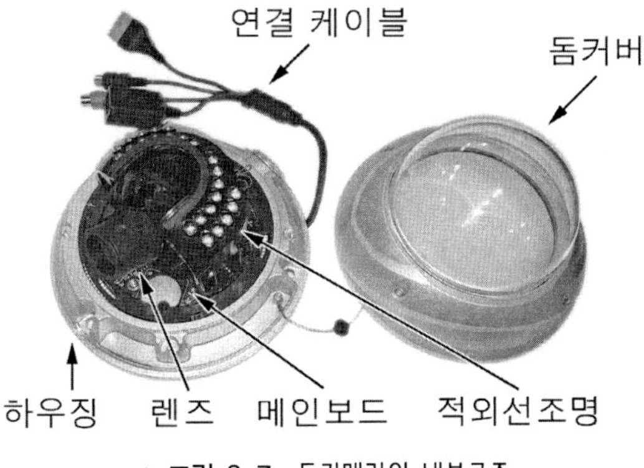

▲ 그림 2-7 돔카메라의 내부구조

마지막으로, 돔형 카메라의 광고 문구에 보면 흔히 "반달돔 카메라"라는 문구를 볼 수 있는데, 여기서 "반달"은 보름달이나 초생달과 같은 맥락의 반달(Half-Moon)이 아니라, **"고의적인 파괴나 손상에 견딜 수 있는 돔형 커버가 장착된 카메라"라는 뜻의 "Vandal-Proof Dome Camera"**이니 주의하자.

(3) 불릿형 카메라

크기가 작고, 생김새가 총알(Bullet)과 비슷하게 생겼다고 해서 붙여진 이름이다. 이 형태의 카메라 역시 크기가 큰 박스형카메라를 대체하기 위한 용도로 개발되었으며, 전체적인 모양 자체는 박스형과 유사하게 생겼지만 카메라보호용 하우징이 일체화되어 있음에도 불구하고 박스형에 비하여 작은 크기이다.

▲ **그림 2-8** 불릿형 카메라

아울러 상당수의 불릿카메라는 방수(防水, Water-Proof)형인데다가, 각도조절용 브래킷(Bracket)이 기본적으로 제공되기 때문에 박스형카메라에 비해 낮은 가격으로 설치가 가능하다. 특히, 옥외나 Pole에 시설하는 경우에는 돔카메라에 비해서도 오히려 저렴하게 설치가 가능하다.

불릿카메라의 개발은 단순히 "크기를 줄이자."라는 목표에서 시작되었지만 박스형과 돔형이 가지고 있지 못한 장점을 가지고 있는데,

- 크기가 작다(제품에 따라서는 손가락 크기의 제품도 있다).
- 렌즈보호용 커버가 대부분 유리재질이기 때문에 크랙이나 황변현상이 발생하지 않는다.
- 방수형으로 만들기 용이하다.
- 카메라가 바라보는 방향이 쉽게 노출된다.
- 수평이상의 각도로(위쪽을 보도록) 설치가 용이하다.
- 가격이 저렴하다.

등을 장점으로 볼 수 있으며, 반대로

- 렌즈의 교환이 불가능하거나 제한된다.
- 카메라가 바라보는 방향이 쉽게 노출된다(장점인 동시에 단점이다).
- 실내의 인테리어와 조화시키기 어렵다.
- 카메라의 배선이 일부 노출된다.

등이 단점이다.

불릿카메라 역시 돔카메라와 마찬가지로 렌즈교환이 아주 제한적이기 때문에, 이 형태의 카메라를 구입 시에는 용도에 맞는 렌즈가 장착된 카메라를 구매해야 한다. 다행스럽게도 일부 불릿카메라는 가변초점렌즈가 장착되어 있어서 설치 후에도 어느 정도 화각의 조절이 가능하다.

(4) 스피드돔 카메라

스피드돔 카메라는 PTZ 카메라라고도 하며, "박스형카메라 + 전동 줌렌즈 + 보호용 하우징 + 팬틸트 + 리시버"가 일체형으로 만들어진 제품이다. 동일한 성능이라면 박스형카메라에 각종 부대 장치를 결합한 것에 비하여 크기가 아주 작으며, 특히 실내에 설치할 경우에는 반매립형으로 시공이 가능하기 때문에 박스형카메라와 팬틸트의 조합보다 공간을 훨씬 적게 차지하고 미관상으로도 좋다.

▲ 그림 2-9 스피드돔 카메라

스피드돔 카메라는 박스형카메라에 비하여 많은 장점을 가지고 있는데,

- 박스카메라와 부대장치 결합형에 비하여 크기가 작다.
- 반매립형으로 설치가 가능하다.

- 대부분 자동초점조절(Auto Focus)기능을 지원한다.
- 투명 커버로 보호되고 있어, 카메라가 바라보는 방향이 잘 노출되지 않는다.
- 가격이 저렴하다.
- 고속회전이 가능하다.
- 카메라의 배선이 노출되지 않게 시공이 가능하다.

등이며, 반대로

- 렌즈교환이 불가능하다.
- 촬상소자의 크기가 대부분 작다(1/3인치 이하).
- 수평이상의 각도로(즉, 위쪽을 보도록) 설치가 어렵다.
- 투명 커버가 이물질(주로 먼지나 빗물)로 인해 오염되기 쉽다.
- 오래 사용하면 플라스틱 재질의 투명 커버에 크랙이 생기거나, 황변현상이 발생한다 (주로 옥외에 설치한 카메라에 많이 발생한다).
- 크기의 제약 때문에 고성능 조명장치를 부착하기 어렵다.
- 커버가 반구형(半球形)이기 때문에 이물질을 닦아내기 위한 와이퍼를 설치할 수 없다.

와 같이 고정형 돔카메라가 가지는 단점들을 그대로 가지고 있다. 최근에는 플라스틱제 투명 덮개가 가질 수밖에 없는 황변현상(태양광에 오래 노출되면 플라스틱 재질 커버가 변색되거나 크랙이 발생한다)을 근본적으로 해결하기 위하여 보호용 덮개(돔)가 없는 제품이 상당수 출시되어 있으며, 이런 제품 중 일부는 적외선 조명장치나 와이퍼가 부착되어 있다.

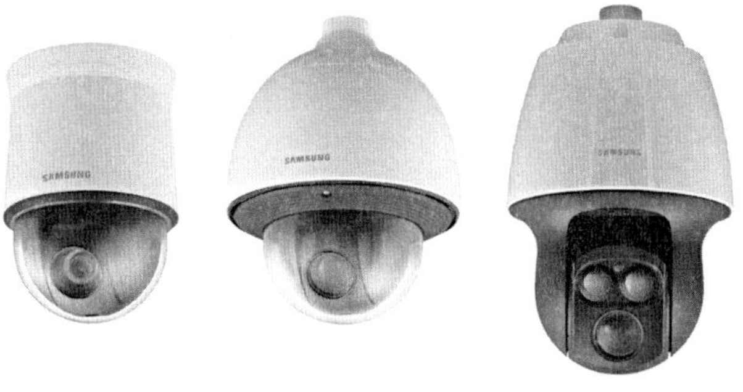

▲ **그림 2-10** 같은 제조사, 같은 성능이지만 다른 형태의 스피드돔 카메라

애석하게도 스피드돔 카메라는 소비자가 직접 렌즈를 교환할 수 있는 제품이 거의 존재하지 않기 때문에 처음 구매할 때 신중한 선택이 필요하다. 일부 제품들은 30배 이상의 Zoom기능이 제공되는 반면에 상당히 고가이며, 강력한 Zoom기능이 필요하지 않다면 보다 저렴한 10 ~ 15배 정도의 Zoom기능이 제공되는 모델을 선택하여 설치비용을 많이 절감할 수 있다.

(5) 전방위카메라

일반적인 카메라는 렌즈가 장착되어 있는 방향만 촬영가능하기 때문에 여러 방향을 감시하기 위해서는 당연히 여러 대의 카메라를 설치해야만 한다. 비록 180도 범위를 볼 수 있는 어안렌즈가 있기는 하지만 영상의 왜곡이나 해상도의 제약이 심한 문제 때문에 일반적인 감시목적으로는 선뜻 선택하기가 어렵다.

▲ 그림 2-11 어안렌즈로 촬영한 영상

전방위카메라는 "피사체는 렌즈가 바라보는 방향에 있어야 한다."는 상식을 깨고 발상을 전환하여 만들어진 제품이다. 이 카메라는 화각이 180도인 렌즈를 장착한 돔카메라의 일종이지만, 일반적인 카메라처럼 피사체를 렌즈가 바라보게 하는 것이 아니라, 천장 중앙에 수평으로 장착하여 사용한다. 전방위카메라는 어안렌즈를 사용하는 제품과 미러볼을 사용하는 제품이 있는데, 현재의 전방위카메라는 대부분 어안렌즈를 사용하고 있다.

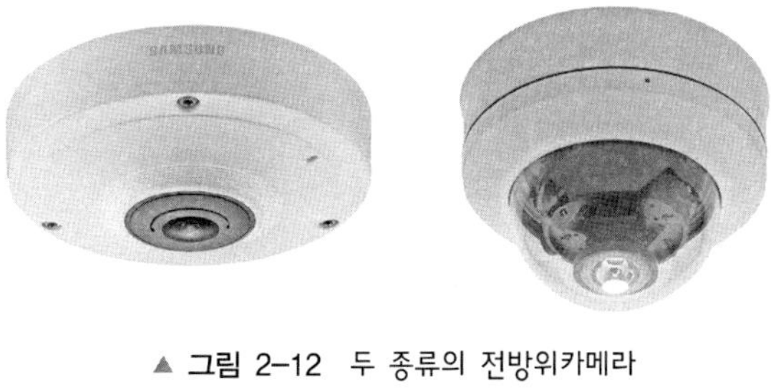

▲ 그림 2-12 두 종류의 전방위카메라

전방위카메라를 사용하면 카메라 한 대로 360도 전체를 촬영할 수 있기 때문에 카메라의 설치 수량을 확실히 줄일 수 있으므로 당연히 설치나 유지보수에 들어가는 비용을 절감할 수 있다. 게다가 카메라의 외관이 일반적인 CCTV 카메라와는 상당히 다르기 때문에 CCTV 설치에 따른 거부감도 훨씬 적은 장점이 있다.

▲ 그림 2-13 천장에 설치된 전방위카메라로 촬영한 원본영상

전방위카메라는 어안렌즈를 이용하기 때문에 촬영한 영상의 왜곡이 아주 심하다. 그래서 영상보정기능을 가진 특별한 녹화장치를 사용하여 영상을 저장하고 재생하는데, 이 녹화장치는 전방위카메라가 촬영한 원본영상에서 필요한 부분만 잘라낸 후 왜곡을 보정하여 4개의 분할된 영상으로 만들어준다.

▲ 그림 2-14 보정된 영상

이처럼 많은 장점을 가지고 있는 전방위카메라도 만능은 아니다. 가장 큰 문제점은 카메라가 가지고 있는 촬상소자를 100% 활용하지 못한다는 것인데, 위의 원본영상에서 검게 보이는 부분들이나 카메라의 바로 아래가 촬영된 부분은 버려지게 된다. 실제로 사용이 가능한 영상 부분은 전체의 70% 정도이며, 이를 다시 4개의 영상으로 분할하면 단위 영상당 해상도는 더욱 떨어지게 된다. 따라서 일반적인 FHD급 카메라 수준의 해상도를 얻고자 한다면 최소한 UHD이상의 해상도를 가진 전방위카메라를 이용해야 한다.

(6) 특수카메라

앞에서 알아본 일반적인 형태의 카메라 외에 핀홀카메라나 내시경카메라 등 특수한 용도로 만들어진 카메라들이 있다.

핀홀카메라(Pin hole Camera)는 "SPY카메라"라고도 부르는데, 카메라를 완전히 숨겨서 찾기 어렵게 할 목적으로 사용된다. 특히, 현금자동입출금기(CD기)와 같이 반드시 카메라가 필요하지만 카메라의 노출을 피하고 싶은 경우에 많이 사용되는데, 2 mm 정도의 작은 구멍(Pin-Hole)만 있다면 촬영이 가능하기 때문이다. 현금인출기의 경우에는 현금인출기를 사용하는 사람의 얼굴을 촬영하기 좋은 위치에 카메라가 장착되며, 대부분 현금인출기 앞면에 있는 거울 뒤에 카메라가 장착되어 있기 때문에, 자세히 보면 거울에 작은 구멍이 뚫린 것처럼 보인다.

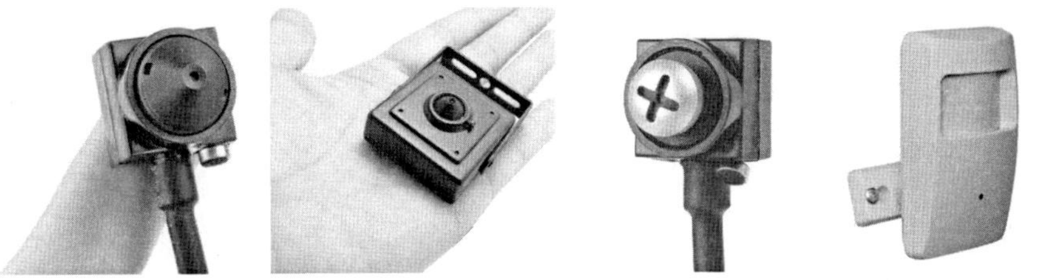

▲ 그림 2-15 핀홀 카메라

크기가 작기 때문에 카메라의 노출을 꺼리는 곳에서 선호되고 있지만, 화장실이나 탈의실 등에 몰래 설치하여 사생활을 침해하는 범죄에도 악용되고 있다.

보충설명

원래 핀홀카메라라는 명칭은 우리가 과학시간에 한 번쯤은 만져본 (대부분 렌즈가 없는) "바늘구멍 사진기"를 뜻하는 말이다. 그래서 네이버나 구글에서 "Pin hole Camera"로 검색하면 바늘구멍 사진기들이 잔뜩 나온다.

내시경카메라는 병원에서 인체용으로 사용하기도 하며, 좁은 틈이나 기계의 점검용으로 사용하는 산업용도로도 제품이 출시되어 있다. 대부분 유연하게 움직일 수 있는 파이프나 케이블의 끝에 소형의 카메라가 부착되어 있으며, 간편한 휴대와 사용을 위해 모니터가 일체형으로 만들어진 제품도 있다.

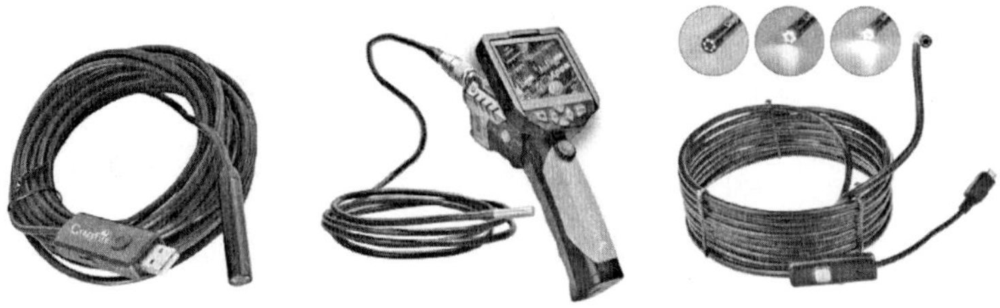

▲ 그림 2-16 내시경 카메라

이 외에도 입체영상카메라(3D Vision), VR카메라 등이 있지만 이런 카메라들은 방송용이나 취미용으로 사용되고 있을 뿐이며 CCTV용도로는 아직은 사용되지 않는다.

▲ 그림 2-17 3D 카메라와 VR 카메라

3 촬상소자(이미지센서, Image Sensor)

촬상소자는 카메라의 가장 핵심적인 부분으로서, 빛을 받아들여 전기신호로 바꿔주는 센서를 말한다. 즉, 디지털시대가 오기 전 필름이 하던 역할을 대신하는 이미지센서이며 여러 가지 촬상소자가 있지만 CCD(Charge Coupled Device)와 CMOS(Complementary Metal Oxide

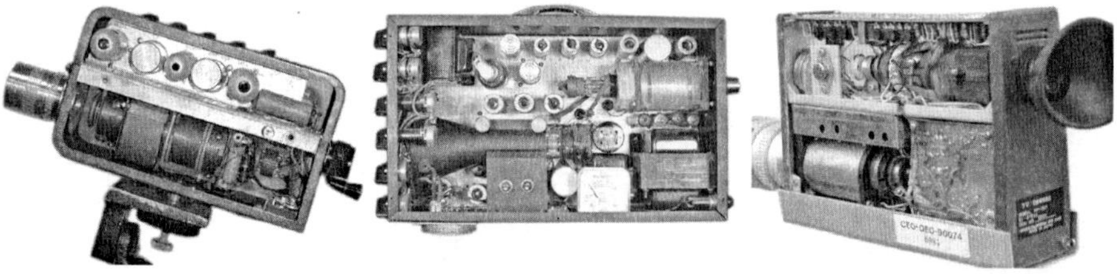

▲ 그림 2-18 촬상관 카메라

Semiconductor)가 대표적이다. 초기의 비디오카메라는 촬상관이라고 하는 일종의 진공관을 사용하였으나 현재에는 사용되지 않고 박물관에나 가야 볼 수 있다.

(1) CCD와 CMOS

엄밀히 따지자면 CCD와 CMOS는 촬상소자(이미지센서)가 아니라 "이미지의 처리방식"을 뜻하는 용어이지만, 카메라의 세계에서는 촬상소자의 이미지처리방식의 대명사격이기 때문에 편의상 촬상소자라고 통칭하고 있다.

CCD(Charge Coupled Device)는 전하결합소자(電荷結合素字)라고도하며, 원래는 새로운 형태의 메모리로 사용하려고 개발되었지만 광전효과라는 특성덕분에 이미지센서로 사용되고 있다.

보충설명

전하결합소자(CCD)의 발명자는 미국 벨 연구소에 근무하던 조지 스미스(George Smith)와 윌러드 보일(Willard Boyle)이지만, CCD의 원리는 알버트 아인슈타인(Albert Einstein)에 의해 입증된 광전효과를 근거로 하고 있다. 아인슈타인은 상대성이론이 아니라, 바로 이 광전효과의 발견으로 1921년에 노벨상을 수상했다.

초기의 비디오카메라에 사용된 촬상관은 크기가 크고 고전압을 사용하며 수명이 짧은 등의 많은 단점이 있었다. 이를 대체하기 위해 개발된 CCD는 화질이 좋고 노이즈가 적어 많이 사용되었지만 CMOS에 비하여 전기소모가 많을 뿐 아니라 제조단가가 비싸기 때문에 최근에는 CMOS를 더 많이 사용하고 있다.

CCD는 포토다이오드에서 받아들인 빛(전하)을 수직으로 결합된 하나의 전송통로를 이용해 일제히 전송하고, 나머지는 다음 열로 전송하는 간단한 구조를 가지고 있다. 회로가 간단한 만큼 빛을 받아들이는 포토다이오드의 면적을 크게 할 수 있어 감도가 높고(어두운곳에서 촬영에 유리하다) 노이즈가 적은 영상을 얻을 수 있지만, 화소(포토다이오드)의 일부에서 넘친 전하가 다음 화소에 영향을 주는 "스미어(smear)"나 "블루밍(Blooming)"이 발생한다.

스미어 현상은 밝은 광원, 예를 들어 햇빛에 반사된 거울 등을 촬영할 때 세로방향으로 밝은 줄이 나타나는 현상을 말하는데, CCD의 구조상 스미어 현상을 원천적으로 해결할 방법은 없으며 완화시키기 위한 방법들은 다수 있지만 구조가 복잡해지고 가격이 상승하게 된다.

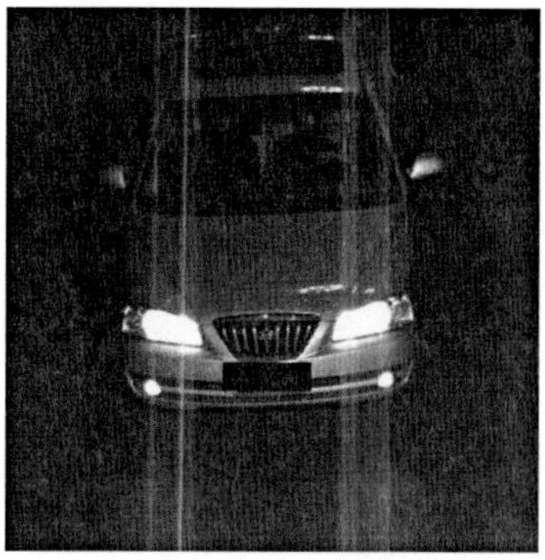

▲ 그림 2-19 스미어 현상

▲ 그림 2-20 플레어 현상

▲ 그림 2-21 모아레 현상

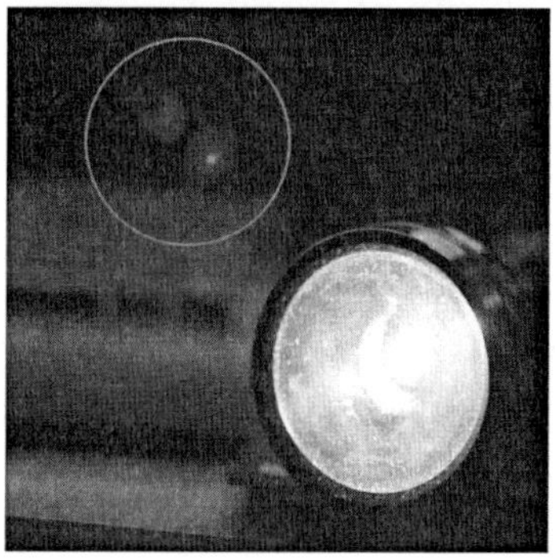

▲ 그림 2-22 블루밍 현상

블루밍 현상 역시 밝은 광원을 중심으로 하여 원형으로 빛이 퍼져 보이는 현상을 말하는데, 이 또한 CCD를 사용하는 카메라에서의 골칫거리이다.

이에 비해 CMOS 촬상소자는 각 화소에 신호증폭을 위한 앰프를 내장하고 있어 스미어 현상이 발생하지 않는 데다가, 일반반도체와 같은 구조이기 때문에 노이즈제거회로 등과 같은 추가적인 기능을 촬상소자 자체에 탑재할 수 있다. 대신 각 화소마다 앰프회로가 필요하기 때문에 CCD에 비해 상대적으로 포토다이오드의 면적이 작아서 감도가 다소 낮고 저광량 하에서 노이즈가 발생하는 문제가 있다. 하지만 현재는 기술의 개발로 인하여 이런 단점들은 대부분 해결된 상태이며, 앞서 언급한 대로 촬상소자 자체에 노이즈 제거회로 등을 탑재할 수 있기 때문에 같은 가격이라면 CCD에 비해 좋은 영상을 얻을 수 있다.

(2) 촬상소자의 규격(크기)과 화소

상당수의 CCTV용 카메라는 1/3″ ~ 1/2″규격의 촬상소자를 이용하지만, 이보다 작은 크기의 촬상소자를 사용하는 카메라도 있고, 반대로 더 큰 크기의 촬상소자를 사용하는 카메라도 있다.

촬상소자에는 미세한 포토다이오드들이 세밀하게 배치되어 있는데, 이 포토다이오드 각각 또는 하나의 묶음을 화소(Pixel)라고 한다. 흑백카메라는 하나의 포토다이오드가 하나의 화소이며, 컬러카메라는 R・G・B의 3개의 포토다이오드 묶음이 하나의 화소를 이루게 된다. 예를 들어 41만화소 카메라는 41만개의 화소가 있는 촬상소자를 탑재하고 있다는 뜻이고, 화소수가 많을수록 더욱 높은 해상도의 이미지를 만들어 낼 수 있는 것이다.

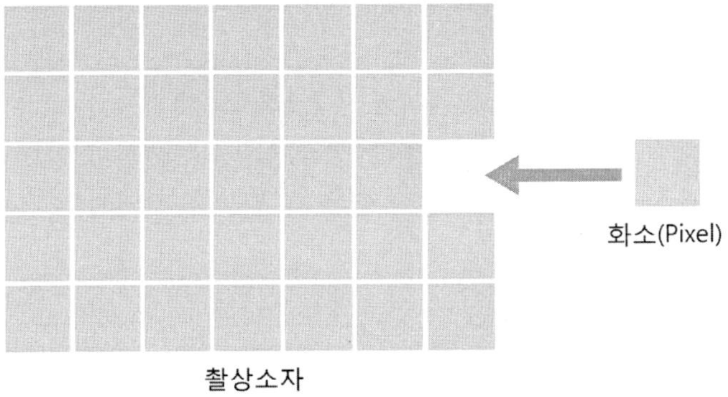

▲ 그림 2-22 촬상소자와 화소

촬상소자의 화소수는 카메라의 성능과 가격을 결정하는 가장 중요한 요소 중의 하나인데, 촬상소자가 크면 그만큼 받아들일 수 있는 빛의 양이 많기 때문에 어두운곳에서도 노이즈가 적은 사진을 얻을 수 있지만 가격이 상승하는 문제가 있다. 때문에 카메라 제조사에서는 작은 크기의 촬상소자에 더 많은 화소를 집적시키기 위해 노력하고 있으며, 현재에는 쌀알만한 크기지만 수천만화소를 자랑하는 촬상소자도 이미 개발되어 있다.

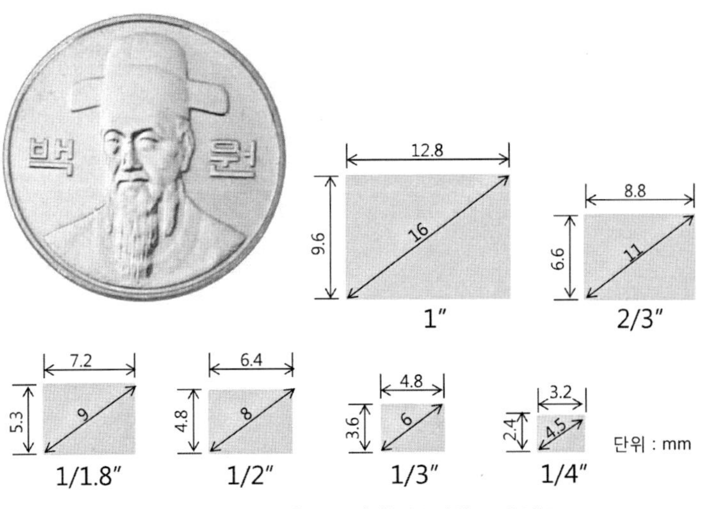

▲ 그림 2-23 1″ ~ 1/4″ 촬상소자의 크기 비교

보충설명

촬상소자의 크기를 나타내는 1/2″등의 숫자는 실제 촬상소자의 대각선길이를 나타내는 것이 아니라 초기에 사용하던 촬상관(비디콘 튜브)에서 실제 영상을 표시할 수 있었던 유효영역을 기준으로 한 "규격표시방법"이며, 실제 촬상소자의 크기는 훨씬 더 작다.
실제 크기가 훨씬 작음에도 불구하고 이런 규격표시방법을 사용하는 이유는 "이렇게 표시하는 것이 더 커 보이기 때문"이기도 하지만, 과거의 촬상관에서 사용하던 렌즈를 그대로 사용할 수 있게 하기 위해서이다.

CCTV용 카메라는 일반적으로 1″ ~ 1/4″규격의 촬상소자를 사용하는데, 같은 집적도를 가진 촬상소자라면 당연히 큰 쪽이 화소의 수가 많다. 반대로 같은 크기의 촬상소자라면 집적도가 낮은 쪽이 각 화소의 크기가 크기 때문에 많은 양의 빛을 받아들일 수 있어서 보다 나은 영상을 얻을 수 있고, 집적도가 높은 쪽은 각화소의 크기도 작을뿐더러 화소 사이의 간격도 보다 조밀하기 때문에 화질이 떨어짐은 물론이거니와 간섭에 의한 노이즈도 많이 발생하는 경향이 있다.

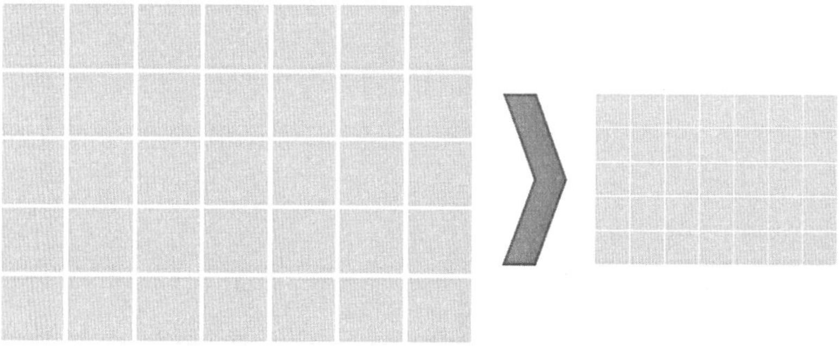

▲ 그림 2-24 같은 화소수, 다른 집적도의 촬상소자

하지만, 제작기술과 이미지프로세싱 소프트웨어의 발달에 따라 더 작은 크기, 더 높은 집적도에서도 화질과 노이즈의 정도는 달라질 수 있으므로 절대적이지는 않다. 그럼에도 불구하고, "같은 세대, 같은 제조사의 제품"이라면 집적도가 낮은(촬상소자의 크기가 큰) 제품이 확실히 나은 화질을 보여준다.

촬상소자의 크기는 렌즈 및 렌즈 마운트와도 밀접한 관계가 있지만, 거기에 대해서는 차후에 다시 설명하기로 하고, 화소에 대하여 계속 알아보도록 하자.

▲ 그림 2-25 PCB에 부착된 촬상소자

화소(Pixel)는 "포토다이오드 각각 또는 하나의 묶음"이라고 앞에서 언급한 바 있는데, 화소는 화상(영상)을 형성하는 최소의 단위이며 화소수가 많을수록 해상도가 높은(더 선명한) 영상을 얻을 수 있다.

보통 화소는 "전체화소(총화소)"와 "유효화소"로 구분이 되는데, 이중 전체화소는 촬상소자가 가지는 물리적인 화소 모두를 말하고, 전체화소 중 실제 영상신호로 출력되는 부분의 화소를 유효화소라고 한다.

주요사양

영상	
촬상 소자	1/1.9형 2.42메가픽셀 CMOS
총 화소수	1952(H) X 1241(V) approx 2.42M pixels
유효 화소수	1937(H) X 1097(V) approx 2.12M pixels
주사 방식	프로그레시브
최저조도	Color : 0.03 Lux (1/30sec, F1.2, 50IRE), B/W : 0.003 Lux (1/30sec, F1.2, 50IRE), Color : 0.015 Lux (1/30sec, F1.2, 30IRE), B/W : 0.0015 Lux (1/30sec, F1.2, 30IRE),
S / N 비	50dB
영상 출력	CVBS : 1.0 Vp-p / 75Ω composite, 720x480(N), 설치용
렌즈	
포커스 제어	Simple Focus / Manual - Remote control via network (Manual, Simple Focus)
렌즈 타입	Manual / DC Auto Iris, P-Iris
마운트 타입	C/CS-Mount

▲ 그림 2-26 카메라 카탈로그에 기재된 전체화소와 유효화소

이는 촬상소자를 PCB에 부착할 때 사용하는 마운트에 가려지는 부분 때문에 실제로 화소가 있음에도 불구하고 영상으로 변환할 수 없기(즉, 촬상소자를 PCB에 고정하기 위해 사용되는 마운트가 가리는 부분) 때문이기도 하고, 일반적으로 사용하는 비디오규격에 맞추기 위해서이기도 하다.

4 화질과 해상도

카메라의 카탈로그에는 화소수를 비롯하여 여러 가지의 규격들이 숫자로 나열되어 있다. 하지만 제품 카탈로그에 인쇄되어 있는 규격만으로 카메라를 판단하는 것은 사실상 불가능하다.

카메라의 제조사들은 서로 다른 규격과 평가방법을 사용하며, 제품의 단점을 숨기고 장점만 내세우는 식의 자료를 제공하고 있는 것이 현실이기 때문에 사용자의 입장에서는 여러 가지 카메라를 사용하여 보고 다른 카메라의 영상과 비교하는 것이 가장 확실한 방법이다.

단적인 예로 "화소수"가 다른 두 카메라를 비교하여 보자. 화소수가 많은 카메라가 화소수가 적은 카메라에 비하여 더 좋은 카메라일 가능성이 높지만 어느 누구도 1600만화소를 가진 핸드폰 카메라가 800만 화소/풀프레임의 DSLR 카메라에 비해서 화질이 우월하다고 말하기는 어렵다.

이처럼 "화질"은 단 하나의 요소만으로 결정할 수 없으며 촬상소자의 크기, 해상도(화소수), 스미어, 감도, 노이즈, 감마, 이미지프로세싱 엔진(SW)등 여러 복합된 요소가 유기적으로 결합되어야 비로소 "좋은 화질"이라고 할 수 있으며, 특히나 모든 사람의 눈이 이러한 요소에 대하여 동일한 기준(민감성)을 가지고 있는 것도 아니기 때문에 어떤 사람의 눈에는 좋은 화질로 보이는 영상이 다른 사람에게는 그렇지 않을 수도 있다(DSLR의 사용자가 캐논파와 니콘파로 나뉘어져 있는 것도 이 때문이다).

이 중에서 해상도는 카메라 자체의 성능을 나타내기 위해 가장 흔히 사용되는 지표이다. 이는 "카메라 자체의 성능"일 수도 있고 "카메라가 포함된 전체 시스템"일 수도 있지만, 대부분 "카메라가 발휘할 수 있는 최고의 성능"을 뜻한다.

해상도는 수직해상도와 수평해상도로 나누어 표현하는 경우도 있고, 두 가지 해상도를 곱한 값(41만 화소, 130만 화소 등으로 표현한다)으로 표현하는 경우도 있는데 최근에는 메가픽셀급 카메라가 대중화됨에 따라 후자를 사용하는 경우가 더 많다.

수직해상도

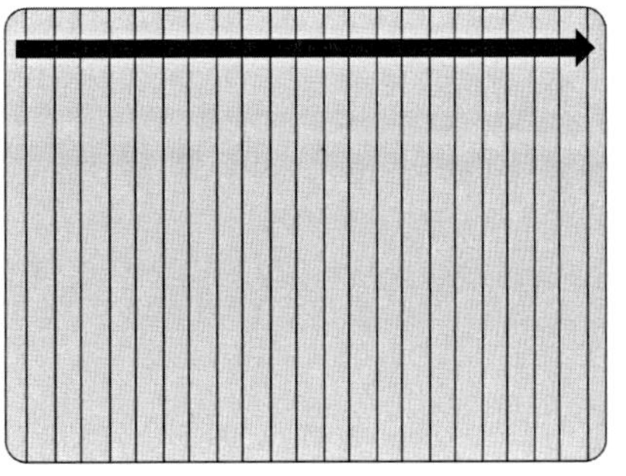

수평해상도

▲ 그림 2-27 수직해상도와 수평해상도

수직해상도는 카메라가 보고 있는 사물을 어느 정도로 세밀하게 재현할 수 있는지에 대한 성능 지표로서, 카메라가 읽어낼 수 있는 최대 수평 라인(Line)의 수이다. 아날로그 카메라에서 이론적인 최대 해상도는 PAL기준에서 625라인이며 NTSC에서 525라인이지만, 실제의 수직 해상도는 화면 상에서 유효주사선 수의 비율인 켈 계수 0.7을 곱하여 PAL기준 400 TV Line/NTSC에서 330 TV Line이 된다.

수평해상도는 카메라가 읽어낼 수 있는 최대 수직 라인 수이며, 수평방향 영상의 변화를 나타낼 수 있는 정도를 말한다. 4:3의 화면비를 가지는 아날로그 카메라에서 이론적인 최대 수평해상도는 PAL 방식이 768라인, NTSC 방식이 640라인이지만 실제의 수평 해상도는 PAL 방식이 533 TV Line, NTSC 방식이 440 TV Line이다.

수평해상도의 계산방식은 수직해상도에 대하여 아날로그영상의 화면비 4:3을 적용하여 계산하며, 간단히 "수직해상도 × 4/3"으로 계산한다. 이 계산방식은 카메라의 촬상소자에 있는 픽셀이 "정사각형"이라는 사실을 전제로 한 것이며, 대부분의 아날로그 카메라는 정사각형 모양의 픽셀을 사용하고 있다.

메가픽셀 카메라와 LCD모니터가 출시됨에 따라 해상도의 개념도 새롭게 바뀌었다. 특히, 디지털 HD급 시스템에서는 더 이상 화면비가 4:3이 아니며, 아날로그 시스템에서 사용하던 주사선에 의한 해상도 제한도 받지 않게 되었다. 때문에 현재는 대부분 촬상소자의 수평픽셀과 수직픽셀수를 표기하는 방법을 사용한다. 예를 들어 Full-HD급 카메라라면 1920 × 1080 Pixel 또는 이 둘을 곱한 값인 2.1 Mega-Pixel(2.1 Mpx, 210만 화소)로 표현하는 것이 일반적이다.

보충설명

흔히 FHD 영상을 제공하는 카메라를 200만 화소 급 카메라라고 부르는데, FHD 영상은 1920×1080의 해상도(2,073,600화소)이므로 210만 화소 카메라라고 불러야 한다.
200만 화소 카메라는 따로 있는데, 바로 1600×1200의 해상도(1,920,000화소)를 제공하는 4:3 화면비의 카메라이다.

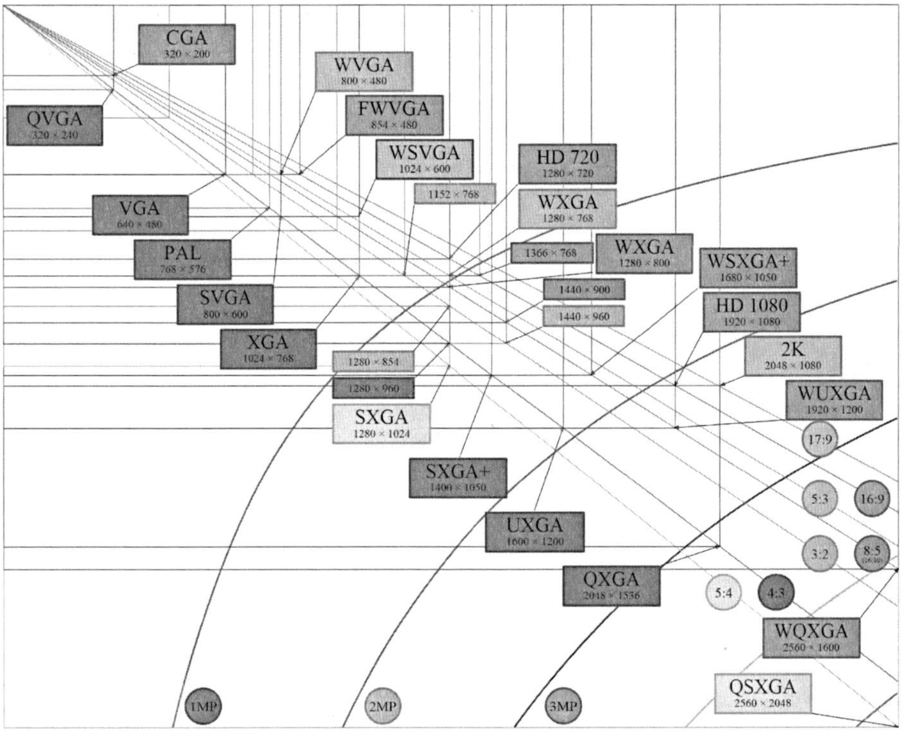

▲ 그림 2-28 해상도 차트. Wikipedia제공

이 챕터에서 굳이 화소와 해상도를 따로 설명하고 있는 이유는 화소의 수가 많으면 당연히 해상도가 높아지지만, 해상도가 높다고 해서 반드시 좋은 화질을 보여 주는 것은 아니기 때문이다. 렌즈가 촬상소자의 성능을 제대로 지원하지 못하거나, IP 카메라가 전송을 위해 사용하는 동영상압축 과정에서 해상도가 저하될 수 있기 때문이며 해상도의 저하는 필연적으로 화질의 저화를 가져온다.

반대로, 고성능의 렌즈를 사용하더라도 촬상소자 자체의 품질이 떨어지거나 이미지프로세싱 엔진(소프트웨어)의 성능이 낮다면 이 역시 해상도의 저하를 가져오게 되는 요소이다.

따라서 카메라제조사에서 제공하는 카탈로그에 표시되어 있는 수치를 전적으로 맹신하기 보다는 테스트차트를 이용하여 여러 가지 카메라를 충분히 테스트하여 볼 필요가 있다.

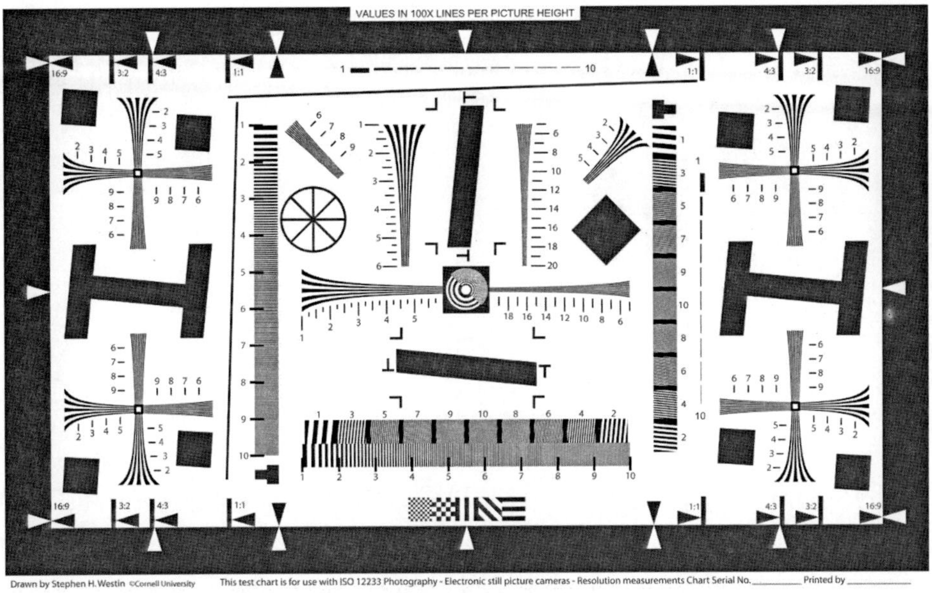

▲ 그림 2-29 ISO-12233 메가픽셀 카메라용 테스트차트

카메라 해상도를 측정하기 위한 테스트 차트는 여러 가지가 있는데, 아날로그(SD) 영상을 측정하기 위한 차트로는 EIA RETMA차트가 가장 유명하며, 메가픽셀급 카메라에서는 ISO-12233차트를 흔히 사용한다.

5 기타 규격요소

(1) 최저조도

최저조도란 “카메라가 인식 가능한 영상을 만들어낼 수 있는 피사체에서 가장 최소의 조명조건”을 말한다. 조도는 럭스(lux)단위로 표시되며 “인식 가능한 영상”이라는 단어의 의미를 해석하는 데 있어 제조사마다 많은 차이가 있다.

대부분의 제조사는 카탈로그에 명시된 최저조도에 대응하여 카메라의 영상 출력단에 나오는 “비디오레벨”을 규정하고 있지 않으며, 심지어는 “이 카메라의 최저조도는 0.01 lux입니다.” 등으로 아주 단순하게 제시하는 경우도 있다. 더군다나 어떤 제조사는 피사체에서 측정한 최저조도를 표시하는 데 비하여, 다른 제조사는 촬상소자 자체의 최저조도를 표기하기도 한다. 이처럼 최저조도의 표시방법이 카메라 제조사마다 제각각이기 때문에 단순히 카탈로그 상의 수치만 비교하여, 어떤 카메라가 더 어두운곳에서 촬영이 가능한지 알아내기는 아주 어렵다.

그래서, 최소한 "특정 F값에 대하여 0.1 lux"등과 같이 정보를 제공하고 있는 제품이 그나마 믿을 수 있지만 모든 조건과 요소(예를 들어 피사체의 반사율 등)가 명시되어 있지는 않으므로, 더 자세한 규격을 제조사에 요청해 볼 필요가 있다.

▼ 표 2-1 표준조도 조건

야간						주간			
흑암	별빛	반달	보름달	촛불	가로등	우천	흐린날	맑은날	화창한날
0.0001	0.001	0.01	0.1	1	1 ~ 10	100	1,000	10,000	100,000

사실 적외선 차단 필터가 설치되지 않은 대부분의 컬러카메라들은 사람의 눈보다 저조도 반응이 우수하지만 0.01 lux 이하의 최저조도를 가지고 있다고 주장하는 제조사는 믿지 말아야 한다. 0.01 lux는 달빛이 전혀 없고 별만 떠 있는 상태의 조도이며, 사실상 이 수준 이하에서는 어떠한 사물도 인식할 수 없는 조건이기 때문이다. 즉, "빛이 전혀 없는 상태에서 촬영이 가능하다"는 의미인데, 별도의 조명장치가 없는 한 어떤 카메라도 영상을 만들어 낼 수 없다(적외선 카메라라고 하더라도 촬영이 극히 제한된다).

(2) 신호대 잡음비(S/N비)

신호대 잡음비(S/N, Signal to Noise)는 저조도 환경에서 영상신호의 품질을 표시하는 지표이다. 전자제품에서 노이즈는 필연적으로 발생하기 때문에 완전히 제거할 수는 없지만, 최소화 해야 할 대상임은 분명하다. 노이즈는 촬상소자의 품질이나 픽셀의 크기, 집적도, 카메라에 영향을 주는 외부 자기장에 의해서도 달라지며, 작동온도에 따라 다르게 발생한다.

카메라 제조사에서는 외부자기장의 영향을 최소화하기 위해서 카메라의 외부 케이스(하우징)를 금속으로 만들거나 금속제 차폐막을 가지고 있으며, 내부 전자부품의 품질이나 설계를 최적화하여 노이즈를 최소화하려는 노력을 기울이고 있다. 온도에 따라서도 노이즈의 발생 정도는 달라지는데, 카메라 제조사에서 S/N비에 대한 규격을 명시할 때 측정한 온도도 같이 표기되어야 하며 만일 온도가 표기되어 있지 않다면 일반적인 실내온도(20 ~ 26℃)에서 측정한 것으로 추정하면 된다.

▲ 그림 2-30 노이즈 정도가 다른 영상 비교

노이즈가 심하게 발생한 아날로그 영상을 디지털방식의 녹화장치(DVR)에 저장할 때에는 동기를 맞추기 어려워져 영상신호를 제대로 저장하지 못할 수도 있으며, 디지털 방식의 CCTV에서는 노이즈가 압축효율을 저하시키기 때문에 전송데이터의 양이 많아지게 되며, 결과적으로 더 많은 저장 공간이 필요하게 된다.

S/N비를 표시하는 단위는 데시벨(Decibel)이며, dB로 표기한다. CCTV 카메라의 S/N비는 영상신호의 크기와 카메라에 있는 전자회로에서 생성된 노이즈 간의 비율로 계산하며, 아날로그 카메라에서는 S/N비가 48 dB 이상이면 좋은 상태로 판단한다. 이때 S/N비가 높을수록(즉, 숫자가 클수록) 좋다고 보면 된다.

아울러 온도가 낮아질수록 노이즈는 감소하기 때문에, 특수 카메라에서는 냉각수, 액체질소, 펠티어(Peltier)소자 등 각종의 방법을 이용하여 온도를 낮추는 방법을 동원하고 있다.

(3) 다이나믹 레인지

다이나믹 레인지는 "촬상소자가 빛을 받아들여서 영상을 만들어 낼 수 있는 가장 어두운 부분부터 가장 밝은 부분까지의 범위를 표현하는 지표"이며, "최대 신호저하를 실효잡음으로 나눈 비"라고 정의된다.

간단하게 설명하자면, 카메라가 촬영하는 영상 내에는 필연적으로 밝은 부분과 어두운 부분이 동시에 있을 수밖에 없게 되는데, 밝은 부분을 기준으로 하여 조리개나 셔터를 설정하면 어두운 부분이 잘 보이지 않게 될 것이고, 반대로 어두운 부분을 기준으로 하면 밝은 부분이 너무 밝게 나와서 영상을 확인하기가 어렵게 된다. 이때 어느 정도의 범위까지 카메라가 식별할 수 있는 영상을 만들어 낼 수 있는지를 판가름하는 지표가 바로 다이나믹 레인지이다.

현재로서는 촬상소자의 다이나믹 레인지보다 사람 눈의 다이나믹 레인지가 훨씬 넓다. 물론 지속적인 개발을 통해 촬상소자의 성능이 점점 나아지고 있지만 아직도 사람 눈의 성능을 따라

가지는 못하고 있는 실정인데, 대부분의 촬상소자의 다이나믹 레인지는 3,000:1 ~ 6,000:1 (약 70 ~ 80 dB) 수준이며 사람 눈의 다이나믹 레인지는 1,000,000:1(약 120 dB)이다.

넓은 다이나믹 레인지는 역광촬영과 야간 촬영시 특히 중요한 요소인데, 가로등이나 차량의 헤드라이트 불빛 때문에 정작 선명하게 촬영되어야 할 사람의 얼굴이나 자동차번호판이 너무 어둡게 촬영되어 알아볼 수 없게 될 수 있기 때문이다.

▲ 그림 2-31 일반적인 카메라의 야간영상

카메라 제조사에서는 보다 나은 영상을 얻기 위하여 새로운 방법들을 동원하고 있는데, 가장 널리 사용되고 있는 방법이 바로 WDR(Wide Dynamic Range)이다. 이 방법은 짧은 노출시간으로 한 번, 긴 시간으로 다시 한 번 영상을 촬영하며, 이렇게 얻어진 두 장의 영상정보를 합성하여 하나의 프레임을 만들어 낸다. 즉, 짧은 노출시간으로 얻은 "밝은 영역이 선명한 영상"과 긴 노출시간으로 얻은 "어두운 영역이 선명한 사진"을 합성하였기 때문에 밝은 영역과 어두운 영역 모두가 선명하게 보이는 결과 영상을 얻을 수 있다.

▲ 그림 2-32 WDR 기능을 사용한 야간영상

제조사에 따라 WDR(Wide Dynamic Range)이나 HDR(High Dynamic Range) 등 다양한 명칭을 사용하고 있지만 기본원리는 대동소이하며, 제조사와 카메라에 따라 많은 성능차이를 보이고 있으므로 카메라를 구매하기 전에 면밀한 테스트가 필요하다. 이는 WDR기능의 사용 시 색상이 왜곡되거나 전체적인 화질이 저하되는 현상이 발생하는 카메라가 상당수 있기 때문이다.

WDR이 밝은곳과 어두운곳이라는 두 마리 토끼를 모두 잡기 위한 방법인 데 비하여, 역광보정(BLC, Back Light Compensation)이라는 좀 더 간단한 방법도 있다.

일반적인 카메라는 해당 영상의 밝기 평균에 노출을 맞추게 되기 때문에, 피사체의 후면에 밝은 광원이 있는 경우 그 피사체는 아주 어둡게 촬영된다. 하지만 BLC기능을 사용하게 되면 그 부분을 보완하여 어두운 부분에 노출을 맞추어 촬영하기 때문에 인식 가능한 영상을 얻을 수 있다

▲ 그림 2-33 BLC 기능을 사용한 야간영상

하지만, BLC는 WDR처럼 영상을 합성하지는 않기 때문에 어두운 부분을 인식할 수 있게 되는 대신 밝은 부분이 너무 밝게 촬영되거나 전체적으로 영상이 어두워지는 단점이 있다.

BLC와는 반대로 HLC(High Light Compensation)라는 방식도 있는데, 이 방식은 영상에서 일정값 이상으로 밝은 부분의 신호를 강제로 감소시키거나 무시해 버리는 방식이다. 때에 따라서는 상당한 수준의 영상을 보여주기도 하지만, 다음의 예시 사진과 같이 예기치 않은 결과를 가져오기도 한다.

▲ 그림 2-34 HLC기능을 사용한 야간영상

Chapter

03 렌즈

모든 카메라에는 렌즈가 부착되어야 사진이나 영상을 촬영할 수 있다. 어떻게 보면 카메라보다 렌즈가 더욱 중요하다고 할 수 있는데, 카메라는 단순히 영상을 전기신호로 바꿔주는 역할을 할 뿐이지만 실제로 영상을 만들어 내는 역할은 렌즈가 수행하기 때문이다. CCTV용 카메라에서 사용하는 여러 종류의 렌즈는 모두 동작특성이 다르기 때문에 고객이 원하는 영상을 제공하기 위해서는 그에 맞는 렌즈를 사용해야 한다.

이 장에서는 렌즈의 분류와 구조, 화각의 계산 등 엔지니어가 필수적으로 알고 있어야 할 광학계통에 대하여 다루고 있다.

1 렌즈의 분류

모든 카메라들에는 당연히 렌즈가 부착되어야만 제대로 된 영상을 촬영할 수 있다. 일반적인 스틸카메라와 마찬가지로 CCTV 카메라도 렌즈가 카메라의 일부로 고정되어 있는 제품도 있고(렌즈 일체형), 렌즈를 별도로 결합하여 사용할 수 있는(렌즈 교환형)카메라도 있다.

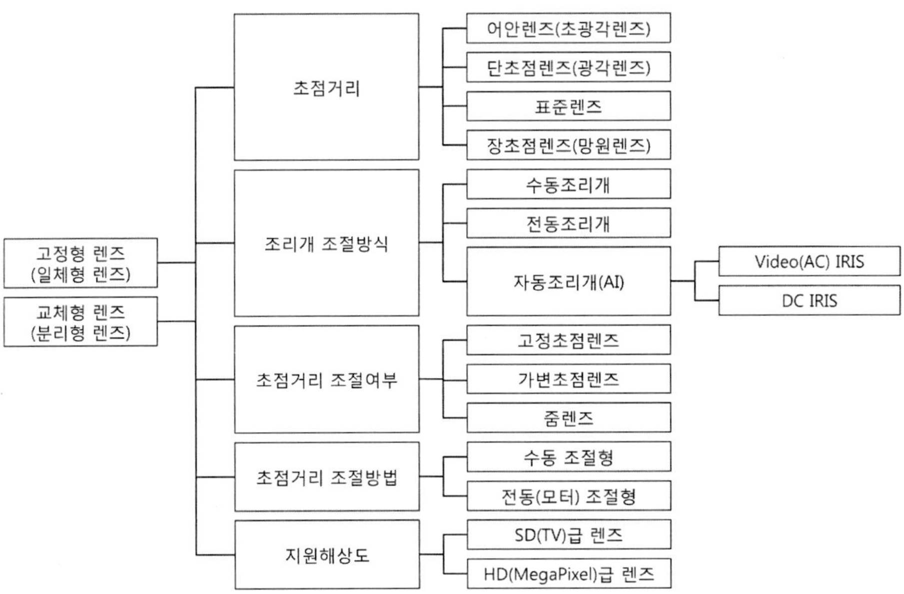

▲ 그림 3-1 렌즈의 분류

카메라의 분류에서 살펴본 것과 마찬가지로, 모든 렌즈는 위의 분류에 있는 특징을 한 가지 이상 가지고 있다. 예를 들어 저가형 돔카메라에 부착되어 있는 렌즈라면 "일체형–단초점–자동조리개–고정초점–SD급 렌즈"로 정의할 수 있으며, 일반적인 스피드돔 카메라에 부착되어 있는 렌즈라면 "일체형–자동조리개–줌–전동조절형–HD급 렌즈"로 정의할 수 있다.

2 렌즈의 기본요소

렌즈는 기본적으로 볼록렌즈와 오목렌즈의 두 가지 유형이 있다. 흔히 돋보기라고 부르는 볼록렌즈는 "포지티브(+) 초점거리"를 가지고 있다고 표현하는데, 이는 실제로 초점이 존재한다는 의미이며 사물의 크기를 확대하여 나타내는 성질이 있다. 반대로 오목렌즈는 "네거티브(–) 초점거리"를 가지고 있다고 표현하며, 실제 초점은 없이 가상의 초점만 존재한다는 의미이며 사물의 크기를 축소하여 나타낸다.

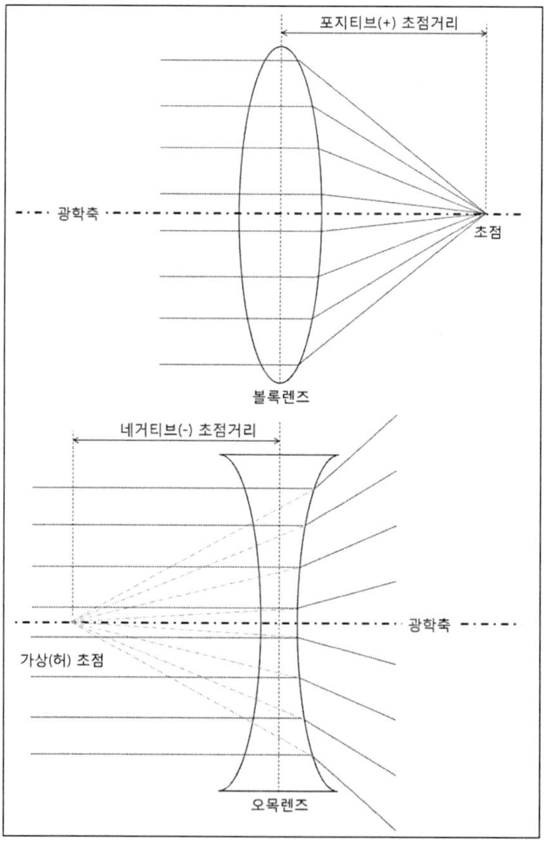

▲ 그림 3–2 볼록렌즈와 오목렌즈

카메라에 사용되는 렌즈는 이 두 가지 유형의 렌즈를 여러 개 조합하여 제작되는데, 이는 여러 광학요소가 복합적으로 작용하여 발생하는 왜곡현상이나 렌즈 자체에서 발생하는 수차현상을 보정하기 위해서이다.

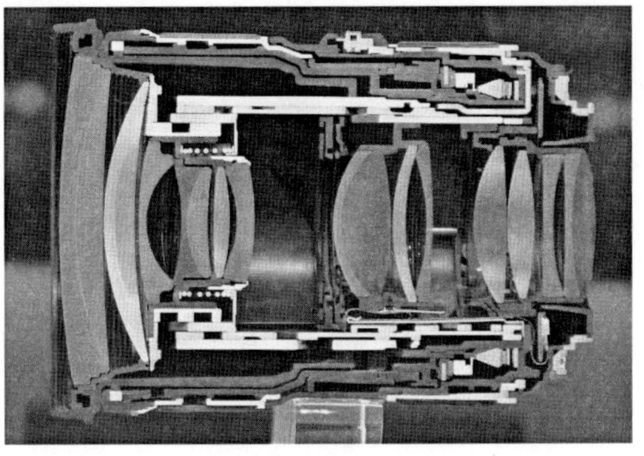

▲ 그림 3-3 렌즈의 구조

색수차를 예로 들어 보자. 프리즘에 태양광을 통과시키면 태양광의 반대쪽에 무지개 색상이 나타나는 것을 볼 수 있다. 이 현상은 태양에서 들어오는 "백색광"이 실제로는 사람이 육안으로 볼 수 있는 모든 빛의 파장(색상)으로 합성되어 있다는 의미이다. 이 현상은 볼록렌즈를 통과할 때도 일어나는 현상이며, 카메라용 렌즈를 제작할 때에 큰 걸림돌이 된다.

색수차는 빛의 파장의 길이에 따라 유리의 굴절률이 다르기 때문에 발생(모든 투명물질에서는 동일한 현상이 발생한다)하는 현상이며, 렌즈를 통과하여 분해된 광선을 보면 빨강에 가까운 긴 파장의 빛일수록 초점이 렌즈에서 먼 곳에, 보라에 가까운 짧은 파장의 빛일수록 렌즈와 가까운 곳에 초점이 맺히므로 영상이 흐려져 보이거나 물체의 가장자리에 무지개색(특히 보라색)이 나타나게 된다.

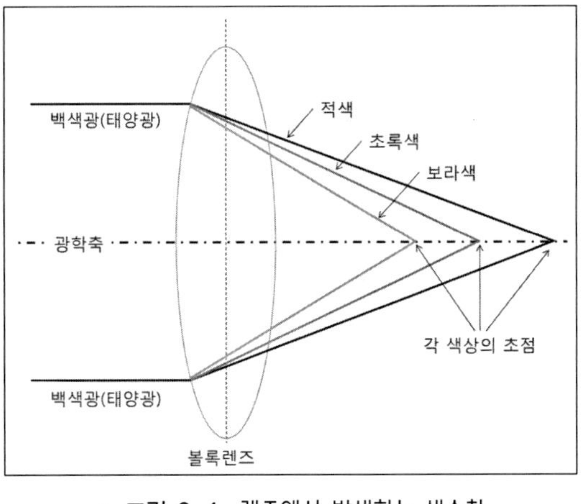

▲ 그림 3-4 렌즈에서 발생하는 색수차

이런 색수차는 볼록렌즈와 오목렌즈를 조합하여 사용하면 최소화시킬 수 있는데, 볼록렌즈를 통과하여 분산된 색이 다시 오목렌즈를 통과하여 합쳐지는 현상을 이용하는 것이다.

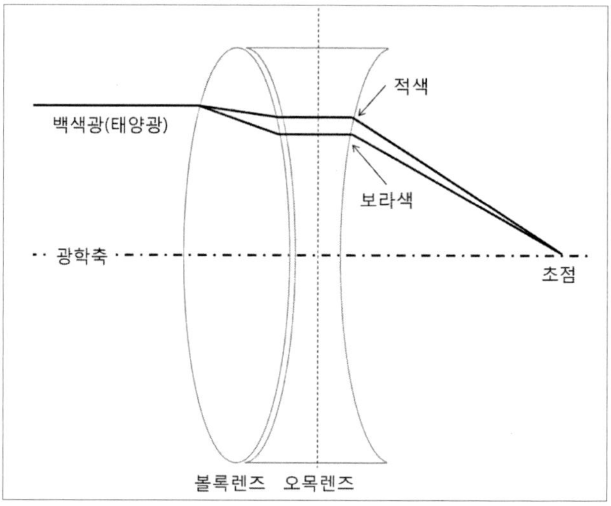

▲ **그림 3-5** 이종렌즈를 이용한 색수차 보정

그런데, 렌즈에는 색수차현상 외에도 많은 왜곡현상, 예를 들어 구면수차에 의한 왜곡이나 상면만곡수차 등으로 인한 왜곡현상이 발생하기 때문에 단순히 두 개의 렌즈만으로는 해결이 어렵고 여러 개의 광학렌즈를 중첩하여 사용하면 이를 좀 더 완화시킬 수 있다.

수차는 크게 구면수차, 비점수차, 코마수차, 상면만곡수차, 왜곡수차, 색수차로 나뉜다. 특히 색수차는 축상색수차, 배율색수차의 2가지이므로 수차는 모두 7종류라고 할 수 있다. 수차가 발생하는 데에는 여러 가지 원인이 있지만, 광학적으로 모든 수차를 완전히 제거하는 것은 불가능하므로 얼마나 이 왜곡을 완화시키고 눈에 거슬리지 않게 만드느냐가 렌즈 제작의 포인트이다.

▼ **표 3-1** 수차와 보정

	화면상에서 확인 가능한 곳	조리개를 조여서 보정
구면수차	중앙부 ~ 주변부	효과 있음
비점수차	주변부	다소 효과 있음
프레인수차	주변부	효과 있음
상면만곡수차	중앙부 혹은 주변부	거의 효과 없음
왜곡수차	주변부	효과없음
축상색수차	중앙부 ~ 주변부	다소 효과 있음
배율색수차	주변부	거의 효과 없음

현재에는 컴퓨터를 이용한 시뮬레이션으로 빠르게 렌즈를 설계할 수 있게 되었지만, 그 이전에는 광학엔지니어들과 수학자들이 수많은 계산과 시제품제작을 반복하여 설계하고 제작할 수밖에 없었다. 그래서 오랜 역사를 가진 이름 있는 렌즈 제작사만이 제대로 된 고성능의 렌즈를 제작할 수 있었으며, 아직도 그 제작사들이 만들어 내는 렌즈는 "고객이 믿고 살 수 있는" 제품들로 평가받고 있다.

그렇다면 과연 좋은 렌즈는 어떤 렌즈일까? 전문적으로 사진을 찍는 사람들이 말하는 좋은 렌즈의 조건은 대부분 자신의 주관과 개성에 부합하는 렌즈이기 때문에 객관적인 지표로 삼기에는 어렵다. 예를 들어 "마음에 드는 사진을 찍을 수 있는 렌즈"가 도대체 어떤 렌즈를 말하는 것일지 알 수 없기 때문이다.

따라서 광학성능에 중점을 맞추어 평가하는 것이 합당하다고 여겨지는데, 아래의 다섯 가지 조건을 충족하는 렌즈가 바로 "이상적인" 렌즈라고 할 것이다.

- 피사체의 한 점에서 나온 광선이 렌즈를 통과한 후에 다시 한 점에 맺힐 것
- 렌즈 광축에 수직이 되는 평면피사체가 기울어지거나 흐려지지 않고, 중심부와 주변부 모두 동일한 밝기 일 것
- 렌즈 광축에 수직이 되는 피사체의 형태가 왜곡되는 일이 없을 것
- 피사체의 색상을 충실히 재현하여, 색조에 편향이 없고 색번짐이 일어나지 않을 것
- 피사체에 존재하지 않는 어떤 것이 촬영되거나 콘트라스트가 저하되지 않을 것(고스트나 플레어 현상이 발생하지 않을 것)

이 모든 조건을 충족시키는 렌즈는 어떤 왜곡도 일어나지 않는, 말 그대로 완전무결한 렌즈이지만 실제로 이런 렌즈는 세상에 존재할 수 없다. 렌즈 제작사에서는 이 조건들을 충족하는 렌즈를 만들고자 노력하지만, 기술의 한계와 비용의 문제 때문에 어려움이 있어 시중에서 구할 수 있는 렌즈의 품질은 그야말로 천차만별일 수밖에 없다.

일반적으로 렌즈의 품질을 평가하는 요소에 대해서는 다음과 같이 정리할 수 있다. 이 역시 절대적인 평가기준은 아니며, 목적에 따라 의견이 다를 수 있다.

○ 렌즈의 설계

- 사용된 렌즈의 수와 종류
- 렌즈군의 위치
- 설계단계에서의 수차보정

○ 렌즈 제작 요소

- 사용된 유리의 종류
- 렌즈용 유리의 제작기술
- 연마와 연삭의 정밀도(고해상도 지원 렌즈일수록 중요하다)
- 렌즈의 코팅(반사코팅, 적외선 코팅 등)

○ 렌즈의 기계적 구조

- 충격이나 온도 변화에 따른 안정성
- 줌/포커싱/조리개의 형상이나 작동 메커니즘
- 렌즈 내부의 빛 반사 코팅이나 매트 사용 여부
- 원활한 작동을 위한 설계공차
- 전동 렌즈인 경우, 사용된 모터의 신뢰성과 정확도
- 프리셋 지원 렌즈인 경우, 사용된 포텐셜미터의 정확도

○ 렌즈 내부의 전자회로

- 전자회로 자체의 품질
- 전력소모량
- 사용전압
- 조리개 구동방식

실제로 렌즈의 품질을 평가하기 위해서는 제조사의 자료에만 의존하지 말고, 여러 가지 제품을 실제로 비교 평가하여 자신의 목적에 맞는 렌즈인지 판단하여야 하지만 이 또한 쉬운 일은 아니다. 그래서 실무에서는 위의 요소들을 무시한 채 가격에 맞는 적당한 렌즈를 선택하는 일이 비일비재하지만, 시간과 비용이 허락한다면 위의 요소들을 충분히 검토할 필요가 있다.

3 렌즈의 성능

렌즈의 가장 기본적인 역할은 왜곡이 없는 선명한 영상을 촬상소자에 제공하는 것이다. 누차 말한 것처럼 렌즈의 성능은 천차만별이지만 일반적으로 렌즈의 분해능력, F값, 초점거리, 지원하는 촬상소자의 크기 등이 렌즈성능을 판단하는 주요 지표가 된다.

이 절에서는 렌즈의 분해 능력을 표시하는 지표인 CTF와 MTF, 그리고 렌즈에서 만드는 상의 밝기정도를 나타내는 지표인 F값에 대해서 알아보도록 하자.

(1) CTF와 MTF

렌즈의 분해 능력은 "렌즈를 통해서 만들어진 영상이 얼마나 세밀한 부분까지 잘 구분할 수 있는가?"를 말한다. 통상 렌즈의 분해능력 측정은 검은색과 흰색 선의 간격을 다르게 하여 만든 차트를 사용하여 측정한다.

이 차트는 밀리미터당 선(Line)의 개수로 표시하고 있으며 렌즈가 밀리미터당 검은색과 흰색의 선을 몇 개나 인식할 수 있는지 판독하는데, 이를 대비전달함수(CTF, Contrast Transfer Function)라 한다.

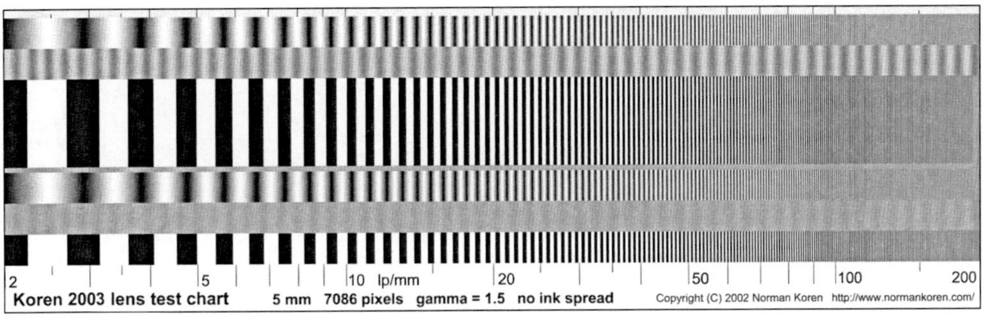

▲ 그림 3-6 렌즈테스트용 차트

변조전달함수(MTF, Modulation Transfer Function)는 명암의 밀도가 연속으로 변하는 차트(위의 차트는 CTF와 MTF를 동시에 도출할 수 있도록 만들어져 있다)를 사용하여 도출한 렌즈 특성을 말하며, 검은색과 흰색의 간격이 얼마나 좁은 상태까지 렌즈가 인식할 수 있는가를 알아내는 것이다.

두 함수는 서로 판단의 방법이 다르므로 일치하지 않지만, 일반적으로는 CTF를 도출하는 것이 MTF를 도출하는 것보다 더 간단하고 직관적이기 때문에 많이 사용하는 경향이 있다.

결과적으로 어떤 함수를 사용하든 간에 분해 능력이 높은 렌즈가 좋은 렌즈임은 당연하다. 하지만 CCTV에 사용되는 렌즈는 전문적인 방송장비나 SLR 카메라에 사용하는 고성능 렌즈에 비하여 분해 능력이 낮은 것이 일반적인데, 이는 그동안 아날로그 CCTV 카메라에 사용되는 촬상소자의 해상도가 SD급으로 제한되어 있었기 때문에 굳이 고가의 고성능 렌즈를 사용할 필요가 없었기 때문이다.

하지만 HD급 CCTV 카메라가 일반화되면서 고성능 렌즈(분해성능이 높은 렌즈)에 대한 수요도 같이 증가하게 되었는데, 특히 촬상소자의 크기는 작아지고 해상도는 높아지고(즉, 집적도가 높은) 있기 때문에 고성능렌즈의 중요성은 더 높아지고 있다.

사실 SD급 아날로그 카메라에서 사용하던 렌즈를 HD급 디지털카메라에 장착하여도 사용이 가능하며 영상 자체는 얻을 수 있다. 하지만 이렇게 조합하게 되면 HD급의 해상도는 얻을 수 있지만, 렌즈의 성능부족으로 인하여 HD급에서 기대되는 선명한 영상을 얻을 수는 없다. 따라서 고성능 카메라에는 그에 맞는 고성능의 렌즈를 사용해야 하며, 적합한 렌즈를 사용하지 않는다면 고가의 HD카메라를 사용할 아무런 이유가 없다.

▲ 그림 3-7 동일카메라에서 SD급 렌즈와 HD급 렌즈의 비교

사진에서 보는 것처럼 동일한 카메라에서 렌즈의 분해 능력에 따라 화질에 상당한 차이가 있는 것을 확인할 수 있다. 물론 "메가픽셀 급(HD급)"이라고 표기되어 있는 렌즈라 하더라도 제조사에 따라 렌즈의 품질은 모두 다르므로 실제로 영상을 비교하여 확인해 볼 필요성은 여전히 있다.

(2) F값

렌즈의 성능을 표시하는 다른 중요한 요소 중 하나는 바로 F값이다. F값은 렌즈에서 만드는 상의 밝기 정도를 나타내는 수치이며, F-number 또는 F-stop이라고도 표현한다. 특히 F-stop은 주로 사용되는 F값들을 특정하게 정해서(F1.8, F11 등) 사용하기 편리하게 지정된 값이다.

통상 렌즈에는 초점거리가 가장 짧은 조건에서 조리개가 개방되는 상태를 기준으로 표시하며, 이 값은 렌즈의 집광능력을 표현하는 지표가 된다.

F값이 낮은 렌즈를 고속렌즈라고 하며, 이는 F값이 낮은 렌즈는 (F값이 높은 렌즈에 비해) 동일 시간에 받아들일 수 있는 빛의 양이 많기 때문에 노출시간을 짧게 할 수 있어서 붙여진 것이며 흔히 F값이 낮은 렌즈를 "밝은 렌즈", F값이 높은 렌즈를 "어두운 렌즈"라고도 표현한다.

일부 고정초점렌즈에는 그림과 같이 F-stop이 나열되어 있는 것을 볼 수 있는데(주로 고가의 렌즈에 표시되어 있다), **F값이 한 단계 높아질 때 빛의 양은 이전 F값 조건에서 통과되는 빛의 양과 비교하여 1/2이 된다.** 즉, F값이 한 단계 높아질 때마다 두 배로 어두워진다는 것을 꼭 기억해야 한다.

▲ **그림 3-8** 고정초점렌즈에 표시된 F-stop

가변초점렌즈나 줌렌즈에서는 초점거리가 가장 짧은 조건과 가장 먼 조건에서의 F값을 표시하거나 아예 초점거리가 가장 짧은 조건에서의 F값만 표시하는 경우가 대부분이다(사실 대부분의 렌즈가 가장 낮은 F값만 표시한다).

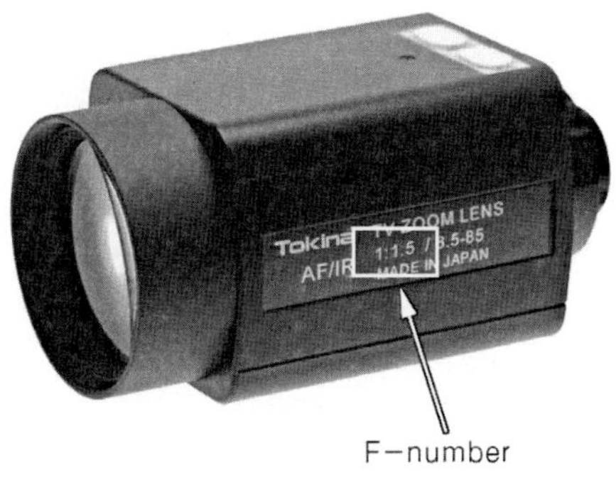

▲ **그림 3-9** 전동줌렌즈에 표시된 F-number

F값과 유사하지만 렌즈에서 빛을 투과시키는 정도를 나타내는 T값도 있다. 렌즈투과율(Transmittance Factor)은 빛이 렌즈를 통과할 때 손실되는 정도를 나타내는 값이며, 렌즈에서는 빛의 손실이 발생할 수밖에 없기 때문에 렌즈투과율은 항상 100% 미만이다.

T값은 F값과 렌즈투과율을 이용하여 계산된 값이며, 대부분의 CCTV 렌즈 제조사들은 자신의 렌즈 사양서에 T값을 기재하고 있지 않기 때문에 별도로 제조사에 요청하지 않는 한 T값을 알아내기는 아주 어렵다.

(3) 일체형렌즈와 교체형렌즈

CCTV 카메라에 장착된 렌즈는 카메라의 일부로 포함되어 교체가 불가능한 제품도 있고, 별도의 나사식마운트(C, CS 또는 M12 마운트)를 사용하여 교체가 가능한 제품도 있다.

렌즈 제조사와 사용자 모두 될 수 있으면 적은 비용, 작은크기, 고성능의 제품을 요구하고, 과거와는 달리 일체형렌즈가 장착된 카메라도 상당한 성능을 보이고 있기 때문에 기존에 C/CS마운트용 교체형렌즈가 차지하고 있던 시장의 상당수를 일체형렌즈가 장착된 렌즈 일체형카메라가 대체하고 있는 실정이다.

M12마운트에서도 이런 변화가 많이 보이는데, 기존에 고정초점 + 고정조리개방식의 저가형렌즈 조합에서 벗어나 현재에는 소형의 돔카메라나 불릿카메라에 장착된 렌즈도 전동식 가변초점 + 전동조리개방식의 렌즈를 장착한 제품들이 상당수 있다.

특히나 일체형렌즈나 M12마운트 렌즈라고 해서 C/CS마운트를 사용하는 교체형렌즈보다 성능이 항상 떨어지는 것은 아니기 때문에 CCTV의 용도와 예산에 맞게 카메라와 렌즈의 조합을 고민해 볼 필요가 있다. 이는 C/CS마운트를 사용하는 박스형카메라는 돔카메라나 불릿카메라에 비하여 크기가 크고 가격이 비싸며, 별도의 하우징 등이 필요하기 때문이다.

○ 일체형렌즈

일체형렌즈는 제조사에서 처음부터 카메라의 일부분으로 제조하였기 때문에 소비자(또는 설치자)가 다른 제품으로 설치하는 것이 불가능하거나 극히 제한되어 있는 제품들이다.

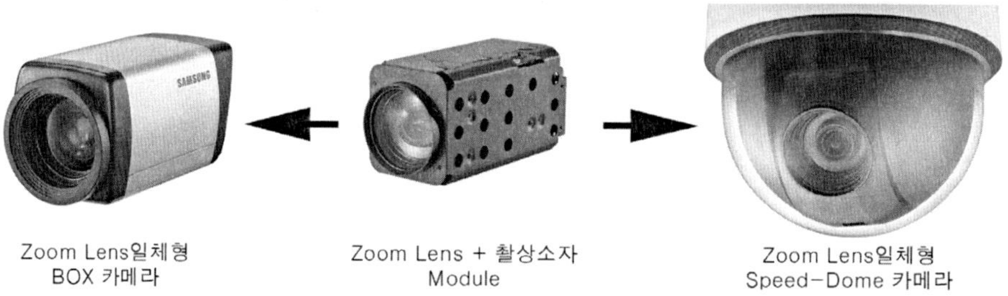

▲ 그림 3-10 전동줌 일체형 박스카메라와 스피드돔 카메라

C/CS마운트를 이용한 렌즈 교체형카메라는 사용자의 용도에 맞는 다양한 렌즈를 사용할 수 있기 때문에 지금도 상당한 시장을 점유하고 있으며, 특히 고성능 줌렌즈 등 특수용도의 렌즈는 C/CS마운트용으로만 출시되고 있기 때문에 아직까지는 렌즈 일체형카메라가 대체하기 어려운 영역이다(사실은 채산성이 맞지 않기 때문에 제조사들이 만들어내지 않는 이

유가 더 크다). 하지만 기술의 발전에 따라 소비자가 요구하는 "더 작고, 더 고성능의" 렌즈 일체형 제품들이 계속적으로 그 시장을 넓혀가고 있다.

팬틸트 + 카메라의 조합에서 스피드돔 카메라로의 변화는 한층 더 극적이다. 기존에 사용하던 방식에서는 카메라를 상하좌우로 이동시키고 줌이나 포커스를 원격지에서 조절하기 위해서는 "카메라 + 전동줌렌즈 + 팬틸트드라이버 + 리시버 + 모니터 + 컨트롤러"의 조합이 필요하였기 때문에 장치의 크기도 크고 구성도 복잡한 데다가 필연적으로 높은 비용을 지불할 필요가 있었다.

하지만 스피드돔 카메라의 등장으로 현장에 설치된 촬상부의 크기를 비약적으로 줄일 수 있게 되었으며, 기존 아날로그방식에서 IP방식으로 변경됨에 따라 스피드돔 카메라 + 컴퓨터(또는 NVR)의 조합만 있으면 전 세계 어디에서라도 현장의 영상을 보면서 카메라를 제어할 수 있게 되었다. 당연히 비용적인 측면에서도 많은 이점이 생겼기 때문에, 현재 설치되는 생활방범이나 쓰레기 무단투기 감시용 카메라는 대부분 IP 방식의 스피드돔 카메라를 사용하고 있다.

렌즈 교체형카메라에 비하여 일체형카메라가 가지는 장점은 장치의 복잡성이나 비용뿐만이 아니다. 대부분의 교체형렌즈는 사용자가 포커스를 조절해야 하지만(카메라에서 전동으로 제어가 가능하기는 하다), **렌즈 일체형카메라는 거의 모든 제품이 오토포커스(자동초점 맞추기)를 기본으로 지원**하기 때문에 사용하기에 더욱 편리하다.

보충설명

일체형렌즈와 고정초점 렌즈는 서로 다른 개념이다.
일체형렌즈는 고정초점렌즈이든 줌렌즈이든 카메라에 일체화되어 있어 교환이 불가능한 렌즈를 말하며, 고정초점 렌즈는 일체형이든 교체형이든 관계없이 하나의 초점거리만을 제공하는 렌즈를 말한다.
가끔 고정초점렌즈를 "고정렌즈(Fixed Lens)"로 표현할 때도 있는데, 교체가 불가능하도록 고정되어 있다는 "Fixed"와 혼돈할 수 있으니 주의하도록 하자.

(4) C마운트와 CS마운트

전통적인 박스형 CCTV 카메라는 카메라와 렌즈를 결합하여 사용하도록 되어 있으며, 카메라의 촬상소자와 렌즈의 백플랜지(Back-Flange) 간의 거리에 따라 두 가지 표준이 있다.

- **C마운트** 촬상소자와 백플랜지 간의 거리가 17.5 mm(정확히는 17.526 mm, 0.69″)인 연결표준이다. 이 표준은 촬상관카메라 시절부터 사용된 오래된 표준이며 고성능 렌즈는 대부분 C마운트 용으로 생산된다.

○ **CS마운트** 촬상소자와 백플랜지 간의 거리가 12.5 mm(0.492″)인 연결표준이며, C마운트에 비하여 비교적 최신의 표준방식이다. 이 규격은 카메라와 렌즈의 크기가 작아지는 추세에 따라 만들어진 것이며 C마운트 방식의 렌즈에 비하여 렌즈의 크기를 작게 만들 수 있는 장점이 있다.

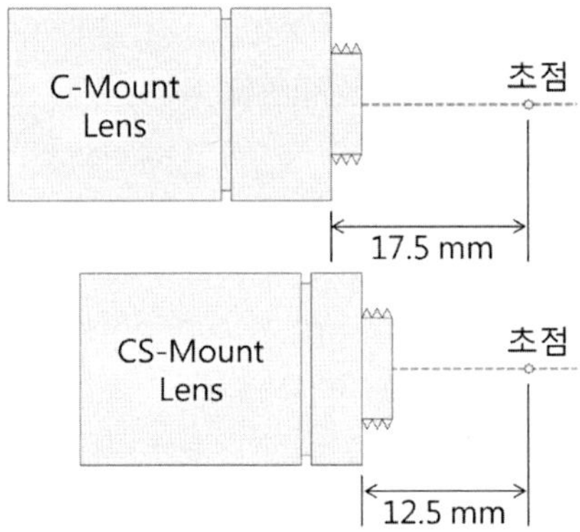

▲ **그림 3-11** C마운트와 CS마운트

CS마운트 방식을 사용하는 렌즈는 크기가 작아진 만큼 가격도 저렴하기 때문에 최근에는 많은 카메라와 렌즈가 CS마운트 방식을 사용하도록 제작되고 있다.

물론 장점만 있는 것은 아니다. **카메라가 CS규격인 경우에는 CS규격의 렌즈와 C규격의 렌즈를 모두 사용할 수 있지만**(이 경우라도 C규격의 렌즈를 사용하기 위해서는 별도의 어댑터 링이 필요하다) 반대로 C규격의 카메라에 CS규격의 렌즈를 장착하면 제대로 된 영상을 얻을 수 없다.

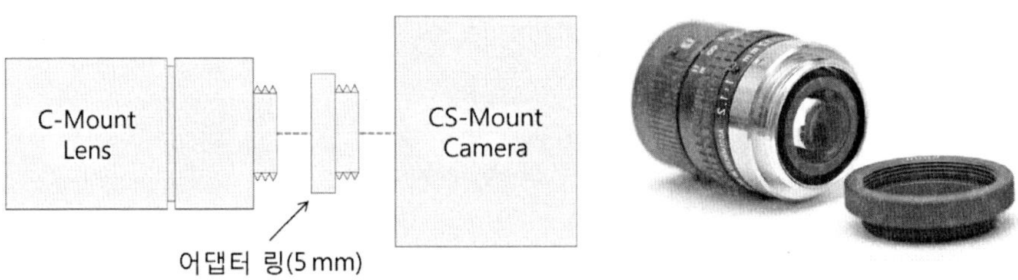

▲ **그림 3-12** CS규격 카메라에 C규격 렌즈 장착

두 규격 중 어떤 방식이든 간에 카메라와 렌즈를 연결하기 위해서는 나사식 결합방법을 사용하고 있으며, 교체형렌즈의 특성상 여러 가지 문제들로 인하여 촬상소자와 백플랜지 간에 정확한 거리가 단순히 결합하는 것만으로는 맞추기가 어렵기 때문에 정확한 거리를 확보하기 위한 작업이 한 번 더 필요하다.

이를 백포커스(Back-Focus) 조절이라고 하며, **모든 CCTV 카메라와 렌즈에서는 백포커스 조절이 꼭 필요하다.** 이는 고정초점렌즈나 가변초점렌즈를 사용할 때에도 필요하지만 줌렌즈(특히, 전동줌렌즈)를 사용할 때에는 아주 중요한 작업이며, 백포커스를 제대로 맞추지 않으면 줌렌즈의 줌 배율 변화에 따라 초점이 맞지 않는 현상이 발생하게 된다.

백포커스 조절의 방법은 카메라마다 다른데, 마운트 링 자체의 위치를 이동시키는 방식, 카메라와 렌즈 사이에 별도의 얇은 링을 삽입하는 방식, 촬상소자의 위치를 이동시키는 방식으로 크게 나누어 볼 수 있으며 더 자세한 부분은 다음에 다루기로 하자.

보충설명

기존에는 백포커스를 맞추기 위해 숙련된 작업자가 몇 단계의 과정을 거쳐야만 했지만, 일부 고가의 카메라들은 자동 백포커스(AWB)기능을 제공하고 있기 때문에 간단히 버튼을 한 번만 누르는 것만으로도 백포커스를 맞출 수 있다.

(5) M12 보드렌즈

일부 소형카메라는 카메라에 완전히 일체화되어 교체할 수 없는 렌즈를 장착하여 출시하고 있지만, 상당수의 불릿카메라나 돔카메라는 12 mm 규격의 나사식 마운트(보통 이 형식의 렌즈를 M12 보드렌즈라고 한다)를 이용하여 렌즈를 다른 모델로 교체가 가능하도록 설계되어 있다.

▲ 그림 3-13 M12 보드렌즈와 카메라

하지만 이 "교체 가능"이라는 말의 의미는 정말 글자 그대로 해석할 필요가 있는데, 위의 C/CS마운트 렌즈와는 달리 카메라의 설계단계에서부터 렌즈의 교체를 검토하지 않은 사례가 상당수 있기 때문에 교체를 위해서는 카메라를 완전히 분해할 필요가 있을 수도 있고, 카메라의 내부공간이 협소하여 기존에 장착되어 있던 렌즈보다 크기가 큰 렌즈를 장착하지 못할 수도 있기 때문이다.

▲ **그림 3-14** M12 보드렌즈를 사용한 카메라들

그나마 돔카메라의 경우에는 교체가 수월하지만, 불릿카메라는 전면의 보호유리와 렌즈 사이의 간격이 극히 짧게 설계되어 있는 경우가 대부분이기 때문에 교체가 더욱 어렵거나 불가능해진다.

특히나 기존에 장착되어 있던 렌즈가 "고정초점 + 고정조리개" 방식의 렌즈라면 이를 "가변초점 + 전동조리개" 방식으로 교체하는 것은 거의 불가능하다고 보아도 무방할 정도이다. 아울러, 수동조리개 방식의 렌즈를 전동조리개 방식의 렌즈로 교체하려면 카메라에서 전동조리개를 지원하는지도 확인이 필요하다.

이처럼 제약사항이 많기 때문에, 실무에서는 렌즈가 장착되지 않은 보드카메라와 M12 보드렌즈를 별도로 구매하여 조립하는 경우는 흔하지 않으며 **처음부터 필요한 규격(특히, 초점거리)의 카메라를 공급처에 발주하는 것이 일반적**이다. 그래서 M12 보드렌즈를 "일체형렌즈"로 분류하는 것이 일반적이지만 어쨌든 교체 자체는 가능하기 때문에 "교체형렌즈"로 보는 견해도 있다(사실 여기에 신경 쓰는 사람도 거의 없다).

4 조리개와 심도

(1) 조리개

조리개는 대물렌즈와 대안렌즈 사이에 위치하고 있으며, 카메라 렌즈를 통과하는 빛의 양을 조절하는 장치이다. 아울러 화면의 심도(화면에서 초점이 맞추어지는 거리)를 조절하는 기능도 수행하는데, 조리개를 닫을수록 심도는 깊어진다.

렌즈의 내부를 자세히 들여다보면 여러 장의 날개모양으로 구성된 부품을 볼 수 있는데, 이것이 바로 조리개이다. 전동 혹은 수동조절식 조리개는 사용자가 직접 조리개 조절기를 이용하여 조리개를 조절할 수 있으며, 자동식 조리개는 카메라에서 나오는 신호를 이용하여 조리개의 열림과 닫힌 정도를 조절하게 된다.

▲ 그림 3-15 조리개

보충설명

대부분의 렌즈에는 구동방식이 어떻든 간에 조리개가 장착되어 있는 것이 일반적이지만 저가형 렌즈에는 조리개가 없는 제품도 있는데, 주로 M12 보드렌즈에서 많이 볼 수 있다.

조리개를 조절하여 빛이 적게 통과하도록 하는 것은 "조리개를 닫는다." 내지는 "조리개를 조인다."라고 표현하며, 반대로 빛이 많이 통과하도록 하는 것을 "조리개를 연다."라고 표현한다.

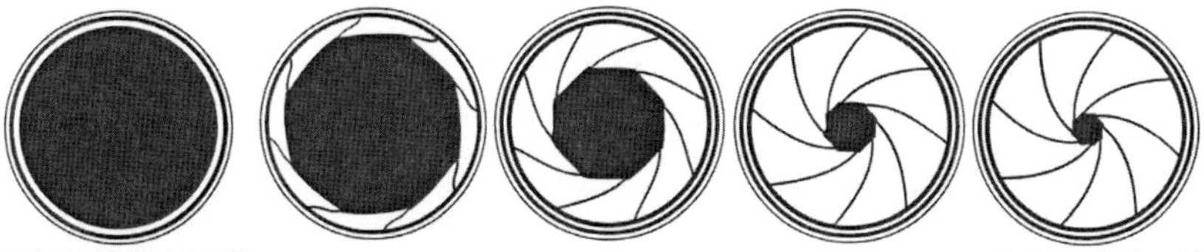

▲ 그림 3-16 닫힌 조리개와 열린 조리개

노출시간(셔터 속도)이 고정되어 있다고 가정할 때, 주간(밝은곳)에는 조리개를 닫아서 빛의 양을 줄여주어야 하며, 반대로 야간(어두운곳)에서는 조리개를 열어서 빛의 양을 늘려주어야 한다.

같은 의미이지만, 조리개를 개방하면 조리개를 닫은 상태에 비해 같은 시간에 더 많은 양의 빛을 받아들일 수 있기 때문에 노출시간을 짧게 하여도(셔터 속도를 빠르게 해도) 영상의 촬영이 가능하며, 반대로 조리개를 닫은 상태에서는 같은 밝기의 영상을 얻기 위해서 노출시간을 상대적으로 더 늘려야(셔터속도를 느리게 해야) 한다.

문제는 조리개의 열리는 정도와 피사체 심도는 반비례하는 관계이기 때문에, 적절한 심도를 얻기 위해서는 가능한 조리개를 닫는 편이 깊은 심도를 얻을 수 있다는 점이다. 이는 사람이 조리개를 조작하기 어려운 CCTV 카메라에서는 더욱 중요하게 생각해야 할 부분인데, CCTV는 그 특성상 가능하면 심도가 깊은(화면 전체적으로 초점이 잘 맞는) 영상을 요구하기 때문이다.

▲ 그림 3-17 조리개와 심도

첨부사진을 보면 낮은 조리개 값(조리개를 개방한 상태)에서 촬영한 사진은 초점이 맞추어져서 영상이 선명하게 판독되는 범위가 좁은 반면, 높은 조리개 값(조리개를 닫은 상태)에서 촬영한 사진은 대부분의 영역에서 영상을 선명하게 판독할 수 있다.

(2) 수동조리개와 전동(모터구동)조리개

수동조리개(MI, Manual Iris) **렌즈**는 렌즈에 부착되어 있는 조리개 조절 장치를 사람이 수동으로 조작하여 조절하는 방식이다. 이 렌즈는 밝기의 변화가 거의 없는 지하주차장이나 엘리베이터 등 실내 환경에 적합하며, 별도의 전자회로가 없기 때문에 가격이 저렴하고 고장이 발생할 염려가 없다.

▲ 그림 3-18 가변초점 수동조리개 렌즈

전동조리개(Motorized Iris) **렌즈**는 수동으로 조작할 수 있는 조리개 조절장치가 없고, 전기모터를 이용하여 조리개를 여닫을 수 있는 방식이다. 이 방식은 사람이 직접 조작하는 대신 모터를 이용하여 원격지에서 조작할 수 있으므로 사람의 손이 닫지 않는 곳에 설치하기 마련인 CCTV에 좀 더 적합하다. 하지만 뒤에서 설명할 자동조리개처럼 주변의 밝기에 따라 자동으로 조리개를 여닫는 기능은 없기 때문에 수동조리개 렌즈와 마찬가지로 밝기의 변화가 거의 없는 실내 환경에 사용하거나, 전동조리개 렌즈를 지원하는 일부 카메라에서만 사용이 가능하다.

특히, 전동조리개 렌즈와 자동조리개 렌즈는 외관상 구별이 거의 불가능하기 때문에 최초 설치나 수리 시 상당한 주의가 필요하다(전동조리개는 대부분 전동줌 렌즈에 사용된다).

▲ 그림 3-19 전동조리개 방식 전동 줌 렌즈

수동조리개나 전동조리개 렌즈가 사용되는 두 번째 경우는 카메라가 "전자조리개" 방식인 경우이다. 전자조리개 방식은 렌즈의 조리개가 빛의 양을 조절하는 방식이 아니라, 카메라의 촬상소자가 직접 반응하는 방식이기 때문에 자동조리개와 동시에 사용이 불가능하다. 따라서 전자조리개 방식의 카메라는 조리개가 없는 렌즈를 사용하거나 수동 혹은 전동조리개 렌즈를 장착하되 조리개를 완전히 연 상태에서 사용하게 된다.

전자조리개 방식은 자동조리개와는 달리 기계적인 부분이 없어 고장이 적고 반응속도가 빠르다는 장점이 있지만, 심도조절이 불가능한 단점(일반적인 렌즈에서는 조리개를 열거나 닫아서 조절할 수 있다)이 있다.

(3) 자동조리개

자동조리개(AI, Auto Iris) 방식 렌즈는 카메라에서 나오는 전기신호를 처리하는 장치와 조리개를 제어하기 위한 전동 모터가 장착되어 있어서 밝은 세기에 따라 조리개를 자동으로 여닫을 수 있는 기능을 가진 렌즈를 말한다.

자동조리개 방식도 신호처리의 관점에서 AC(Video) 구동 자동조리개 렌즈와 DC 구동 자동조리개 렌즈가 있는데, 이는 조리개의 개폐여부를 조절하는 전자회로가 렌즈에 있는지 카메라에 있는지에 따라 구별된다.

먼저 Video 구동 자동조리개 렌즈는 조리개의 개폐여부를 조절하는 전자회로가 렌즈에 장착되어 있으며 카메라에서 보내주는 신호를 조절하기 위한 레벨조절장치와 ALC조절장치 역시 렌즈에 부착되어 있다(저가의 렌즈에서는 레벨조절장치와 ALC조절장치가 아예 없는 경우도 많다).

▲ 그림 3-20 자동조리개 방식 가변초점 렌즈

반대로 DC 구동 자동조리개 렌즈는 전자회로와 조절장치 모두 카메라에 부착되어 있으며 마찬가지로 카메라에 따라 조절장치가 없는 모델도 있고, 소프트웨어적으로 조절할 수 있는 카메라도 있다. 전자회로가 없는 만큼 상대적으로 가격이 저렴하기 때문에 최근에는 DC 구동방식을 사용하는 렌즈가 많으며, 특히 **IP 카메라에서는 거의 대부분 DC 구동 자동조리개 렌즈를 사용**한다.

▲ 그림 3-21 IP 카메라의 랜 커넥터(중앙)와 Iris 커넥터(오른쪽)

두 가지 방식 모두 동일한 형태의 커넥터를 이용하여 카메라에 연결되기 때문에 육안으로 두 가지 렌즈의 구동방식을 구분하는 것은 불가능하며, 렌즈나 카탈로그에 인쇄되어 있는 표기만으로 구별할 수 있다.

마지막으로 자동조리개 렌즈를 위한 레벨(Level)과 ALC 조절기에 대해서 알아보도록 하자.

▲ 그림 3-22 렌즈에 부착된 Level 및 ALC조절기

레벨(Level)은 조리개를 개폐하기 위한 신호의 평균기준을 조절하는 것으로, 쉽게 생각하자면 TV나 오디오의 볼륨조절과 유사하다. 레벨조절기를 사용하여 적당한 레벨 값으로 설정해 주어야만 주간/야간에 영상이 너무 밝게 나오거나 반대로 너무 어둡게 나오는 현상을 막을 수 있다. 레벨의 조절은 야간에 손전등을 이용하여 영상을 확인해 가면서 조절하는 것이 확실하지만 ND필터(빛을 차단하는 역할을 한다)를 이용하면 주간에도 충분히 조절이 가능하다.

자동라이트보정(ALC, Auto Light Control)은 "자동역광보정" 기능으로 생각하면 되는데, 카메라의 역광보정(BLC) 기능과 유사하다. 이 기능은 영상의 콘트라스트에 따라 조리개가 작동하는 기준점을 조절하는 것이며 카메라의 설치위치나 주변 환경에 따라 실제로 촬영되어야 할 피사체(CCTV의 경우에는 대부분 사람)가 적당한 밝기가 되도록 조절하면 된다.

5 초점거리와 화각

(1) 초점거리와 화각

렌즈의 초점거리와 화각은 반비례한다. 즉, 초점거리가 짧은 렌즈를 사용하면 화각이 넓어지고 초점거리가 긴 렌즈를 사용하면 화각이 좁아진다. 다르게 표현하자면 화각이 넓은 렌즈는 주변영상을 넓게 촬영할 수 있는 반면에 멀리 있는 사물을 관측하기에는 곤란하고, 반대로 화각이 좁은 렌즈는 멀리 있는 사물을 크게 촬영할 수 있지만 시야가 좁아진다.

▲ 그림 3-23 초점거리가 다른 렌즈로 촬영한 영상

화각에는 수평화각, 수직화각, 대각선화각이 있으며, 일반적으로 화각을 표현할 때에는 수평방향에 대한 크기를 기준으로 하는데, 수직화각은 비디오 신호의 종횡비가 표준에 따라 정해져 있어서 간단한 계산으로 알아낼 수 있기 때문이다. 예를 들어 SD영상의 경우 종횡비는 4:3이며 HD영상은 16:9이다. 하지만 일부 카메라제조사에서는 자신의 제품이 넓은 화각을 가지고 있다는 것을 강조하기 위하여 대각선화각만을 카탈로그에 표시하는 경우가 있으므로 주의가 필요하다.

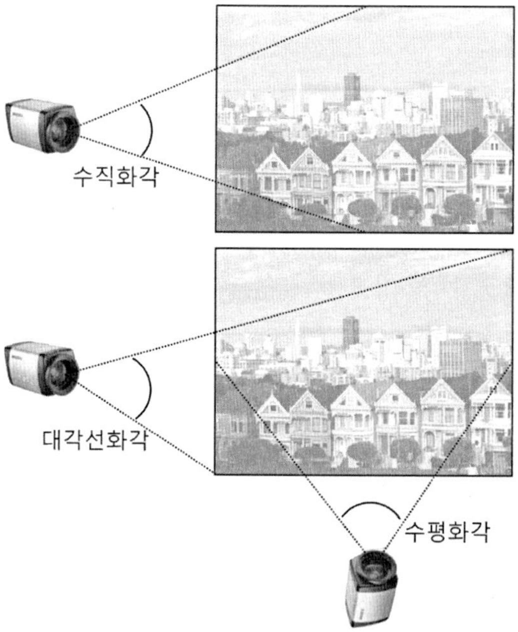

▲ 그림 3-24 수평화각, 수직화각, 대각선화각

일반적으로 사용하는 풀프레임 SLR/DSLR 카메라에서는 50 mm를 표준렌즈라고 하는데, 이는 필름이나 촬상소자의 크기가 35 mm인 풀프레임 SLR/DSLR 카메라에서 50 mm 렌즈를 사용할 때 사람의 눈과 가장 유사한 30°의 화각을 얻을 수 있기 때문이다. 하지만 CCTV에서는 35 mm 크기의 촬상소자를 사용하는 경우가 아주 드물기 때문에 표준렌즈도 해당 카메라가 사용하는 촬상소자의 크기에 따라 각각 다르다.

일반적으로 2/3″ 촬상소자가 장착된 카메라에서는 16 mm 렌즈, 1/2″ 카메라에서는 12 mm 렌즈, 1/3″ 카메라에서는 8 mm 렌즈가 30°의 화각을 제공하므로 이를 표준렌즈라고 한다.

▼ 표 3-2 촬상소자의 크기에 따른 표준렌즈

촬상소자 규격	1″	2/3″	1/2″	1/3″	1/4″
촬상소자 가로폭	12.8 mm	8.8 mm	6.4 mm	4.8 mm	3.6 mm
표준렌즈 초점거리	25 mm	16 mm	12 mm	8 mm	6 mm

그렇다면 표준렌즈보다 화각이 좁거나 넓은 렌즈를 나타내는 표현은 무엇일까?

표준렌즈보다 화각이 넓은 렌즈를 "광각렌즈"라고 하며, 이 중에서 거의 180°에 가까운 화각을 제공하는 렌즈를 "초광각렌즈" 혹은 "어안렌즈"라고 한다. 광각렌즈 계열에서는 영상에 보이는 피사체가 둥글게 휘어지는 "술통형 왜곡(Barrel Distoration)"현상이 나타나기는 하지만(초점거리가 짧을수록 심하게 나타난다) 영상의 왜곡으로 인한 손실보다 넓은 면적을 한 번에 관찰할 수 있는 이점이 더 크기 때문에 사용빈도가 아주 높다.

반대로 표준렌즈보다 화각이 좁은 렌즈를 "망원렌즈"라고 하며 먼 거리에 있는 피사체를 확대하여 보기 위하여 사용된다. 초점거리가 긴 렌즈일수록 멀리 있는 피사체를 더 크게 촬영할 수 있지만 렌즈의 크기가 크고 무거워지며 떨림에 민감해 지므로 목적에 맞는 적당한 초점거리를 가진 렌즈를 잘 선택할 필요가 있다.

▲ 그림 3-25 광각렌즈와 망원렌즈

(2) 화각에 따른 초점거리 계산

CCTV를 설치하는 고객의 질문 중에서 가장 흔한 것이 바로 “어디까지 볼 수 있나요?”라는 것이다. 설치자의 입장에서는 황당한 질문이지만 비전문가의 입장에서는 가장 중요한 질문이므로 고객이 “왜?” 이런 질문을 하는지 의도를 파악할 필요가 있다.

고객의 의도는 “이 카메라 하나로 로비의 이쪽 끝에서 저쪽 끝까지 모두 촬영할 수 있나요?”일 수도 있고, “100미터 정도 떨어져 있는 차량의 번호판을 식별할 수 있나요?”일 수도 있기 때문이다.

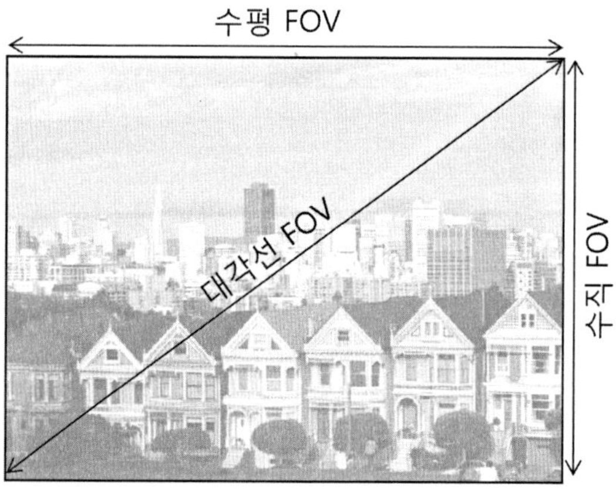

▲ 그림 3-26 수평/수직/대각선 FOV

이 문제에 대한 정답인 “특정 거리에서 카메라가 촬영할 수 있는 피사체의 폭(FOV, Field of View)”을 얻기 위해서는 적절한 화각(초점거리)을 가진 렌즈와 필요한 만큼의 해상도를 지원하는 카메라가 필요하며, 대부분의 경우에는 고객이 생각하고 있는 예산을 훨씬 초과하는 견적이 나오기 마련이므로 적절한 범위 내에서 고객을 설득할 필요가 있다(즉, 예산을 더 확보하거나 고객의 요구수준을 낮추어야 한다).

그러면 해상도에 따른 피사체의 식별이라는 문제는 나중에 다시 다루기로 하고 “원하는 화각(또는 FOV)을 얻기 위해서는 초점거리가 얼마인 렌즈를 사용해야 하는가?”에 대해서만 알아보자.

렌즈의 초점거리(f)를 계산하기 위해서는 먼저 촬상소자의 크기(s), 렌즈에서 피사체와의 거리(d), 피사체의 폭(w)을 알고 있어야 한다.

이 세 가지를 알고 있다면 다음과 같은 간단한 공식을 이용하면 쉽게 렌즈의 초점거리를 계산할 수 있다.

$$f = s \times d/w$$

예를 들어 1/3″ 촬상소자를 가진 카메라에서, 20 m 떨어져 있는, 가로폭이 5 m인 피사체를 화면에 꽉 차게 담으려면

$$f = 4.8\,\text{mm} \times 20\,\text{m}/5\,\text{m} = 19.2\,\text{mm}$$

즉, 초점거리가 19.2 mm인 렌즈를 사용하면 된다는 결과를 얻을 수 있으며, 19.2 mm 렌즈는 기성품이 존재하지 않으므로 초점거리가 19 mm인 렌즈를 이용하면 원하는 결과를 얻을 수 있다.

화각을 각도로 계산하기 위한 공식은 조금 더 복잡한데, 이 공식을 사용하여 화각을 계산하기 위해서는 렌즈에서 피사체와의 거리(d), 피사체의 폭(w)을 알고 있어야 한다.

이 두 가지를 알고 있다면 아래의 공식을 이용하여 렌즈의 화각을 계산할 수 있다.

$$\alpha = 2\tan^{-1}(w/2d)$$

위에서 잠시 살펴보았듯이 초점거리나 화각을 일일이 계산하기는 번거롭기 때문에 과거에는 렌즈 계산자(Viewfinder Calculator)나 렌즈 뷰파인더(Optical Viewfinder)를 사용했는데, 현재에 와서는 간단한 컴퓨터 프로그램(엑셀을 사용해도 된다)이나 스마트폰 앱을 사용하면 아주 간단하게 화각을 계산할 수 있다.

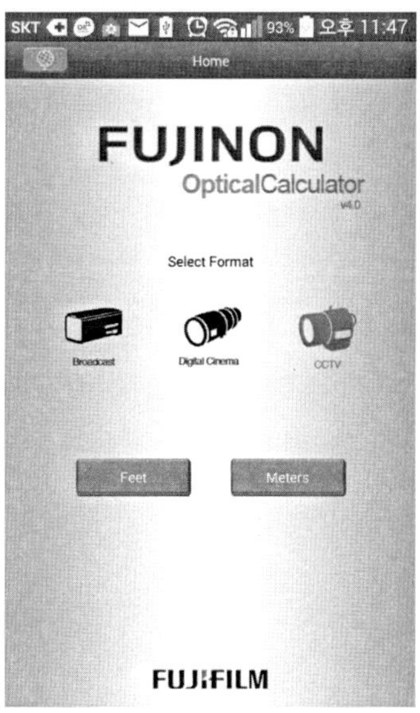

▲ 그림 3-27 화각/FOV 계산용 스마트폰 앱

특히 스마트폰 앱을 사용하면 렌즈 초점거리나 화각에 대한 계산뿐만 아니라, 스마트폰의 카메라와 연동하여 실제 렌즈를 장착하여 영상을 촬영하는 것과 같은 시뮬레이션도 가능하기 때문에 아주 편리하다.

▼ 표 3-3 촬상소자 규격에 대한 수평화각

촬상소자 크기 / 초점거리	1/4″	1/3″	1/2″	2/3″
2.0 mm	82°	–	–	–
2.6 mm	57°	86°	–	–
4.0 mm	47°	67°	77°	–
4.8 mm	40°	57°	67°	83°
6.0 mm	32°	48°	56°	70°
8.0 mm	25°	36°	44°	56°
12 mm	17°	25°	30°	39°
16 mm	13°	17°	23°	30°
25 mm	8°	12°	15°	18°
50 mm	4°	6°	7°	10°

(3) 렌즈규격과 촬상소자의 크기

렌즈의 규격에는 F값이나 초점거리뿐만 아니라, 이 렌즈가 어떤 크기의 촬상소자에 대응하는지도 아주 중요한 부분이다. 초점거리라는 측면에서만 볼 때 렌즈에 표기된 초점거리는 그 렌즈가 지원하는 촬상소자의 규격에 일치하는 경우에만 유효하다고 볼 수 있다.

예를 들어 어떤 렌즈가 1/2″ 규격이며 10 mm의 초점거리를 가지고 있다고 가정하자. 이 렌즈는 1/2″ 이하의 촬상소자가 장착된 모든 카메라에서 잘림없는 영상을 얻을 수 있지만 1/2″ 촬상소자일 때와 1/3″ 촬상소자일 때의 화각에는 차이가 있다. 좀 더 정확히 말하자면 1/2″ 렌즈 + 1/2″ 촬상소자 조합에 비하여, 1/2″ 렌즈 + 1/3″ 촬상소자 조합은 좀 더 Zoom-in 된(화각이 좁고 Close-up된) 영상을 얻을 수 있다.

이 현상은 35 mm 필름이나 촬상소자가 장착된 SLR/DSLR 카메라(일반적으로 "풀프레임 바디"라고 부르는)에서 사용하던 렌즈를 보다 작은 촬상소자가 장착된 DSLR 카메라(일반적으로 "크롭 바디"라고 부르는)에 장착했을 때 나타나는 현상과 완전히 동일한 현상이며, DSLR 카메라를 다루어본 사람이라면 한 번쯤은 경험해 보았을 것이다.

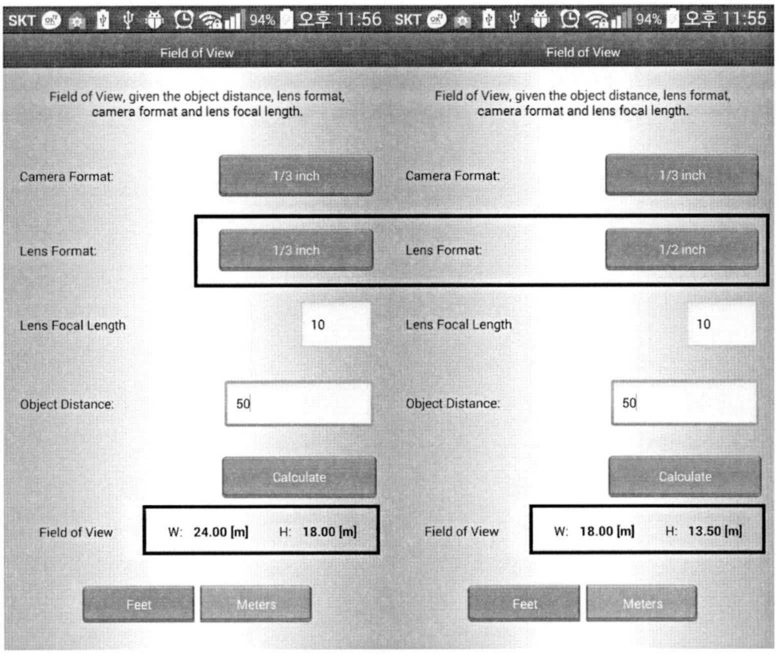

▲ 그림 3-28 스마트폰 앱으로 계산한 FOV 비교

반대로 1/3″ 규격 렌즈에 1/2″ 등 더 큰 규격의 촬상소자를 결합하면 그림과 같이 영상의 모서리 부분이 잘려나가는 현상(비네팅(vignetting))이 발생한다.

▲ 그림 3-29 촬상소자보다 작은 규격의 렌즈를 사용했을 때 나타나는 현상

따라서 카메라에 장착할 렌즈를 선정함에 있어서 렌즈가 지원하는 규격과 카메라의 촬상소자 규격의 확인은 반드시 필요하며, 되도록이면 렌즈가 지원하는 최대 규격과 동일한 크기의 촬상소자를 가진 카메라를 선택하는 것이 보다 좋은 방법이다.

이는 렌즈가 지원하는 촬상소자의 규격이 클수록 렌즈의 가격이 고가인 때문도 있지만, **렌즈가 제공할 수 있는 최대 규격에 비하여 촬상소자의 크기가 작으면 그만큼 렌즈 성능을 낭비하는 꼴이 되며, 렌즈의 일부분만 사용하게 되기 때문에 결과적으로는 해상도 저하 현상이 발생**하기 때문이다.

(4) 고정초점렌즈, 가변초점렌즈, 줌렌즈

고정초점렌즈(Fixed Focal-length Lens)는 렌즈의 초점거리가 고정되어 조정이 불가능한 렌즈이며, 성능이 동일하다면 가변초점렌즈나 줌렌즈에 비하여 가격이 저렴하다.

고정초점렌즈의 초점(포커스)은 거의 대부분 수동으로 조절하도록 되어 있고 조리개의 작동 방식은 제품에 따라 모두 다르다. 이 렌즈는 작동부가 거의 없기 때문에 고장발생 가능성이 아주 낮으며 작동부 유격도 없으므로 다소 진동이 강한 장소에 설치하더라도 초점이 흐트러지는 현상이 잘 발생하지 않는 장점이 있다.

▲ 그림 3-30 고정초점 자동조리개 렌즈

하지만 고정초점렌즈는 현장에서 조정이 불가능하기 때문에 막상 현장에서 고객의 요구사항이 변경되었을 때 즉각적으로 대응할 수 없다는 심각한 단점이 있다. 물론 고객과의 협의를 통해서 어느 정도 해결이 가능할 때도 있지만, 고집불통인 고객을 만나면 기껏 설치했던 카메라나 렌즈를 철거하고 다른 새로운 렌즈를 장착해야 하기 때문에 시간과 비용 손해를 감수해야 한다.

가변초점렌즈를 사용하면 이런 고객의 요구에 능동적으로 대응할 수 있는데, 고정초점렌즈에 비해서 다소 가격이 비싸기는 하지만 초점거리를 현장에서 즉시 조절할 수 있기 때문이다. 따라서 가변초점렌즈는 일정 범위 내에서 초점거리를 조절할 수 있는 작동부를 가지고 있으므로 설치 현장에서 모니터를 보면서 최적의 화각으로 조절하기만 하면 된다.

▲ 그림 3-31 가변초점 자동조리개 렌즈

줌렌즈는 초점거리를 가변적으로 조절할 수 있지만, 가변초점렌즈와는 다른 또 하나의 특징을 더 가지고 있다.

가변초점렌즈의 포커스를 맞추기 위해서는 먼저 초점거리 조절기를 이용하여 원하는 화각으로 조절한 후 포커스 조절기를 이용하여 초점을 맞추는 순서로 이루어진다. 그런데, 나중에 화각을 조절할 필요가 생긴다면? 단순히 초점거리만 조절해서는 포커스가 흐트러지기 때문에 초점거리를 조절한 후에는 항상 다시 포커스를 맞추어 주어야 한다.

줌렌즈는 이런 불편을 없애기 위하여 초점거리(줌 배율)에 연동하여 포커스의 조절이 이루어진다. 즉, 정확히 포커스를 맞추었다면 줌 배율을 조절하여도(초점거리를 바꾸어도) 계속 포커스가 맞춰진 상태로 있게 되는 것이다.

▲ 그림 3-32 전동 줌 자동조리개 렌즈

물론 줌렌즈는 그 기계적 작동부가 복잡하고, 여러 가지 문제 때문에 고정초점렌즈나 가변초점렌즈에 비하여 영상의 품질이 떨어진다. 하지만 CCTV 카메라는 화질이 다소 떨어지더라도 자유자재로 상하좌우로 이동하면서 멀리 떨어져 있는 피사체를 Zoom-in하여 촬영하는 기능이 꼭 필요한 경우가 많으므로, 이런 경우에는 줌렌즈가 아주 효과적이다.

앞서의 가변초점렌즈도 사람이 조절기를 돌려서 직접 조절하는 방식도 있고 전동모터를 이용한 방식도 있으며, CCTV 카메라용 줌렌즈는 거의 대부분 전동모터를 이용하는 방식을 사용하고 있다.

보충설명

카탈로그의 줌 배율 표기에 현혹되지 말자.

줌렌즈 일체형카메라나 스피드돔 카메라의 카탈로그에는 예외 없이 해당 카메라에 장착된 줌 배율을 크게 강조하여 표시하고 있다. 하지만 줌 배율은 그 렌즈가 가지는 가장 짧은 초점거리와 가장 긴 초점거리의 변화량을 표시하는 것이기 때문에 초점거리와 전혀 다른 개념이므로 반드시 주의해야 한다.

예를 들어 A카메라는 30배 줌 렌즈를 채용/초점거리 3 ~ 90 mm이고, B카메라는 20배 줌 렌즈 채용/초점거리 10 ~ 200 mm라고 가정하자. 비전문가인 소비자가 느끼기에는 30배 줌이 채용된 A카메라가 훨씬 고성능인 것처럼 생각되고 실제로 그럴 수도 있다. 그런데, 실제로 원하는 것이 "먼 거리에 있는 사물을 확대하여 보아야 한다."라면 B카메라가 훨씬 더 요구에 부합하는 제품일 것이다.

더군다나 카탈로그에는 줌 배율 표시는 아주 크게 표기한 데 비하여, 초점거리나 F값은 아주 작게 표시되어 있어서 비전문가인 소비자는 잘못된 판단을 할 가능성이 높다.

6 렌즈 액세서리

(1) 외장필터

중급이상의 디지털카메라, 특히 DSLR을 사용해 본 사람이라면 렌즈의 앞단에 부착하는 각종의 필터나 컨버터에 대하여 잘 알고 있을 것이다. 상당수의 CCTV용 렌즈에는 렌즈 전면부에 각종 필터나 컨버터를 장착할 수 있는 나사산이 있으며 필요한 경우 이를 이용하여 필터나 컨버터를 장착하여 사용한다.

▲ 그림 3-33 외장 필터

필터의 종류도 용도에 맞게 아주 다양한데, 일반적으로 CCTV 카메라에 사용하는 필터는 다음과 같다.

○ **ND필터** 회색이며 컬러와 관계없이 빛의 양을 조절(감쇄)할 목적으로 사용된다. 간단하게 선글라스나 썬팅과 같은 역할을 한다고 보면 되며 농도(감쇄량)별로 여러 가지 제품이 있으므로 적합한 제품을 선택하면 된다. 농도를 조절할 수 있는 가변ND필터라는 제품도 있지만 사람이 직접 조절하기 어려운 CCTV용으로는 잘 사용되지 않는다.

○ **편광필터** 유리나 수면의 반사를 제거할 목적으로 사용된다. CCTV 카메라를 이용하여 유리창너머를 촬영하고자 할 때에는 유리에서 생기는 반사현상 때문에 제대로 된 영상을 얻기가 어렵지만 편광필터를 사용하면 반사가 없는 선명한 영상을 얻을 수 있다. 편광필터에는 일반 편광필터(PL, Polarization Filter)와 원형필터가 추가된 원형편광필터(CPL, Circular Polarization Filter)가 있다. 수동으로 포커스를 조절해야 하는 렌즈(카메라)에는 가격이 저렴한 PL필터를 사용하면 충분하고, 자동으로 포커스를 맞추어 주는(AF, Auto Focus)방식의 렌즈(카메라)에는 CPL을 사용하면 된다.

○ **적외선필터** 적외선필터는 주간촬영을 위해 적외선영역을 차단하는 필터(적외선 차단 필터)와 반대로 가시광선영역을 차단하고 적외선을 통과시키는 필터(적외선 투과 필터)가 있으며 필요에 따라 선택적으로 사용한다. 특히, 적외선 조명장치를 사용하는 카메라를 이용하여 야간영상을 촬영할 때에는 적외선 투과필터를 사용하면 보다 선명한 영상을 얻을 수 있다(대신 적외선은 "색"이 없으므로 흑백영상이 촬영된다).

○ **색상필터** 주변부 광원의 색 밸런스를 교정하거나 흑백영상에서 콘트라스트를 강조할 필요가 있을 때 사용한다. 일반적인 방범용도의 카메라에서는 사용하는 예가 거의 없지만 얼마 전까지만 해도 차량 번호인식(LPR)용 카메라에서는 붉은색 필터가 많이 사용되었다. 구형의 녹색번호판에는 흰색으로 차량의 번호가 새겨져 있는데, 붉은색필터를 사용하여 촬영한 흑백 영상에서는 녹색부분이 선명한 검은색으로 표시되기 때문이다.

(2) 컨버터(Converter)와 익스텐더(Extender)

컨버터에는 렌즈의 앞부분 혹은 렌즈와 카메라 사이에 부착하여 초점거리를 늘려주는 효과를 제공하는 텔레컨버터(Tele-Converter)와 렌즈의 앞부분에 장착하여 초점거리를 줄여주는 효과를 제공하는 광각컨버터(Wide-Converter)가 있다.

▲ 그림 3-34 전면장착용 컨버터(익스텐더)

예를 들어 150 mm 렌즈에 2X 텔레컨버터를 사용하면 300 mm 렌즈를 장착한 것과 같은 효과를 얻을 수 있다. 반면에 렌즈의 F값에서는 손해를 보기 때문에 동일한 밝기의 영상을 얻기 위해서는 노출시간을 좀 더 늘려줄 필요가 있다.

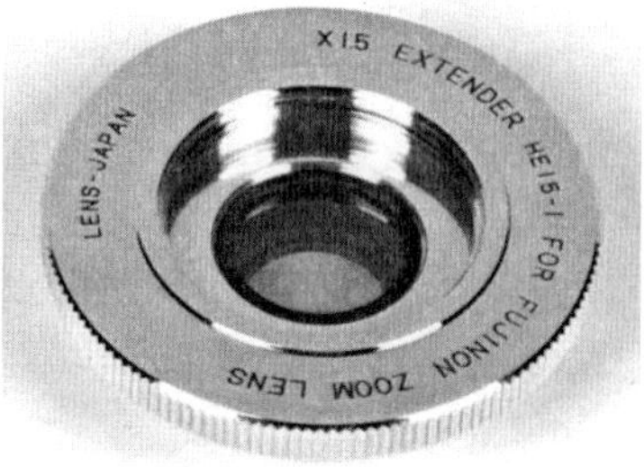

▲ 그림 3-35 후면장착용 컨버터(익스텐더)

반대로 광각컨버터를 사용하면 좀 더 화각이 넓은 영상을 얻을 수 있지만, 컨버터의 크기가 크고 무겁기 때문에 CCTV용 카메라에서는 잘 사용하지 않는다.

(3) 익스텐션 링(또는 튜브)

일반적인 CCTV용도로는 잘 사용하지 않지만 근접촬영이 필요한 경우에 사용되는 확장용 링이다. 흔히 "접사"라고 표현하는 영상을 촬영하기 위하여 렌즈와 카메라 사이에 장착하여 사용하는데, 필요에 따라 몇 개의 링을 연결하여 사용하거나 용도에 맞는 길이의 튜브를 사용한다.

보통은 인쇄물의 상태나 물체의 표면을 검사하는 장비에 카메라를 장착할 때 사용되며 현미경이나 망원경에 카메라를 장착할 때도 사용한다.

▲ 그림 3-36 각종 익스텐션 링

Chapter 04

촬상부 액세서리

카메라와 렌즈만 있으면 영상을 촬영하기 위한 최소한의 준비는 되었다고 볼 수 있다. 하지만 박스형카메라를 사용한다면, 카메라를 보호하기 위한 하우징이 반드시 필요하며, 카메라를 상하좌우로 회전시키고 싶다면 카메라 회전대인 팬틸트 드라이버와 리시버가 추가로 필요하다.

CCTV 카메라를 위한 적외선 조명장치, 카메라를 설치하기 위한 폴(Pole)이나 브래킷(Bracket)도 촬상부 액세서리로 볼 수 있으며 현장의 여건에 따라 반드시 필요한 경우도 있으니 어떤 것들이 있는지 살펴보도록 하자.

1 하우징(Housing)

(1) CCTV 카메라 하우징

CCTV 카메라의 하우징(Housing)은 이름 그대로 카메라, 렌즈를 포함한 기타 장치(주로 전원장치)를 외부 환경으로부터 보호하여 정상적인 작동을 보장하기 위한 일종의 케이스이다. 주된 용도는 앞서 말한 대로 카메라의 보호이지만 때로는 카메라를 숨기거나, 주변의 인테리어와 어울리도록 꾸미기 위한 용도로 사용되기도 한다.

그래서 하우징은 그 용도에 맞게 천장 매립형, 벽 매립형, 천장/벽 부착형, 폴 조립형 등 여러 가지 형상으로 만들어져 있다.

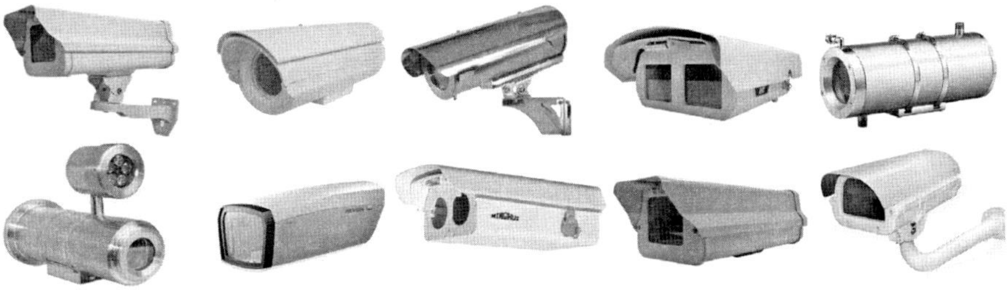

▲ 그림 4-1 여러 가지 하우징

돔카메라나 불릿카메라는 이미 하우징이 일체화되어 있는 제품이므로 별도로 하우징을 장착할 필요가 없지만, 특별한 목적이 있다면(예를 들어 직사광선이 내려 쬐는 곳에서 추가적인 보호가 필요하거나 습도가 아주 높은 곳에 장착하는 등) 추가로 하우징을 설치하기도 한다. 하지만 일반적으로 하우징은 박스형카메라와 함께 사용되며, 카메라와 렌즈의 크기에 따라 적당한 크기의 하우징을 선택할 필요가 있다.

일반적인 하우징은 실내용이라 하더라도 최소한의 방수기능(생활방수 정도)을 제공하고 있으며, 한쪽 면은 유리로 만들어져 있어서 카메라의 렌즈가 유리를 통하여 영상을 촬영할 수 있도록 되어 있다. 아울러 내부의 과열을 방지하기 위한 냉각팬, 성애방지를 위한 유리면 히터, 내부 온도 유지를 위한 내부히터, 전원공급장치, 우천(雨天) 시를 위한 와이퍼 등이 장착되어 있는 제품도 있으므로 용도에 맞추어서 선택하면 된다.

(2) 옥내(실내)용 하우징과 옥외용 하우징

옥내용 하우징은 건물의 내부에 장착되기 때문에 옥외용처럼 강력한 보호성능을 가질 필요는 없으므로 생활방수, 먼지로부터 카메라를 보호하기 위한 방진, 곤충으로부터 보호를 위한 방충 기능 정도를 기본적으로 제공하고 있다.

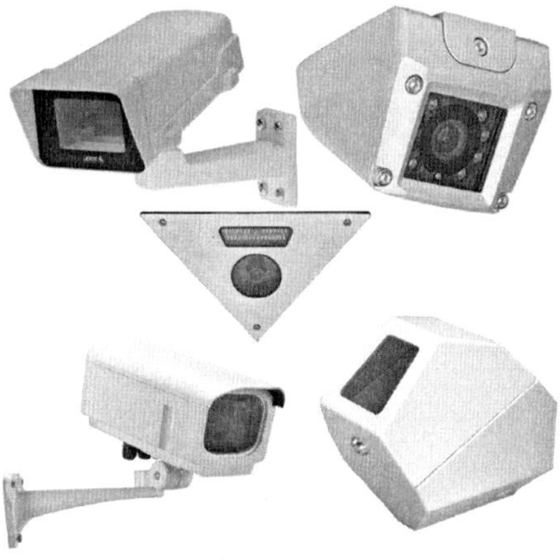

▲ 그림 4-2 옥내형 하우징(매립형, 노출[형)]

또한, 흔히 사용되는 사각형이나 돔형 이외에도 모서리 장착형이나 매립형 등 노출을 최소화시키고 인테리어와 조화를 이루도록 디자인된 제품도 상당수 판매되고 있다.

옥외용 하우징은 옥내용 하우징에 비하여 강력한 방수, 방진, 방충 기능이 제공됨은 물론이고 앞에서 언급한 히터 등 여러 부가장치가 장착되어 있다.

▲ 그림 4-3 옥외형 하우징

방진방수 등급(보호등급)은 국제규격으로 기술적 내용이 정의되어 있으며, 흔히 IP등급(Identification Code for Protection)이라고 한다. IP등급에 대한 한국산업규격(KS)은 KS C IEC 60529이며, 국제규격 IEC 60529와 기술적 내용 및 규격이 완전히 동일하다. 이 규격은 정격전압 72.56 kV이내의 전기장비와 외함의 방진방수 보호등급을 분류하는 데 적용하며 아래와 같이 두 자리로 되어 있는데, IP 코드로 나타내면 다음과 같다.

▲ 그림 4-4 IP 코드

○ 첫째 코드번호(0 ~ 6)는 단단한 물체(먼지)에 저항하는 능력을 표시하고

▼ 표 4-1 IP코드 앞자리의 의미

등급번호	명칭	보호수준
0	비보호	보호되지 않음
1	대형 물체로부터 보호	직경 50 mm 이상 크기의 외부물체 침투를 차단
2	중형 물체로부터 보호	직경 12.5 mm 이상 크기의 외부물체 침투를 차단
3	소형 물체로부터 보호	직경 2.5 mm 이상 크기의 외부물체 침투를 차단
4	입자로부터 보호	직경 1 mm 이상 크기의 외부물체 침투를 차단
5	먼지의 침투로부터 보호	먼지의 침투를 완전히 차단하지는 못하지만 기기의 작동과 안전에는 영향을 주지 않는 수준
6	방진	먼지의 침투를 완전히 차단함

○ 둘째 코드번호(0 ~ 8)는 물의 침투에 대한 저항능력을 표시한다.

▼ 표 4-2 IP코드 뒷자리의 의미

등급번호	명칭	보호수준
0	비보호	보호되지 않음
1	수직으로 떨어지는 물방울로부터 보호	기기에 수직으로 떨어지는 물방울이 작동에 전혀 영향을 미치지 않는 수준
2	수직이외의 각도로 떨어지는 물방울로부터 보호	물방울이 수직으로부터 최고 15도까지 기울어진 상태로 장비에 떨어져도 작동에 영향이 없는 수준
3	분무형태의 물로부터 보호	수직으로부터 최고 60도까지 기울어진 각도로 분무되는 물로부터 보호
4	튀기는 물로부터 보호	어떠한 방향에서 물을 튀기더라도 해가 미치지 않는 수준
5	분사되는 물로부터 보호	어떠한 방향에서 봉입부에 물을 분사하더라도 해가 미치치 않는 수준
6	강력하게 분사되는 물로부터 보호	어떤 한 방향에서라도 봉입부에 물을 강력히 분사하더라도 해가 미치지 않는 수준
7	일시적인 잠수상태로부터 보호	봉입부 하단을 수중 1 m 아래에 일시적으로 담그더라도 봉입부에 들어가는 물의 양이 해를 끼치지 못할 정도로 적어야 함
8	계속적인 잠수상태로부터 보호	계속적인 잠수상태에서도 문제가 없어야 함

간단히 구분하자면 숫자가 클수록 보호수준이 높음을 표시하고 있는데, 옥내설치용 카메라/하우징은 IP54등급 이상의 제품을 선택하고, 옥외설치용 제품이라면 최소한 IP55등급 이상, 가능하다면 IP66등급의 제품을 선택하는 것이 좋다.

참고로 지하주차장은 옥내이기는 하지만 반쯤은 개방된 환경이며, 자동차의 출입에 따른 습기와 매연으로 인하여 카메라에 영향을 줄 수 있기 때문에 옥외환경으로 간주하고 CCTV를 시설해야 한다.

(3) 특수 하우징

일반적인 CCTV 시설이라면 카메라와 렌즈가 들어가기에 충분한 크기이고, 적당한 수준의 IP 등급을 가진 하우징을 선택하기만 하면 된다. 하지만 일반적이지 않은 환경이라면 하우징 역시 특수한 용도에 적합하도록 제작된 제품을 선택하여야 한다.

용광로나 보일러 등에 사용되는 하우징은 외부환경이 고온이기 때문에 특별한 방법을 통하여 하우징과 내부 카메라를 냉각해 줄 수 있는 기능을 가진 제품이 필요하다. 냉각방식은 공냉식과 수냉식이 대표적이지만 최근에는 펠티어소자를 이용하기도 한다.

▲ 그림 4-5 고온용 하우징

수중환경에서도 마찬가지이다. 수중의 특성상 완전한 방수는 기본적으로 제공되어야 함은 물론이거니와 높은 압력에서도 견딜 수 있어야 하며, 바닷물에 의해 부식되지 않는 소재로 만들어진 제품이 필요하다. 이런 하우징은 주로 해상생물 관찰용이나 수중구조물의 감시용으로 사용된다.

▲ 그림 4-6 수중용 하우징

석유류나 가스의 저장소, 탄광, 비산먼지가 많은 곳에서는 전기스파크로 인한 폭발이 발생할 수 있으므로 방폭형 하우징을 사용한다. 이 하우징은 소재부터 밀봉방법에 이르기까지 모든 면에서 세심하게 설계되어 있다.

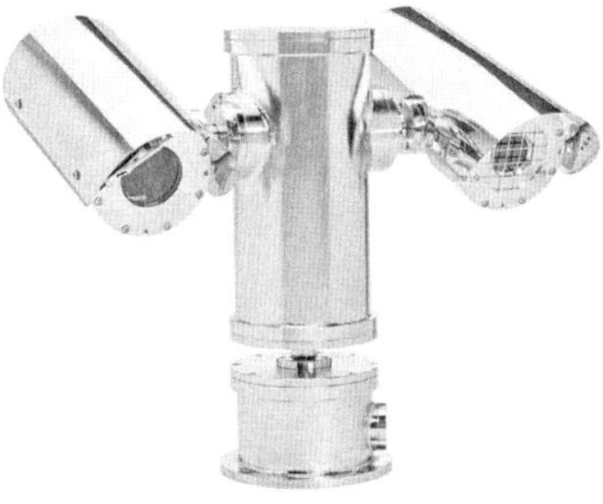

▲ 그림 4-7　방폭형 하우징

역시 흔히 사용되는 제품은 아니지만 그림과 같이 차량설치용 제품도 있다. 이 하우징은 "차량탑재형 불법주정차단속용 CCTV"시스템의 구성품 중 일부이며, 내부에 1 ~ 2대의 카메라와 조명장치가 일체형으로 제작된 것으로 차량의 상단에 부착하여 운영한다.

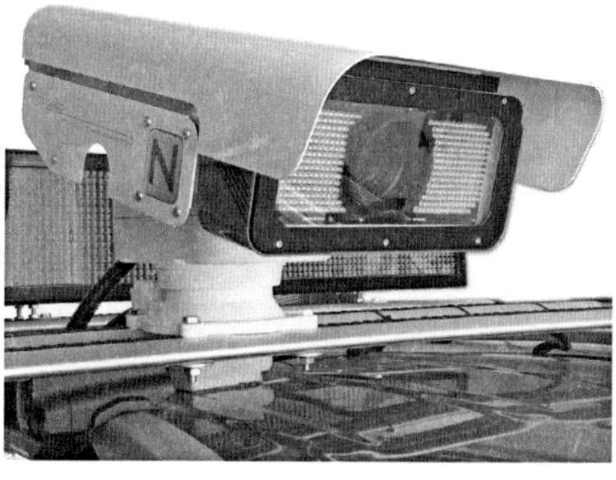

▲ 그림 4-8 차량탑재형 불법주정차단속 CCTV

○ 하우징의 절연

모든 카메라, 특히 아날로그 카메라는 외부의 전기적 잡음이나 유도전류로 인한 노이즈가 발생할 소지가 항상 존재한다. 노이즈가 발생하는 카메라를 하우징에서 분리해 보면 갑자기 노이즈가 사라지는 경우를 볼 수 있는데, 이는 그라운드 루핑(Ground Looping) 현상에 의한 유도전류가 발생하였기 때문이다. 노이즈를 예방하기 위해서는 처음부터 플라스틱 재질의 하우징을 사용하거나, 카메라와 하우징 사이에 플라스틱 등의 재질로 된 절연판을 부착하면 대부분의 문제를 해결할 수 있다.

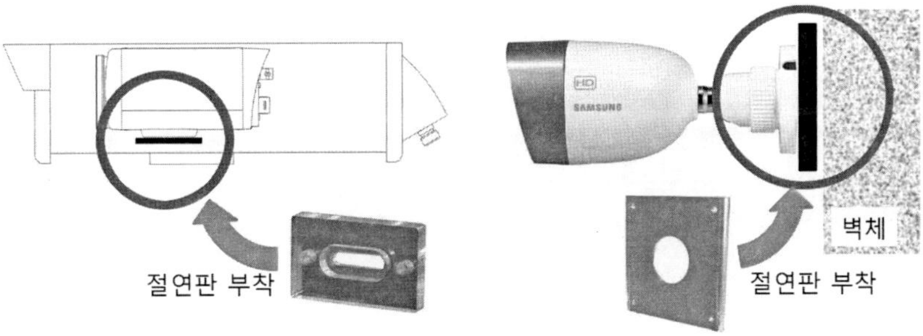

▲ 그림 4-9 박스/불릿카메라의 하우징 설치 시 절연판 사용

스피드돔 카메라의 설치 시에도 동일한 문제는 발생할 수 있다. 이때에는 하우징과 외벽 사이에 절연판을 부착하거나, 하우징과 브래킷 사이에 절연커플링을 사용하면 해결이 가능하다.

▲ 그림 4-10 스피드돔 카메라 설치 시 절연판 사용

2 팬틸트(P/T Driver)와 리시버(Receiver)

(1) 팬틸트 드라이버(Pan/Tilt Driver)

흔히 "팬틸트"라고 부르는 P/T 드라이버는 카메라를 좌우로 회전(Pan)시키거나 상하(Tilt) 이동시키는 데 사용한다. 일반적으로 "박스형카메라 + 렌즈 + 하우징 + 팬틸트"를 조합하여 하나의 세트를 구성하게 되며, 최근에는 스피드돔 카메라의 발달로 인하여 사용처가 많이 줄어들었지만 200 mm 이상의 줌렌즈를 사용하기 위해서는 대안이 없으므로 특수한 목적용으로는 여전히 사용된다(스피드돔 카메라의 구조상 초점거리가 긴 줌렌즈의 채용은 대단히 어렵다).

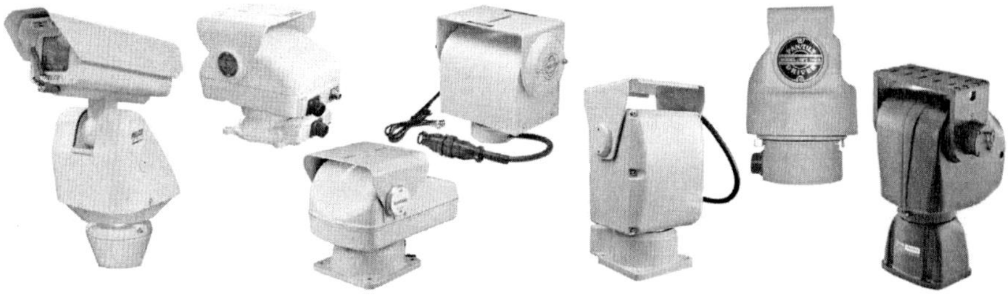

▲ 그림 4-11 팬틸트 드라이버

팬틸트는 설치하고자 하는 위치에 따라 옥내형과 옥외형으로 구분할 수 있으며, 팬틸트에 장착할 수 있는 장비의 무게와 회전속도, 회전각도 제한, 모터의 종류(AC/DC), 리시버의 내장 여부에 따라 여러 가지 모델이 있으므로 용도에 맞는 제품을 선택하여 사용하면 된다.

(2) 옥내형와 옥외형

카메라나 하우징과 마찬가지로 팬틸트도 방수성능에 따라 옥내형과 옥외형으로 구분된다. 옥내형은 환경적인 영향이 적으므로 방수성능이 미약하고 외부재질이 플라스틱으로 제작된 제품이 많다.

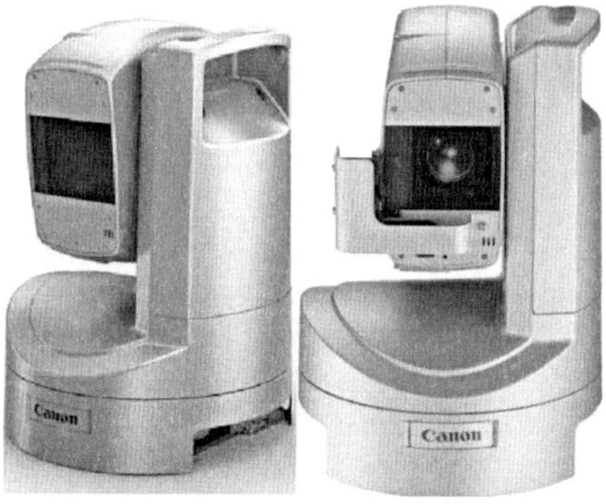

▲ 그림 4-12 옥내전용 팬틸트

옥외형은 반대로 방수성능이 우수하며, 외부재질이 금속(주로 알루미늄 또는 스테인리스)이나 FRP로 제작되어 있기 때문에 내충격성(耐衝擊性)이나 내부식성(耐腐蝕性) 역시 우수하지만 옥내형에 비하여 무게가 무겁고 가격이 비싼 단점이 있다.

(3) AC모터와 DC모터

팬틸트는 AC방식의 구동모터를 사용한 제품과 DC방식의 구동모터를 사용한 제품이 있다. AC방식은 단상모터와 감속기를 조합하여 제작하는데, 이때 어떤 기어비를 가진 감속기를 사용하였는지에 따라 팬틸트의 회전속도에는 차이가 있지만 대부분의 제품이 가변속도를 지원하지 않고, 항상 동일한 회전속도를 가진다. 감속기를 사용하여 "모터의 고속회전 + 낮은 토크"를 "팬틸트의 저속회전 + 높은 토크"로 변환하기 때문에 탑재중량이 높은 제품이 많으며, 같은 탑재 중량이라면 DC모터 방식에 비하여 가격이 저렴하다.

▲ 그림 4-13 AC모터와 감속기

DC구동모터는 스테핑모터, BLDC모터, 브레이크모터 등을 사용한 제품이며 AC구동모터 방식에 비해 동작속도가 빠르고, 회전속도가 가변적으로 조절할 수 있다. 즉, 세밀하게 움직여야 할 때에는 느린 속도로, 큰 움직임이 필요할 때에는 빠른 속도로 동작시킬 수 있다. 이런 장점이 있음에도 불구하고, AC구동모터 방식에 비하여 탑재중량이 적고(보통 15 kg이내) 가격이 비싼 단점이 있다.

두 가지 방식 모두 일장일단이 있기 때문에 어떤 방식이 좋다고 단언할 수는 없으며, 같은 모양이라 하더라도 내부의 모터만 다른 기종이 있기 때문에 외관만 보아서는 어떤 방식을 사용하는지 구분이 불가능하다.

(4) 355도 회전형과 360도 회전형

팬틸트가 좌우회전이 가능하다고 해서 모든 제품이 한쪽 방향으로 연속회전이 가능한 것은 아니다. 현장의 상황에 따라 연속회전이 가능한 제품(360도 회전)을 사용해야 할 경우도 있고 그렇지 않은 경우에는 비교적 저가이지만 연속회전이 불가능한(355도 회전) 제품이면 충분할 수도 있기 때문이다.

360도 회전이 가능한 팬틸트는 내부에 슬립링(Slip-Ring)이라는 부품이 들어 있어 이를 통해 전력/통신/영상의 전송이 가능하도록 만들어져 있다.

▲ 그림 4-14 슬립링

이 부품 덕분에 한쪽방향으로 연속적인 회전이 가능한 대신 355도 회전형 팬틸트에 비하여 다소 가격이 높은 편이다. 이 팬틸트에는 355도 회전형과는 달리 물리적인 회전제한장치(리미터)가 없고 회전의 제한이 필요한 경우에는 주로 광학센서를 이용하여 회전을 제한할 수 있는 기능을 가지고 있다.

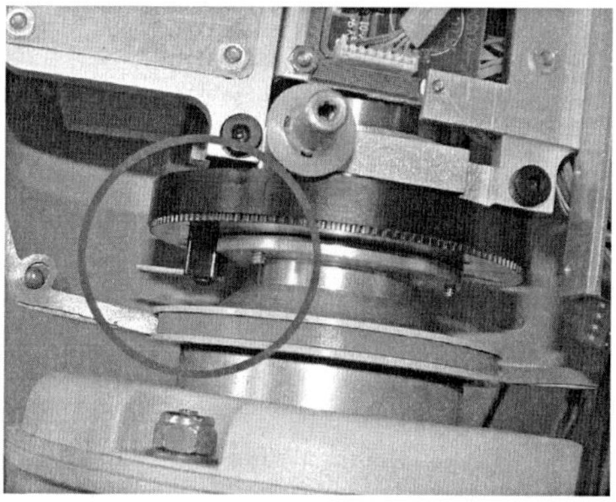

▲ 그림 4-15 360도 회전형 팬틸트의 광학센서

355도 팬틸트는 내부에 슬립링이 없어 구조가 간단한 대신 한쪽방향으로 연속회전은 불가능하다. 이 팬틸트는 지정된 각도 이상으로 회전시킬 경우 내부의 배선이 끊어질 우려가 있기 때문에 특정각도 이상으로는 회전이 불가능하도록 물리적인 회전제한장치(리미터)를 가지고 있는 것이 일반적이다. 통상 회전제한장치는 마이크로스위치를 이용하는데, 가끔 마이크로스위치가 고장 나거나 관성에 의해 제한범위를 넘어서는 경우가 발생하는데, 이는 팬틸트 전체의 고장원인이 된다.

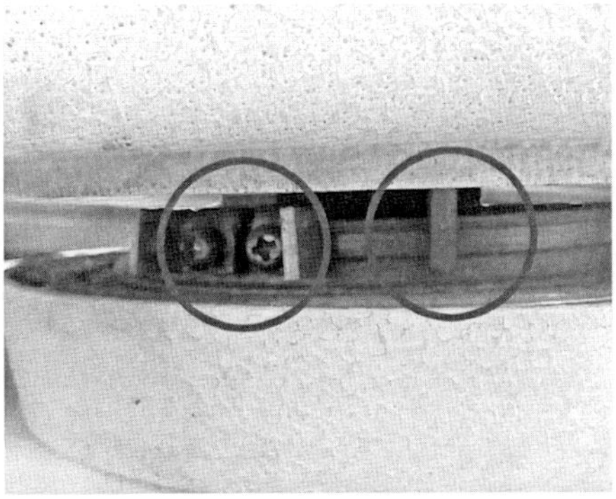

▲ 그림 4-16 355도 팬틸트의 물리적 회전제한장치

운영의 편의성만 따지자면 당연히 360도 회전이 가능한 팬틸트가 유리하다. 그림과 같이 팬틸트가 A지점을 바라보고 있을 때 B지점으로 회전하고자 한다면 360도 회전형 팬틸트는 아주 조금만 회전하면 되지만 355도 회전형 팬틸트는 거의 한 바퀴를 회전해야 하기 때문이다.

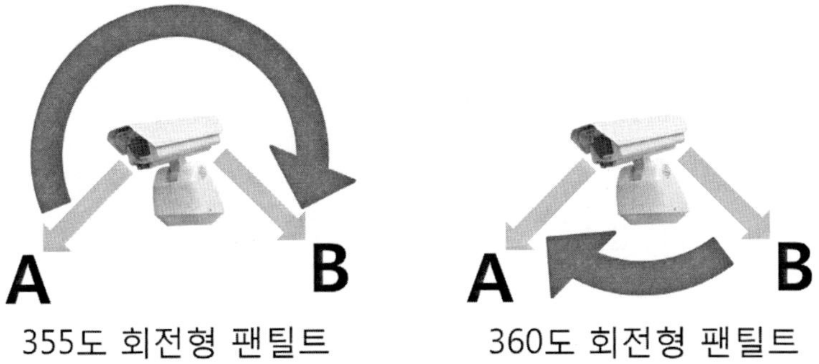

▲ 그림 4-17 360도 회전형과 355도 회전형의 차이

하지만 360도 회전이 필요하지 않은 현장에서는 굳이 고가의 360도 회전형 팬틸트를 사용할 이유가 없으므로 355도 회전형 팬틸트를 선택하는 경우도 많이 있는데, 도로방범용이나 과속단속용 카메라가 대표적이다.

(5) 리시버 일체형과 분리형

초기의 팬틸트는 팬틸트 자체의 중량과 부피를 줄이기 위하여 팬틸트 내에는 회전에 관계되는 최소한의 부품만으로 제작하고 제어 신호를 처리하는 리시버라는 장치를 따로 사용하였다.

리시버는 RS-485나 RS-422 통신을 이용하여 원격지로부터 제어 신호를 수신하며, 수신된 제어 신호에 따라 팬틸트를 상하좌우로 움직이는 역할(정확히는 상하좌우로 움직이기 위하여 전력을 공급하는 역할)을 하는 장치이다.

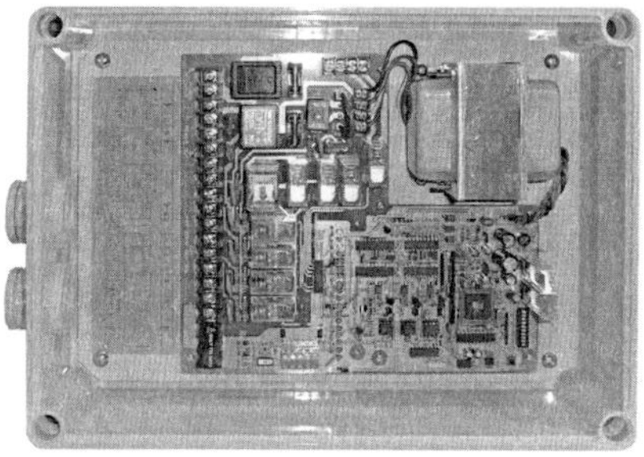

▲ 그림 4-18 CCTV 팬틸트 리시버

일반적으로 팬틸트는 아주 높은 곳에 설치하기 때문에 중량과 부피가 줄어들수록 팬틸트를 지지하기 위한 구조물도 상대적으로 덜 튼튼하게 제작할 수 있는 데다가, 구조가 간단하면 그만큼 고장의 발생도 적기 때문에 아직도 분리형 리시버를 사용하는 현장이 많다.

하지만 기술의 발달로 인하여 전자회로를 아주 작게 제작할 수 있게 되었으며, 분리형 리시버를 사용하는 것보다 리시버가 일체화된 팬틸트를 사용하는 것이 보다 시공이 간단할뿐더러, 고장 발생 시에 문제 해결이 간편하기 때문에 리시버 일체형 팬틸트의 사용이 갈수록 늘어나고 있는 추세이다.

특히, IP 카메라가 보편화된 지금에 와서는 IP 스피드돔 카메라 자체가 "카메라 + 팬틸트 + 리시버 + 비디오서버"의 기능을 모두 가지고 있기 때문에 간단히 전원케이블과 통신케이블 두 가닥만 연결하면 된다.

(6) 특수형 팬틸트

앞서 소개한 특수형 하우징과 마찬가지로 팬틸트도 특수한 용도를 위하여 제작된 제품이 상당수 존재한다. 높은 온도나 먼지가 많은 환경에서 사용가능한 제품은 물론이거니와 폭발을 방지하기 위한 제품(방폭형)이나 수중에서 사용하기 위한 제품, 차량에 설치하기 위한 제품, 360도 수직회전이 가능한 제품 등 많은 특수형 팬틸트가 존재한다.

▲ 그림 4-19 특수(방폭형) 팬틸트

위의 제품들과는 달리 군이나 경찰용으로 사용하기 위하여 특수 제작된 제품들도 있는데, 군부대의 외곽감시용 CCTV 카메라나 장갑차의 원격조종포탑(RWS, Remote Weapon System)이 대표적인 예이다.

▲ 그림 4-20 군용 RWS

3 조명장치

(1) 조명장치

모든 카메라는 "빛을 전기신호로 바꾸는" 장치이기 때문에 빛이 없다면 당연히 영상을 촬영할 수 없다. 그래서 야간이나 지하와 같이 빛이 없는 장소에서 촬영을 하기 위해서는 별도로 피사체에 조명을 비추어 주어야만 제대로 된 영상을 얻을 수 있다.

촬영을 위해 가장 좋은 조명은 태양광과 유사한 백색광이며, 컬러로 촬영이 가능한 장점도 있다. 하지만 백색광은 사람의 눈으로 식별이 용이하기 때문에(즉, 밝은곳과 어두운곳을 눈으로 봐서 알 수 있다) CCTV를 이용한 방범용도로는 적합하지 않다. 옛날 첩보영화나 전쟁영화에서 서치라이트(Searchlight)가 비추는 곳을 피해가는 장면을 한 번쯤은 본 기억이 있을 텐데, CCTV용 광원으로 백색광을 사용하면 영화에서 본 장면을 그대로 연출해 낼 수 있기 때문이다. 또한 백색광을 정면으로 보면 순간적으로 시력을 잃을 수도 있기 때문에 야간 조명용으로 그리 좋은 선택은 아니다.

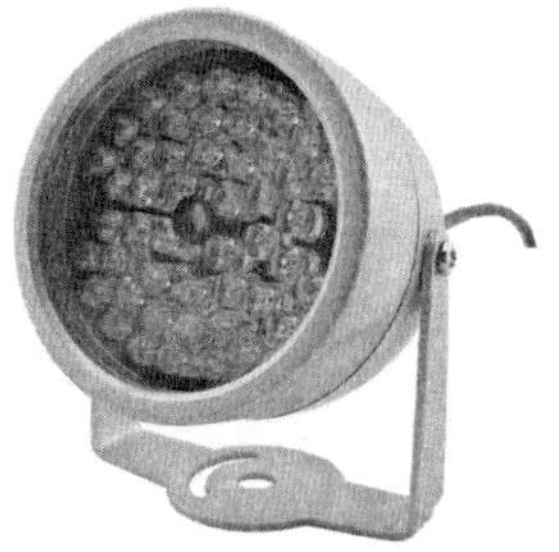

▲ 그림 4-21 백색광 조명장치

현재 CCTV용 조명장치로 널리 사용되고 있는 광원은 적외선이다. CCTV 카메라용의 촬상소자 자체가 적외선에 민감하게 반응하기도 하지만 사람의 눈으로 식별할 수 없는 파장을 이용하기 때문에 방범용으로도 유리하며, 눈부심도 거의 없는 수준이기 때문에 도로위에서 사용하여도 사고의 위험이 거의 없다.

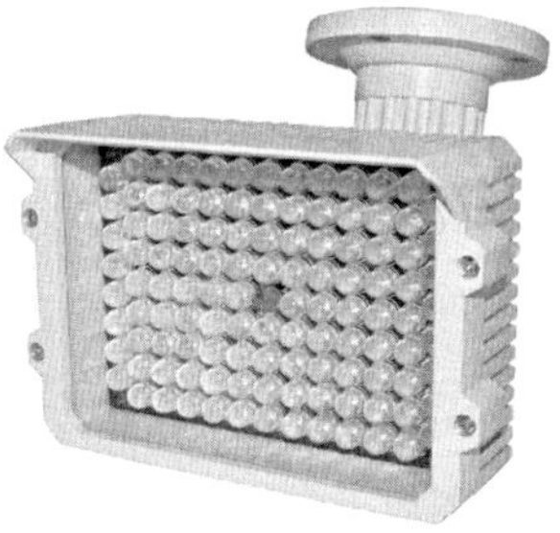

▲ 그림 4-22 적외선 조명장치

과거에는 할로겐(Halogen)이나 제논(Xenon)램프 등의 백색광원 앞에 적외선 투과 필터를 장착하여 사용하였으나, 현재에는 처음부터 적외선을 발산하는 LED형 조명장치가 일반화되어 있으며 아예 조명장치와 카메라가 일체형으로 된 제품들도 시중에서 쉽게 구할 수 있다.

▲ 그림 4-23 적외선 조명 일체형카메라

적외선 조명장치가 장점만 있는 것은 아니다. 적외선과 가시광선의 굴절률 차이에 의한 초점 흐림 현상이 있기는 하지만, 이 현상은 적절한 필터를 사용하면 거의 완전하게 완화시킬 수 있기 때문에 그리 심각하지는 않다. 진짜 문제는 적외선에는 "색"이 없기 때문에 영상이 "흑백"으로 촬영될 수밖에 없다는 점이다.

그래서 반드시 컬러로 촬영하여야만 하는 현장에는 적절한 백색광 조명을 설치하여 카메라가 충분한 밝기를 얻을 수 있도록 하여야 하고, 흑백영상이라도 충분한 현장이라면 적외선 조명 장치의 사용을 고려하는 것이 백색광 조명 설치보다 유리할 수 있다.

4 기타 금구(金具)류

(1) 마운트 브래킷(Mount Bracket)

마운트 브래킷은 CCTV 카메라, 하우징, 팬틸트 등을 설치할 때 사용되는 부품이다. 단순히 돔카메라를 천장에 설치하게 되는 경우라면 별도의 마운트 브래킷이 필요하지 않겠지만, 현장의 여건과 소비자의 요구사항은 아주 다양하므로 현장 여건에 맞도록 설치하기 위해서는 그에 부합하는 마운트 브래킷을 사용해야 한다.

마운트 브래킷은 천장 또는 천장에서 일정한 높이에 카메라를 설치하기 위한 천장형(Ceiling Mount Type)과 벽면이나 전주 가로등 등에 부착하기 위한 벽부형(Wall Mount Type)으로 크게 나눌 수 있으며, 불릿카메라와 같은 소형 카메라를 손쉽게 설치하기 위한 유니버설형(Universal Type)도 있다.

천장형 브래킷은 건물 내의 천장이 지나치게 높아서 전장에 카메라를 직접 부착할 경우 원하는 각도를 얻을 수 없는 경우에 자주 사용되며, 브래킷의 재질이나 길이에 따라 여러 가지 제품이 있으므로 현장 환경에 맞는 적절한 제품을 선택하면 된다.

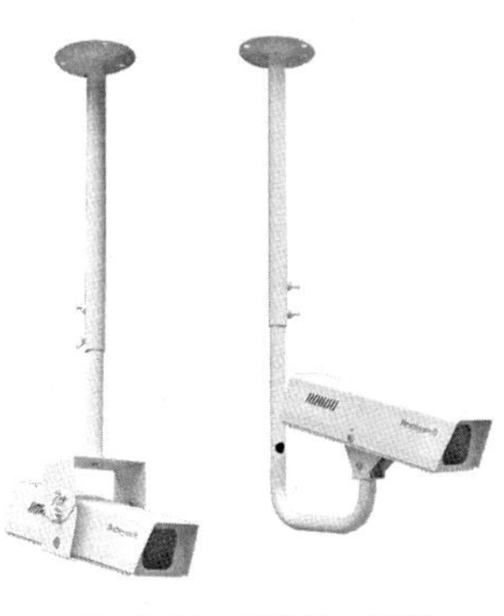

▲ 그림 4-24 천장형 브래킷

벽부형 브래킷은 천장이 없거나 지나치게 높은 경우이거나, 벽면에 카메라를 부착해야 하는 경우에 사용된다. 특히, 전주나 원형기둥에 카메라를 설치하고자 할 때에는 일반적인 벽부형 브래킷 외에 원형기둥에 맞는 브래킷이 추가로 필요하며 벽체의 모서리 부분에 카메라를 설치하고자 할 때에도 그에 맞는 브래킷이 별도로 필요하다.

▲ 그림 4-25 벽부형 브래킷

또한, 대부분의 불릿카메라 제조사는 카메라 구입 시에 간단한 브래킷을 패키지에 포함하고 있기 때문에 별도로 구매하는 경우는 그리 많지 않다. 하지만 번들된 브래킷만으로 카메라가 설치하기 어려울 때에는 어쩔 수 없이 별도의 브래킷을 사용할 수밖에 없게 된다.

▲ 그림 4-26 유니버셜 브래킷

이 외에도 박스형카메라용 하우징을 설치하기 위한 단순한 각도조절형 브래킷이, 사찰이나 목재주택의 손상을 막기 위한 클램프형 브래킷, 박스형카메라용 하우징을 천장에 부착하기 위한 U자형 브래킷 등 다양한 제품을 시중에서 구할 수 있으며, 원하는 형태의 브래킷을 구할 수 없는 때에는 목적에 맞도록 별도 제작하여 사용할 수도 있다.

(2) 폴(Pole)

실내에 CCTV를 설치할 때에는 천장이나 벽면에 부착하면 되겠지만 주변에 적절한 시설장소가 제공되지 않는 때에는 어쩔 수 없이 설치용의 구조물을 세워서 설치해야 한다.

폴은 단순히 기둥 하나만 있는 직립형(直立形, I Type), 옆으로 팔(Arm)이 붙어 있는 측주형(側柱形, Arm Type), 양쪽에 기둥을 두고 중간부분이 이어진 문형(門形, Gate Type)등 여러 가지 종류가 있으며 역시 현장상황에 맞는 형태로 시공하게 된다.

▲ 그림 4-27 다양한 형태의 CCTV용 폴

일반적으로 방범용도에 사용되는 소형/경량의 Pole은 스테인리스강(鋼)으로 제작되고, 교통감시용이나 도로방범 용도로 사용되는 대형의 Pole은 철제로 제작하여 아연용융도금한 제품을 사용한다.

(3) 수납용 함체

CCTV를 야외에 설치할 때에는 카메라 외에도 전원공급장치나 통신장치, 리시버 등의 각종 부가 장치가 필요하며 이들 장치를 보호하기 위해서 별도의 함체(케이스)를 폴에 부착하여 사용한다.

▲ 그림 4-28 폴에 부착된 수납용 함체

일반적인 방범용 CCTV 설치 시에는 필요한 부가 장치가 그리 많지 않으므로 함체가 없거나 작은 크기면 충분하지만 도로방범, 주정차단속, 과속단속, 환경감시 등 특수목적의 시스템에서는 오히려 카메라보다 부가장치가 더 중요하기 때문에 스테인리스강 등을 사용하여 튼튼하게 제작된 함체를 사용한다.

▲ **그림 4-29** 불법주정차단속 시스템용 함체 내부

그림에서 보는 바와 같이 함체 내부에는 항온장치, 전원공급장치, 전원제어장치, 통신장치, 제어장치, 낙뢰 보호장치 등 다양한 부가장치가 설치되어 있으며 함부로 함체를 열지 못하도록 잠금장치도 부착되어 있다.

03

전송부와 전원부

Chapter 05

전송매체

카메라를 이용하여 빛을 전기적 신호로 변환하였다면, 이 변환된 신호(영상신호)를 어떤 방법(전송매체)으로든 멀리 떨어진 곳에 있는 감시부에 전달해 주어야 한다. 반대로 감시부에서 보내는 제어 신호를 카메라나 팬틸트에 전달하는 데에도 어떤 종류이든 전송매체가 필요하다.

CCTV 시스템에서 가장 널리 사용되고 있는 매체는 동축케이블과 트위스트페어 케이블(TP 케이블)인데, 기존 아날로그 신호를 전송하기 위해서는 동축케이블을 많이 사용하였으나, IP 카메라가 일반화되면서 TP 케이블과 광섬유케이블로 대체되고 있는 추세이다.

이 장에서는 각 매체의 특징에 대해서 알아보도록 하자.

1 동축케이블(Coaxal Cable)

(1) 동축케이블이란?

동축케이블은 영상이나 데이터 신호를 전송하기 위해 사용되는 가장 전통적인 매체이다. 이 매체는 불평형 전송방식을 지원하며, 동일한 기준축을 사용한다는 뜻에서 "동축"이라는 단어를 사용한다.

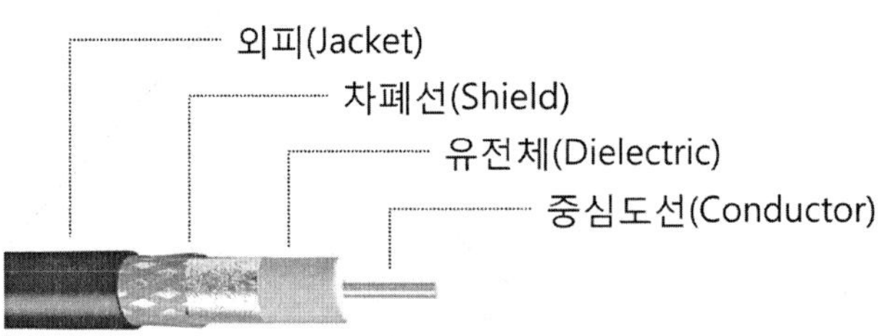

▲ 그림 5-1 동축케이블의 구조와 단면

그림에서 보듯이 동축케이블은 중간에 신호를 전달하기 위한 중심도선(Conductor)이 있고 이 중심도선을 유전체(Dielectric)와 차폐선(Shield), 그리고 합성수지재질의 외피(Jacket)가 둘러싸고 있는 형태로 이루어져 있다.

동축케이블에서 **모든 신호는 중심도선만을 이용하여 전달**되며, 차폐선은 전자방해잡음(EMI, Electromagnetic Interface)이 중심도선으로 전달되는 것을 차단함과 동시에 접지의 역할을 수행한다. 즉, 신호를 전송하는 데 두 가닥의 선이 필요(평형 전송방식)한 것이 아니라 **한 가닥의 선만 사용하기 때문에 "불평형 전송방식"**이라고 부른다.

동축케이블은 EMI로부터의 차폐효과가 아주 좋기 때문에 아날로그 CCTV에서 사용할 경우 특별한 증폭기 없이도 영상신호를 수백 미터 떨어진 곳까지 전송할 수 있다.

(2) 동축케이블의 특성

전자기기 내부에 내용되는 길이가 아주 짧은 케이블의 저항이나 인덕턴스, 커패시턴스값 등은 대부분 무시하여도 되는 아주 낮은 수준이기 때문에 신호의 전달에 거의 영향을 주지 않는다. 하지만 영상신호를 짧게는 수m에서 길게는 수백m까지 전송해야 한다면 이런 요인이 전송 신호에 영향을 주어 신호가 왜곡되는 현상이 발생하게 된다.

동축케이블 등가회로는 그림과 같이 저항(R), 인덕턴스(L), 커패시턴스(C), 그리고 컨덕턴스(G)로 구성되어 있다. 이 구성요소들은 저주파필터의 역할을 수행함과 동시에 전송신호의 여러 구성성분의 진폭과 위상에 영향을 주게 되고, 전송신호의 주파수가 높아질수록 그 영향은 더 커지게 된다.

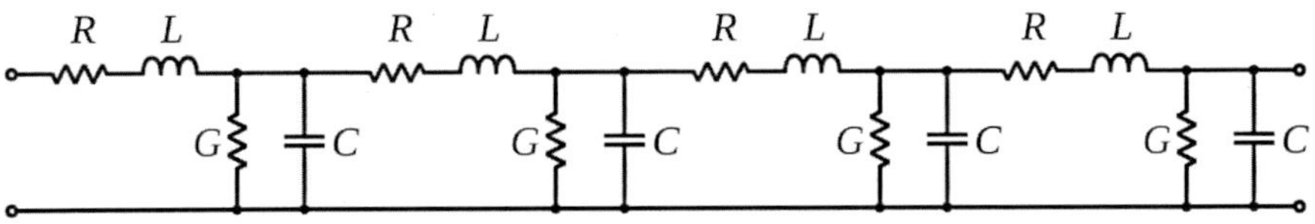

▲ 그림 5-2 동축케이블의 등가회로도

모든 케이블은 고유한 특성 임피던스를 가지는 데, 임피던스를 간단하게 설명하자면 "주파수에 따라 다른 저항값"이라고 생각하면 된다. 영상신호와 같이 고주파신호를 사용할 경우에는 임피던스의 특성이 아주 중요한데, 일반적으로 영상신호를 다루는 장비의 특성 임피던스는 75 Ω으로 제작하며 당연히 동축케이블도 75 Ω규격의 제품을 사용해야 한다.

다음 그림은 특성 임피던스에 따른 감쇠(Attenuation)과 출력(Power), 전압(Voltage)의 상관관계를 나타내주는 그래프인데, 여기서 75 Ω 부근이 가장 감쇠율이 낮은 것을 확인할 수 있다.

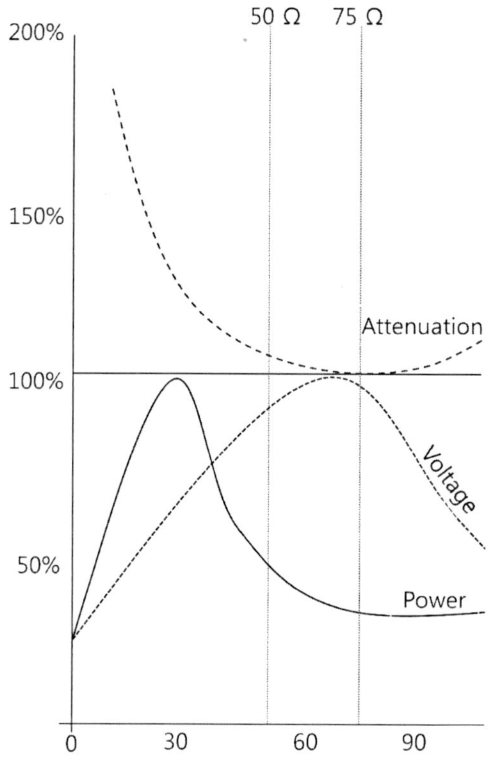

▲ 그림 5-3 특성임피던스에 따른 감쇠율 그래프

케이블을 통하여 영상신호를 전송하게 되면 수신부에서는 신호의 왜곡이 발생하게 된다. 이러한 신호의 왜곡을 발생시키는 원인은 여러 가지가 있겠지만 가장 큰 원인은 동축케이블 자체의 감쇠특성이다. 즉, 최초 송출 시와 비교하여 신호의 크기가 줄어드는 것을 말하는데, 동축케이블을 통한 신호 전송 시에는 주파수가 높은(고주파)신호가 주파수가 낮은(저주파)신호에 비하여 보다 감쇠율이 높은 특성을 보이게 된다.

케이블의 길이가 길어질수록 이 감쇠는 더욱 심해지는데, 영상의 품질 측면에서 보면 선명도의 저하 ▸ 컬러신호의 탈색 ▸ 영상의 일그러짐 등의 순서로 발생하게 된다. 이는 보다 높은 주파수를 가진 고주파 성분이 먼저 감쇠되기 때문인데 일반적인 영상신호는 영상(Y) > 컬러(C) > 동기(S)순으로 주파수가 높기 때문이다.

다음의 표는 우리나라의 고주파 동축케이블 표준인 KSC-3610에 의거한 동축케이블의 표준 감쇠량과 도체저항 등을 정리한 것인데, 표에서 볼 수 있듯이 주파수가 높아질수록 감쇠량이 커지는 것을 쉽게 알 수 있다.

▼ 표 5-1 동축케이블 도체저항과 감쇠량 특성

규격 \ 항목	도체저항 (Ω.km)	정전용량 (nF/km)	감쇠량(dB/km) 10 MHz	30 MHz	200 MHz
1.5C-2V	968	69 ± 4	96	130	350
2.5C-2V	145	69 ± 4	52	90	250
3C-2V	91.4	67 ± 3	42	73	194
3C-2VCS	256	67 ± 3	42	73	195
3C-2VS	100	67 ± 3	48	73	195
5C-2V	35.9	67 ± 3	27	47	126
5C-2W	35.9	67 ± 3	27	47	126
7C-2V	20.7	67 ± 3	22	39	405
10C-2V	13.1	67 ± 3	18	37	86

* 도체저항은 20°C를 기준으로 한다.

(3) 동축케이블의 규격과 전송거리

우리나라에서 CCTV용으로 사용되는 동축케이블은 KSC-3610으로 정의되어 있으며 아래와 같은 표현방법을 사용하여 표시한다.

3C-2V
①② ③④

▼ 표 5-2 KSC-3610분류방식

구분	의미	값	내용
①	유전체의 외경(mm)	숫자	유전체의 외경을 mm단위로 표시 (차폐선의 내경은 유전체의 외경과 거의 같다)
②	특성 임피던스 값	C	75 Ω
		D	50 Ω
③	절연방식	2	폴리에틸렌
		F	발포성 폴리에틸렌
		B	폴리에틸렌 바론
④	차폐선 및 피복형태	V	1중편조 + PVC피복
		W	2중편조 + PVC피복
		B	1중편조 + PE + 난연성 PVC피복
		E	1중편조 + PE피복
		A	차폐선에 알루미늄파이프사용 + 흑색PE피복

미국의 분류방식은 우리나라와는 달리 RG형식의 분류를 사용하는데 주요규격과 용도는 다음과 같다.

▼ 표 5-3 RG 분류방식의 대표적인 예

명칭	임피던스	유전체 외경	주요용도	유사 KS규격
RG-6	75 Ω	4.7 mm	CATC, CCTV	5C-2W
RG-8	50 Ω	7.2 mm	10Base-5 Ethernet	
RG-11	75 Ω	7.2 mm	CATC, CCTV	7C-2V
RG-58	50 Ω	2.9 mm	10Base-2 Ethernet	
RG-59	75 Ω	3.7 mm	CATC, CCTV	3C-2V
RG-62	93 Ω	3.7 mm	ARC-Net	

케이블의 국내/국제 표준은 해당 케이블이 정상적으로 제작되었을 때 최소한으로 가져야 할 품질기준을 제시하고 있는데, 케이블의 제작사에서는 이 기준보다 높은 품질의 제품을 제작하여 판매하게 된다. 즉, 높은 품질의 케이블을 이용하면 보다 더 멀리까지 신호를 전송할 수 있다는 뜻이며, 케이블의 제조사에서는 판매하는 케이블에 대하여 주파수대역별 표준 감쇠량을 나타낸 자료를 제공하고 있으므로 이를 참조하면 영상신호의 최대전송가능거리를 계산할 수 있다.

통상적으로 사용주파수 대역에서 감쇠량이 10 dB인 지점을 최대전송가능거리로 간주하는데, 위의 KSC-3610기준에 따라 계산해 보면 각 케이블 규격의 최대전송가능거리를 산출해 낼 수 있다.

그런데, 우리나라에서 사용하는 아날로그 CCTV는 NTSC 방식이며 NTSC 방식에서 사용하는 컬러반송파는 3.58 MHz이고, 저주파일수록 감쇠량이 낮으므로 10 MHz를 기준으로 산출해 낸 최대전송거리에 비해 훨씬 더 먼 거리를 전송할 수 있다. 하지만 아쉽게도 케이블의 제작사에서는 3.58 MHz에 딱 맞는 감쇠량 기준표를 제공하지 않으므로 정확한 최대전송거리를 제시하기는 어려우며 각 시공업체들의 경험에 의하여 대략적인 최대전송거리를 비공식적으로 사용하고 있다.

▼ 표 5-4 규격별 최대전송거리(NTSC)

	1.5C-2V	2.5C-2V	3C-2V	5C-2V	7C-2V	10C-2V
10 MHz 기본감쇠량	96 dB/km	52 dB/km	42 dB/km	27 dB/km	22 dB/km	18 dB/km
–10 dB기준 최대전송거리	104 m	192 m	238 m	370 m	454 m	555 m
경험적 최대전송거리	150 m	250 m	300 m	500 m	700 m	1000 m

보충설명

재미있는 사실이지만 KS 규격의 맨 앞자리 숫자(유전체의 지름)와 경험적 최대전송거리는 거의 일치한다.

하지만 이 최대전송거리는 어디까지나 정상적인 품질의 케이블을 이용하여 제대로 시공한 상태에서의 참고용일 뿐이며, 현장의 상황이나 접속점의 수, 케이블의 품질 등 다양한 외부적 요인이 있을 수 있으므로 실제 시공 시에는 충분한 여유를 두고 시공하는 것이 문제를 줄일 수 있다.

(4) 연결장치(커넥터)

○ BNC 커넥터

동축케이블의 양 끝단에 결합하여 다른 커넥터와 연결하기 위해 사용하는 커넥터이다. 일반적으로 장비측에는 암(F) 타입, 케이블의 양쪽 끝단에는 수(M) 타입을 결합하여 사용한다. 케이블에 커넥터를 결합하기 위해서는 전용 피복탈피공구(스트리퍼)와 압착기가 필요하며, 이런 공구들이 없어도 작업 자체는 가능하지만 여러 가지 문제가 발생할 수 있으므로 가능하면 전용의 공구들을 사용하는 편이 좋다.

제대로 케이블에 커넥터가 결합되었다면(다른 말로는 종단처리라고 한다) 0.3 ~ 0.5 dB 정도의 신호 손실이 생기게 되며, 접속지점이 너무 많지 않다면 이 정도의 손실은 무시할만한 수준이다.

일반적으로 크롬으로 도금된 몸체와 금 또는 은으로 도금된 중앙팁으로 구성되어 있으며, 부식의 우려가 있는 해변이나 공장에서는 크롬도금 대신 금이나 은으로 몸체가 도금된 제품도 있다.

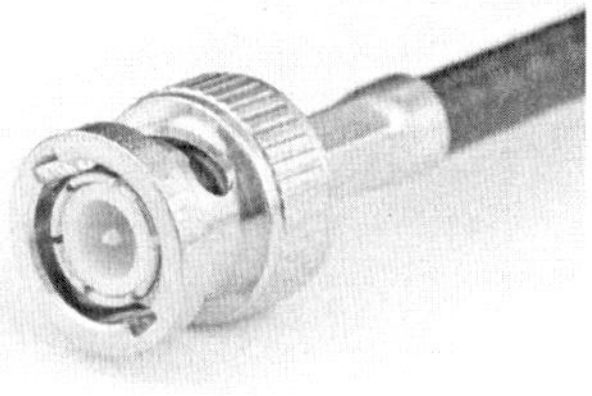

▲ 그림 5-4 M타입 BNC 커넥터

○ 바렐 커넥터

두 개의 동축케이블을 서로 연결하여 연장하기 위해 사용되는 커넥터이다. 케이블의 접속점이 늘어날수록 신호의 손실이 발생하는 데다가 케이블에 어떤 문제가 발생했을 때 쉽게 확인하여 조치하기 어렵기 때문에, 꼭 필요한 경우가 아니라면 이 커넥터를 사용하여 케이블 사이를 연결하는 것은 피하는 것이 좋다.

▲ 그림 5-5 바렐 커넥터

○ T 커넥터

동축케이블을 분기하여 사용할 목적으로 사용되는 커넥터이다. 주로 2대 이상의 장치에 동일한 신호를 입력할 필요가 있을 때 사용되며, 이 커넥터 역시 가능한 사용하지 않는 것이 좋다.

▲ 그림 5-6 T 커넥터

○ 터미네이터

종단저항이라고도 불리는 터미네이터는 50 Ω이나 75 Ω의 저항을 가지고 있으며, 케이블의 양쪽 끝단에서 T 커넥터나 바렐 커넥터에 연결하여 사용한다. 터미네이터는 케이블에 흐르는 신호를 흡수함으로써 신호가 되돌아가는 것을 막아주며, CCTV 영상전송을 위한 동축케이블 구성에서는 잘 사용되지 않는다.

▲ 그림 5-7 터미네이터

○ RCA 커넥터

비디오나 오디오장치들을 연결하기 위해서 사용하는 커넥터이다. 동축케이블에 직접연결하여 사용하는 경우는 거의 없고, 변환 어댑터를 이용하는 경우가 대부분이다. 장비에 연결할 때 그라운드가 먼저 접속되는 BNC 커넥터와는 달리 RCA 커넥터는 중앙심선이 먼저 접속되는 구조를 가지고 있기 때문에, RCA 커넥터를 사용하여 기기와 케이블을 접속할 때에는 반드시 기기의 전원을 끈 상태에서 하는 것이 좋다. 물론 가장 좋은 방법은 RCA 커넥터 자체를 사용하지 않는 것이다.

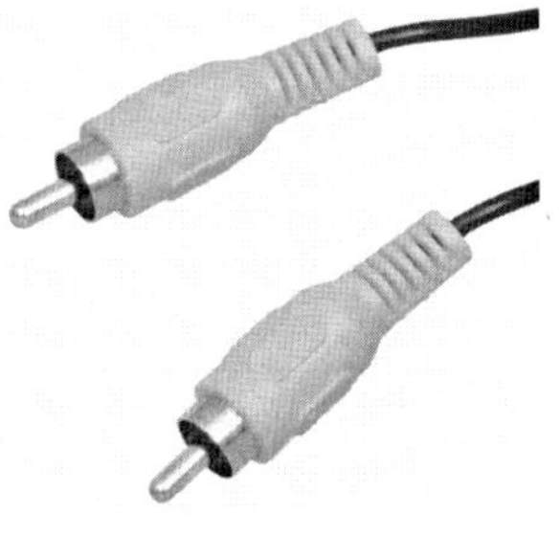

▲ 그림 5-8 RCA 커넥터

2 트위스티드 페어 케이블(TPC, Twisted Pair Cable)

(1) 트위스티드 페어 케이블이란?

트위스티드 페어 케이블(TP 케이블)은 원래 음성전화나 고속데이터 전송을 위해 개발된 "평형 통신"방식의 케이블로서, 동축케이블에 비하여 전송가능한 주파수의 범위가 낮다. 그러나 동축케이블에 비하여 상대적으로 가격이 저렴하고, 컴퓨터네트워크와 IP 카메라의 발달로 인하여 현재 신규로 CCTV를 도입하는 현장이라면 거의 TP 케이블을 사용하여 영상을 전송한다.

이 TP 케이블은 두 가닥의 전선이 한 쌍(Pair)을 이루며 꼬여있는 형태인데, 일반적으로 사용하는 케이블은 피복 내에 8가닥(4쌍, 4Pair)의 전선이 들어있다.

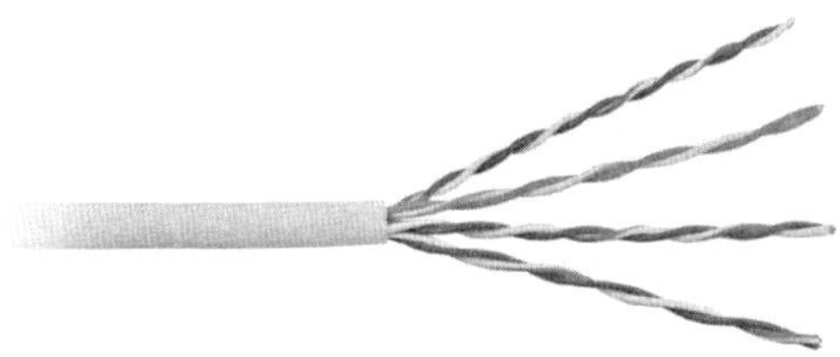

▲ 그림 5-9 트위스티드 페어 케이블의 구조

TP 케이블은 전선의 꼬임 정도에 따라 신호의 감쇠량이 다르며, 더 많이 꼬여있는 선일수록 높은 주파수의 신호를 더 멀리까지 전달할 수 있다. 케이블의 규격은 국제표준으로 정해져 있으며 "카테고리(Category)"로 구분한다.

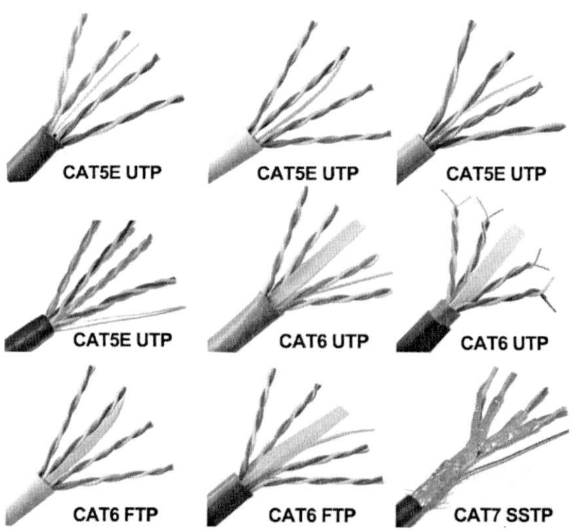

▲ 그림 5-10 여러 가지 종류의 TP 케이블

이때 카테고리 번호가 높을수록 고급의 케이블이며, 현재에는 대부분 100 Mbps이상, 가능하면 1 Gbps의 네트워크를 구축하고 있기 때문에 최소 CAT-5 또는 CAT-5E 등급의 케이블을 사용하고 있다. 예산에 여유가 있고 미래를 대비하기 위해서라면 CAT-6 이상 등급의 케이블을 사용하는 것도 좋은 선택이다.

▼ **표 5-5** TP 케이블의 등급

분류	사용주파수	전송속도	용도	케이블 형태	적용네트워크
Category 1	100 kHz	1 Mbps	음성전화망	-	전화망
Category 2	1 MHz	4 Mbps	Multi-Pair 통신케이블	-	4 M Token ring
Category 3	16 MHz	10 Mbps	전화망 및 기본데이터망	UTP,S/FTP	10BaseT
Category 4	20 MHz	16 Mbps	전산망 전송속도 향상용	UTP,S/FTP	16 M Token ring
Category 5/5E	100 MHz	100 Mbps 이상	디지털 전화망 및 고속전산망 저손실 광대역폭 케이블	UTP,S/FTP	100BaseTx 1000BaseT 155M ATM
Category 6	250 MHz	200 Mbps 이상	디지털 전화망 및 고속전산망 영상신호전송	UTP,S/FTP	1000BaseT 622M ATM
Category 6A	500 MHz	1 Gbps 이상		UTP,S/FTP	
Category 7	600 MHz	10 Gbps 이상		S/FTP	
Category 7A	1,000 MHz	40 Gbps 이상		S/FTP	

CAT-1과 2는 전화망에 사용하며 네트워크를 구성하는 용도로는 거의 사용되지 않는다. 게다가 2000년 이후에 건축된 아파트나 사무용 빌딩에서는 대부분 정보통신인증이니 뭐니 해서 내부에 미리 카테고리 5이상의 케이블로 미리 시공해 놓았기 때문에 현재로서는 찾아보기가 아주 힘들고, 대부분 인터폰 등의 배선으로 사용한다.

CAT-3는 전선이 약 3 cm당 1회 꼬여 있으며, 10 Mbps의 속도로 100 m 거리까지 데이터를 전송할 수 있다. 하지만 현재로서는 10 Mbps 네트워크를 사용하는 곳도 찾기 어려우며, 간혹 건물 내부의 전화망 구성을 위해 시공하는 사례가 있지만 그리 많지는 않다.

CAT-4는 IBM의 Token-Ring 구성용으로 사용되었지만 역시 최근에는 거의 사용되지 않는다.

CAT-5는 현재 가장 많이 사용하고 있는 케이블로서 100 Mbps의 속도로 100 m 거리까지 데이터를 전송할 수 있으며, CAT-5E는 1,000 Mbps(1 Gbps)의 속도로 전송이 가능한 규격이다. 실제로 이 두 규격의 케이블은 가격차이가 그리 크지 않기 때문에 현재 새로이 네트워크를 구성하고자 한다면 CAT-5E 규격의 케이블을 선택하는 것이 바람직하다.

CAT-6는 200 Mbps 이상의 속도로 데이터를 전송할 수 있다. 광케이블에 비해 시공이 쉽고 주변기기의 비용이 저렴하기 때문에, 개발 초기에는 구리선과 광케이블의 과도기적 역할을 수행할 것으로 기대되었지만, CAT-5E 케이블에 비하여 가격이 비싸고 시공이 어려운 문제 때문에 폭발적인 인기를 얻지는 못하고 있다. 하지만 CAT-5 케이블보다는 확실히 품질이 우수하기 때문에 안정적인 전송을 원하는 곳에서는 널리 사용하고 있는 규격의 케이블이다.

(2) UTP/FTP/STP

UTP(Unshielded Twisted Pair) 케이블은 EMI 차폐를 위한 실드(Shield)가 없는 가장 기본적인 케이블이면서 가장 널리 사용되고 있는 케이블이기도 하다. 이 케이블은 동축케이블이나 STP 케이블에 비하여 유연하고 가볍기 때문에 설치하기가 편한 대신, EMI의 영향을 많이 받고 물리적인 충격이나 열에도 취약하기 때문에 시공에 주의해야 한다.

▲ 그림 5-11 UTP 케이블

FTP(Foiled Twisted Pair) 케이블은 UTP 케이블에 알루미늄 등의 금속으로 한 번 더 EMI 차폐를 해 준 케이블이다. 금속재질의 차폐막이 있으므로 UTP 케이블에 비하여 EMI로부터의 보호효과가 높다.

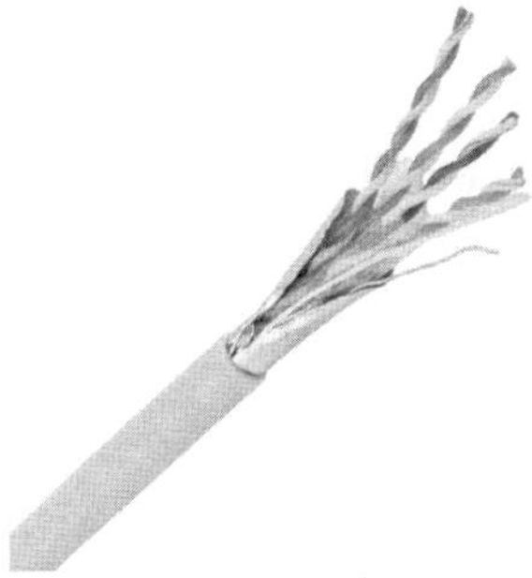

▲ 그림 5-12 FTP 케이블

STP(Shielded Twist Pair) 케이블은 FTP 케이블보다 더 높은 EMI차폐 효과를 얻기 위해서, 각각의 전선쌍에 금속 차폐막을 입히고 전체에 또 한 번 금속 차폐막을 입힌 케이블이다. 3가지의 케이블 중 EMI 차폐효과가 가장 좋지만 가격도 가장 비싼 케이블이기 때문에, 특별한 용도 외에는 잘 사용하지 않는다.

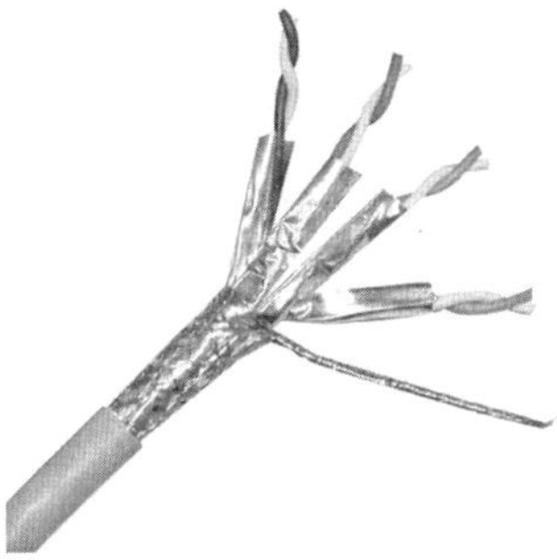

▲ 그림 5-13 STP 케이블

하지만 STP나 FTP라고해서 옥외배선용으로 개발된 것은 아니므로 옥외배선의 경우에는 별도로 생산되는 옥외배선용 케이블을 사용하는 것이 좋은데, 옥외배선용 케이블은 자외선에 강한 재질의 외피을 사용하고 있으며, 일부 케이블은 케이블을 지지하기 위한 와이어가 일체화되어 있기 때문에 공중가설 시 좀 더 안전하게 시공이 가능하다.

▲ 그림 5-14 옥외용 케이블

아울러, FTP 케이블이나 STP 케이블은 금속차폐막과 접지선의 효과를 극대화하기 위하여 연결하는 커넥터 또한 UTP 케이블과는 달리 특별한 제품을 사용해야 한다. FTP/STP 케이블용 RJ-45모듈러 커넥터는 외부에 금속재질의 실드가 결합되어 있기 때문에 케이블뿐만 아니라 커넥터에서도 EMI로부터의 차폐기능이 있다.

(3) 연결장치(커넥터)

○ RJ-45 모듈러 플러그

흔히 "RJ잭"이라고 부르는 RJ-45모듈러 플러그는 수십 개의 통신용 플러그 표준 중 하나이며, 다른 표현으로는 "8P8C 플러그"라고도 한다. 자주 사용되는 다른 모듈러 플러그는 전화용인데, 전화용 모듈러 잭은 6P6C 커넥터로 RJ-11이라는 코드명으로 등록되어 있다.

RJ-45플러그가 우리에게 친숙해진 계기는 바로 컴퓨터 네트워크의 발달 때문이다. 초기의 컴퓨터 네트워크 중 10Base5나 10Base2에서는 동축케이블과 BNC 커넥터를 이용하여 선로를 구성하였지만 현재 사용되는 10/100/1000Base5에서는 TP 케이블과 RJ-45플러그로 선로를 구성한다.

RJ-45플러그는 투명플라스틱(주로 폴리카보네이트)재질의 몸체와 금도금된 핀을 가지고 있으며, 케이블과의 결합을 위해서는 전용의 공구가 필요하다.

▲ 그림 5-16 RJ-45 모듈러 플러그

○ RJ-45 모듈러 잭

우리가 "RJ-45 Jack"이라고 부르는 제품은 실제로는 "Plug"이며, 플러그와 상대되는 개념의 제품이 바로 "잭"이다. 플러그와 마찬가지로 8개의 접점을 가지고 있으며, 케이블에 직접 결합하는 경우는 거의 없고 대부분 장비에 장착되어 있거나 아웃렛이나 패치패널의 구성품으로 사용된다.

▲ 그림 5-17 RJ-45 모듈러 잭

○ 패치패널

패치패널 역시 케이블의 접속을 위한 도구로서 각 케이블의 식별과 관리를 위해 흔히 사용되며, 특히 많은 수의 장치가 있는 네트워크에서 모듈러 플러그의 위치를 변경하는 간단한 동작으로 연결을 변경할 수 있는 장점이 있다. 쉽게 말하자면 RJ-45모듈러 잭을 여러 개 모아놓은 것이라고 보면 된다.

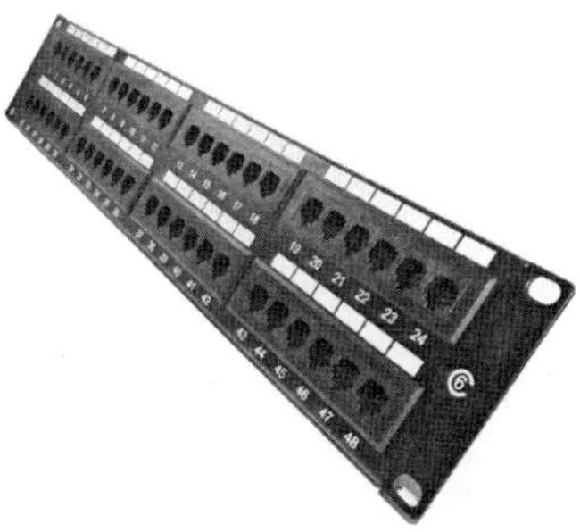

▲ 그림 5-18 패치패

○ 110블록

패치패널이 플러그와 잭의 접속을 쉽게 도와주는 장치라면, 110블록은 케이블과 케이블을 직접연결시키는 역할의 장치이다. 주로 변화가 잘 일어나지 않는 배선반에 설치하여 사용한다.

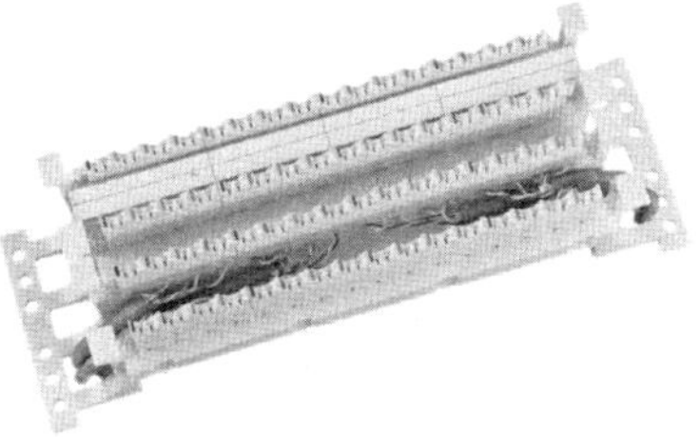

▲ 그림 5-19 110블록

○ 아웃렛

전원콘센트와 형태가 비슷하며 벽체나 바닥에 매입하는 형태의 제품과 노출시켜 사용하는 박스형태의 제품이 있다. 1 ~ 8포트의 다양한 제품이 시중에 나와 있으며 주로 2 ~ 4포트의 제품이 많이 사용된다. 저 비용으로 네트워크를 구축할 경우에는 이런 접속자재를 사용하지 않고 단순히 케이블과 플러그만 사용하는 예를 흔히 볼 수 있는데, 최종단말 측에는 이런 자재를 사용하는 것이 차후에 발생할 수 있는 문제를 쉽게 해결할 수 있다.

▲ 그림 5-20 아웃렛

○ 커플러

모듈러잭 2 ~ 3개가 서로 연결된 형태이며 케이블을 연장할 목적으로 사용한다. 대부분의 제품들이 그리 품질이 좋지 않은 관계로 어떤 문제가 발생했을 때 원인을 발견하기 어렵게 만드는 요인이 되므로 될 수 있으면 사용하지 않는 편이 좋다.

▲ 그림 5-21 커플러

3 광섬유케이블

(1) 광섬유케이블(Fiber-Optic Cable)이란?

앞서의 동축케이블이나 TP 케이블이 구리선을 이용한 중단거리 통신용이라면 광섬유케이블(이하 광케이블)은 빛을 이용한 통신매체로서 주로 장거리 통신(500 m 이상)에 사용되는 케이블이다. 물론 광케이블이라고 해서 항상 장거리 통신용으로만 사용되지는 않고 옥내배선용이나 가까운 거리에 있는 장비들의 연결용으로도 사용하고 있다.

초기의 광케이블은 순도 높은 유리를 사용하여 제작되었기 때문에 매우 고가의 제품인 데다가 시공도 어려웠기 때문에 쉽게 접하기에는 무리가 있었다. 하지만 현재는 플라스틱을 이용하여 제작하기 때문에 가볍고 시공성이 좋은 데다가 가격까지 저렴하기 때문에 장거리통신용으로는 거의 광케이블을 사용한다.

실제로 케이블 자체의 가격만 따지자면 다른 케이블(구리선)에 비하여 오히려 저렴하기까지 하다. 게다가 광케이블의 특성상 EMI의 영향을 받지도 않고, 고속의 데이터 전송이 가능하며, 초 장거리 전송이 가능하다는 장점은 신호전송에 있어 과히 최상의 장거리 전송매체라고 할 수 있겠다.

광케이블을 이용해 통신하기 위해서는 전기신호를 빛으로 변환하는 "광원"과 빛을 받아 다시 전기신호로 바꾸어주는 "광탐지기"가 필요하다. 광케이블의 한쪽 끝에는 레이저발진기(LD)나 발광다이오드(LED)와 같은 광원을 연결하고 다른 한쪽 끝에는 광탐지기를 연결한다. 광원에서 나온 빛은 광케이블을 통해 반대쪽까지 전달되며, 신호는 이 빛에 실려서 전달되게 된다.

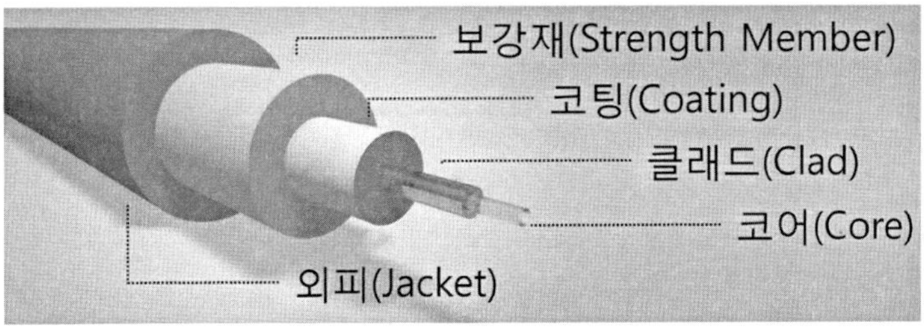

▲ 그림 5-22 광섬유케이블의 구조

광케이블 내의 광섬유는 코어(Core)라고 부르는 중심부와 클래드(Clad)라고 부르는 외곽부로 나누어지는데, 클래드는 빛을 반사하는 거울과 같은 역할을 한다. 즉, 광원에서 출발한 빛은 코어 속을 통과하고 다시 클래드로 가서 반사되는 과정을 반복함으로써 전송되는 것이다.

(2) 싱글모드와 멀티모드

싱글모드 광케이블(SMF, Single Mode Fiber-Optic Cable)은 한 가지 파장의 광선을 전송하기 위해서 개발된 케이블로서, 멀티모드에 비해 장거리 신호전송에 사용된다. 싱글모드 광케이블은 멀티모드 광케이블에 비해 신호의 감쇠가 적은 대신 좀 더 높은 제작 정밀도를 요구하기 때문에 멀티모드 광케이블보다 다소 가격이 비싸다. 코어의 직경은 멀티모드 광케이블보다 작은 5 ~ 10 μm이며 2 km 이상의 장거리 전송이 가능하다.

멀티모드(MMF, Multi Mode Fiber-Optic Cable) 광케이블은 싱글모드에 비해 더 굵은(50 μm 이상) 코어를 가지고 있으며, 여러 가지 파장의 광선을 동시에 전송할 수 있다. 그래서 한 번에 더 많은 양의 정보를 전달할 수 있지만 전송거리가 짧은(주로 2 km이내에서 사용) 단점이 있다.

옥외포설용 광케이블은 케이블을 보호하기 위하여 PVC 재질의 외피가 덮여 있으므로, 표면에 인쇄되어 있는 글자들을 제외하면 이 케이블이 멀티모드인지 싱글모드인지 육안으로 구분이 불가능하다. 대신에 광분배함에서 장비로 연결하거나 장비들 간의 연결에 사용되는 패치코드(점퍼코드)는 피복이 세 가지 색상으로 구분되어 있으므로 어떤 종류의 케이블인지 쉽게 알 수 있다.

- 노란색: 싱글모드 광케이블(SMF)
- 주황색: 멀티모드 광케이블(MMF)
- 하늘색: 10 Gbps지원 멀티모드 광케이블(OM3)

▼ 표 5-6 싱글모드 광케이블의 광학적 특성

항목	단위	규격치
평균 손실 계수	dB/km	≤ 0.75 @ 1,310 nm ≤ 0.75 @ 1,383 nm ≤ 0.75 @ 1,550 nm
최대 손실 계수	dB/km	≤ 1.00 @ 1,310 nm ≤ 1.00 @ 1,383 nm ≤ 1.00 @ 1,550 nm
색분산	ps/nm.km	≤ 3.2 @ 1,285 nm ~ 1,330 nm ≤ 19 @ 1,550 nm
영분산 파장	nm	1,300 ~ 1,324
영분산 기울기	ps/nm^2.km	≤ 0.093
차단파장 (λcc, 22 m of a cabled fiber)	nm	≤ 1270
모드필드 직경	μm	9.3 ± 0.5
모드필드 동심오차	μm	≤ 1.0
클래드 직경	μm	125 ± 2.0
클래드 비원율	%	≤ 1.0
광섬유 코팅후 외경	μm	245 ± 15
내구성 (Proof Test)	kpsi	≥ 100

▼ 표 5-7 멀티모드 광케이블의 광학적 특성

항목	단위	규격치	
		50 MMF	62.5 MMF
손실계수	dB/km	≤ 3.5 @ 850 nm ≤ 1.5 @ 1,300 nm	≤ 3.5 @ 850 nm ≤ 1.5 @ 1,300 nm
대역폭	MHz.km	≥ 500 @ 850 nm ≥ 500 @ 1,300 nm	≥ 160 @ 850 nm ≥ 500 @ 1,300 nm
개구수(NA)	-	0.20 ± 0.02	0.275 ± 0.02
코어경	μm	50 ± 3.0	62.5 ± 3.0
코어/클래드 동심오차	μm	≤ 3.0	≤ 3.0
클래드경	μm	125 ± 2.0	125 ± 2.0
클래드 비원율	%	≤ 2.0	≤ 2.0
코팅 비원율	%	≤ 6.0	≤ 6.0
광섬유 코팅후 외경	μm	245 ± 15	245 ± 15
내구성(Proof Test)	kpsi	≥100	≥100

▼ 표 5-8 10G용 광케이블의 광학적 특성

항목	단위	규격치		
		50(OM3-150) MMF	50(OM3-300) MMF	50(OM3-550) MMF
손실계수	dB/km	≤ 3.5 @ 850 nm ≤ 1.5 @ 1,300 nm	≤ 3.5 @ 850 nm ≤ 1.5 @ 1,300 nm	≤ 3.5 @ 850 nm ≤ 1.5 @ 1,300 nm
대역폭 (OFL)	MHz.km	≥ 700 @ 850 nm ≥ 500 @ 1,300 nm	≥ 1,500 @ 850 nm ≥ 500 @ 1,300 nm	≥ 3,500 @ 850 nm ≥ 500 @ 1,300 nm
개구수(NA)	-	0.20 ± 0.02	0.20 ± 0.02	0.20 ± 0.02
전송거리 (10G 이더넷 SX)	m	150 @ 850 nm	300 @ 850 nm	550 @ 850 nm
코어경	μm	50 ± 3.0	50 ± 3.0	50 ± 3.0
코어/클래드 동심오차	μm	≤ 3.0	≤ 3.0	≤ 3.0
클래드경	μm	125 ± 2.0	125 ± 2.0	125 ± 2.0
클래드 비원율	%	≤ 2.0	≤ 2.0	≤ 2.0
코팅 비원율	%	≤ 6.0	≤ 6.0	≤ 6.0
광섬유 코팅후외경	μm	245 ± 15	245 ± 15	245 ± 15
내구성 (Proof Test)	kpsi	≥100	≥100	≥100

(3) 연결장치(커넥터)

○ 광커넥터

광케이블의 연결에는 여러 종류의 다양한 형태의 커넥터가 사용된다. 커넥터의 모양은 달라도 특성은 거의 비슷하기 때문에 큰 의미는 없다. 불과 몇 년 전까지만 해도 SC나 ST타입의 커넥터가 많이 사용되었지만 현재는 보다 크기가 작은 LC타입의 커넥터가 많이 사용되고 있다.

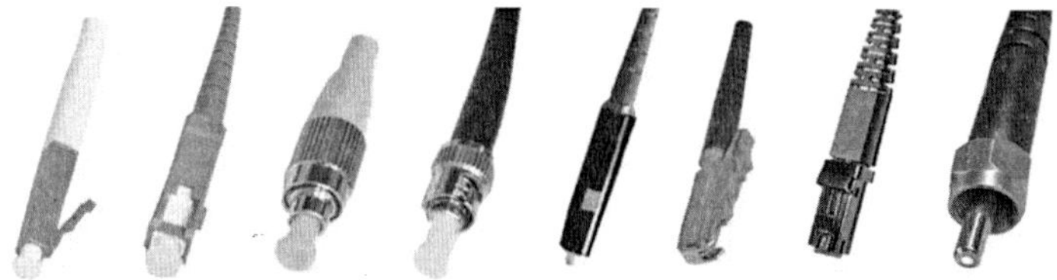

▲ 그림 5-23 여러 종류의 광커넥터

광커넥터와 케이블을 연결하거나 케이블과 케이블을 연결하기 위해서는 융착 광접속기와 같은 특수한 장비가 사용되며 장비의 가격이 상당한 고가이다. 다행스럽게도 최근에는 기계식 광 접속방법이 개발되어 있는데, 이 방식은 상당히 만족스러운 결과를 내면서도 접속에 사용되는 장비의 가격이 아주 저렴한 장점이 있다(물론, 고가의 융착식 광접속기에 비해서 그렇다는 말이다). 이 기계식 접속방식을 사용한 접속에서 신호의 손실은 융착식 접속보다는 많지만, 제대로 접속한 경우라면 0.1 ~ 0.4 dB 정도로 우수한 편이므로 간단히 연결이 필요한 경우에 주로 사용한다. 대신 융착식 접속에 비하여 내구성이 떨어지고, 접속자재의 가격이 비싸기 때문에 많은 수의 영구적 접속이 필요하다면 융착식 접속기를 이용하는 편이 더 유리하다.

○ 광 커플러

광 커플러 역시 커넥터와 커넥터를 연결하는 용도로 사용된다. 하지만 동축케이블이나 모듈러플러그와는 달리 중간에 어떤 매개체가 있는 것이 아니라 단순히 두 개의 커넥터를 고정하는 역할만을 수행한다. 이 접속자재는 광분배함 내에 고정하여 사용하는 경우가 대부분이다.

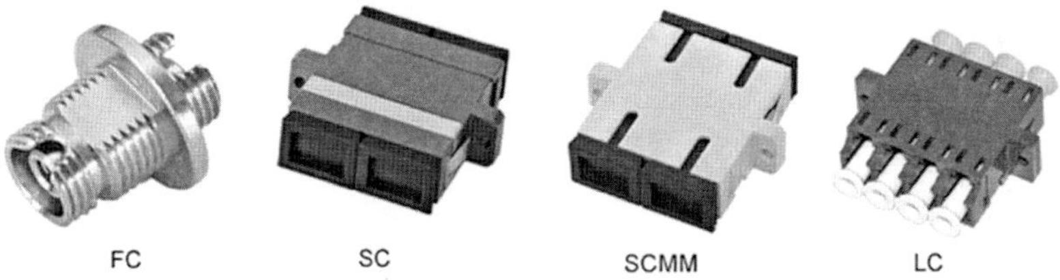

▲ 그림 5-24 광 커플러

Chapter 06

전원공급장치

우리나라에서 가정용/일반용 기기들이 사용하는 전기는 220 V 단상 교류(AC)이며, 대부분의 CCTV 카메라와 주변장치들 역시 이 규격을 사용하도록 제작되거나, 이 전기를 직류(DC)로 변환하여 사용하도록 되어 있다.

우리에게 전기와 전기기기는 너무나 친숙하기 때문에 벽면의 콘센트에 연결하기만 하면 전기를 공급받을 수 있고, 기기에 전기를 공급하기만 하면 모든 작동이 원활하게 이루어진다고 잘못 생각하고 있는 사람들이 너무나 많다.

하지만 전기로 동작하는 기기들, 특히 CCTV와 같은 영상관련 정밀기기들은 공급되는 전기의 품질이나 외부에서 발생하는 전기적 노이즈(EMI)로 인하여 정상적인 동작을 하지 못하거나 동작한다 하더라도 영상의 품질이 저하되는 현상이 쉽게 발생할 수 있다.

여기서는 AC전원과 DC전원의 사용에 있어 CCTV 엔지니어가 필수적으로 알아야 할 내용을 간단히 다루어 보고자 한다.

1 교류(AC)전원

(1) 교류전원

발전소에서 생산하여 수용가에 공급되는 전기는 교류(AC)이다. AC를 사용하는 이유는 여러 가지가 있겠지만 가장 큰 이유는 승압과 감압을 쉽게 구현할 수 있어 전송 중 전력손실을 줄일 수 있고, 전기선(케이블)의 비용을 절감할 수 있기 때문이다.

CCTV 엔지니어의 입장에는 발전소에서 생산한 전기가 어떻게 수용가까지 보내지는지에 대해서는 전혀 알 필요가 없다. 단지 수용가의 분전반에서 설치되는 CCTV와 주변기기를 어떻게 연결할 것인지, 그리고 문제가 발생한다면 그 문제를 해결할 방안을 알 만큼의 전기적 지식이면 충분하다.

아래에는 CCTV 엔지니어의 입장에서 기기를 설치하는 데 있어서 고려해야 할 요소들을 나열하고 각각에 대하여 간단히 설명하였다.

- 누전차단기와 배선용차단기의 용량은 충분하고 정상적으로 동작하는가?
- 접지 상태는 어떠하며 전기적 노이즈를 발생시키는 대용량 전동기(전기모터) 등이 있는가?
- 3상 4선식 전기를 사용하는 경우, 동일한 상의 전력을 공급받는가?

(2) 누전차단기와 배선용차단기

아주 오래전에는 과전류가 흐를 때 전기 공급을 차단하기 위하여 "커버나이프 스위치"라는 장치를 사용하였다. 흔히 "두꺼비집"이라고 불리던 이 장치는 전기선로를 개폐할 수 있는 수동 스위치와 과전류가 흐르거나 합선이 발생했을 때 자동으로 전기선로를 차단하기 위한 "고리형 퓨즈"로 구성되어 있다.

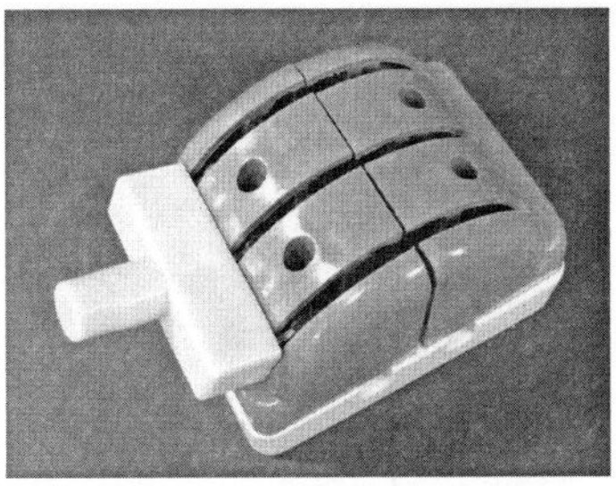

▲ 그림 6-1 커버나이프 스위치

하지만 커버나이프 스위치는 누전이 발생하였을 때 자동으로 전원을 차단하는 기능이 없으며, 과전류가 발생하였을 때에도 전원을 차단하는 작동시간이 다소 오래 걸리기 때문에(납으로 된 고리퓨즈가 녹아서 끊어져야 한다) 현재는 거의 사용하지 않고 누전차단기나 배선용차단기로 대부분 대체되었다.

누전차단기(ELCB, Earth Leakage Circuit Breaker)는 흔히 ELB라고 부르는데, 전기선로를 수동으로 개폐할 수 있는 기능 외에 과부하나 누전발생 시 자동으로 선로를 차단해 주는 기능을 가지고 있다. 녹아서 끊어지는 타입의 퓨즈에 비하여 작동시간이 빠르고 별도의 부품이나 소모품을 교체할 필요 없이 복구가 가능한 장점이 있어 일반적으로 사용되고 있으나 배선용차단기에 비하여 가격이 비싸다.

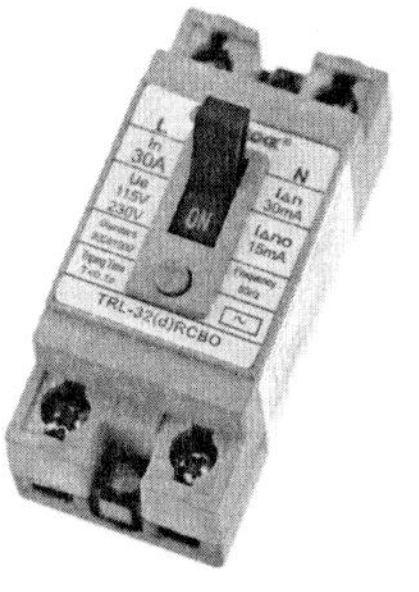

▲ 그림 6-2 누전차단기

배선용차단기(MCCB, Molded Case Circuit Breaker)는 흔히 NFB(No Fuse Breaker)라고 부르는데, 누전차단기와 마찬가지로 전기선로를 수동으로 개폐할 수 있는 기능과 과부하 시 자동으로 선로를 차단해 주는 기능을 가지고 있다. 하지만 누전발생 시 자동으로 선로를 차단해 주는 기능은 가지고 있지 않다.

▲ 그림 6-3 배선용차단기

전기선로를 구성할 때에는 반드시 1개 이상의 누전차단기를 사용하여 구성하여야 하며, 누전이 일어날 염려가 있는 지하주차장이나 옥외 설치 시에는 반드시 누전차단기를 사용해 주어야만 추후에 발생할 수 있는 문제를 방지할 수 있다.

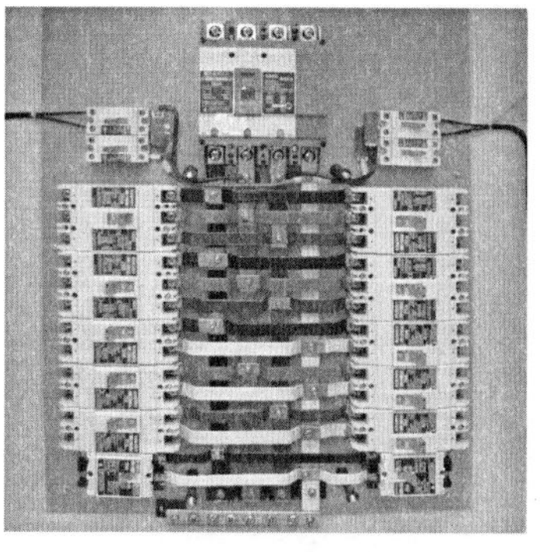

▲ 그림 6-4 분전반

현장에서는 이미 분전반이 구성되어 별도의 작업이 필요 없는 경우가 대부분이고, 몇 대 안되는 카메라를 설치할 때에는 카메라나 녹화장치가 사용하는 전력량이 그리 크지 않으므로 분전반의 구성이나 차단기의 용량에 대하여 신경 쓸 필요도 없다. 하지만 수백 대의 카메라를 시설하는 현장이라면 반드시 전기전문가의 도움을 받아서 별도의 차단기를 사용하여 전기선로를 구성하는 편이 좋다.

(3) 접지(Earth)

모든 전자제품은 누전의 위험성이 있으므로 반드시 접지를 해야 한다. 전자기기에 이상이 있어 누전이 되는 제품에 손이나 피부가 닿으면 전류는 사람의 몸을 통해 대지로 흘러나가게 되는데, 이 현상이 바로 감전이다. 정도가 약하면 약간의 충격을 받는 정도로 끝나지만 큰 전류가 흐르면 치명적인 장애를 입을 수 있고 더욱 심하면 사망에 이를 수 있다. 이러한 위험 상태를 예방하고자 하는 것이 바로 접지이다.

전기선로가 정상적으로 구성되었다면 최소한 한 군데 이상 접지가 되어 있고, 전기선로에서 접지선이 포함되어 있기 때문에 전기콘센트에 플러그를 연결하는 것만으로도 접지의 기능을 할 수 있도록 되어 있다.

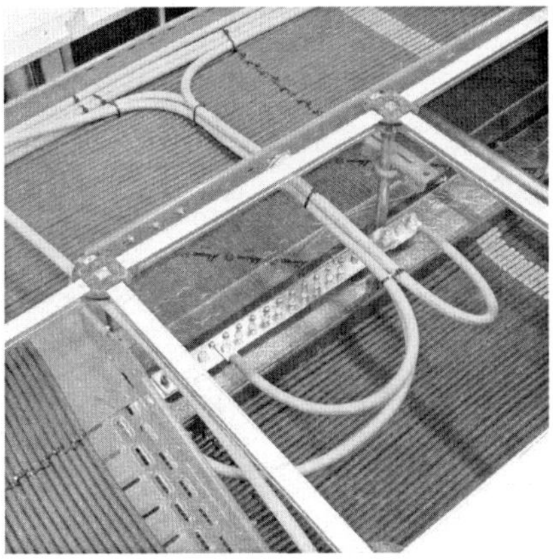

▲ 그림 6-5 접지선

하지만, 전기선로를 구성하면서 제대로 접지선이 콘센트에 연결되지 않은 경우를 흔히 볼 수 있으며, 특히 건물의 준공이후 임의로 사용자가 전기선로를 포설한 때에는 접지선 없이 구성된 경우가 상당수 있다.

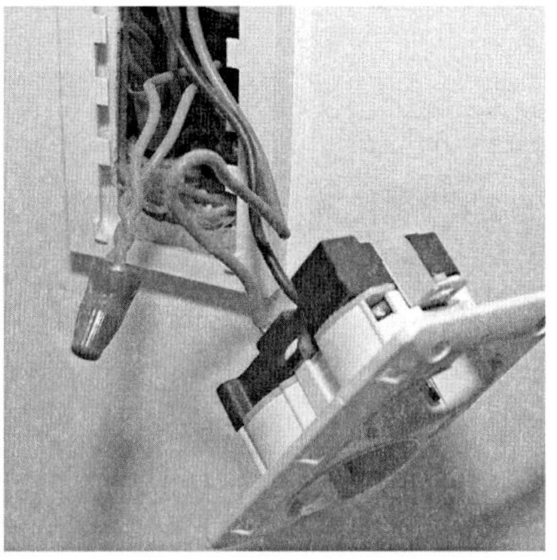

▲ 그림 6-6 접지선이 연결되지 않는 전원콘센트

접지시공을 하는 데에는 여러 가지 방법이 있으나 이 책에서 다루기에는 너무 광범위한 내용이므로 이 책에서는 더 이상의 내용을 다루지는 않는다. 다만, 모든 전자기기는 반드시 접지를 하여 사용해야 한다는 점만 기억하자.

하지만 CCTV 분야에서는 일반적인 접지 방법과는 약간 다른 방법을 사용해야 한다. DVR과 같은 기기는 반드시 접지를 해야 하지만, "불평형 통신방식을 사용하는" 카메라부는 "카메라의 몸체가 접지되지 않도록" 절연체를 사용하여 설치하는 것이 좋다. 이는 불평형 통신방식에 사용하는 동축케이블은 그 자체(정확히는 실드)가 접지선이기 때문에 카메라 반대쪽 장치(주로 DVR)가 정상적으로 접지되어 있다면 감전의 문제는 발생하지 않으며, 카메라의 몸체가 직접 접지부와 연결되면 오히려 영상노이즈(그라운드 루프 노이즈)가 발생할 수 있기 때문이다.

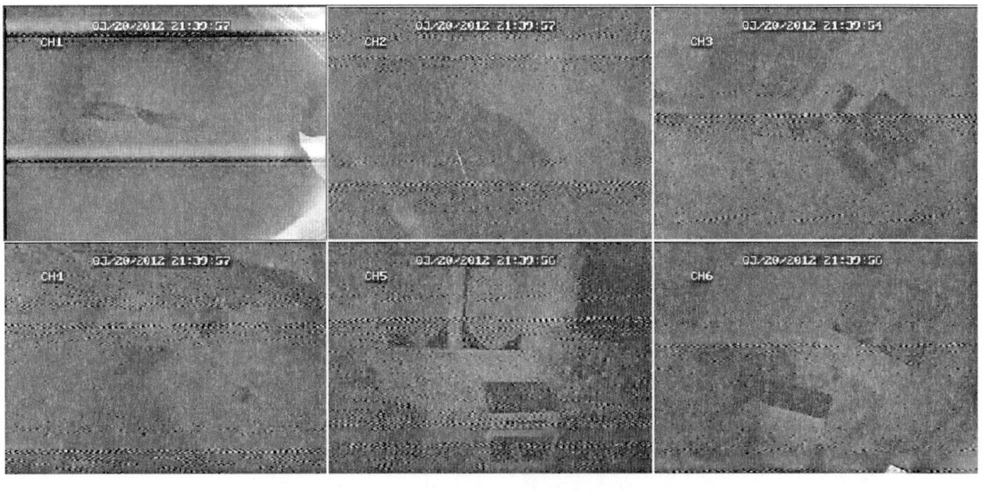

▲ 그림 6-7 그라운드 루프 노이즈(가로줄)가 나타나는 영상

접지와 함께 중요한 부분은 바로 전기적 노이즈를 심하게 발생시키는 전동기이다. 가정이나 사무실에서 대용량 전동기는 냉장고, 에어컨, 온풍기, 청소기 등이 대표적이며 이런 기기들과 같은 전기선로를 이용하게 되면 전기노이즈의 영향으로 영상에도 노이즈가 발생하게 된다.

또한, 영상전송을 위한 케이블이 이런 기기 또는 노이즈가 발생하는 전기선로와 근접해 있는 경우에도 영향을 받게 되므로 가능한 거리를 두어 영상전송용 케이블을 포설할 필요가 있다.

(4) 3상4선식 구성

공장이나 일정규모 이상의 상업건물이라면 3상4선 방식을 이용하여 380 V의 전압을 공급받아 사용하고 있다. 소규모 CCTV 시스템을 구축할 때에는 이미 사용 중인 220 V 단상용 콘센트를 이용하여 전기를 공급하면 되지만, 대규모 시스템을 구축할 때에는 분전반에서 직접 전력을 인출할 필요가 있다.

분전반을 열어보면 R-S-T 세 가닥의 전력선과 중성선(N상), 그리고 별도의 접지선을 볼 수 있다. 우리가 사용하는 CCTV와 주변기기는 대부분 220 V 단상의 전력을 이용하므로 이 삼상 전력을 단상으로 변환하여 공급받을 필요가 있는데, 3상4선식 구성에서 단상 220 V 전력을 인출하는 방법은 아주 간단하다.

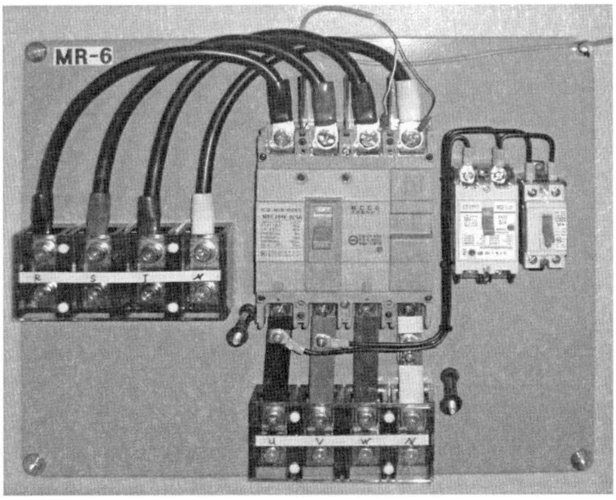

▲ 그림 6-8 3상4선식 분전반

위 그림과 같은 분전반에서 좌측의 R-S-T 세 가닥의 전력선 중 하나와 중성선(N)에 각각 전원 케이블을 연결하면 간단히 단상 220 V 전력을 인출할 수 있다.

일반적인 전기기기를 사용할 때에는 R-S-T 중 어떤 상의 전력선을 사용하든 간에 별다른 문제가 발생하지 않지만 CCTV 시스템에서는 그렇지 않다.

흔히 배선비용을 절약하기 위하여 카메라에 공급하는 전력을 카메라 설치장소와 가까운 분전반에서 인출하고, DVR 역시 가까운 분전반에서 전력을 인출하여 접속하는 경우가 있다.

이러한 접속 시 다행히도 두 분전반이 같은 단상이거나 R-S-T 셋 중 같은 위상으로 접속되었다면 아무런 문제가 발생하지 않는다. 하지만 다른 위상에 접속되었을 경우에는 심각한 영상 노이즈가 발생할 수도 있으며, 카메라 등 기기에 손상을 입힐 수도 있다. 아울러 동축케이블을 통하여 전류가 누설되어 케이블이 가열되어 화재가 발생할 가능성도 배제할 수 없다.

(5) AC전원 사용의 올바른 방법

앞서 말한 것처럼, 시공비용의 절감이나 현장상황에만 치중하여 각 카메라나 영상기기의 전원을 여러 군데의 분전반에서 인출하고, 영상전송용 동축케이블만을 중앙의 감시부로 연결하는 현장을 흔히 볼 수 있다.

물론 현장여건상 불가피하게 그렇게 시설할 수밖에 없다면 어쩔 수 없지만, 이렇게 시스템을 구성하게 되면 필연적으로 영상에 노이즈가 발생하게 된다. 따라서 설계단계에서부터 아래와 같은 몇 가지 사항을 감안하여 시공이 이루어지게 되면 보다 안정된 영상을 얻을 수 있으므로 반드시 주의하도록 하자.

▼ **표 6-1** AC전원 사용 시 검토사항

	검토사항	내용
1	전원 안정성	• 충분한 전력(전류)이 공급되는가? • 대형 전동기나 용접기 등이 같은 전원선에 접속되어 있지 않은가? • 일정한 전압을 유지하는가? • 누전차단기는 사용되었는가? • 누전차단기의 용량은 적절한가?
2	비상전원 공급	• 전원공급은 이중화되어 있는가? • 비상전원의 전환시간은 적절한가? • 정전을 대비한 UPS 등의 설비는 구성되어 있는가?
3	케이블 포설	• 전력선은 충분한 굵기의 전선을 사용하였는가? • 전원케이블은 승인을 받은 제품인가? • 영상케이블과 전원케이블이 지나치게 근접하지는 않는가?
4	접지	• 접지는 중앙 시스템의 공통접지로 구성되었는가? • 현장의 카메라가 접지되지 않도록 절연체를 사용하여 설치되었는가?
5	동일위상사용	• 동일 위상의 전력을 공급받는가?

2 DC전원

(1) DC전원

대부분의 CCTV 카메라는 12 V ~ 24 V의 DC전원을 사용하여 구동되는데, 흔히 "어댑터"라고 부르는 AC/DC변환기를 이용한다.

▲ 그림 6-9 AC/DC 전원어댑터

AC를 DC로 변환하든 DC를 AC로 변환하든 간에 변환과정에서 상당한 손실이 발생하며, 이때 발생하는 손실은 열로 전환되어 소실된다. 즉, 어댑터의 발열이 심할수록 많은 양의 전력이 손실되는 "효율이 낮은"제품이라고 보면 된다. 통상 1차에 입력되는 전력대비 2차 출력전원의 손실률은 적게는 2%에서 많게는 40% 이상일 수도 있으며, 이러한 손실률은 내부에 사용된 부품의 재질이나 구조에 따라 다르다.

아울러 온도에 따라 손실률 역시 달라지는데, 특히 한여름에 함체 내의 온도가 상승할 때에는 손실률이 급격히 올라가기 때문에 출력이 감소하여 카메라가 제대로 동작하지 못할 수도 있는 데다가 화재발생의 위험도 있다(손실된 전력은 열로 변환된다).

아울러, 사용하는 전력량이 어댑터의 한계출력에 가까울수록 효율이 낮아지기 때문에, 카메라에 안정적인 전원공급을 위해서는 카메라가 소비하는 전류의 2배 이상의 용량을 가진 어댑터를 사용하는 것이 안전하다. 또한, 가격이 너무 저렴한 제품은 어댑터에 표시된 각종 규격 인증 마크가 위조된 가짜가 많으므로 조금 비싸더라도 믿을 수 있는 메이커에서 생산된 제품을 구매하는 것이 좋다.

▲ 그림 6-10 어댑터에 표시된 각종 인증마크

(2) 리니어 어댑터와 SMPS

리니어(Linear) 방식은 트랜스포머(Transformer) 방식 또는 트랜스(Trans) 방식이라고도 하는데, 이 방식을 사용하는 어댑터를 분해해 보면 에나멜로 피복된 구리선이 철판에 감겨있는 트랜스와 약간의 전자회로를 볼 수 있다. 이 트랜스는 220 V의 AC전원을 낮은 전압으로 강압하는 역할을 하며, 전자회로는 AC를 DC로 변환하는 역할을 수행한다.

이 방식의 어댑터는 크고, 무거우며, 발열이 많은 단점이 있지만 제작이 쉽고 1차 내압이 SMPS에 비해 상대적으로 강하기 때문에 입력전압에 다소의 변동이 있어도 출력전압이나 전류를 안정적으로 공급할 수 있는 장점이 있다.

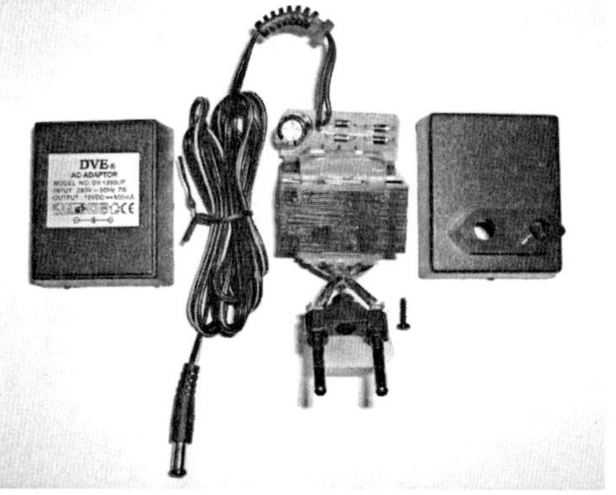

▲ 그림 6-11 리니어 방식 어댑터의 내부 구조

문제는 리니어 방식의 어댑터가 오래된 역사만큼이나 제작이 간단하기 때문에 시중에서 판매되는 어댑터 중에서는 품질이 아주 떨어지는 제품이 많은데, 품질이 떨어지는 제품의 사용은 카메라를 비롯한 각종 기기의 고장 원인이 되며, 어댑터 자체의 고장도 빈번히 발생할 수밖에 없다.

SMPS(Switching Mode Power Supply)는 리니어 방식의 어댑터와 비교하여 작고 가벼우며, 효율이 높은 AC/DC 변환기이다. 변환의 원리 자체는 리니어 방식과 크게 다르지 않지만 내부 구조는 상당히 다르다.

리니어 방식이 "AC입력 > AC강압 > DC정류"의 순으로 이루어지는 반면에, SMPS는 "AC입력 > AC필터 > DC변환 > 고주파 드라이버 > 고주파 트랜스포머 > DC정류"의 순으로 이루어진다.

▲ 그림 6-12 SMPS 방식 어댑터의 내부구조

변환되는 순서로만 보면 상당히 복잡해 보이지만 누설전류가 적고 효율이 아주 높으며 발열이 적기 때문에 현재 시중에 유통되는 상당수의 어댑터가 SMPS 방식으로 만들어져 있다. 단지 리니어 방식에 비하여 1차 내압이 다소 낮으며 AC를 DC로 변환하는 과정에서 고주파가 발생하여 화질에 영향을 주는 경우가 있지만, 현재 판매되는 제품에서는 이런 문제가 거의 해결된 상황이므로 크게 걱정할 필요는 없다.

(3) 개별연결과 집중형연결

거창하게 개별연결과 집중형연결이라고 하였지만 뜯어보면 아주 간단하다. 각각의 카메라에 별도의 전원공급장치를 연결하면 개별연결 방식이고, 대형의 SMPS를 이용하여 전체 카메라에 전원을 공급하면 집중형연결 방식이라고 보면 된다.

개별연결 방식은 각각의 카메라마다 DC어댑터를 연결하기 때문에 어댑터에 고장이 발생하더라도 단지 한 대의 카메라만 작동하지 않게 되는 장점이 있다. 반면에 문제가 생겼을 때 점검해야 할 포인트가 증가하며, 높은 곳에 시설된 하우징 내부에 카메라와 어댑터가 모두 설치되어 있을 경우에는 수리가 어려운 단점이 있다.

▲ 그림 6-13 하우징 내에 설치된 전원 어댑터

집중형연결 방식은 감시부에 대형의 DC 전원공급장치(주로 SMPS)를 설치하고, 이 전원공급장치를 이용하여 각 카메라에 전원을 공급하는 방식이다. 이때 카메라의 수량이 많다면 몇 대씩 그룹으로 나누어서 전원을 공급하기도 한다.

이 방식에서는 중앙의 전원공급장치에 문제가 생겼을 때, 해당 전원공급장치에 연결된 모든 카메라가 작동하지 않고, 중앙 감시부에서 카메라에 이르는 전원선을 별도로 포설해야 하는 단점이 있다. 하지만 대형 전원공급장치는 소형의 DC어댑터에 비하여 효율이 좋고 내구성이 월등하기 때문에 개별연결 방식에 비하여 문제가 생길 가능성이 오히려 적은 데다가, 고장 시 점검할 포인트가 그만큼 감소하기 때문에 유지보수가 쉬운 장점이 있다.

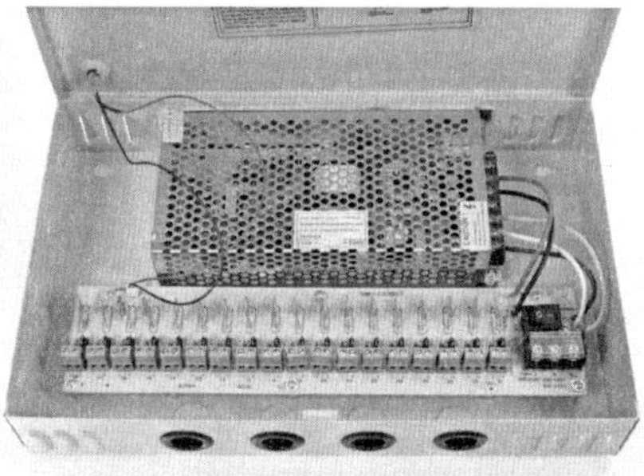

▲ 그림 6-14 CCTV용 전원분배기

두 가지 방식 모두 장단점이 있기 때문에, 어떤 연결방식을 사용해야 하는지는 정해져 있지 않으며 현장의 상황에 따라 선택하면 된다.

(4) 집중형연결을 위한 케이블 선택

실제로 집중형연결 방식으로 시공하고자 할 때에는 중앙 감시부에서 카메라까지 전원케이블을 별도로 포설해야 한다는 점이 가장 어려운 문제이다. 케이블은 상당히 비싼 자재이며, 포설에 들어가는 시간이나 비용도 만만치 않기 때문인데, 이를 해결하기 위한 몇 가지 방법을 소개하고자 한다.

그림은 단거리 포설에 자주 사용되는 CCTV 전용 통합케이블인데, 이 케이블은 영상전송을 위한 동축케이블과 전원케이블이 일체형으로 구성되어 있기 때문에 한 번의 작업으로 두 가지 케이블을 동시에 포설할 수 있는 장점이 있다. 하지만 5C-2V와 같은 고품질 케이블에 비하여 영상 신호의 열화가 심하며, 전원선에서 일어나는 전압강하의 문제도 있기 때문에 장거리 포설에는 무리가 있다.

▲ 그림 6-15 CCTV전용 통합케이블

두 번째 방법은 동축케이블 대신 TP 케이블을 이용하는 방법(TPC 전송)이다. 아날로그 카메라나 SDI 카메라 모두 2가닥의 전선만 있으면 영상의 전송이 가능한데, 일반적으로 많이 사용되는 TP 케이블은 8가닥의 전선으로 구성되어 있으므로, 나머지 6가닥의 전선을 이용하여 전원을 공급하는 방법이다.

이 방법을 이용하는 데에도 여전히 단점은 있다. 일반적인 아날로그/SDI 방식의 카메라들은 영상을 출력하기 위하여 BNC(M형) 커넥터를 사용하고 있기 때문에 케이블을 BNC 커넥터에 연결하기 위한 별도의 기기(접속자재)가 필요하고, TP 케이블 자체가 아주 가는 케이블이기 때문에 전압강하가 심하게 발생하며, 대용량의 전류를 공급하기에는 어렵다는 점이다.

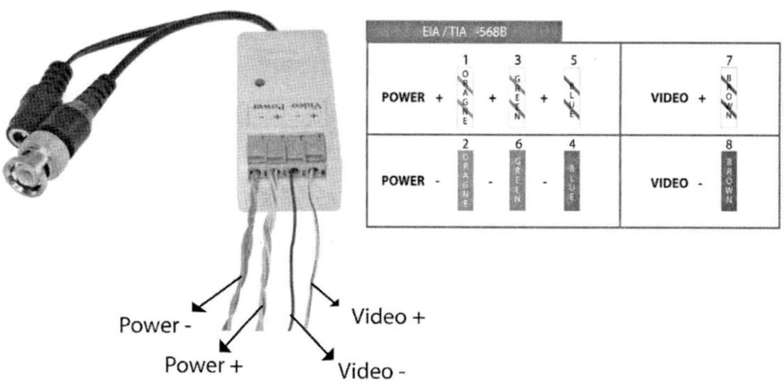

▲ 그림 6-16 발룬(Balun)을 이용한 TPC구성

세 번째 방법은 한 가닥의 동축케이블을 이용하여 영상과 전원의 공급을 동시에 하는 방법이다. PoC(Power over Coax)라고 부르는 이 방식은 DVR이 한 가닥의 동축케이블을 통해 카메라에 전원을 공급함과 동시에 영상신호도 받을 수 있기 때문에 별도의 전원케이블을 가설할 필요가 없다.

게다가 해당 DVR이 동축케이블을 통해 카메라 제어 신호를 보낼 수 있는 CoC(Control over Coax)기능을 지원한다면 한 가닥의 동축케이블을 이용하여 영상 + 전원 + 제어 신호를 모두 전송할 수 있으므로 케이블 포설에 소요되는 시간이나 비용이 현저히 줄어든다.

▲ 그림 6-17 PoC구성

마지막 방법은 현재 많이 사용하고 있는 IP 카메라에서만 지원하는 PoE(Power over Ethernet) 방식이다. 이 방식은 앞서의 TPC 전송 방식과 유사하게 한 가닥의 TP 케이블을 사용하지만 물리적인 구성에서도 상당한 차이가 있으며, 동작방식은 완전히 다르다.

TPC를 이용한 전원공급 방식을 사용할 경우에는 카메라 근처에서 케이블을 분할하여 별도의 영상커넥터와 전원커넥터에 연결하지만, PoE구성에서는 카메라에 단 하나의 RJ-45플러그만 연결하면 모든 준비가 완료된다.

현재 상당수의 카메라가 PoE를 지원하고 있으므로 IP 카메라로 CCTV 시스템을 구성할 경우에는 아주 널리 사용되고 있는 방식인데, PoE 구성방법은 그 내용이 방대하므로 별도의 지면을 통해 자세히 소개하고자 한다.

(5) 전선의 굵기와 전압강하

하나의 전원공급기에서 여러 대의 카메라에 전력을 공급하고자 할 때에는 전체 카메라가 사용하는 전력소모량이 전원공급기에서 공급할 수 있는 전력량을 넘지 않도록(즉, 과부하가 발생하지 않도록) 충분한 용량의 전원공급기를 사용해야 하고, 최소한 20 ~ 30% 이상의 여유를 두는 것이 좋다.

그런데, 실제로 더 많은 고민을 해야 하는 부분은 전원공급기의 전력공급 성능이 아니다. 카메라가 12 V전원을 사용한다면 전원공급기도 12 V출력이어야 한다는 점은 너무도 당연하기 때문에 말할 필요조차 없고, 사용 전력량은 카메라와 전원공급장치의 매뉴얼이나 카탈로그에 있는 숫자만 보아도 아주 간단히 알 수 있다. 하지만 상당수의 시설 엔지니어가 등한시 하고 있는 부분이 바로 케이블 자체 저항에 의한 전압강하이다.

전압강하는 교류(AC)와 직류(DC) 모두에서 발생하지만, CCTV 시스템에서는 전압강하를 고려해야 할 만큼 AC전원용 케이블을 길게 연결할 일이 거의 없을뿐더러 전압이 다소 강하한다 하더라도 DC컨버터에서 보정이 되므로 이 책에서는 DC의 전압강하에 대해서만 다루고 있다.

멀리 떨어져 있는 카메라에 전력을 공급할 때에는 당연히 전원케이블의 길이가 길어질 수밖에 없는데, 길이가 긴 케이블은 케이블 자체가 가지고 있는 자체저항에 의한 전압강하가 발생한다.

전압강하는 케이블의 길이가 길수록, 케이블의 굵기가 가늘수록, 전송되는 전압이 낮을수록 전압의 강하가 더 분명하게 나타난다. 이때 카메라는 작동을 위하여 항상 일정한 전력을 소비하므로 $P = V \times I$ 공식에서 간단히 계산해 보면 전압강하가 발생하여 전압이 떨어질수록 전류는 더 증가한다.

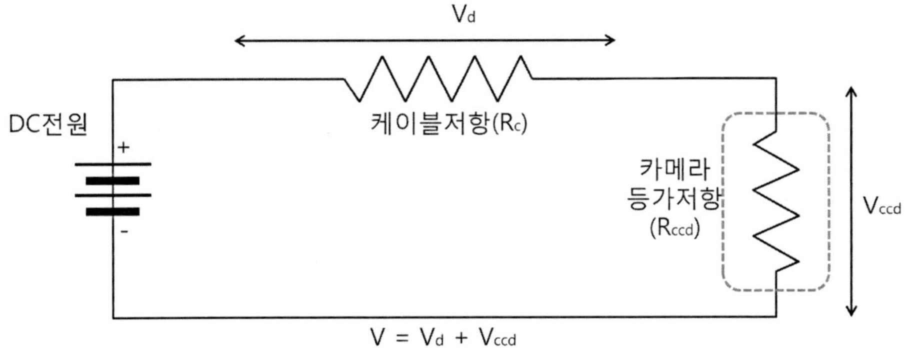

▲ 그림 6-18 DC의 전압강하 계산

이해를 돕기 위하여 간단한 예를 들어보자.

어떤 카메라가 12 V 전압을 사용하고 250 mA의 전류를 소모한다고 가정하자. 옴의 공식 ($V = I \times R$)을 대입하면 이 카메라는 12 V/0.25 A = 48 Ω의 저항과 같고, 전원공급장치의 입장에서는 48 Ω의 저항이 연결되어 있는 것으로 볼 수 있다.

그리고, 0.2 mm 구리선 14가닥으로 제작되어 있는 AWG-21케이블을 이용하여 300 m 떨어져 있는 카메라에 전원을 공급한다고 역시 가정하자. 케이블이 가지는 전체 저항은 2(왕복) × 200(m) × 0.04(Ω/m) = 24 Ω이 된다.

따라서 전력공급기 입장에서는 48 Ω(카메라) + 24 Ω(케이블) = 72 Ω의 저항이 연결된 것으로 보아야 한다. 그런데 위의 전압강하 계산 공식에서 12V전압이 R_c저항값(24 Ω)과 R_{ccd}(48 Ω)의 저항값에 비례하여 전압이 나누어지는데, 이를 전압 분배라고 한다.

이를 고려하여 전압강하를 계산해 보면 V_d = 24 Ω × 12 V/(24 Ω + 48 Ω) = 4 V의 전압강하가 이루어진다.

즉, 전원공급장치에서는 12 V의 전압이 출력되었지만, 카메라에 실제로 공급되는 전원은 8 V에 불과하다는 뜻이다. 만약 카메라가 정확하게 12 V를 공급받아야만 정상적으로 동작한다면 전원공급기에서 16 V를 출력해야만 반대편에 있는 카메라에서는 12 V를 공급받을 수 있게 된다.

전압강하를 줄이는 것이 목적이라면 간단히 더 굵은 케이블을 사용할 수도 있다. 굵은 케이블은 자체 저항이 적으므로 앞서 예로 든 AWG-21(14/0.20) 케이블 대신 AWG-18(23/0.20) 케이블을 이용한다고 가정했을 때에는 동일한 계산식을 시용하여 2.8 V의 전압강하가 발생한다는 것을 알 수 있다.

결론은 "사용하는 케이블이 굵을수록 루프저항이 적어져 전압강하는 적게 일어난다."는 점이다.

당연히 굵은 케이블은 가는 케이블에 비해 가격이 비싸고 시공성이 좋지 않다. 그래서 더 높은 전압을 출력하는 전원공급장치를 사용할 것인지, 아니면 더 굵은 전원 케이블을 사용할 것인지는 현장의 상황과 예산을 고려하여 선택할 필요가 있다.

현장에서 주로 사용하는 UTP 케이블은 AWG-24 또는 AWG-26 규격의 전선 8가닥으로 구성되어 있으므로 TPC 방식이나 PoE 방식을 이용하여 전원을 공급해야 한다면 참고하도록 하자. 아래에는 각 AWG 규격과 전선의 구성에 따른 저항값을 표로 정리하였다.

▼ 표 6-2 전선의 조건에 따른 저항값

AWG 규격 번호	전선(가닥수/도선직경, mm)	도체면적(mm^2)	저항(Ω/km)
10	65/0.30	4.59	4.0
12	41/0.30	2.90	6.0
14	26/0.30	1.84	9.4
14	50/0.25	2.45	7.0
16	7/0.50	1.37	13.0
16	16/0.30	1.13	15.3
16	30/0.25	1.47	12.0
17	32/0.20	1.00	20.0
18	16/0.25	0.78	23.5
18	24/0.20	0.78	26.0
19	1/0.90	0.65	27.0
20	1/0.80	0.50	35.0
20	7/0.30	0.49	35.0
20	9/0.30	0.64	28.0
20	10/0.25	0.49	35.0
20	16/0.20	0.50	39.0
21	1/0.70	0.40	46.0
21	14/0.20	0.44	44.0
22	1/0.64	0.32	54.8
22	7/0.25	0.34	54.5
24	1/0.50	0.20	89.2
24	7/0.20	0.22	84.3
26	1/0.40	0.13	136.0
26	7/0.16	0.14	139.4
28	7/0.127	0.08	221.5

3 PoE(Power over Ethernet)

(1) PoE

PoE(Power over Ethernet)는 이더넷 케이블을 이용하여 데이터와 전력을 동시에 전송할 수 있는 기술이다. 이 기술은 IP 카메라나 무선중계기(AP, Access Point)와 같은 소형 네트워크 기기를 위하여 개발되었으며, 다른 이더넷과 마찬가지로 IEEE 802.3으로 표준화되어 있다.

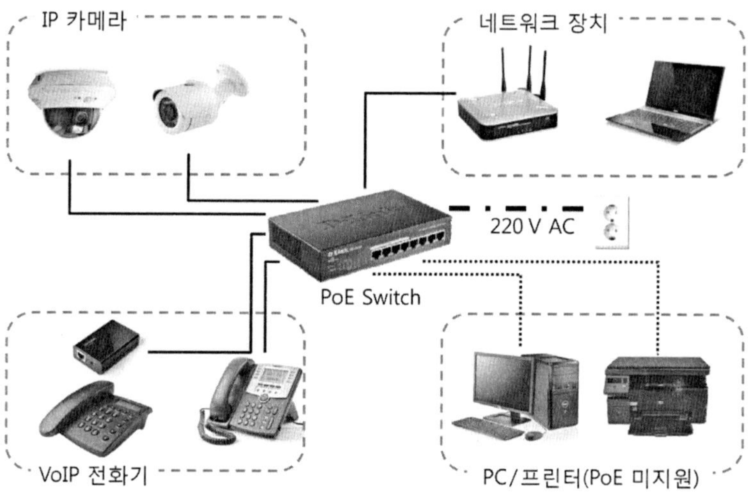

▲ 그림 6-19 PoE를 이용한 전원공급 네트워크

PoE에서는 전원을 공급하는 데 사용하는 장비를 PSE(Power Sourcing Equipment)라고 하며 "PoE 스위치(Switch)"나 "PoE 인젝터(Injector)"가 대표적이다. 반대로 전원을 소비하는 장치는 PD(Powered Device)라고 하며 IP 카메라나 IP전화기, AP 등이 대표적이다.

(2) 기술표준

PoE를 위한 IEEE표준은 카테고리 5 이상의 케이블을 요구하지만, 전력사용량이 낮은 장비라면 카테고리 3 케이블로도 사용할 수 있다.

원안인 IEEE 802.3af-2003 표준은 보통 PoE라고 부르며 15.4 W(12.95 W)의 DC전원을 각 장치(PD, Powered Device)에 공급할 수 있다.

개정안인 IEEE 802.3at-2009 표준은 PoE+라고 하며 각 장치에 20 W(25.5 W)의 DC전력을 공급할 수 있다.

▼ 표 6-3 PoE와 PoE+ 비교

	802.3af(PoE)	802.3at(PoE+)
PD에서 사용가능한 전력	12.95 W	25.50 W
PSE 최대 출력	15.40 W	30.0 W
PSE 전압범위	44.0 ~ 57.0 V	50.0 ~ 57.0 V
PD 전압범위	37.0 ~ 57.0 V	42.5 ~ 57.0 V
최대전류	350 mA	600 mA
최대 케이블 저항	20 Ω(Category 3)	12.5 Ω(Category 5)
전원관리	최초 연결시 3단계 등급 협상	초기연결시 4단계 등급을 형상하거나 0.1 W단위 연속 협상
지원 케이블	CAT-3, CAT-5	CAT-5 이상
지원모드	Mode A(EndSpan), Mode B(MidSpan)	Mode A, Mode B

(3) 전원공급모드

PoE에서 각 장치에 전력을 공급하는 방식에는 아래의 두 가지가 있다.

첫 번째 방법은 데이터의 전송에 사용하지 않는 선을 이용하여 전원을 공급하는 Mode-B (Alternative B)이다. 10BaseT 또는 100BaseT 이더넷에서는 데이터의 전송을 위해 총 4가닥(2쌍, 2Pair)의 선을 이용하므로, 남아있는 4가닥(2쌍)의 선을 이용하여 전원을 공급하는 데 사용할 수 있다.

두 번째 방법은 한 쌍의 선에 데이터와 전원을 함께 전송하는 Mode-A(Alternative A)이다. 이 방법에서는 Mode-B보다는 좀 더 복잡한 기술을 사용하는데, 데이터를 전송하는 데 사용되는 4가닥(2쌍)의 선을 이용하여 전원을 공급한다. 데이터 전송과 전원공급을 위해 단지 4가닥(2쌍)의 선만 필요하기 때문에 일반적으로 사용되는 8C TP 케이블 대신에 좀 더 저렴한 4C TP 케이블을 이용하여 케이블 포설 비용을 줄일 수 있는 장점이 있다.

하지만, 1000BaseT 이더넷에서는 8가닥(4쌍)의 선 모두를 이용하여 데이터를 전송하기 때문에 앞에서 설명한 Mode-B도 데이터 전송용 선을 이용하여 전원공급에 사용한다. 이때 Mode-A와 Mode-B의 차이는 어떤 선을 이용하여 전원을 공급하느냐 정도이다.

▼ 표 6-4 Mode-A와 Mode-B

Pin	TIA 568A	TIA 568B	10/100 Mbps Mode B		10/100 Mbps Mode A		1000 Mbps Mode B		1000 Mbps Mode A	
			DATA	DC	DATA	DC	DATA	DC	DATA	DC
1	백녹	백오	Rx+		Rx+	DC+	TxRx A+		TxRx A+	DC+
2	녹	오	Rx−		Rx−	DC+	TxRx A−		TxRx A−	DC+
3	백오	백녹	Tx+		Tx+	DC−	TxRx B+		TxRx B+	DC−
4	청	청		DC+	사용안함		TxRx B−	DC+	TxRx B−	
5	백청	백청		DC+	사용안함		TxRx C+	DC+	TxRx C+	
6	오	녹	Tx−		Tx−	DC−	TxRx C−		TxRx C−	DC−
7	백갈	백갈		DC−	사용안함		TxRx D+	DC−	TxRx D+	
8	갈	갈		DC−	사용안함		TxRx D−	DC−	TxRx D−	

(4) PoE 장비와 구성

○ PoE 스위치(Switch)

PoE Switch는 가장 대표적인 PSE이다. 소규모 네트워크를 위한 4포트부터 24포트 이상의 제품도 있으며 지원하는 PoE 규격도 제품에 따라 차이가 있으므로 사양서를 확인 후 구매하여야 한다. 어떤 종류의 PoE 스위치는 일부 포트(예를 들어 8포트 스위치 이지만 PoE는 4포트만 지원)만 PoE 기능을 지원하기도 한다.

▲ 그림 6-20 다양한 종류의 PoE 스위치

○ PoE 인젝터(Injector)

가능하다면 CCTV를 위한 전용의 네트워크와 PoE 스위치를 이용하는 것이 가장 효과적인 방법이지만 현장상황에 따라 적용이 곤란할 수도 있다. 예를 들어 이미 컴퓨터를 위한 네트워크가 이미 구성되어 있는 상태에서 불과 몇 대의 카메라를 연결하기 위하여 값비싼 PoE 스위치를 또 구매하기는 어렵다.

PoE 인젝터는 바로 이런 경우에 사용하기 위한 장치로서, PoE를 지원하지 않는 보통의 스위치 앞단에 설치하여 사용한다. 그림을 자세히 보면 2개의 RJ-45 포트를 볼 수 있는데 한쪽 포트에는 스위치를 연결하고, 다른 포트에는 PD를 연결한다. 이때 PoE 인젝터에는 별도의 전원 어댑터를 연결하여 PD에 전원을 공급하게 된다.

▲ 그림 6-21 PoE 인젝터

PoE 인젝터는 보통 1대의 PD만 연결 가능한 제품을 많이 사용하지만, 그 이상의 포트를 제공하는 제품도 있다. 고가의 제품 중에는 8 ~ 24포트를 제공하며 네트워크를 통해 관리 가능한 고가의 제품도 있지만, 이런 제품은 PoE 스위치만큼이나 고가이기 때문에 특별한 이유가 없다면 잘 사용되지 않는다.

○ PoE 스플린터(Splinter)

PoE 스플린터는 PoE 인젝터와 반대의 기능, 즉 TP 케이블을 통해 전송된 데이터와 전원을 분리해 주는 장치이다. 이 장치는 PoE를 지원하지 않는 기기와 연결하여 "마치 PoE장치인 것처럼" 사용할 수 있게 해 준다.

▲ 그림 6-22 PoE 스플린터

Chapter 07

전송/전원부 액세서리

영상데이터를 전송하거나 전원을 공급하는 데에는 케이블과 커넥터가 필수적이지만 현장상황에 맞는 액세서리를 적절히 사용하면 시스템의 안정성을 높일 수 있을 뿐만 아니라 미관상으로도 좋다.

이 장에서는 전송부와 전원부에서 많이 사용되는 액세서리에 대하여 다루고 있으며, 장비를 거치하기 위해 사용되는 랙(Rack)과 그 액세서리에 대해서도 소개하고 있다.

1 케이블 관련 액세서리

(1) 발룬(Balun)

동축케이블은 전기적 간섭에 강하고 넓은 주파수대역 덕분에 전송할 수 있는 데이터의 양이 많은 장점 덕분에 통신 분야에서 널리 사용되고 있고, CCTV 시스템에서도 여전히 동축케이블을 이용한 구성을 많이 사용하고 있다.

하지만 시공이 불편하고 가격이 비싼 데다가 "불평형 통신방식"이라는 태생적인 한계 때문에 점점 사용빈도가 낮아지고 있으며, IP 카메라 사용이 늘어나면서 동축케이블의 입지는 점점 좁아지고 있다.

발룬(Balun)은 불평형 통신방식(Unbalanced)인 동축케이블 대신 평형통신방식(Balanced)인 TP 케이블을 이용하여 전송할 수 있도록 신호를 변환해 주는 장치이다.

▲ 그림 7-1 발룬(Balun)

발룬을 이용한 구성은 아주 간단하다. 카메라와 DVR의 BNC 커넥터에 각각 발룬을 연결하고, 이 두 개의 발룬을 TP 케이블로 연결하기만 하면 된다.

▲ 그림 7-2 발룬을 이용한 연결방법

발룬을 이용해서 얻을 수 있는 이점은 여러 가지인데, 가장 큰 이점은 바로 케이블 포설 비용의 절감이다. 일반적인 네트워크용 TP 케이블은 8가닥(4Pair)으로 이루어져 있으므로, 가까운 곳에 있는 카메라를 모아서(최대 4대) 한꺼번에 전송하면 각각의 카메라를 동축케이블로 연결하여 영상을 전송할 때보다 훨씬 저렴한 비용으로 구성이 가능하다.

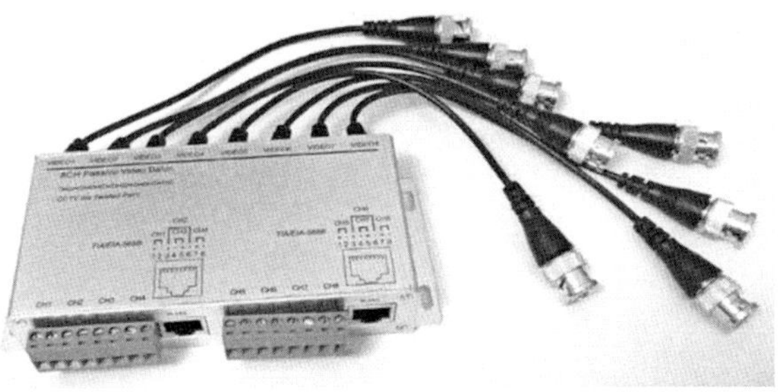

▲ 그림 7-3 다채널 발룬

발룬은 별도의 전원이 필요한 제품도 있고 전원이 필요하지 않은 제품도 있으며, 카메라 측 연결을 위한 1채널 제품이나 수신부 측 연결을 위한 집합형 제품도 있으므로 사용목적에 맞는 제품을 선택하면 된다. 특히 제조사나 제품에 따라 최대전송거리가 다르므로 반드시 제품의 규격서를 참조하여 선택할 필요가 있다.

▲ 그림 7-4 집합형 발룬

(2) 광케이블 링크

발룬과 TP 케이블을 이용하면 동축케이블만 이용했을 때보다 더 저렴한 비용으로 더 멀리까지 영상을 전달할 수 있다. 하지만 구리선을 이용하여 전기신호를 전달하는 것보다는 광케이블을 이용하는 것이 확실히 더 나은 품질의 신호를 더 멀리까지 전송할 수 있다.

게다가 광케이블은 그 특성상 케이블을 절단하지 않고서는 전송되는 데이터를 빼돌릴 방법이 없기 때문에(사실 절단한다 하더라도 쉽지 않다) 보안성이 아주 높다.

그래서 아주 멀리 떨어진 CCTV 카메라의 영상을 전달하기 위한 목적 혹은 극도의 보안성을 필요로 하는 곳에서는 광케이블을 이용하여 영상을 송수신하기도 한다.

광변환 장치 역시 발룬과 마찬가지로 41만화소 TVL만 지원하는 것부터 HD-SDI를 지원하는 장비 등 다양한 제품이 시중에 있고, 다채널 장비도 판매되고 있으므로 고객의 요청에 맞는 제품을 선택하면 된다.

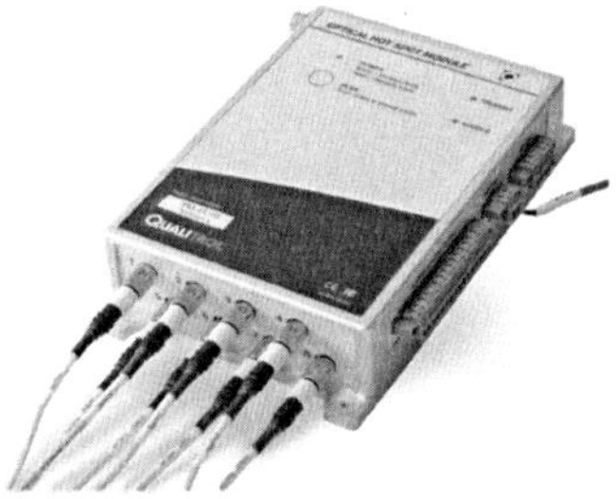

▲ 그림 7-5 광링크 장비

하지만 광케이블 링크 구성은 IP 카메라와 Ethernet을 이용한 구성에 비하여 구축에 소요되는 비용이 아주 높기 때문에 흔히 사용되지는 않으며, 아날로그 혹은 HD-SDI 카메라와 비디오서버를 결합하여 사용하거나, 아예 처음부터 IP 카메라를 사용하는 것이 일반적이다.

(3) 영상신호 증폭기

CCTV 영상신호를 증폭시켜 표준 전송거리보다 멀리 전송할 수 있도록 해 주는 장치이다. 보통은 표준전송거리에 비하여 2 ~ 3배의 거리까지 전송할 수 있도록 해 주며, 고가의 제품은 이득조절(AMP VR)이나 컬러신호 대역조절(F.EQ VR)을 통한 선명도 조절기능 등 다양한 기능을 가지고 있다.

▲ 그림 7-6 영상신호 증폭기

하지만 영상신호 증폭기는 영상신호 외의 잡음(Noise)까지도 증폭시키기 때문에 적절한 조절을 해 주지 않으면 오히려 사용하지 않는 것만도 못한 결과를 얻을 수 있으므로 사용에 주의하야 한다.

(4) 노이즈 제거기

영상신호나 제어 신호 전송에 영향을 주는 노이즈를 제거해 주는 장치이며, 고주파특성을 개선시켜 장거리 영상 송출 시 보다 선명한 영상을 얻을 수 있도록 해 주는 장치이다.

노이즈 제거기는 코일만으로 구성된 단순한 제품(페라이트 코어 등)도 있고, 자체 영상이득조절 기능 등을 갖춘 고성능 제품도 있으므로 현장 여건에 따라 선택하면 된다.

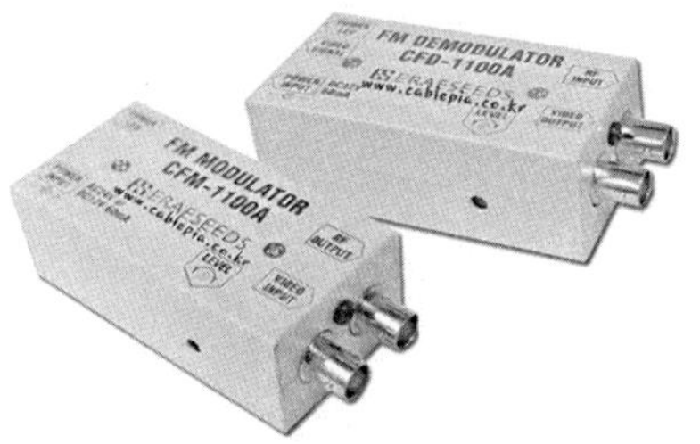

▲ 그림 7-7 노이즈 제거기

노이즈 제거기 역시 잘못된 설치방법이나 조정에 의해 실제 필요한 신호의 주파수대역을 차단해 버릴 수 있으므로 사용에 주의할 필요가 있다.

2 네트워크 관련 액세서리

(1) 비디오서버(Video Server)

비디오서버(Video Server)는 인코더(Encoder)라고도 하며, 아날로그 카메라나 HD-SDI 카메라와 같이 1:1연결만 지원하는 카메라의 영상을 수신하여 네트워크를 통해 전송할 수 있도록 하는 장치이다. 즉, "아날로그 카메라 + 비디오서버 = IP 카메라"라고 보면 된다.

현재에도 많은 수의 아날로그 카메라가 사용되고 있으며, 이 카메라들을 모두 IP 카메라로 교체하려면 상당한 비용이 들어갈 수밖에 없다. 이런 상황에서 비디오서버를 사용하면 기존의 아날로그 카메라를 간단히 네트워크에 연결시킬 수 있으므로 적은 비용만으로도 간단히 구성을 변경할 수 있다.

1 ~ 4채널을 지원하는 제품이 많이 사용되지만, 특별한 용도를 위하여 8채널 이상을 지원하는 제품도 존재한다.

▲ 그림 7-8 비디오서버(Encoder)

비디오서버는 지원하는 카메라의 종류나 연결방식에 따라 제품의 종류가 아주 다양하며, 지원 해상도와 초당 프레임수에도 차이가 있다. 게다가 제품에 따라 오디오 입출력, 알람 입출력, 시리얼통신포트, 웹 접속, 스마트폰 접속 등 다양한 기능을 제공하므로 고객의 요청에 적합한 제품을 선택하기 위해서는 제품의 카탈로그나 매뉴얼을 면밀히 검토하여야 한다.

또한 영상의 인코딩 기능만 있는 제품도 있고, 인코딩/디코딩 기능을 함께 가지고 있는 제품들도 있는데, 현재 시장에서 판매되는 제품들의 상당수가 인코딩/디코딩 기능을 모두 가지고 있다.

(2) 비디오디코더(Decoder)

인코더와 디코더는 비슷하면서도 상반된 개념이다. CCTV 시스템, 특히 IP 네트워크를 이용한 CCTV 시스템에서는 아날로그 카메라 등의 영상신호를 변환하여 네트워크를 통해 전송할 수 있도록 하는 장비를 인코더(비디오서버)라고 하며, 네트워크를 통해 전송받은 데이터를 다시 TV 수상기나 DVR에 입력 가능한 신호로 변환하여 주는 장비를 디코더라고 한다.

▲ 그림 7-9 디코더(Decoder)

아날로그 카메라가 대부분을 차지하고 있던 시절에는 고화질 모니터가 존재하지 않았던 데다가 관련 기술도 부족했기 때문에 지금 보면 아주 비효율적인 방법으로 영상을 변환할 수밖에 없었다. 특히 수많은 카메라로부터 수신 받은 영상을 다시 여러 개의 대형 모니터에 표출하기 위해서 매트릭스 스위치라고 부르는 영상분배기를 사용하였는데, 이 영상분배기가 아날로그 영상만 지원하였기 때문에 어쩔 수 없이 디코더를 사용하여 아날로그 영상을 매트릭스 스위치에 입력해 줄 필요가 있었다.

▲ 그림 7-10 매트릭스 스위치

지금에 있어서는 DVR이나 NVR들이 여러 개의 화면분할 기능을 필수적으로 제공하기 때문에 CCTV 시스템을 구성할 때 디코더를 거의 사용하고 있지 않지만, 아직도 오래된 시스템에서는 아날로그 디코더를 이용한 구성을 간혹 볼 수 있다.

3 전원관련 액세서리

(1) 서지 프로텍터(Surge Protector)

대부분의 전원선, 통신선, 신호선은 구리선과 같은 도체로 제작되어 있는데, 이런 도체를 통하여 침입되는 과도한 전압을 서지(Surge)라고 한다. 모든 기기는 과도한 전압/전류가 흐를 경우 오동작하거나 파손될 수 있으며 화재가 발생할 우려가 있다. 서지 프로텍터는 이러한 서지를 차단하여 기기를 보호하는 역할을 한다.

▲ 그림 7-11 전원부 서지 프로텍터

서지 중에서 가장 피해를 크게 미치는 것은 당연히 낙뢰(落雷)이다. 야외에 설치된 CCTV용 Pole에는 피뢰침을 설치하여 낙뢰로부터 장비를 보호하고 있지만, 주변에서 발생한 낙뢰가 가까운 곳의 전자기기에 영향을 미치는 일은 흔히 발생한다.

▲ 그림 7-12 동축케이블용 서지 프로텍터

따라서 야외에 설치되는 CCTV 카메라와 부가장치들은 전원부와 영상부에 필히 서지 프로텍터를 설치해야 하며, 외부로 연결된 통신케이블이 광케이블이 아니라면 통신 측에도 서지 프로텍터를 설치하는 것이 바람직하다.

▲ 그림 7-13 네트워크용 서지 프로텍터

서지 프로텍터를 설치할 때에는 보호대상 장비에 최대한 가까이 설치하고, 접지선의 길이를 최소화하여야 한다.

(2) 순차전원공급장치

모든 전자/전기기기는 전원이 인가되어 기동을 시작할 때 대량의 전력을 소비하고, 초기기동이 끝나고 안정화되면 보다 적은 양의 전력을 소비한다. 그런데 여러 대의 기기가 한꺼번에 켜지게 되면 순간적으로 대량의 전력을 소비하기 때문에 자칫하면 허용전력량을 넘어서게 될 수도 있다.

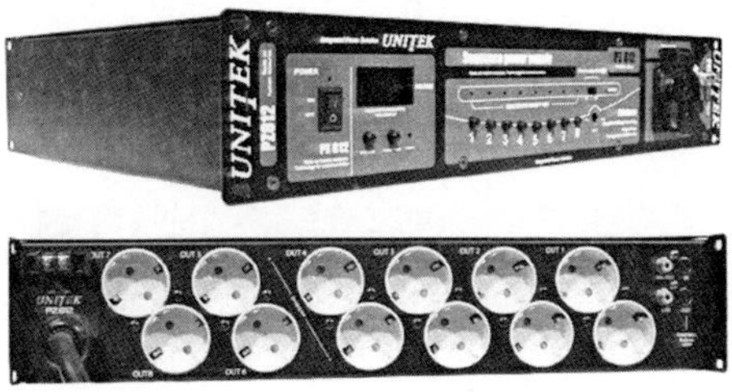

▲ 그림 7-14 순차 전원공급장치

순차전원공급장치를 사용하면 일정한 간격을 두고 장치들에 전원을 공급하기 시작하기 때문에 이런 문제를 방지할 수 있으므로 여러 대의 기기를 사용하는 곳에서는 한 번쯤 도입을 생각해 볼만한 장치이다.

(3) 원격전원제어장치

전자기기가 정상적으로 작동하지 않을 때 가장 먼저 시도해 볼 수 있는 조치방안은 바로 전원을 껐다 켜는 것이다. 하지만 그 기기가 아주 멀리 떨어져 있다면 전원을 켜고 끄는 것도 쉽지 않은 일이다.

하지만 원격전원제어장치를 이용하면 연결된 전자기기의 전원을 원격지에서 마우스 클릭 한 번으로 제어할 수 있기 때문에 시간과 노력을 대폭 절감할 수 있게 된다.

▲ 그림 7-15 원격전원제어장치

현재의 원격전원제어장치들은 전원의 분배와 ON/OFF뿐만 아니라 온도, 전력사용량(부하량), 과전류감지 등의 체크도 가능하며, 타이머기능도 갖추고 있다.

4 랙

(1) 랙(Rack)이란?

랙(Rack)은 한정된 공간에 좀 더 많은 장비를 거치하고, 효율적인 관리를 위한 목적으로 만들어진 일종의 캐비닛이다. 기업의 전산실이나 IDC를 본 사람이라면 캐비닛에 여러 대의 서버와 모니터, 통신장비들을 거치해 놓은 것을 볼 수 있을 것이다. 그 캐비닛을 랙이라고 하며, 서버와 네트워킹 장비는 랙에 거치할 수 있도록 만들어진다.

▲ 그림 7-16 데이터 센터

랙은 몇 가지 표준 규격이 있으나, 가장 널리 사용되는 규격은 폭(정확하게는 장비를 고정시키기 위한 고정부의 폭)이 19″(46.5 cm)인 것이며, 깊이와 높이는 사용자의 목적에 맞는 것을 선택하면 된다. 랙의 높이는 U(Uint)단위로 셈하는데, 1 U는 약 4.2 cm이다. 주변에서 볼 수 있는 소형 라우터나 허브의 경우 대부분 1 U 높이로 만들어진다.

다음은 표준 랙인 다목적 랙으로서 가장 흔하게 볼 수 있는 랙이다. 서버, 모니터, 라우터, 허브 등 대부분의 장치를 거치할 수 있으며 목적에 따라 문, 운반용 바퀴, 선반 등 다양한 액세서리를 추가할 수 있다.

▲ 그림 7-17 19인치 표준 랙

허브랙은 허브나 라우터 등 소형 통신장비를 거치하기 위한 랙으로서 소규모의 네트워킹 장비를 거치하는 데 사용된다. 대부분 옆문이 없고 깊이가 표준랙에 비해서 얕다. 대신에 크기가 작고 무게가 가볍기 때문에 벽면에 부착해서 사용할 수도 있다.

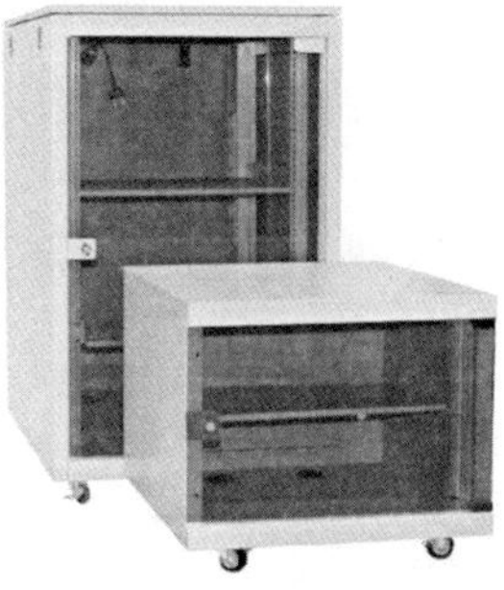

▲ 그림 7-18 허브랙(미니랙)

오픈랙은 전화교환실(MDF)이나 테스트 장비의 거치용으로 많이 사용한다.

▲ 그림 7-19 오픈랙

(2) 랙 액세서리

랙은 전산장비를 거치하고 운용하기 위한 목적으로 사용되기 때문에 열기를 밖으로 배출하기 위한 FAN이나 케이블 정리용 링런(Ringrun) 등 각종의 액세서리가 많이 붙게 된다. 여기서는 대표적인 액세서리 몇 종류만을 소개하도록 한다.

○ Power Strip

랙 내부에 거치한 장비에 전원을 공급하기 위한 일종의 멀티탭이다.

▲ 그림 7-20 Power Strip

○ Fan Unit

장비에서 발생하는 열을 랙 캐비닛 외부로 뽑아내기 위한 Fan이다. 보통 2 ~ 9개의 FAN이 부착되어 있으며, 랙 상단에 부착하여 사용하는 경우가 많다. 발열이 많은 장비의 경우에는 장비의 하부에 직접 부착하는 경우도 있다.

▲ 그림 7-21 Fan Unit

○ Guide Angle

UPS 등 무게가 많이 나가는 장비를 랙에 거치하는 데 사용된다. 보통 가벼운 장비는 Front Frame에만 고정하고, 서버 등은 레일을 사용하여 Side Frame에 고정하지만 UPS는 워낙 무거운 장비이므로 이런 앵글을 사용하여 옆면에 고정시켜 준다.

▲ 그림 7-22 Guide Angle

○ Blank Panel

장비를 거치하고 남는 빈공간을 막기 위한 목적으로 사용된다.

▲ 그림 7-23 Blank Panel

○ Shelf

랙용 선반으로 규격에 맞지 않는 장비를 올려놓을 때 사용한다.

▲ 그림 7-24 Shelf

Open-rack Shelf

오픈랙에 맞는 선반으로 규격에 맞지 않는 장비를 올려놓을 때 사용한다.

▲ 그림 7-25 Open-rack Shelf

Ringrun(Cable Organizer)

랙의 앞면에서 케이블을 정리하기 위한 목적으로 사용된다. 보통 허브나 패치패널의 상/하단에 부착하여 사용한다.

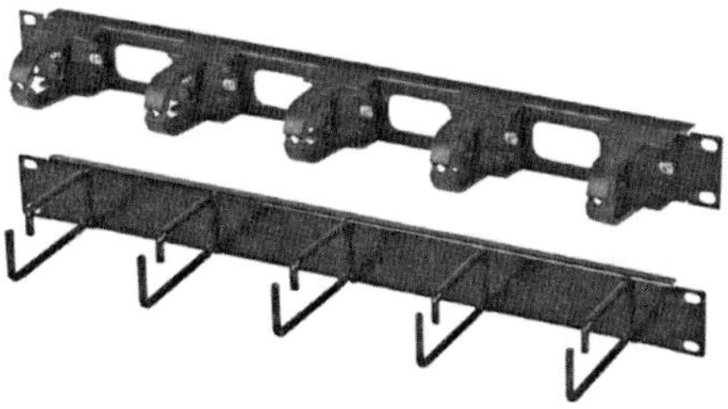

▲ 그림 7-26 Ringrun

04

감시부와 제어부

Chapter 08

디스플레이

CCTV 카메라가 영상을 촬영하는 장치라면 반대로 촬영한 영상을 사람의 눈으로 인식할 수 있도록 변환해 주는 장치가 필요하며, 이 장치가 바로 디스플레이(모니터)이다.

일반적으로 디스플레이는 CCTV 시스템의 다른 구성요소에 비교해서 그리 중요한 기기로 생각하지 않는 경향이 있기 때문에 카메라나 녹화장치의 선택에는 심사숙고를 거듭하면서도 디스플레이는 단순히 크기(Size)만 고려하는 경우가 많다.

하지만 디스플레이가 카메라 또는 DVR에서 제공하는 해상도와 맞지 않는 제품을 사용한다면 좋은 품질의 영상을 얻을 수 없다. 실제로 디스플레이의 품질(지원 해상도)이 시스템에서 지원하는 해상도보다 높은 제품이라 하더라도 경우에 따라서는 전체적인 영상의 품질이 떨어지게 된다. 즉, 디스플레이의 최적 해상도와 시스템에서 제공하는 해상도가 맞아 떨어져야만 좋은 품질의 영상을 얻게 된다는 것이다.

1 디스플레이 모니터(Display Monitor)

(1) 디스플레이 기술

디스플레이 기술은 흔히 브라운관이라고 부르는 음극선관(CRT, Cathode Ray Tube)부터 시작하여 플라즈마(PDP, Plasma Display Panel)와 액정디스플레이(LCD, Liquid Crystal Display)를 거쳐 유기발광디스플레이(OLDE, Organic Light Emitting Display)에 이르기까지 진화하고 있다.

현재 가장 대중적으로 사용하고 있는 디스플레이 기술은 LCD방식이며, 흔히 LED TV(또는 모니터)라고 부르는 제품은 초기의 LCD 디스플레이가 사용하던 형광등(CCFL, Cold Cathode Fluorescent Lamp) 대신에 발광다이오드(LED, Light Emitting Diode)를 백라이트(Back- Light)로 사용한 제품이므로 이 책에서는 별도로 구분하지 않는다.

음극선관(CRT)을 이용한 TV나 모니터는 TV가 개발된 때부터 2000년대 초반까지 사용되었으며, 아직도 일부영역에서 사용되고 있기는 하지만 대부분 LCD 디스플레이로 대체되었다.

CRT는 색상의 표현력이 풍부하고 부드러운 장점이 있는 반면에 고해상도 제공이 어렵고, 기술의 특성상 대형의 장치를 제작하기가 아주 어려운 데다가 가장자리부분의 왜곡이 심한 단점이 있다.

또한, 아날로그 방식의 표시장치이므로 현재 일반화된 디지털 영상장비의 신호를 영상으로 표출하기 위해서는 별도의 변환과정을 거쳐야 하므로 영상의 열화가 발생한다.

▲ 그림 8-1 CCTV용 CRT 디스플레이

LCD는 액정표시장치(Liquid Crystal Display)의 약자로, 전압이 인가되면 빛의 통과를 차단하는 유기질인 액정을 유리 또는 플라스틱 판 사이에 주입하여 만들어진다. 초기의 LCD는 흑백의 표시만 가능하고, 응답속도도 아주 느렸기 때문에 잔상이 심하게 발생하였으나 현재의 LCD기술은 사람의 눈으로는 잔상을 거의 확인할 수 없을 정도의 응답속도(5 ms 이하)를 보여주고 있다.

CRT와 비교할 때 LCD를 이용한 제품은 고전압 소자들을 사용하지 않아 상대적으로 안전하고, 평면으로 되어 있어 훨씬 얇으며, 기하학적 왜곡이 없는 데다가 소비전력도 적으며 외부 전자장으로부터의 간섭도 거의 받지 않는다.

▲ 그림 8-2 LCD 디스플레이

물론 초기의 LCD 디스플레이들은 픽셀의 응답시간이 늦었고, 다이나믹 레인지가 낮았으며, 검은색 표시에 문제가 있었던 데다가 해상도를 높이지 못하는 많은 단점을 가지고 있었다. 그래서 많은 디자이너나 방송관계자들이 오랫동안 CRT 방식을 고수하였으며, PDP TV가 비록 발열이 심하고 전력소비량이 많은 단점에도 불구하고 스포츠 매니아들에게 인기가 있었다(물론 같은 크기라면 PDP TV가 LCD TV에 비해 가격이 저렴한 것도 하나의 원인이다).

새로운 기술인 **OLED** 디스플레이는 LCD나 LED 디스플레이와 비슷해 보이지만, 이 둘과는 완전히 다른 방법이다.

LCD 디스플레이에서 사용하는 액정은 스스로 빛을 만들어내는 능력이 전혀 없고, 다만 뒷면에서 비추는 빛(Back-Light)을 차단하는 방법으로 영상을 만들어 낸다. 하지만 OLED 디스플레이는 픽셀마다 아주 작은 발광다이오드가 있는 방식이다. 즉, 해당 위치의 발광다이오드에 전류가 인가되면 빛이 나오는 방식이기 때문에 백라이트가 필요하지 않다.

▲ **그림 8-3** OLED 디스플레이

OLED 디스플레이는 LCD 디스플레이보다 밝으며 효율이 높고, 더 얇게 만들 수 있으며 리플레시 속도와 콘트라스트가 좋고, 완전한 검은색을 만들어 낼 수 있다. 심지어는 유연성이 있어서 휘어지기까지 한다.

여러 가지 장점에도 불구하고, 아직까지는 OLED 디스플레이 제품들이 LCD 디스플레이 제품보다 비싸기 때문에 시장 점유율은 그리 높지 않은 편이다.

(2) 프로젝터(Projector)와 디스플레이 월(Display-Wall)

100인치에 육박하는 대형 LCD나 OLED 디스플레이가 시판되고 있기는 하지만 쉽게 구매할 수 있을 만한 가격은 아니다. 현실적으로 벽면을 가득 채울 수 있을 만한 크기의 영상을 가장 쉽게 구현하는 방법은 바로 "프로젝터"이다.

프로젝터를 사용하면 투사거리(스크린과 프로젝터와의 거리)에 따라 다양한 크기의 영상을 쉽게 만들어 낼 수 있으며, 가격도 저렴하다. 하지만 프로젝터는 거리가 멀어지면 화면의 밝기가 감소하기 때문에 보통 조도가 낮은 실내에서 사용되며, 암막커튼 등을 이용하여 외부의 빛을 차단한 상태에서 사용하는 것이 일반적이다.

▲ 그림 8-4 프로젝터

프로젝터는 3-Beam, LCD, DLP(Digital Light Processing) 등 다양한 기술을 사용한 제품들이 있으며, 최근에는 고전적인 할로겐램프 대신에 LED나 레이저(Laser)를 광원으로 사용하는 제품도 있다.

그런데, 프로젝터는 단순히 "큰 화면"을 제공할 뿐이며, 교통관제센터 등에서 요구하는 "크고 해상도가 높은 화면"을 제공하지는 못한다. 여러 가지 문제 때문에(주로 예산의 문제이다) 단일 디스플레이 장치에서 UHD(3840×2160) 이상의 해상도를 제공하기는 현실적으로 어려운데 비하여, 현재 가장 많이 사용하는 CCTV 카메라는 FHD(1920×1080) 해상도로 영상을 제공하기 때문에 단순히 산술적으로 생각하면 카메라에서 전송하는 영상을 원본 그대로 표시한다고 했을 때 디스플레이 1대에 불과 4채널의 영상만 표시할 수 있기 때문이다.

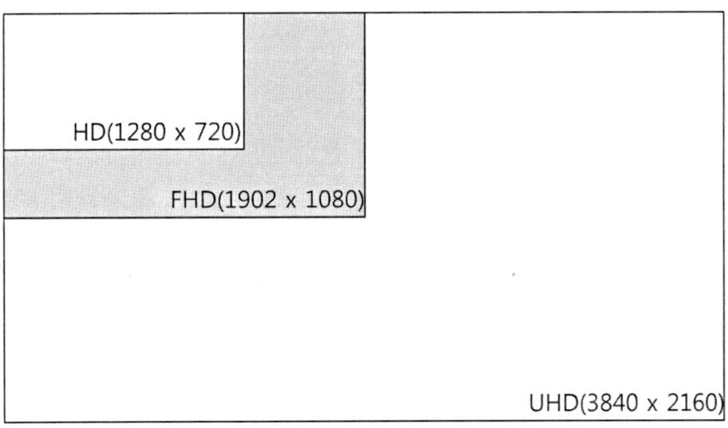

▲ 그림 8-5 HD, FHD, UHD 해상도 비교

물론 실제 운영환경에서는 원본 해상도 그대로의 영상이 필요한 경우는 드물기 때문에 디스플레이 한 대에 16 ~ 64채널의 영상을 보여주다가, 특별한 이벤트가 발생할 때에만 해당 채널을 확대하여 보는 방식을 취하고 있다.

그럼에도 불구하고 여전히 문제는 있는데, 일반적인 관제센터에서는 수백 대의 카메라영상을 동시에 모니터링하고 있으므로 한 대의 디스플레이로는 여전히 모든 화면을 감시하기가 어렵다. 가장 현실적인 대안은 여러 대의 디스플레이를 사용하는 것이며, 나아가서는 이 디스플레이들을 제어하여 커다란 통합 디스플레이로 만드는 것이다.

▲ 그림 8-6 통합관제센터의 디스플레이 월

이렇게 만들어진 시스템을 "디스플레이 월"이라고 하며, 여러 대(보통은 4대 이상)의 디스플레이와, 이 디스플레이에 보낼 영상신호를 처리하기 위한 전용의 제어장치가 있어야 한다.

디스플레이 월은 여러 대의 디스플레이를 나란히 붙여서 만들기 때문에 이론적으로는 무한대의 해상도를 가질 수 있고, 무한대의 물리적인 크기로 만들어 낼 수 있는 장점이 있는 반면에 구축하는데 많은 비용이 필요하고 전력소비가 많은 단점이 있다.

(3) 디스플레이 인터페이스(Interface)

CCTV 시스템에서 사용된 가장 고전적인 연결 인터페이스는 **컴퍼지트(Composit)**이다. CCTV 전용 모니터라면 BNC 커넥터를, 일반적인 TV라면 RCA 커넥터를 사용하여 연결한다. 디스플레이 입장에서 인터페이스는 주로 아날로그(NTSC) 영상을 입력받는 데 사용하게 된다.

▲ 그림 8-7 BNC(좌)와 RCA(우)

D-SUB는 RGB 신호와 제어 신호를 동시에 전달하기 위한 방식이며, 아날로그 신호를 전송한다. 이 인터페이스는 영상전송만 가능하며 뒤에 나올 디지털 방식 인터페이스에 비하여 지원하는 해상도가 낮고, 영상의 왜곡이나 손실이 많이 발생하기 때문에 고해상도 디스플레이에는 적합하지 않다.

하지만 역사가 오래된 만큼 아직도 많은 기기들이 이 인터페이스를 지원하고 있기 때문에 주변에서 쉽게 찾아볼 수 있다.

▲ 그림 8-8 D-SUB

DVI(Digital Visual Interface)는 디지털 영상신호를 전송하기 위한 인터페이스이며, D-SUB와 마찬가지로 영상전송만 가능하다.

DVI는 전송방법에 따라 DVI-I Single Link, DVI-D Single Link, DVI-I Dual Link, DVI-D Dual Link의 네 가지 종류가 있다(아날로그만 지원하는 DVI-A도 있지만 거의 사용하지 않는다).

싱글링크는 최대 60 Hz의 주파수와 1920 × 1200의 해상도를 지원하며, 듀얼링크는 최대 120 Hz의 주파수와 2560 × 1600의 해상도를 지원한다.

또한, DVI-I는 아날로그 신호와 디지털 신호를 둘 다 지원하는 방면 DVI-D는 디지털 신호만을 지원한다. 따라서 DVI-I는 규격에 맞는 젠더를 사용하면 손쉽게 D-SUB로 변환할 수 있는 반면에 DVI-D는 간단한 젠더로는 D-DUB로 변환이 불가능하다.

▲ 그림 8-9 DVI

HDMI(High Definition Multimedia Interface)는 디지털 영상신호와 오디오신호를 동시에 지원할 수 있는 규격이다. 크기에 따라 Standard HDMI, Mini HDMI, Micro HDMI가 있는데, 모양만 다를 뿐 성능은 같기 때문에, 가지고 있는 영상기기가 지원하는 커넥터에 맞는 케이블을 사용하면 된다.

앞서의 다른 규격과는 달리 HDMI는 1.0, 1.3, 1.4, 2.0 등 다양한 버전이 존재하는데, 높은 숫자일수록 최신의 기술이며 높은 해상도를 지원한다.

▲ 그림 8-10 HDMI

DP(Display Port) 역시 디지털 영상신호와 오디오신호를 동시에 지원하며 HDMI와 커넥터의 형상이 비슷하기 때문에 혼돈하기 쉽다.

HDMI가 컴퍼지트나 컴퍼넌트와 같은 AV기기용 영상 인터페이스를 대체하기 위한 목적으로 개발되었다면, DP는 D-SUB나 DVI와 같은 PC용 영상 인터페이스를 대체하기 위해서 개발되었다.

DP 역시 1.0, 1.2, 1.3 등의 버전이 존재하며 2014년 발표된 1.3버전에서는 7680×4320의 높은 해상도를 지원한다.

▲ 그림 8-11 DP

DP는 디지털영상과 오디오를 동시에 전송한다는 점에서 HDMI와 아주 유사하며, 실제로 변환 젠더를 이용하면 HDMI나 DVI포트에 연결하여 사용할 수도 있다(PC 등의 출력기기 측이 DP, 디스플레이 쪽이 HDMI나 DVI여야 한다. 반대로는 동작하지 않는다).

또한 HDMI가 히타치, 소니, 파나소닉과 같은 AV 가전업체들이 주축이 되어 개발하였고, 이를 기기에 적용하기 위해서는 특허사용료를 지불해야 하는 반면에, PC관련 업체들이 주축이 되어 개발한 DP는 VESA표준으로 지정되어 있어 특허사용료가 없다.

2 영상처리장비

(1) 영상선택기(Video Selector)

모니터의 대수보다 운영하는 카메라의 수가 많을 경우 원하는 카메라의 영상을 보기 위하여 운영자가 선택할 수 있는 방법은 두 가지이다.

첫 번째 방법은 하나의 모니터에 여러 대의 카메라 영상을 동시에 표출시키는 방법이며, 다른 방법은 영상신호를 순차적으로 돌아가며 출력시키는 방법이다.

영상선택기는 두 번째 방법인 "영상신호를 순차적으로 돌아가며 출력시키는 방법"을 사용하기 위한 장치이며, 첫 번째 방법을 사용하기 위한 장치인 "영상분할기"와 결합하여 사용하거나 매트릭스 스위치(바로 다음 항 (2)에 설명한다)와 결합하여 사용할 수도 있다.

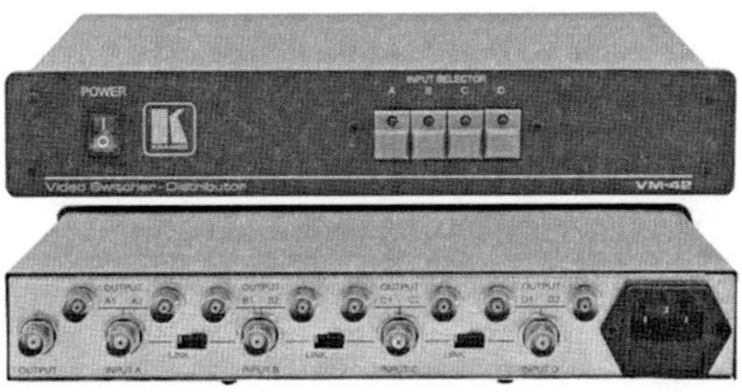

▲ 그림 8-12 영상선택기

영상선택기를 사용하면 지정한 시간 동안 하나의 영상을 유지시킨 후 자동으로 다음 영상으로 전환시켜주며, 필요하다면 계속적으로 보기 원하는 영상채널에 고정시킬 수도 있다. 또한, 알람센서(예를 들어 적외선 감지기나 문 열림 감지기)와 연동하여 이벤트가 발생한 지역의 카메라 영상을 자동적으로 표출하는 기능을 가진 제품도 있다.

시스템이 점점 디지털 방식으로 전환되고, 현재 녹화기기로 사용되는 DVR이나 NVR에서는 다수영상의 동시표출이나 순차표출을 지원하고 있기 때문에 별도로 영상선택기를 사용하는 곳은 찾아보기 힘들다. 하지만 고전적인 아날로그 영상 모니터링 시스템을 사용하는 곳이 아직도 있고, 디지털 방식의 시스템에서도 특별한 이유가 있다면(주로 비용의 문제이다) 영상선택기를 사용하기도 한다.

(2) 매트릭스 스위치

매트릭스 스위치는 영상선택기에 비하여 규모가 크고 다양한 기능을 제공하는 장비이다. 영상선택기가 "여러 대의 모니터와 하나의 디스플레이"를 위한 장비인 데 비해, 매트릭스 스위치는 "여러 대의 카메라와 여러 대의 디스플레이"를 지원하는 장비이며, 카메라(정확히는 팬틸트)를 제어하기 위한 제어장치 기능을 가지고 있는 제품도 있다.

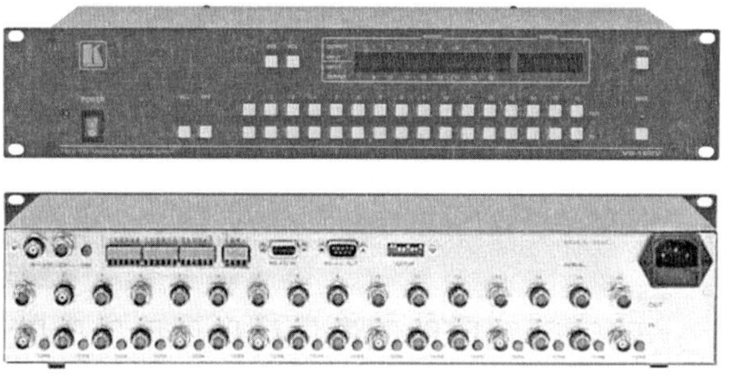

▲ 그림 8-13 아날로그 매트릭스 스위치

아날로그 카메라로 구성된 대규모 CCTV 시스템에서는 매트릭스 스위치가 가장 핵심적인 장비이며 다른 시스템, 예를 들어 빌딩의 조명제어나 출입통제 시스템과도 연동하는 기능을 가진 장비도 있다.

▲ 그림 8-14 디지털(HDMI) 매트릭스 스위치

현재에는 디지털화된 영상기기와 함께 DVR이나 NVR이 과거의 매트릭스 스위치가 제공하던 이상의 기능을 제공하며, CMS(Center Management Software)와 통합하여 대규모 CCTV 시스템을 구성하기 때문에 고전적인 의미의 매트릭스 스위치를 사용하는 곳은 거의 없다고 보아야 한다. 단지 운영상의 편리를 위하여 아날로그 혹은 디지털 방식의 매트릭스 스위치를 사용하는 곳은 아직도 상당수 있다.

(3) 영상분할기(Video Splitter)

영상선택기가 편리하기는 하지만 모든 카메라의 영상을 동시에 볼 수 없으며, 스위칭에 소요되는 시간도 있기 때문에 운영자의 입장에서는 상당히 불편하다. 이 불편함을 해소하기 위해여 개발된 장비가 바로 영상분할기이다.

영상선택기는 모니터 화면을 4개 또는 그 이상으로 나누어서 동시에 여러 대의 카메라 영상을 분할된 화면에 나타내는 기능을 가지고 있다.

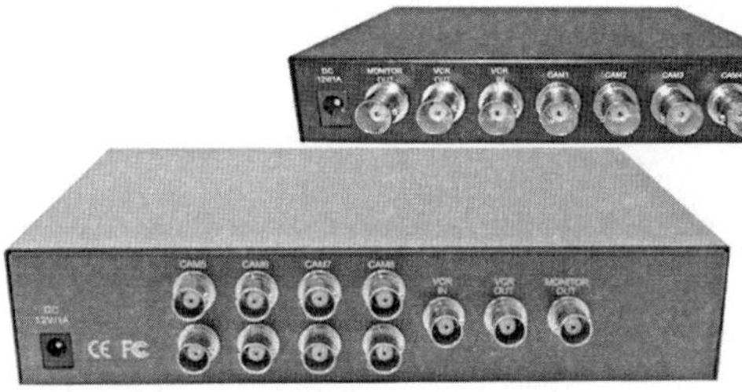

▲ 그림 8-15 영상분할기(4분할(위), 8분할(아래)

아날로그 CCTV 시스템에서 사용하던 영상분할기는 주로 4분할된 화면(즉, 4대의 카메라 영상을 동시에 표출할 수 있다)을 제공하는데, 사용자는 영상분할기에 있는 버튼을 이용하여 특정한 카메라 영상을 전체 화면에 표출하거나 다시 4분할 화면으로 돌아갈 수도 있다. 영상분할기 역시 알람센서와 연동하여 이벤트가 발생한 지역의 카메라 영상을 자동적으로 전체화면으로 전환하여 표시하는 기능을 가진 제품도 있다.

하지만, 앞서의 다른 장비들과 마찬가지로 DVR이나 NVR이 최소 4분할에서 64분할에 이르는 다양한 화면구성을 제공하기 때문에 현재로서는 이 장비를 사용하는 곳을 찾기 어려우며, 아파트 경비초소와 같은 곳에서 드물게 볼 수 있다.

3 디스플레이 해상도와 화소밀도(畵素密度)

(1) 디스플레이 해상도

아날로그 방식의 CCTV 카메라와 텔레비전 모니터로 구성된 시스템에서는 디스플레이의 해상도에 대해서 신경 쓸 부분이 전혀 없었다. 이는 CCTV 카메라와 텔레비전 모니터 모두 NTSC 방식을 사용하기 때문에 해상도가 고정되어 있고, 아무리 모니터를 크게 만든다고 하더라도 이 이상의 해상도를 가진 제품을 만들 수 없었기 때문이다. 물론 S-Video와 같은 상대적으로 고해상도 규격이 있기는 하지만 대중적으로 사용된 것은 아니며, CCTV 시스템을 위한 기술은 아니었다.

21세기 초에 영상분야에 나타난 가장 큰 변화는 아날로그에서 디지털로의 전환이다. 이 이유는 매우 단순한데, 디지털 신호들은 설계된 운영조건만 충족한다면 전자기 노이즈로 인한 데이터 손실이나 왜곡이 없기 때문이다. 이런 변화는 불과 10년도 되지 않는 시간 동안에 급격하게 이루어졌다. 물론 아직도 아날로그 영상기기들이 남아있기는 하지만 주로 예산이나 내용년수(사용 가능 햇수)와 관련된 이유이기 때문에 지속적으로 전환이 이루어지고 있다.

디지털 영상에서는 사용하는 기술에 따라 하나의 기기가 다양한 해상도를 제공할 수 있으며, OverScan과 같은 기능을 지원하는 디스플레이장치는 제품이 실제로 표시가능한 해상도보다 높은 해상도의 신호를 입력받아 처리할 수도 있다.

디지털 영상의 기준 해상도는 흔히 VGA급 이라 부르는 640×480 해상도를 말한다. 물론 VGA(Video Graphics Array) 자체는 1987년에 IBM사가 제시한 "아날로그" 방식의 컴퓨터 디스플레이 표준이기는 하지만, 현재는 하드웨어에 관계없이 "영상의 해상도"만 의미하는 경우가 대부분이다.

기술의 발달로 인하여 디지털 영상의 해상도는 계속 높아졌으며, 해상도 각각을 뜻하는 수십 개의 명칭이 있기는 하지만 이 명칭을 사용하는 경우는 그리 많지 않고 대부분 "가로 해상도×세로 해상도"의 형식으로 부르고 있다.

현재시점에서 종횡비가 4:3인 디스플레이 장치는 소형 모니터 위주로 생산되고 있을 뿐이며, UXGA급 이상을 지원하는 4:3 규격의 대형 고해상도 모니터를 구하기는 아주 어렵다.

▼ 표 8-1 4:3 종횡비 디스플레이 규격과 해상도

명칭	가로 해상도	세로 해상도	대략적인 모니터 크기
VGA	640	480	10″ 이하
SVGA	800	600	10.4″ ~ 12″
XGA	1,024	768	13″ ~ 15″
SXGA	1,280	1,024	17″ ~ 19″
UXGA	1,600	1,200	20″ ~ 21″
QXGA	2,048	1,536	23″ 이상
QUXGA	3,200	2,400	23″ 이상
HXGA	4,096	3,072	23″ 이상
HUXGA	6,400	4,800	23″ 이상

컴퓨터용 디지털 디스플레이에 비하여 텔레비전 시스템의 디지털 전환은 다소 늦게 진행되었다. 고화질 텔레비전에 대한 기술적 논의는 20세기 말에 시작되었지만 표준화는 21세기 초에 와서 이루어졌다.

이 고화질 표준에서 중요한 사항은 신호가 디지털이며 아날로그에 비하여 더 해상도가 높다는 점을 들 수 있으며, 무엇보다도 기존의 4:3 종횡비가 아닌 16:9의 종횡비를 가지고 있다는 점이 가장 큰 변경사항이라고 하겠다.

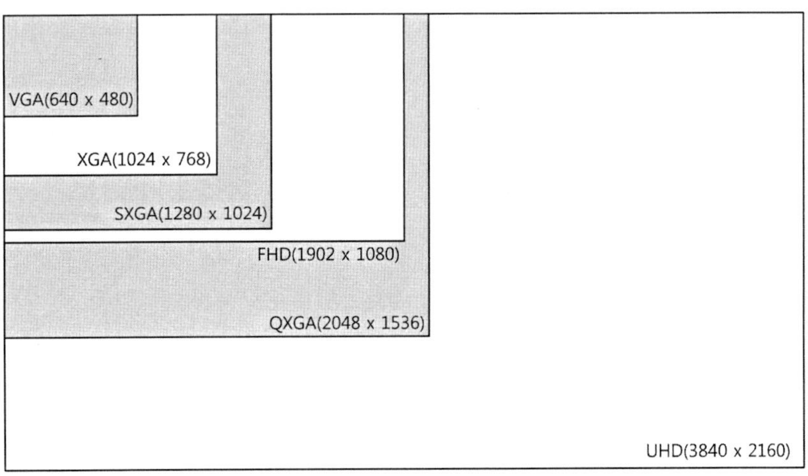

▲ 그림 8-16 현재 디스플레이장치의 대표적인 해상도 비교

현재에는 텔레비전 시스템을 위한 디스플레이와 컴퓨터용 디스플레이 간에 차이점은 사실상 없다고 보아야 하며, 단지 **공중파 방송을 시청할 수 있도록 "튜너"가 장착되어 있다면 텔레비전으로, 그렇지 않다면 모니터로 분류**한다.

SD는 아날로그 영상 신호를 디지털 신호로 변환한 것이며, SD 디지털 표준은 SMPTE-259이다. 흔히 SD영상과 NTSC를 동일한 규격 또는 해상도라고 혼돈하고 있는데, 두 규격은 엄연히 다른 기술, 다른 해상도이므로 주의할 필요가 있다.

HD 영상은 SMPTE-296으로 정의된 1280×720 해상도의 규격과 SMPTE-274로 정의된 1920×1080 해상도에 대한 규격이다. 특히 1920×1080 해상도는 FHD(Full HD)라고도 한다.

현재에는 FHD보다 4배 더 해상도가 높은(면적 기준) UHD(4K)규격의 디스플레이 장치가 이미 대중화되어 있으며, 7680×4320의 해상도를 지원하는 8K규격의 디스플레이 장치도 개발되어 있다.

▼ **표 8-2** 와이드 디스플레이 규격과 해상도

명칭	가로 해상도	세로 해상도	종횡비
WXGA	1,280	800	16:9
HD	1,280	720	16:9
WSXGA(WXGA+)	1,440	900	16:10
WSXGA+	1,680	1,050	16:10
FHD	1,920	1,080	16:9
WUXGA	1,920	1,200	16:10
WQHD	2,560	1,440	16:9
UHD(4K)	3,840	2,160	16:9
8K	7,680	4,320	16:9

(2) 화소밀도

모든 디지털 비디오 신호들은 픽셀(Pixel)이라 불리는 단위로 구성되어 있으며, 픽셀은 RGB 3가지 색상의 점이 하나의 그룹으로 묶여 있는 것을 말한다. 픽셀은 이 적색, 녹색, 청색(RGB) 각각의 밝기를 변화시켜서 거의 모든 색을 자연의 색과 유사하게 만들어낸다.

모니터나 텔레비전을 확대경으로 자세히 들여다보면 앞서 말한 세 가지 색상으로 구성된 픽셀을 확인할 수 있으며, 어느 정도 떨어진 거리에서는 세 가지 다른 색상의 점들을 하나로 인식하게 된다.

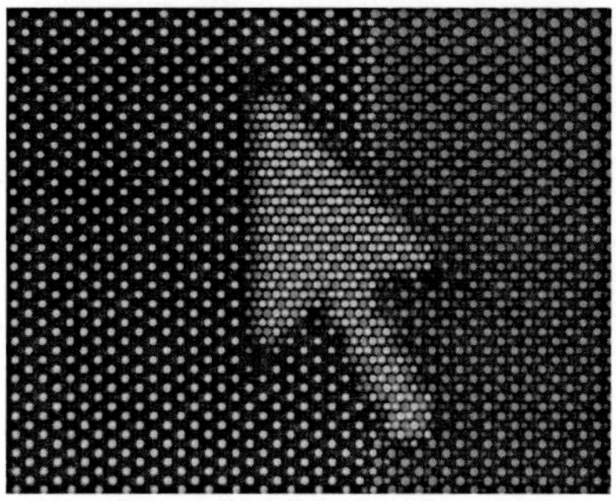

▲ 그림 8-17 RGB로 구성된 픽셀

여러 실험과 테스트를 통해 과학자들은 육안으로 인식할 수 있는 최대 조건은 1 mm당 5 ~ 6개의 라인이상은 구별할 수 없다는 점을 알아내었으며, 다르게 표현하면 눈과 디스플레이가 30 cm 떨어진 조건에서 0.1 mm 두께의 선을 구별해 내는 것이 사람 눈의 최소 분해능력이라는 것이다.

따라서 사람이 모니터에 가까이 가면 화면의 픽셀구조(RGB그룹)를 볼 수 있을 정도가 되고, 멀리 떨어지면 정상적인 영상을 볼 수 있다는 뜻이다.

현재 가장 대중적으로 사용하는 해상도인 FHD를 예로 들어 설명해 보자. 현재는 손바닥만한 스마트폰도 FHD 해상도를 지원하며, 60 ~ 80인치 크기의 대형 텔레비전도 동일한 FHD 해상도를 지원한다.

일반적으로 스마트폰은 눈에서 50 cm 이내의 거리에 두고 사용하지만, 텔레비전은 몇 미터 떨어진 거리에 두고 시청하게 되는데, 만약 텔레비전을 스마트폰과 같이 50 cm 거리에서 시청한다면 텔레비전 패널의 픽셀이 눈으로 인식할 수 있을 정도이기 때문에 화면이 선명하지 못하다고 느끼게 된다.

실질적으로 해상도에는 전혀 차이가 없지만 디스플레이의 크기에 따라 극명한 차이를 느낄 수 있는데 이는 스마트폰 디스플레이가 텔레비전의 디스플레이에 비하여 픽셀의 크기가 작고 더욱 조밀하게 붙어 있기 때문이다.

이런 화소밀도를 표시하기 위해서는 통상적으로 1인치당 몇 개의 픽셀이 존재하는지를 수치로 나타내고 있으며, PPI(Pixel per Inch)라는 단위를 사용한다. 간혹 DPI(Dot per Inch)와 혼용하기도 하지만 엄밀히 말하자면 DPI는 인쇄 출력물에 적용되는 용어이므로 디스플레이에서는 PPI를 사용하는 것이 정확하다.

고전적인 컴퓨터 디스플레이에서는 72 PPI 또는 100 PPI가 표준이었으며, 해상도가 높아질수록 이 표준 PPI에 맞추어 디스플레이의 크기를 크게 만들었다. 이 방식은 디스플레이의 크기와 관계없이 동일한 PPI를 제공하기 때문에 사용자는 디스플레이의 크기를 바꾸더라도 화면에 나타내는 물체의 크기를 동일하게 인식할 수 있다는 장점이 있다. 즉, 12인치 모니터에서 가로세로 1 cm 크기로 표시되는 물체라면 20인치 모니터에서도 가로세로 1 cm로 표시된다는 뜻이다.

하지만 현재의 디스플레이는 대부분 해상도가 고정되어 있고, 단지 디스플레이의 크기가 변경된다. 즉, PPI가 달라지는 것이다. 그래서 동일한 해상도를 가진 다른 크기의 디스플레이를 같은 거리에서 보면, 크기가 큰 쪽이 덜 선명해 보이게 된다.

화소밀도가 1인치당 점의 수를 나타내는 단위라면 픽셀 피치(Pixel Pitch)는 이 점의 간격을 나타내는 용어이다. 픽셀 피치 역시 도트 피치와 혼용되어 사용되고 있으며, 우리나라에서는 오히려 도트 피치가 더 익숙하게 사용되고 있기는 하지만, DPI와 마찬가지로 도트 피치 역시 인쇄출력물에 사용되는 용어이므로 주의하도록 하자.

화소밀도와 픽셀 피치는 아주 밀접한 관계가 있다. 화소(픽셀)의 밀도를 높이고 싶다면 픽셀의 크기를 줄이거나 픽셀 간의 간격을 줄여야 하는데, 대부분 이 두 가지 모두를 줄여야만 화소밀도를 높일 수 있다. 즉, 화소밀도가 높으면 화소의 크기가 작고 조밀하다는 의미가 된다.

사용하는 디스플레이의 픽셀 피치는 매뉴얼이나 카탈로그에서 확인이 가능하며, 간단한 수식으로 계산해 낼 수도 있지만 웹사이트나 스마트폰 앱을 이용할 수도 있다.

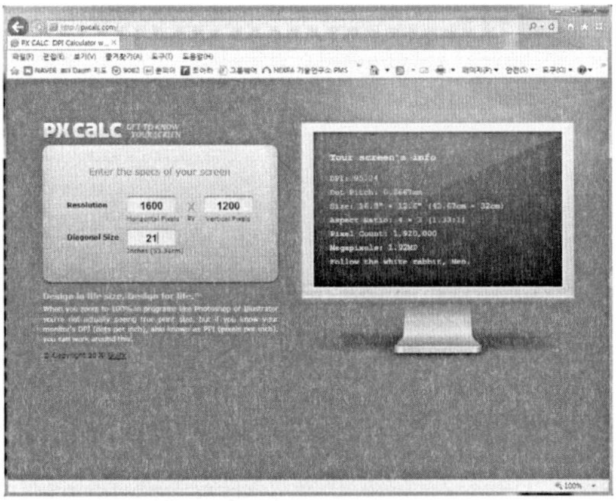

▲ 그림 8-18 pxcalc.com

Chapter 09

녹화장치

초기의 텔레비전시스템은 촬영한 영상을 수상기에 표시할 뿐 영상을 녹화하여 나중에 재생할 수 없었으며, 자기테이프를 이용한 녹화장치가 개발되고 나서야 비로서 녹화가 가능해졌다.

CCTV 시스템에서도 마찬가지인데, 자기테이프를 이용한 아날로그 녹화방식에서 현재는 하드디스크를 이용한 디지털 녹화방식을 사용하고 있다.

1 녹화장치와 기술

(1) VCR(Video Cassette-tape Recorder)

초창기의 텔레비전 시스템이나 CCTV 시스템에서는 영상을 녹화하기 위해서 자기테이프를 이용하였는데, 당시에는 영상 정보를 저장하기 위해서는 자기테이프가 거의 유일한 수단이었다.

VCR은 한 번에 한 개 채널의 영상만 녹화할 수 있기 때문에 카메라 수량만큼의 VCR이 필요하다. 게다가, 테이프 하나에 2시간(표준속도 기준) 분량의 영상만 녹화가 가능하므로 대규모 CCTV 시스템을 갖춘 곳에서는 커다란 공간에 수백 대의 VCR과 수만 개의 테이프, 그리고 매 시간마다 테이프를 교체해 주기 위한 여러 명의 근무자가 함께 있었다.

▲ 그림 9-1 VCR

2000년대 초 까지만 해도 VCR에 비해 DVR을 사용하면 어떤 이점이 있는지에 대한 논란이 있었지만 지금에 와서는 VCR이 더 이상 생산되지도 않고 거의 사용하지도 않기 때문에 논란의 여지가 없다.

사실 DVR에 비하여 VCR이 가지는 몇 가지 장점이 있기는 하다. 아날로그 저장방식의 특성상 기록매체에 약간의 손상이 있어도 어떻게든 영상의 재생은 가능하며(당연히 영상의 품질은 좋지 않다), 워낙 소량의 데이터가 물리적인 크기가 큰 기록매체에 저장되기 때문에 분실의 우려가 적다는 정도가 VCR의 장점이다.

이 두 가지 외에는 모두 DVR의 압승이다. 순차접근만이 가능한 VCR에서는 원하는 시간의 영상에 빠르게 접근할 수도 없고, 추가적인 영상처리도 불가능하며, 테이프를 재사용할 때마다 영상이 열화되고(영상의 보존기간이 지난 테이프는 내용을 삭제한 후 다시 다른 영상을 녹화한다), 장기간 보존도 어렵다. 게다가 시간에 맞추어서 테이프를 교체해 줘야 되고, 교체하는 시간 동안에는 영상이 저장되지도 않는다. 실수로 다른 영상이 녹화된 테이프를 덮어쓰기 하는 일은 비일비재하게 일어났고, 수천 개의 테이프를 안전하게 보관하는 것도 쉬운 일은 아니었다.

물론 기술이 발전하면서 자동으로 테이프를 교체해 주는 장치(Auto-Loader)나 장시간 녹화(테이프 하나로 12시간 이상 녹화할 수 있는 VCR도 있었다)가 가능한 VCR, 해상도를 높여(S-VHS 등) 4개 채널을 동시에 녹화할 수 있는 VCR 등 여러 가지 제품이 출시되어 사용되었지만 DVR이 가지는 장점들과 편리함을 뛰어넘을 수는 없었기 때문에 현재로서는 VCR을 이용한 CCTV 녹화 시스템은 거의 존재하지 않고, 극도의 보안성이 요구되는 곳에서나 아주 간혹 DVR이나 NVR의 보조용도로 이용하는 것을 볼 수 있다.

(2) DVR(Digital Video Recorder)

컴퓨터의 데이터 저장을 위해 개발된 하드디스크는 전산 분야에서도 혁명적인 존재였지만, CCTV 시스템에서는 과히 구세주와 같은 존재이다. 하드디스크는 가격이 저렴하고, 저장할 수 있는 데이터의 양이 크며, 랜덤 액세스 방식을 사용하기 때문에 효율성이 좋다.

DVR은 아날로그 영상을 디지털 데이터로 변환하여 하드디스크에 저장하는 장치이며, 초기의 DVR은 처리성능 부족으로 인하여 VCR에 비해 화질이나 프레임수가 낮았지만, 급속한 기술 개발로 현재의 DVR은 VCR과는 비교할 수 없을 정도의 성능을 보여준다. 특히, HD-SDI 방식의 카메라와 함께 구성된 CCTV 시스템은 거의 방송용 시스템에 가까울 정도로 선명한 영상을 제공할 수도 있다.

DVR은 동시에 여러 대의 카메라로부터 동시에 영상을 입력 받아 저장할 수 있으며, 저장된 모든 채널의 영상을 동시에 재생할 수도 있고, 필요한 시간대의 영상을 USB메모리나 외장하드에 원본과 동일한 화질로 복사할 수도 있으며, 하드디스크의 용량만 충분하다면 몇 년간의 영상도 저장할 수 있다.

반면에, 하드디스크는 전자부품에 비하여 고장률이 높은 부분품이고, 하드디스크에 장애가 발생하면 모든 영상을 한 번에 손실하는 단점이 있다. 이런 단점을 보완하기 위하여 일부 DVR 시스템에서는 두 개 이상의 하드디스크를 사용하여 데이터 안정성을 높이는 RAID 구성을 지원하는데, 이 기술에 대해서는 차후에 다시 설명하기로 한다.

DVR은 처음부터 DVR로 이용할 목적으로 개발된 “스탠드얼론(Stand-Alone) 타입”과 컴퓨터에 영상처리용 카드를 장착하여 만든 “PC 타입”의 두 가지가 있다.

스탠드얼론 타입은 일반적으로 흔히 볼 수 있는 가전제품의 형태를 취하고 있다. 보통 4 ~ 16개의 카메라를 동시에 연결할 수 있으며, 사용이 간단하고 고장이 적은 대신에 여러 대의 DVR을 연동하여 사용하기에는 제한이 있기 때문에 소규모 CCTV 시스템에서 많이 사용된다.

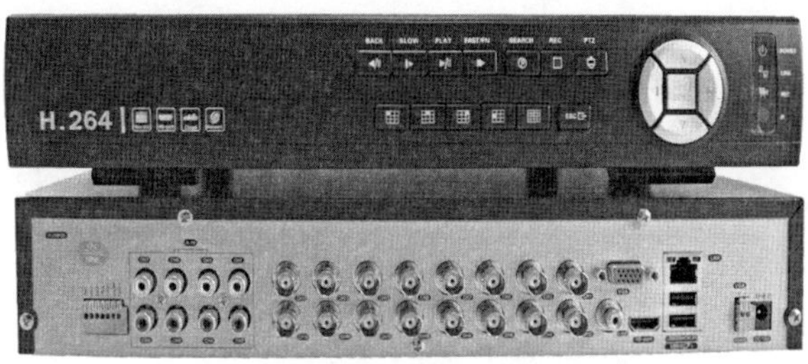

▲ 그림 9-2 스탠드얼론 DVR

PC 타입은 일반적인 컴퓨터에 영상처리용 카드를 장착하고, OS(주로 Windows 계열)위에서 운영되는 영상처리카드 전용의 DVR소프트웨어를 설치하는 방식으로 만들어진다.

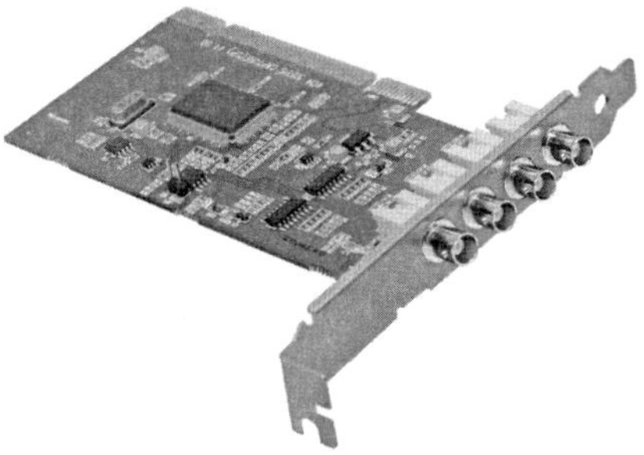

▲ 그림 9-3 DVR 카드

예산이 적고 여유분의 컴퓨터가 있는 사용자라면 적은 비용으로 만들 수 있는 장점도 있고, 반대로 고성능 DVR이 필요한 사용자라면 고성능 영상처리 카드와 여러 개의 하드디스크를 결합(RAID 구성)하여 높은 성능의 DVR을 만들 수도 있다.

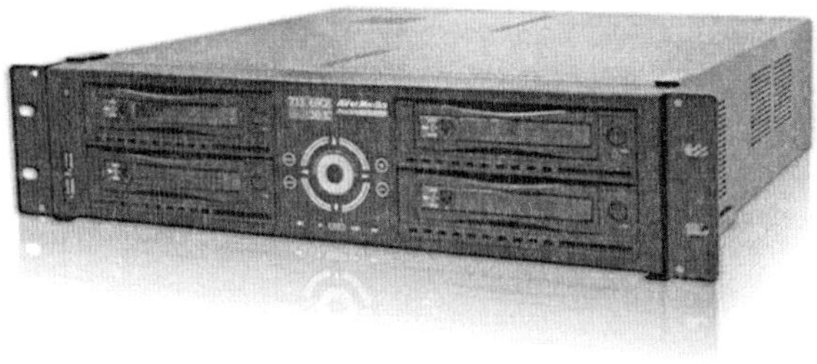

▲ 그림 9-4 RAID구성을 이용한 고용량 DVR

현장에 나가보면, 기존에 사용하던 아날로그 카메라를 계속 사용해야 하고, 추가로 IP 카메라를 이용한 고화질 CCTV 시스템을 구축하기를 원하는 고객사가 많다. 아날로그 CCTV 시스템이 FHD와 같은 고화질의 영상을 제공하지는 못하지만 아직도 잘 작동하고 있으며 사용에 무리가 없는 카메라를 교체하는 데 비용을 지불하고 싶은 사람은 없기 때문이다.

이런 용도를 위하여 DVR과 NVR의 기능을 모두 가진 새로운 제품이 개발되었는데, 이것이 바로 "하이브리드 DVR(Hybrid DVR)"이다. 이 제품은 DVR처럼 아날로그 영상을 입력받아 저장할 수도 있고, NVR처럼 IP 카메라의 영상을 받아 저장할 수도 있다.

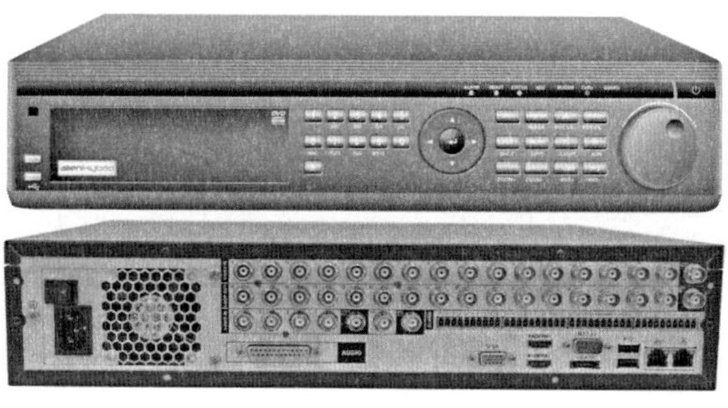

▲ 그림 9-5 하이브리드 DVR

하이브리드 DVR의 외관은 DVR과 거의 동일하기 때문에, 제품명을 확인하거나 제품의 설정화면을 보지 않고서는 구분할 방법이 거의 없다.

(3) NVR(Network Video Recorder)

DVR은 아날로그 영상신호를 수신하여 디지털 데이터로 변환하여 저장하는 전용의 하드웨어나 소프트웨어가 반드시 필요하다. 하지만 IP 카메라는 처음부터 디지털 데이터를 네트워크를 통해 전송하기 때문에 별도의 아날로그-디지털 변환 하드웨어가 필요하지 않다.

당연히 영상신호를 입력받기 위한 장치들도 필요하지 않기 때문에, 아래 그림에서 보는 바와 같이 DVR이라면 필수적으로 가지고 있는 BNC 커넥터가 NVR에는 존재하지 않는 것을 볼 수 있다.

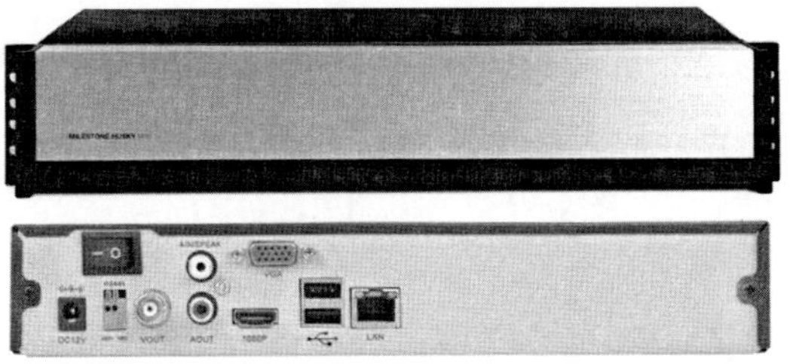

▲ 그림 9-6 스탠드얼론 NVR

또한 대부분의 DVR이 중앙처리장치(CPU) 하나 만으로는 여러 개의 아날로그 영상을 디지털로 변환하기 어려웠기 때문에 별도의 영상처리용 프로세서를 사용했지만 IP 카메라는 카메라의 프로세서를 이용하여 이미 변환이 완료된 데이터만을 전송하여 주기 때문에 녹화장치(NVR) 에서는 별도의 처리 없이 바로 저장만 하면 된다.

NVR은 네트워크에 연결하는 장치이기 때문에 카메라 연결을 위한 네트워크 구성이 필요하고, 네트워크 구성을 위한 스위치가 별도로 필요하다. 그런데 별도의 스위치를 구매하지 않고도 여러 대의 카메라를 연결할 수 있도록 아예 처음부터 NVR과 스위치가 통합된 제품도 있으며, 이런 제품을 사용하면 간단한 구성으로 CCTV 네트워크를 구축할 수 있다.

▲ 그림 9-7 NVR과 PoE 스위치가 통합된 스탠드얼론 NVR

더 나아가서는 PoE를 지원하는 IP 카메라를 위하여 아예 NVR과 PoE 스위치가 통합되어 있는 제품도 있으므로 간단한 구성을 선호하는 사람이라면 한 번쯤 구매를 검토해 볼만도 하다.

현재는 아날로그 카메라의 사용이 줄고 있는 추세이며, 아날로그 카메라를 사용한다 하더라도 원거리에 있는 카메라의 연결은 대부분 비디오서버를 이용해 네트워크에 연결하므로, 새로 구축되는 CCTV 시스템에서는 대부분 DVR 대신 NVR을 사용하고 있다.

04 감시부와 제어부

2 코덱

(1) 코덱(Codec)이란?

현재 사용하는 멀티미디어 기기들은 대부분 디지털방식으로 영상이나 음성을 변환하여 저장하고 재상하는 방식을 사용하고 있다. CCTV 시스템에서도 마찬가지인데, 아날로그 영상을 디지털로 변환하여 저장하는 DVR이 가장 대표적인 예이다.

아날로그 데이터를 디지털로 변환하거나, 이미 존재하는 디지털 데이터의 용량을 압축하여 파일의 크기나 프로그램 호환성이 다른 형식의 파일을 만드는 과정을 인코드(Encode)라 한다. 이때 인코드된 데이터는 원본 데이터에 비하여 용량이 줄어들기 때문에 때로는 인코드를 압축(Compress)이라고도 부른다.

반면에 인코드된 디지털 데이터를 원래의 영상이나 음성으로 되돌려서 모니터나 스피커 등의 출력장치로 출력하는 과정을 디코드(Decode)라고 하는데, 압축이 해제되는 과정이므로 압축해제(Decompress)라고 부르기도 한다.

코덱은 압축과 압축해제를 합쳐서 부르는 말인데, 이러한 기술 자체를 뜻하기도 하고, 기술규격을 뜻하기도 하며, 이러한(압축 + 압축해제) 작업을 독자적으로 할 수 있는 소프트웨어 또는 하드웨어를 뜻하기도 한다.

하드웨어 형태의 코덱은 비디오 캡처 장치나 DVR 등에서 찾아볼 수 있는데, (소프트웨어 형태에 비해)가격이 비싸고 기능의 변경이나 추가 또는 성능의 향상이 어려운 단점이 있다. 반면에, 소프트웨어 형태의 코덱은 상대적으로 가격이 싸고(무료도 많다), 손쉽게 기능의 변경이나 추가가 가능하다.

▲ 그림 9-8 비디오 캡처 보드

소프트웨어 형태의 코덱은 컴퓨터 CPU를 이용하여 압축과 해제 작업을 수행하기 때문에, 21세기 초만 하더라도 하드웨어 형태의 코덱에 비하여 상대적으로 성능이 부족했다. 하지만 현재는 당시와 비교할 때 CPU의 성능이 압도적으로 향상되었고 가격도 저렴하기 때문에 기존 하드웨어 형태의 코덱과 비교하여 결코 성능이 뒤떨어지지 않으며, 저가의 하드웨어 형태 코덱과 비교하면 오히려 높은 성능을 얻을 수 있다.

보충설명

컴퓨터나 스마트폰으로 동영상을 볼 때 한 번쯤은 "코덱이 맞지 않아 동영상을 재생하지 못하였습니다."등과 같은 에러메시지를 본 경험이 있을 것이다.

(2) 손실압축과 비손실압축

데이터의 압축방식은 매우 복잡하고 다양하지만, 어떤 종류의 압축방식이라도 손실압축과 비손실압축의 두 종류로 구분할 수 있다.

비손실압축(Lossless Compression)은 가역압축(可逆壓縮)이라고도 하며, 압축된 데이터를 아무런 손상 없이 압축되기 전 상태로 되돌릴 수 있는 압축방식을 말한다. 우리가 흔히 사용하는 ZIP이나 RAR 등이 바로 비손실압축의 대표적인 예인데, 그 특성상 손실압축에 비하여 압축효율이 떨어져서 파일의 크기가 크다.

손실압축(Lossy Compression)은 비가역압축(非可逆壓縮)이라고도 하며, 압축과정에서 일부의 데이터가 손실되기 때문에 압축된 데이터를 압축되기 전 상태로 완전하게 되돌릴 수 없는 압축방식이다. 정지화상의 압축방법 상당수(예를 들어 JPEG)와 동영상의 압축방법 대부분이 이 방식을 사용한다.

데이터를 손실하는 단점에도 불구하고 동영상의 압축을 위해 손실압축 방법을 이용하는 이유는 아주 단순하다. 사람의 눈은 우리가 생각하는 것보다 속이기 쉽고, 압축 과정에서 손실된 데이터로 인하여 다소 화질이 저하되더라도 사람의 눈으로 인지하기 어렵기 때문이다. 또한, 화질의 저하가 있더라도 원본 데이터에 비하여 수백 ~ 수천 배로 파일의 크기가 줄어들었지만 사용목적에 비추어 납득할 만한 수준이라면 굳이 비압축 방식을 선택할 이유가 없다.

간혹 "시각적 비손실압축(Visually Lossless Compression)"이라는 표현을 볼 수 있는데, 이 표현에서는 비록 "비손실"이라는 단어가 사용되기는 하였지만 실제로 전혀 손실이 일어나지 않는다는 뜻이 아니라 "사람의 눈으로 보아 손실을 인지할 수 없다"라는 뜻이므로 주의해야 한다.

위의 두 가지 압축방식은 모두 장단점이 있지만 현재 사용되고 있는 동영상 압축방식은 거의 모두 손실압축방식이라고 보아도 무방할 정도이며 단지 정도의 차이만이 있을 뿐이다.

아래에는 압축의 종류와 기술에 대하여 표로 나타내었는데, CCTV 엔지니어의 입장에서는 이 기술에 대하여 깊이 알 필요는 없으며 단지 이런 종류가 있다는 정도만 알고 있어도 충분하다.

▼ 표 9-1 압축의 종류와 기술

종류	압축 기술
비손실압축 (가역압축)	run length coding(반복 길이 코딩)
	Huffman coding(허프만 코딩)
	Lempel-Ziv coding(렘펠-지프 코딩)
손실압축 (비가역압축)	transform coding(변환 코딩)
	predictive coding(예측 코딩)
	quantization(양자화)
	wavelet-based coding(웨이블릿 코딩)
	interpolation(보간법)
	fractal compression(프랙털 압축)

(3) 주로 사용되는 코덱

정지화상을 위한 JPG, 음성을 위한 MP3, 영상을 위한 MPEG-4 등의 코덱은 누구나 한 번쯤은 들어보았을 만한 코덱들이다. 기술의 발달로 인해 압축률이 보다 높고, 손실이 적은 코덱이 계속적으로 개발되고 있는데 신형 코덱으로 인코딩된 영상이나 음성 데이터일수록 파일의 용량에 비하여 음질이나 화질이 우수한 경우가 많다.

특히나 기존의 SD급 영상에 비하여, 현재 사용되고 있는 FHD급 영상은 해상도의 차이가 아주 크기 때문에 저장된 영상 데이터의 크기도 엄청난 차이가 있다. 갈수록 영상의 해상도와 화질은 높아지고 있기 때문에 더 높은 압축률을 가진 코덱을 개발하고는 있지만, 압축률이 높은 코덱일수록 인코딩이나 디코딩 시에 보다 고성능의 CPU를 사용해야 한다는 단점이 있다. 물론 CPU의 성능대비 가격은 갈수록 저렴해지고 있으므로 그리 큰 단점은 되지 않는다고 본다.

▼ 표 9-2 CCTV 시스템에서 주로 사용하는 코덱

분류	코덱이름	특징
정지화상	JPEG	가장 널리 사용되는 정지화상 압축규격이며, 압축시 화상의 손실이 다소 발생하지만 용량대비 화질은 우수한 편이다.
	PNG	JPEG와 유사하지만 표현가능한 색상이 더 많고, 화질도 상대적으로 우수하기 때문에 최근에 많이 사용된다.
음성	MP3	음성전용 코덱의 대명사이다.
	AAC	MP3를 대체할 목적으로 개발되었으며, MP3와 비교할 때 용량대비 음질이 좋다.
	AC-3	돌비연구소에서 개발한 코덱이며, 다양한 특징을 가지고 있다.
동영상	MJPEG	JPEG를 응용한 코덱이며, 사실상 JPEG파일을 여러개 붙여놓은 것이다. 파일의 크기가 크지만 단일 프레임에서 화질이 좋다.
	MPEG-4	낮은 전송률에서 효율적인 전송, 즉 네트워크를 통한 동영상 재생을 목적으로 개발되었다.
	H.264	최근 CCTV용으로 가장 많이 사용되며, 압축률이 매우 높고 지원 해상도도 다양하다. "MPEG-4 파트 10" 또는 "AVC(Advanced Video Coding)"라고도 한다.

현재의 CCTV 시스템에서는 주로 H.264를 코덱으로 사용하고 있으며, 상당수의 IP 카메라는 보조 목적으로 MJPEG나 MPEG-4와 같은 동영상 코덱과 JPEG 등의 정지영상 코덱을 지원한다.

하지만 H.264로는 UHD(4K)나 8K와 같은 초고화질 영상을 본격적으로 다루기에는 어렵다는 기술적인 판단 아래 HEVC(High Efficiency Video Codec)이나 Direc와 같은 보다 고성능의 코덱이 적용되고 있으며, HEVC를 H.265라는 명칭으로 부르기도 한다.

Chapter 10

하드디스크와 스토리지

가장 대중적으로 사용되는 데이터 저장장치는 단연코 하드디스크이다. 현재의 CCTV는 영상데이터를 디지털로 변환하여 하드디스크에 저장하기 때문에 CCTV 엔지니어라면 반드시 하드디스크의 구조와 동작에 대하여 알고 있어야 한다. 뿐만 아니라 CCTV 카메라의 영상해상도는 계속 높아지고 있으며 영상데이터의 크기도 커지고 있어서 하나의 하드디스크로는 감당할 수 없을 정도이기 때문에 RAID 기술을 이용한 대용량의 스토리지 시스템이 꼭 필요하다.

이 장에서는 하드디스크의 구조와 동작, 그리고 RAID 기술을 이용한 스토리지 시스템에 대하여 소개하고 있다.

1 하드디스크

(1) 하드디스크의 구조와 특징

대부분의 컴퓨터에는 하드디스크를 저장장치로 사용하고 있으며, CCTV 시스템에서 녹화장치로 사용하고 있는 NVR이나 DVR도 하드디스크를 주 저장장치로 사용한다.

현재에 있어서 하드디스크는 데이터를 저장하기 위한 가격대 용량비가 가장 우수한 저장장치이며 신뢰성도 상당히 좋은 편이기 때문에 향후로도 오랜 시간 동안 디지털 데이터를 위한 저장장치로 사용될 것으로 보인다. 그렇기 때문에 하드디스크가 어떤 구조를 가지고 있고, 어떤 방식으로 동작하며, 어떤 제약사항이 있는지를 알고 있는 것이 좋다.

하드디스크는 플래터, 읽기/쓰기 헤드, 액세스 암을 금속으로 만들어진 케이스가 보호하고 있으며, 이 장치들을 제어하고 데이터를 입출력하기 위한 회로기판이 장착되어 있다.

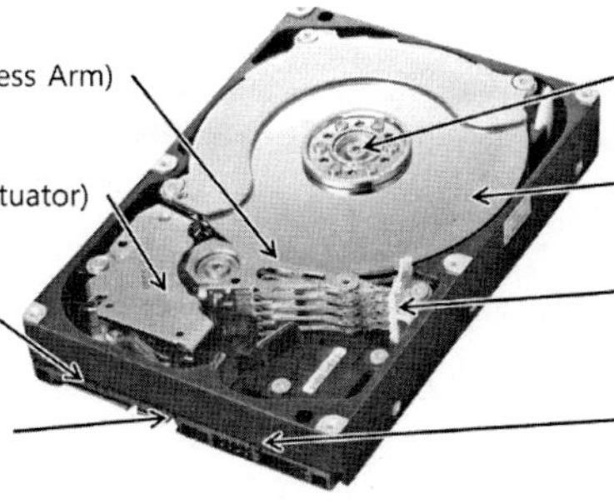

▲ 그림 10-1 하드디스크의 구조

플래터(Platter)는 금속 또는 유리로 만들어진 단단한 디스크이며 실제로 데이터가 저장되는 공간이다. 이 플래터는 스핀들 모터(Spindle Motor)에 연결되어 고속으로 회전하고 있는데, 현재의 하드디스크는 분당 5,400 ~ 15,000 회전을 하도록 만들어져 있다. 플래터의 표면은 산화철 등의 자화(磁化) 가능한 물질로 코팅되어 있으며 이 코팅부분에 데이터가 저장된다. 하드디스크의 모델에 따라 다르지만 현재 사용되는 하드디스크는 일반적으로 1장 ~ 6장의 플래터를 사용하고 있다.

헤드(Head)는 플래터에서 데이터를 읽어 내거나 기록하는 역할을 담당하는 부분이며 플래터와 아주 미세한 공간을 두고 움직인다. 헤드는 액세스 암의 끝부분에 부착되어 있어서 제어 신호에 따라 플래터의 중심부에서 가장자리까지 움직일 수 있도록 되어 있다. 또한, 플래터는 양쪽 면 모두에 데이터를 기록하므로 헤드의 수는 "플래터의 수 × 2"가 일반적이다.

제어기판에는 논리회로가 탑재되어 있는데, 컴퓨터의 명령 신호를 받아 헤드를 플래터의 특정 위치로 이동시켜 데이터를 읽거나 쓰도록 제어한다.

하드디스크의 내부구조는 커버를 고정하고 있는 볼트 몇 개만 풀면 간단히 확인할 수 있지만, 커버를 오픈한 디스크는 먼지의 유입으로 고장나게 되므로 다시 사용해서는 안 된다.

물리적인 구조와는 별도로 논리적인 구조 역시 중요한 부분이다. 실제 데이터를 읽고 쓰기 위해서 하드디스크는 트랙(Track)과 섹터(Sector)라는 구조로 구성되며, 이 구조를 생성하는 작업을 포맷(Format)이라고 한다. 포맷 작업은 디스크 자체를 구조화시키는 저수준 포맷(Low-Level Format)과 운영체제 수준에서 데이터의 저장 공간을 생성하는 논리적 포맷으로 나누어진다.

포맷이 완료된 하드디스크의 구조를 보면 그림과 같이 동심의 형태의 경로가 생성되는데, 이를 트랙이라고 한다. 트랙은 다시 여러 개의 섹터로 분할되며, 데이터는 이 섹터에 미리 지정된 크기로 분할되어 저장된다.

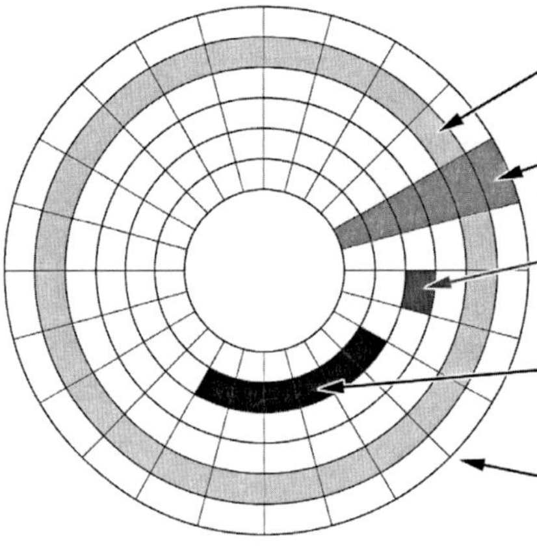

▲ 그림 10-2 트랙과 섹터

논리적인 구조에서 트랙과 섹터 이외에 실린더(Cylinder)나 클러스터(Cluster)라는 다른 구조도 있지만, 하드디스크의 구조와 동작을 이해하기 위해서는 트랙과 섹터 두 가지만 알고 있으면 충분하기 때문에 이 책에서는 더 이상 설명하지 않는다.

(2) 하드디스크의 성능요소

하드디스크는 기계부품과 전자부품이 결합되어 있기 때문에 전자회로만 사용하는 기억장치(RAM이나 ROM)에 비하여 읽기/쓰기 속도가 아주 느리다. 이 느린 속도는 주로 기계부의 움직임과 관련된 것이기 때문에 혁신적인 기술이 개발되지 않는 한 앞으로도 큰 폭의 성능향상은 어려울 것으로 보인다.

흔히 하드디스크의 광고 문구에서 "SATA-3 규격이므로 6 Gb/sec의 고속데이터 전송을 지원합니다." 등의 문구를 볼 수 있는데, 이 속도는 하드디스크 인터페이스(즉, 하드디스크의 회로기판과 컴퓨터 사이)의 규격이 낼 수 있는 숫자에 불과하므로 절대 현혹되어서는 안 되며, 실제로 하드디스크의 성능은 아래의 다른 요소들에 의해 결정된다.

데이터를 읽거나 쓰기 위해서는 고속으로 회전하는 플래터에 있는 정확한 트랙 위치를 찾아서 그 위에 헤드를 이동시켜야 한다. 이를 "탐색시간(Seek Time)"이라고 하며, 원하는 데이터가 기록되어 있는 섹터가 헤드의 아래에 올 때까지 플래터의 회전을 기다려야 한다. 이 기다리는 시간을 "회전지연시간(Rotational Latency)"이라고 하며 플래터가 고속으로 회전하는 하드디스크일수록 회전지연시간이 짧은 고성능 제품이다.

액세스 타임(Access Time)은 하드디스크의 동작지표 중 하나로 "헤드전환시간 + 데이터 트랙 탐색시간 + 회전지연시간 + 다음섹터반복시간"인데, 헤드전환시간과 다음섹터반복시간은 일반적으로 무시해도 좋을 정도의 짧은 시간이므로 하드디스크의 성능은 실질적으로 탐색 시간과 플래터의 회전속도에 의해 결정된다고 보아도 무방하다.

분당회전수(RPM. Revolutions Per Minute)는 하드디스크의 플래터가 1분당 회전하는 수를 의미하며, 하드디스크 성능의 가장 중요한 지표이다. 시중에서 판매되고 있는 SATA방식의 하드디스크는 5,400 rpm과 7,200 rpm 제품이 주를 이루고 있으며, 보다 고성능의 10,000 rpm 제품도 있지만 CCTV 녹화장치 용도로는 거의 사용되지는 않는다. 고성능의 스토리지나 서버에서 사용하는 SAS방식의 하드디스크는 10,000 rpm과 15,000 rpm 제품이 주를 이루고 있는데, 이 모델들은 앞서의 SATA방식에 비하여 추가적인 기능을 제공하고 보다 안정성이 높다.

하드디스크에서 분당회전수가 성능의 지표로 가장 중요한 이유는 아주 간단하다. 탐색시간은 적용된 기술에 따라 다르지만 동일 세대의 제품이라면 큰 차이가 없는 반면에, 분당회전수가 15,000 rpm인 제품은 5,400 rpm인 제품에 비하여 이론적으로 3배에 가까운 데이터 읽기/쓰기가 가능하기 때문이다.

하드디스크 한 개 내지는 두 개가 장착되는 소규모 영상저장장치에서는 일반적으로 널리 사용되는 5,400 rpm이나 7,200 rpm의 SATA방식 하드디스크를 주로 사용하는데, 같은 용량이라면 7,200 rpm 제품이 10% ~ 15% 정도 성능이 우수하고 가격도 더 비싸다. 여러 개의 하드디스크가 장착되는 대규모 스토리지라 하더라도 비용의 문제 때문에 7,200 rpm의 SATA방식 하드디스크를 주로 사용하지만, 고성능이 필요하다면 보다 고가인 SAS방식의 하드디스크를 사용하기도 한다. 하지만 SAS방식의 하드디스크는 SATA방식의 하드디스크에 비하여 가격이 아주 비싸고(같은 용량이라면 2배 이상의 가격이다) 별도의 컨트롤러가 필요하며 발열과 진동이 심한 데다가 더 많은 전력을 소비하는 단점이 있다.

캐시(Cache)는 하드디스크의 회로기판에 장착되어 있는 메모리(RAM)이며 **버퍼(Buffer)라고도 한다.** 캐시는 속도가 느린 기계부와 속도가 빠른 전자회로 사이에서 완충작용을 하는데, 가장 최근에 사용한 데이터 또는 가장 빈번하게 사용한 데이터를 임시로 저장하는 역할을 한다. 캐시는 크게 읽기 캐시(Read Cache)와 쓰기 캐시(Write Cache)로 나눌 수 있는데, 하드디스크에서는 캐시라고 하면 대부분 읽기 캐시를 의미한다.

현재의 하드디스크는 캐시 메모리를 "요청된 데이터"의 임시저장 용도로만 사용하지 않는다. 플래터와 액세스 암의 움직임 속도는 CPU나 메모리의 입장에서 보면 짜증이 날 정도로 답답한 속도이기 때문에, 하드디스크 제조사는 미리 읽기(Read-ahead/Read-behind), 속도일치(Speed Matching), 쓰기가속(Write Acceleration), 명령 대기열(Command Queuing) 등의 기술을 적용하여 모든 장치들이 최대한의 속도를 낼 수 있도록 하고 있다.

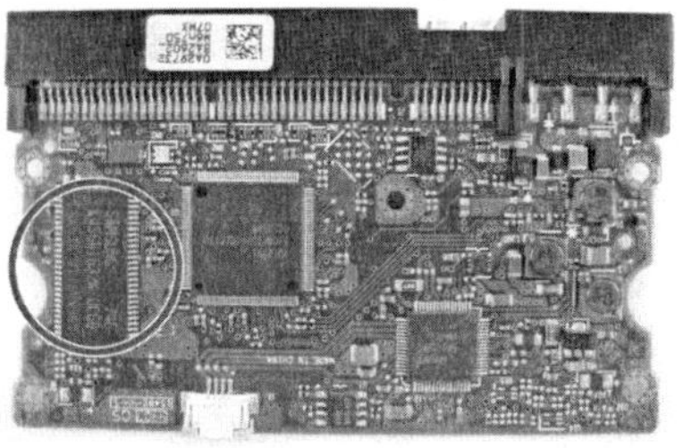

▲ 그림 10-3 하드디스크의 캐시메모리

현재 시중에 판매되는 모든 하드디스크에는(모델에 따라 용량이 다르기는 하지만) 최소 8 ~ 128 MB 용량의 캐시 메모리가 탑재되어 있으며, 용량이 크고 속도가 빠른 디스크일수록 더 많은 용량의 캐시 메모리를 확인할 수 있다.

이외에도 하드디스크의 속도에 영향을 미치는 요소가 몇 가지 더 있지만, 위의 3가지 요소만 가지고도 대략적인 성능 우위를 판단할 수 있다. 진동이나 발열과 같은 부차적인 문제점을 제외하고 속도만 비교해 본다면, 당연히 분당회전수가 높은 제품이 낮은 제품에 비하여 성능이 높으며, 동일한 분당회전수를 가진 제품이라면 탐색시간(Seek Time)이 짧은 제품이 더 성능이 좋으며, 두 가지 모두가 동일하다면 캐시 메모리의 용량이 높은 제품이 성능이 좋을 가능성이 높다.

(3) 하드디스크 접속방식

하드디스크와 시스템을 연결하는 데 사용되는 방식에는 몇 가지 표준이 있는데, 현재 가장 많이 사용하고 있는 접속방식은 SATA와 SAS이다.

2010년 이전에 가장 널리 사용되던 하드디스크 연결 방식은 EIDE(Enhanced Intergrated Drive Electronics)이며, ATA(Advanced Technology Attachment)라고도 한다. 이 방식은 메인보드와 하드디스크 드라이브가 40핀의 병렬 케이블로 연결되기 때문에 P-ATA(Parallel ATA)라고도 한다. 현재로서는 거의 사용하고 있지 않은 방식이지만 일부 현장에 남아있는 구형 장비들에서 간혹 볼 수 있다.

▲ 그림 10-4 3.5″ E-IDE 하드디스크

SATA(Serial ATA)는 P-ATA를 완전히 대체한 새로운 기술로서, 40핀의 병렬케이블 대신에 7핀의 직렬 케이블을 이용하여 데이터를 전송한다. 이 방식은 기존의 P-ATA에 비하여 접속 케이블의 크기가 작아졌고, 전원이 들어온 상태에서 탈부착이 가능한 핫스왑(Hot-Swap)기능을 제공하며, 신호 속도가 높아져 고속 데이터 전송이 가능해진 데다가 데이터 전송 효율 또한 향상되었다.

▲ 그림 10-5 2.5″ SATA 하드디스크

데이터전송용 커넥터 이외에 전원공급을 위한 커넥터도 변경되었는데, 기존의 P-ATA가 4핀 커넥터를 이용하여 12 V와 5 V를 공급한 반면에 SATA는 형태가 완전히 다른 7핀 커넥터를 이용하여 3.3 V, 5 V, 12 V의 전원을 공급한다. 하지만 대부분의 제조사들은 하드디스크가 5 V와 12 V만으로도 동작하도록 제조하고 있기 때문에, 상당수의 파워서플라이는 3.3 V 전원을 SATA 커넥터를 통해 제공하지 않는다. 하지만 3.3 V 전원이 없으면 핫스왑기능의 사용에 문제가 생길 수 있으므로 유의해야 한다.

또한, 기존의 P-ATA가 2.5인치와 3.5인치 하드디스크에 다른 모양의 커넥터를 사용한 것과는 달리, SATA는 이 두 가지 다른 크기의 드라이브 모두 같은 모양의 데이터/전원 커넥터를 사용한다.

SATA 규격은 민간기구인 SATA-IO(Serial ATA International Organization)에서 제정하였으며 2003년 최초 버전이 제정된 이후 몇 번의 개정을 거치고 있는데 개정규격은 다음과 같다.

▼ 표 10-1 SATA 규격

규격명	제정시점	규격 최대 전송속도	실제 최대 전송속도	비고
SATA v.1.0	2003년	1.5 Gb/s	150 MB/s	
SATA v.2.0	2004년	3 Gb/s	300 MB/s	v.1.0과 하위호환
SATA v.3.0	2008년	6 Gb/s	600 MB/s	v.2.0과 하위호환
SATA v.3.1	2011년	6 Gb/s	600 MB/s	mSATA 등을 위한 규격
SATA v.3.2	2013년	16 Gb/s	1,969 MB/s	

04 감시부와 제어부

SATA의 각 버전은 이전버전에 대한 호환성을 가지고 있으며, 사용하는 커넥터의 모양도 동일하다. 즉, SATA v.2.0을 지원하는 시스템에 SATA v.3.0 규격의 하드디스크를 연결하여도 아무런 문제없이 동작하며, 반대로 SATA v.2.0 규격의 하드디스크를 v.3.0을 지원하는 시스템에 연결해도 된다는 뜻이다. 단지 "하위호환"이므로 이런 경우 최대 전송속도는 v.2.0 규격과 같은 3 Gb/s로 제한된다.

위의 규격 외에 1.8인치 드라이브를 위한 uSATA, 외장 SATA장치 연결을 위한 eSATA, PCI-E 연결을 위한 mSATA 등의 규격이 있으나 CCTV 시스템에서는 거의 사용하지 않는다.

SAS(SA-SCSI, Serial Attached SCSI)는 SATA와 물리적으로는 유사하지만 논리적으로는 완전히 다른 규격이다. 이 규격은 이제 구형 기술이 되어 버린 SCSI(Small Computer System Interface)를 대체한 기술이며, 기존 SCSI가 50 ~ 68핀 병렬 케이블을 이용하여 연결된 반면 SAS는 SATA와 거의 동일한 커넥터와 케이블을 이용하여 시스템에 연결된다.

▼ **표 10-2** SAS 규격

규격명	제정시점	규격 최대 전송속도	실제 최대 전송속도	비고
SAS-1	2004년	3 Gb/s	300 MB/s	SATA v.2.0과 일부호환
SAS-2	2009년	6 Gb/s	600 MB/s	SATA v.3.0과 일부호환
SAS-3	2013년	12 Gb/s	1,200 MB/s	
SAS-4	2017년	24 Gb/s	2,400 MB/s	

SAS는 SATA와 일부 호환되므로 **SAS를 지원하는 시스템에 SATA 하드디스크를 연결하여 사용할 수 있지만, 반대로 SATA만 지원하는 시스템에 SAS디스크를 연결하여 사용할 수 없다.** 그래서 SAS의 물리적 커넥터는 SATA용 커넥터와는 형상에 약간의 차이가 있어 SATA용 커넥터에 SAS 하드디스크를 연결하지 못하도록 되어 있다. 반대로 SAS용 커넥터에는 SATA 하드디스크를 연결하여 사용할 수 있다.

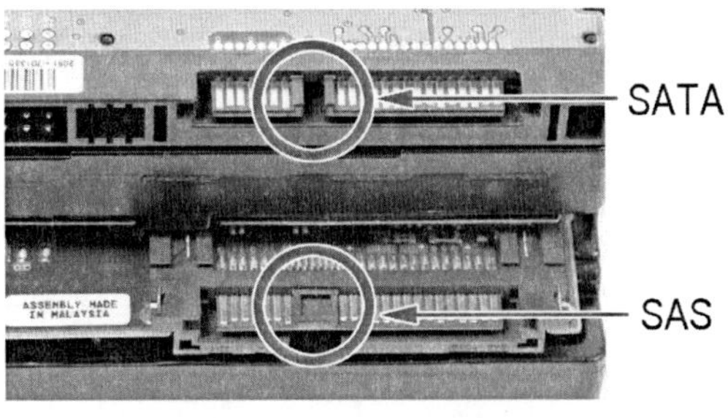

▲ **그림 10-6** SATA 커넥터와 SAS 커넥터

SAS 규격에서는 많은 수의 하드디스크를 연결하거나, 다른 SAS 지원장치(주로 DAS)와 연결하기 위하여 많은 종류의 커넥터를 사용하고 있는데, 외장장치 연결용 커넥터와 내부장치 연결용 커넥터의 규격에는 다소 차이가 있다.

일부 메인보드나 HBA(Host Bus Adapter)에서는 SATA 커넥터와 완전히 동일한 커넥터를 이용하여 SAS 규격의 장치를 연결할 수 있도록 하고 있지만, 대부분은 별도 규격의 커넥터를 사용하고 있는데, 이 커넥터들은 규격에 따라 2 ~ 8개의 SAS 장치를 연결할 수 있도록 되어 있다.

SAS 방식의 하드디스크는 대부분의 SATA방식 하드디스크에 비하여 속도가 빠르고 데이터의 안전성이 높지만 소음과 진동이 심하고 가격이 비싸기 때문에 CCTV 시스템에서는 잘 사용하지 않고 주로 서버나 고성능 스토리지에 사용된다. 하지만 현재 예산에 여유가 있고, 고성능의 CCTV 시스템을 구축하고자 하는 사용자라면 SAS방식을 검토해 보는 것도 좋은 방법이다.

(4) 하드디스크의 사용 시 주의사항

하드디스크의 내부의 플래터는 고속으로 회전하며, 헤드는 플래터와 직접 접촉하지 않고 미세한 공간을 두고 공중에 떠 있는 상태로 움직인다. 플래터의 표면과 헤드의 공간은 제품에 따라 다르기는 하지만 담배연기의 입자보다 더 미세한 간극이기 때문에 충격에 아주 취약하다.

그래서 하드디스크가 작동하는 도중에(전원이 켜지면 바로 작동이 시작된다) 물리적인 충격이나 전기적 충격이 가해지면 헤드가 플래터와 충돌하여 고장의 원인이 된다. 또한, 하드디스크는 자성체이므로 주변에 자석이 있으면 기록된 데이터가 파괴될 수도 있다.

따라서 하드디스크가 장착된 장비는 가능한 진동이 없는 곳에 설치해야 하며, 강한 자성을 가진 모터나 스피커가 하드디스크의 주변에 있지 않도록 주의를 기울여야 한다.

주의할 점은 그 뿐만이 아니다. 플래터와 헤드 사이의 간극은 아주 미세한 데다가 플래터는 고속으로 회전하고 있기 때문에 플래터와 헤드 사이에 아주 작은 먼지라도 들어가게 되면 고장의 원인이 된다. 그래서 하드디스크는 압력을 조절하기 위한 작은 통기구 외에는 이물질이 들어가지 못하도록 밀폐되어 있으며, 최근에 사용되는 고용량 하드디스크는 헬륨 등의 기체를 충전하고 디스크를 완전히 밀봉한 제품도 있다.

어쨌든 먼지가 하드디스크로 유입될 가능성은 충분하므로, 가능한 청결한 환경을 유지해야 하며, 특히 담배연기는 그 입자가 매우 작아서 통기구의 필터를 통과하여 하드디스크를 고장나게 할 수 있기 때문에 아주 주의해야 한다.

보충설명

하드디스크 내부는 진공상태가 아니다.
간혹 하드디스크의 내부가 진공상태라고 잘못 알고 있는 사람들을 볼 수 있는데, 하드디스크의 내부는 결코 진공상태가 아니다. 대부분의 하드디스크는 밀봉되어 있지도 않으며, 하드디스크 내부와 외부의 압력을 맞추기 위하여 통기구가 뚫려 있다. 다만 통기구로 이물질(먼지)이 유입되면 곤란하기 때문에 미세한 먼지도 걸러낼 수 있는 고성능 필터가 장착되어 있다.
다만 현재 시판되어 있는 대용량 하드디스크 중의 일부는 하드디스크 내부에 헬륨 등의 기체를 주입하고 완전히 밀봉한 제품도 있다.

충격이나 먼지 외에 주의할 점은 바로 높은 온도이다. 모든 금속은 온도에 따라 늘어나거나 수축되며, 자화된 물체는 온도가 높아지면 그 자성을 잃어버리게 된다. 하드디스크는 자성의 변화를 이용하여 데이터를 기록하므로 온도가 높아지면 기록된 데이터가 손상되거나 심한 경우에는 모든 데이터가 손실되게 된다. 하드디스크 제조사에서는 하드디스크의 동작온도를 −10℃ ~ 70℃로 권고하고 있으며, 이 동작온도는 하드디스크의 모델에 따라 다르기는 하지만 통산 60℃이상의 고온에서는 데이터가 손상될 위험이 아주 높아진다.

엔지니어의 입장에서는 모든 전자기기가 온도와 습도가 조절되고 먼지도 없는 공간에서 운영되기를 희망한다. 하지만 불행하게도 상당수의 고객들은 공간의 부족이나 예산의 문제로 인하여 이상적인 전자기기의 설치환경을 제공해 주지 못하고 있다. CCTV 시스템에서는 이 문제가 더욱 심각한데, 상당수의 영상녹화장치가 누구나 만질 수 있는 열린 공간에 설치되어 있는 것은 물론이고 온도조절도 되지 않고 먼지가 많은 공간에 설치될 때도 있다. 이런 환경에서는 작동의 신뢰성을 보장하기 어려우므로 고객사를 설득하여 좀 더 쾌적한 환경에 기기가 설치될 수 있도록 유도할 필요가 있다.

2 RAID

(1) RAID 기술

복수 배열 독립 디스크(Redundant Array of Independent Disks 혹은 Redundant Array of Inexpensive Disks)라고 불리는 이 기술은 여러 개의 하드디스크 데이터를 분산하여 저장하거나 중복하여 저장하는 기술이다.

데이터를 분산하거나 중복하는 방식에 따라 여러 가지 레벨(Level)이 있으며, 레벨에 따라 디스크의 성능을 높이거나 저장된 데이터의 안전성을 높이는 등 사용자의 요구에 맞도록 구성할 수 있다. 예를 들어 RAID-0은 가장 저렴한 가격에 빠른 속도와 대용량을 얻을 수 있지만 안정성이 아주 낮고, RAID-1은 원래 디스크의 용량보다 적은 용량을 사용할 수 있지만 한 개의 디스크보다 안정성이 높은 등의 특징을 가지고 있다.

위와 같이 적용되는 레벨에 따라 "저렴한 가격에 속도가 빠르고 용량이 큰 저장 공간"을 만들 수도 있고, "몇 개의 디스크에서 고장이 발생하더라도 저장된 데이터는 손상되지 않는 저장 공간"을 만들 수도 있기 때문에 중요한 데이터를 다루는 서버에서는 대부분 RAID 기술을 사용하여 디스크를 관리하고 있다.

▼ 표 10-3 RAID 레벨별 특징

Level	최소 필요 디스크 수	결함허용 디스크 수	사용가능 용량	랜덤 읽기 성능	랜덤 쓰기 성능	순차 읽기 성능	순차 쓰기 성능
0	2	-	100%	★★★★	★★★★	★★★★★	★★★★
1	2	1	50%	★★★	★★★	★★	★★★
5	3	1	N-1	★★★★★	★★	★★★☆	★★☆
6	4	2	N-2	★★★★★	★	★★★☆	★★
10	4	미러세트당 1	50%	★★★★★	★★★★☆	★★★★★	★★★★★
50	6	R5세트당 1	N-2	★★★★★	★★★	★★★★	★★★
60	8	R6세트당 2	N-4	★★★★★	★★	★★★★	★★☆

RAID는 원래 CCTV 시스템 용도가 아니라 컴퓨터의 데이터를 저장할 용도로 개발되었으며, 현재 대부분의 OS는 소프트웨어적으로 RAID를 지원하고 있다. 하지만 소프트웨어적인 방법은 컴퓨터의 CPU에 부하를 주게 되므로, 상당수의 엔지니어들은 RAID 컨트롤러(Controller)라고 불리는 별도의 하드웨어 사용을 선호한다.

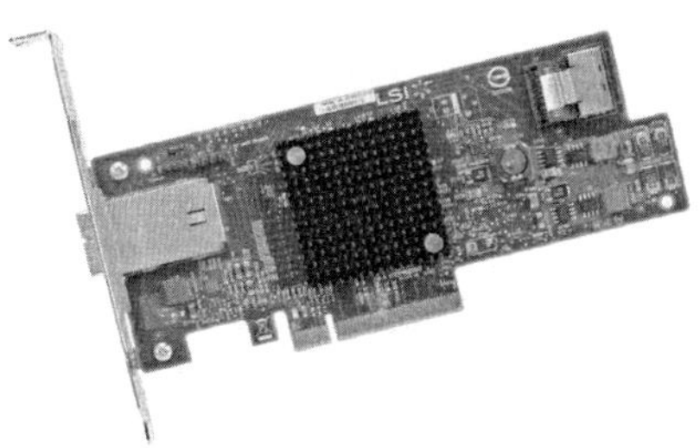

▲ 그림 10-7 RAID 컨트롤러

어쨌든 간에, 한 개의 디스크에서 고장이 발생할 확률보다는 여러 개의 디스크가 "동시에" 고장이 발생할 확률이 현저하게 낮으며, 상대적으로 저렴한 비용으로 대용량의 저장 공간을 얻을 수 있고, 데이터의 입출력 속도도 향상시킬 수 있기 때문에 대용량 데이터 저장이 필요한 곳에서는 대부분 RAID 기술을 사용하여 데이터를 저장하고 있다.

CCTV 시스템, 특히 HD급 고화소 카메라가 대중화되면서 영상데이터의 용량은 기존 SD급 카메라를 사용할 때 보다 엄청나게 증가하였으며, 여러 대의 카메라에서 생성하는 데이터를 하나의 디스크에 실시간으로 저장하기에는 어려움이 있다. 게다가 녹화된 영상은 보통 1개월 정도 저장할 필요가 있는데, 이렇게 많은 영상데이터를 하나의 디스크로는 용량이 부족하기 때문에 여러 개의 하드디스크를 사용할 수밖에 없다. 결국은 RAID 기술을 이용한 저장장치를 구축할 수밖에 없으며, 그 이전에 RAID 기술이 가지는 여러 가지 장단점을 비교해 보면 CCTV 시스템에서 어떤 레벨을 사용하여 구성할 것인지는 명확해진다.

안정성	60 > 10 > 50 > 6 > 1 > 5 > 단일디스크 ≫ 0
읽기/쓰기속도	10 > 0 > 5 > 6 > 50 > 60 > 단일디스크 ≧ 1
사용가능용량	0 = 단일디스크 > 5 > 6 > 50 > 60 > 1 = 10
초기 구축비용	60 > 50 > 10 > 6 > 5 > 1 = 0 ≧ 단일디스크

문제는 RAID-1 이상의 레벨을 사용한다면 데이터를 안전하게 지킬 수 있다고 맹신하는 사람들이 많다는 것이다. **여러 개의 디스크가 "동시에" 고장이 발생할 확률은 단일 디스크에 비하여 현저히 낮지만, 반대로 여러 개의 디스크 중 하나가 고장이 발생할 확률은 훨씬 높기 때문에 RAID 기술을 맹신해서는 안 된다.** RAID 기술을 사용한 시스템은 단일디스크 시스템에 비하여 훨씬 더 자주 점검해 주어야 하며, 중요한 데이터라면 필수적으로 별도의 시스템을 이용하여 데이터를 백업할 필요가 있다.

(2) RAID Level별 특징

RAID-0는 데이터를 블록단위로 나누어 여러 개의 디스크에 분산하여 저장하는 방식으로, 스트리핑(Striping)이라고도 한다. 이 방식은 최소 2개의 디스크가 필요하며, 오류 검출 기능인 패리티(Parity)가 없기 때문에 전체 디스크 중 하나에 장애가 발생하면(Disk Fail) 저장된 모든 데이터가 손실된다. 반면에 패리티 저장을 위한 공간이 필요하지 않기 때문에 전체 디스크 용량이 사용가능한 용량(Usable Space)이며 이론적으로는 디스크의 숫자에 비례하여 속도가 빨라지기 때문에 임시 데이터의 저장 공간으로 사용하기에는 유용하다.

CCTV 시스템의 입장에서는 데이터의 안전성이 무엇보다도 중요하므로 DVR이나 NVR에서는 절대 RAID-0를 사용해서는 안 된다.

▲ 그림 10-8 RAID-0

RAID-1은 2개 이상의 디스크에 동일한 데이터를 복제하여 저장하는 방식이며, 미러링(Mirroring)이라고도 한다. 동일한 데이터를 가지고 있는 "미러 세트(Mirror Set)"에서 데이터를 읽을 때에는 여러 개의 디스크 중 하나에서만 데이터를 읽어오기 때문에 읽기 속도는 단일 디스크와 동일하며, 쓰기 작업에서는 여러 개의 디스크에 동시에 기록하기 때문에 쓰기 속도 또한 단일 디스크와 거의 동일하다.

하지만 어떤 RAID 컨트롤러에서는 다수의 디스크를 제어하여 동시에 여러 개의 디스크에서 데이터를 읽어올 수 있어서, 최소한 읽기 작업에는 디스크의 수에 비례하여 읽기 속도를 빠르게 하는 제품도 있다. 쓰기 작업에 있어서도 RAID 컨트롤러의 종류에 따라 일단 하나의 디스크에 기록한 후 그 데이터를 복제하는 방식도 있는데, 이런 경우 쓰기 작업 속도는 단일디스크와 비교하여 $1/N$의 느린 속도가 된다.

RAID-1은 디스크에 장애가 발생하더라도 데이터를 보존할 수 있는 기능(Redundant)이 제공되는데, 예를 들어 두 개의 디스크로 구성된 미러 세트라면 한 개의 디스크에서 장애가 발생하여도 데이터는 보존된다. 극단적인 예로 1 TB 디스크 10개로 구성된 미러 세트라면, 사용 가능한 용량은 1 TB 밖에 되지 않지만, 9개의 디스크에서 장애가 발생하더라도 데이터를 보존할 수 있다.

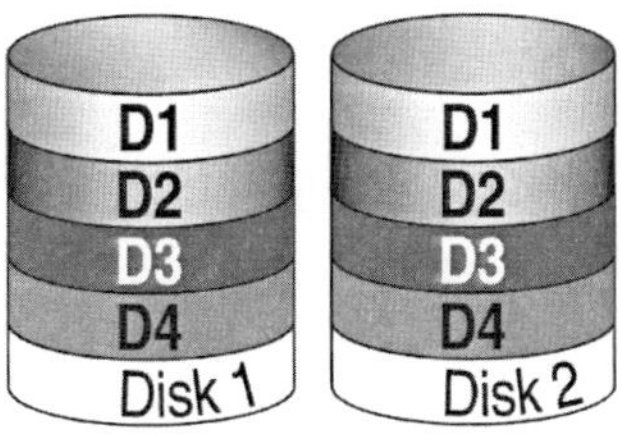

▲ 그림 10-9 RAID-1

RAID-5는 "분산 패리티를 사용하는 블록 단위 스트리핑((Striping and distributed parity)"이라는 방식이며, 데이터와 함께 장애복구를 위한 패리티를 분산하여 저장한다. 이 방식은 최소 3개의 디스크가 필요하며, 패리티 저장을 위하여 저장 공간을 사용하기 때문에 실질적인 사용가능용량은 N−1이 된다. 즉, 1 TB 디스크 3개를 이용하여 구성하였다면 사용가능용량은 3 − 1 = 2 TB(66%)이고, 1 TB 디스크 16개를 이용하여 구성하였다면 사용가능용량은 16 − 1 = 15 TB(93.7%)가 되는 것이다.

사용가능용량이 약간 줄어들기는 하지만 단일디스크를 사용할 때 보다 읽기 속도가 훨씬 빠르고, 쓰기 속도도 준수한 편이다. 이 방식에서는 전체 디스크 중 하나의 디스크에서 고장이 발생하더라도 데이터를 보존할 수 있어서 CCTV 영상저장용도로 가장 많이 사용된다.

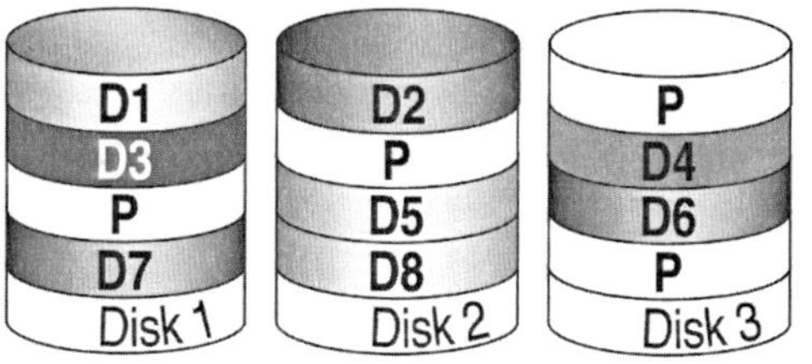

▲ 그림 10-10 RAID-5

RAID-6는 "이중 분산 패리티를 사용하는 블록 단위 스트리핑(Striping with dual distributed parity)" 방식인데, 전체 디스크 중 두 개까지 고장이 발생하여도 데이터를 보존할 수 있다. 이 방식을 사용하기 위해서는 최소한 4개의 디스크가 필요하며, 사용가능용량은 N−2이다. 예를 들어 1 TB 디스크 4개를 이용하여 구성하였다면 사용가능용량은 4 − 2 = 2 TB(50%)이고, 1 TB 디스크 16개를 이용하여 구성하였다면 사용가능용량은 16 − 2 = 14 TB(87.5%)가 되는 것이다.

RAID-5에 비하여 읽기와 쓰기 속도가 느리고, RAID 컨트롤러의 가격이 좀 더 비싸기는 하지만 디스크 2개까지 고장이 발생해도 데이터가 보존되는 장점이 있기 때문에 최근에서는 RAID-5만큼이나 많이 사용되고 있다.

사실 엔지니어 입장에서 우려하는 사항 중 하나가 "고장이 발생한 디스크를 교체하기 전에, 혹은 디스크를 교체했지만 데이터가 재생성(Rebuild)되는 중에 또 다른 디스크가 고장 나지는 않을까?"인데, RAID-6를 사용하면 그런 걱정이 많이 줄어든다.

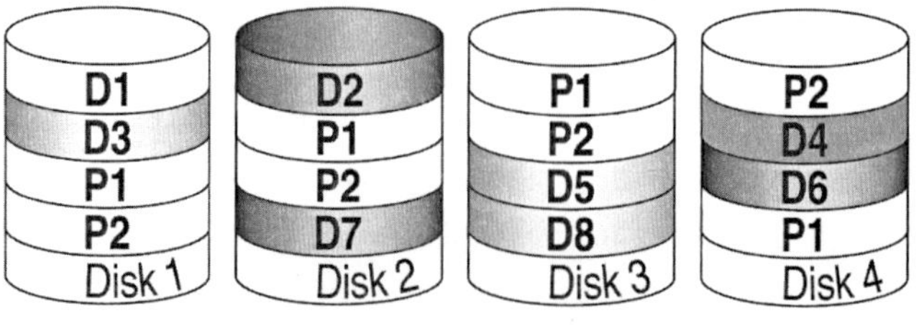

▲ 그림 10-11 RAID-6

RAID-10은 "미러링된 세트를 스트리핑(Striping across mirrors)"하는 방식으로 최소 4개의 디스크가 필요하다. 읽기 속도가 아주 빠른 데다가, 미러 세트당 하나의 디스크가 고장이 나더라도 데이터는 보존되기 때문에 데이터베이스 서버용으로 많이 사용되지만, 사용가능한 용량이 전체 디스크 용량의 절반 이하이기 때문에 CCTV 시스템용도로는 잘 사용되지 않는다.

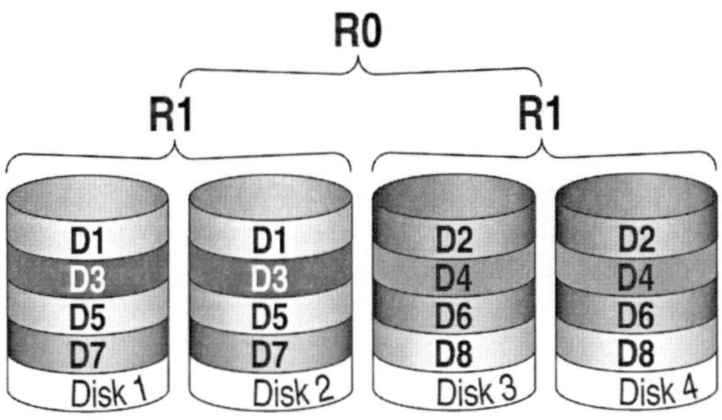

▲ 그림 10-12 RAID-10

RAID-50은 "Raid-5 세트를 스트리핑(Striping across Raid-5 Arrays)"하는 방식이며 최소 6개의 디스크가 필요하다. 읽기 속도가 아주 빠르며(RAID-10보다 더 빠르다), Raid-5세트당 하나의 디스크에 고장이 발생하더라도 데이터는 보존된다.

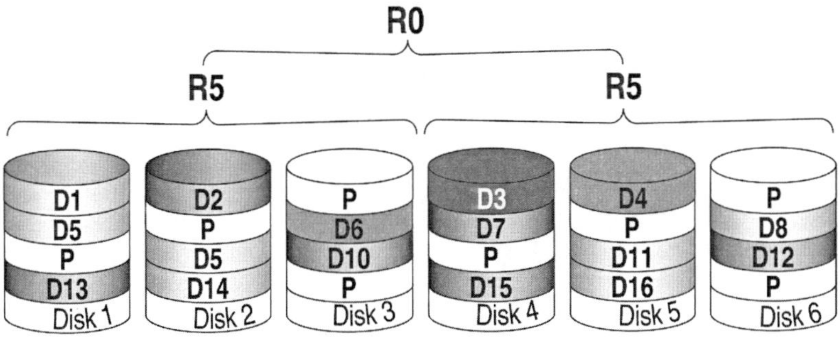

▲ 그림 10-13 RAID-50

RAID-60은 "Raid-6 세트를 스트리핑(Striping across Raid-6 Arrays)"하는 방식이다. 최소 8개의 디스크가 필요하며 읽기속도가 아주 빠르고, Raid-6 세트당 2개의 디스크에 고장이 발생하더라도 데이터가 보존되기 때문에 아주 안정성이 높은 방식이지만, 이 방식을 지원하는 RAID 컨트롤러가 많지 않고 가격도 고가이기 때문에 널리 사용되지는 못하고 있다.

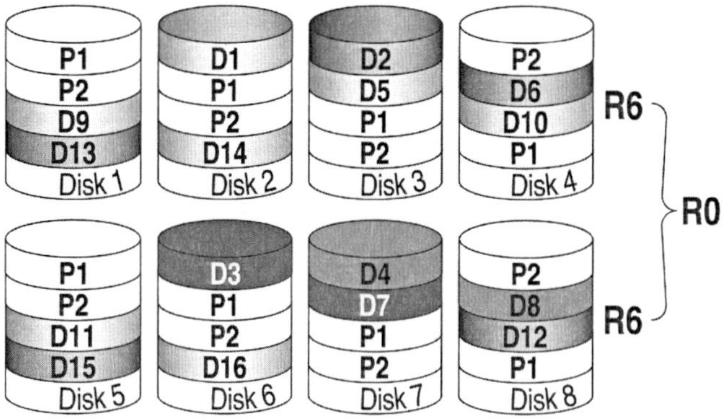

▲ 그림 10-14 RAID-60

이 외의 다른 방식으로 RAID-2, RAID-3, RAID-4, JBOD, RAID-0+1, RAID-15, RAID-51, RAID-61과 같은 많은 기술이 존재하지만 각종의 이유로 실제 사용은 거의 되지 않는다.

(3) RAID 사용 시 주의사항

대부분의 RAID 기술은 내결함성을 제공하지만 결코 안전한 기술은 아니다. 특히나 많은 사람들이 RAID-1과 백업을 동일한 것으로 생각하고, RAID-5는 많은 디스크 중 하나에 고장이 발생하더라도 "항상" 데이터를 보존할 수 있을 것이라고 기대하지만 현실은 전혀 그렇지 않다.

RAID 시스템은 단일 디스크에 비하여 구조와 구성이 복잡하고, 디스크의 수가 증가한 만큼 전체 디스크 중 하나 이상에서 고장이 발생할 가능성은 디스크의 수에 비례하여 증가한다.

아래의 차트는 "www.serverthehome.com"에서 제공하는 것으로 5년간 MTBF를 제공하는2 TB 하드디스크 20개를 구성하여 만든 Array에서 오류율(정확히는 하드디스크에 문제가 발생하여 데이터가 손상될 확률)을 나타낸 것이다.

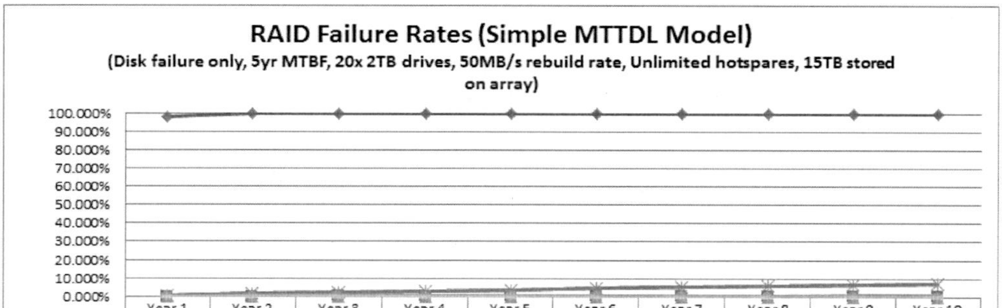

	Year 1	Year 2	Year 3	Year 4	Year 5	Year 6	Year 7	Year 8	Year 9	Year 10
RAID 0	98.168%	99.966%	99.999%	100.000%	100.000%	100.000%	100.000%	100.000%	100.000%	100.000%
RAID 1	0.078%	0.156%	0.234%	0.311%	0.389%	0.466%	0.544%	0.622%	0.699%	0.776%
RAID 10	0.008%	0.016%	0.023%	0.031%	0.039%	0.047%	0.055%	0.062%	0.070%	0.078%
RAID 4	0.776%	1.547%	2.311%	3.069%	3.822%	4.568%	5.309%	6.044%	6.773%	7.497%
RAID 5	0.776%	1.547%	2.311%	3.069%	3.822%	4.568%	5.309%	6.044%	6.773%	7.497%
RAID 6	0.002%	0.003%	0.005%	0.006%	0.008%	0.010%	0.011%	0.013%	0.014%	0.016%
RAID-Z3	0.000%	0.000%	0.000%	0.000%	0.000%	0.000%	0.000%	0.000%	0.000%	0.000%
RAID 50	0.097%	0.195%	0.292%	0.389%	0.486%	0.583%	0.680%	0.776%	0.873%	0.969%
RAID 60	0.000%	0.000%	0.000%	0.000%	0.001%	0.001%	0.001%	0.001%	0.001%	0.001%

▲ 그림 10–15 RAID 오류율/www.serverthehome.com제공

한 번 도입된 CCTV 시스템은 도입 후 최소 5년 이상 사용하는 것이 보편적이고, 특별한 사유가 없는 한 영상 데이터 저장을 위한 스토리지도 그 기간 동안 사용되어야 한다. 차트를 살펴보면 내결함성이 없는 RAID-0 구성은 도입한 해에 바로 문제가 발생한다고 볼 수 있을 정도로 안정성이 취약하기 때문에 CCTV 영상 데이터 저장을 위한 기술로는 절대 사용해서는 안 된다는 점을 쉽게 알 수 있다.

재미있는 사실은 많은 사람들이 신뢰하고 있는 RAID-5가 생각보다 오류율이 높다는 점이다. 이것은 RAID-5가 태생적으로 가지고 있는 몇 가지 문제 때문인데, 서버 엔지니어들은 이 문제를 해결하기 위하여 주기적으로 RAID Volume을 삭제한 후 재생성하고 백업된 데이터를 다시 복사해 넣는 방식을 사용하였다.

이론과 달리 실무에서는 사람의 실수로 인한 문제 혹은 예측할 수 없었던 문제가 흔히 발생하는데, 가장 많이 발생하는 실수가 “고장이 발생한 디스크가 아닌 다른 디스크를 분리”하는 것이며, RAID-5에서 이 실수는 아주 치명적인 결과(즉, 데이터가 손상된다)를 가져오게 된다. 또한, 고장이 발생한 디스크를 교체하고 데이터를 재생성(Rebuild)하다가 또 다른 디스크에 고장이 발생하여 전체 데이터가 손상되는 경우도 가끔 발생한다.

이러한 문제점 때문에 중요 데이터를 저장하는 스토리지는 RAID-6를 이용하는 것이 좋지만 컨트롤러 가격이 다소 고가이고, 쓰기속도가 느리며, 디스크 수에 비하여 사용가능한 용량이 적은 단점이 있다.

하지만 CCTV 영상 데이터 저장을 위해서 RAID를 사용할 때 발생하는 정말 심각한 문제는 따로 있다. RAID는 데이터 백업이 아니기 때문에 중요한 데이터는 반드시 별도의 시스템에 백업하여 보관하여야 한다. 그런데, 매일 수TB의 영상 데이터가 발생한다면 이 데이터를 제한된 시간 내에 다른 시스템에 백업하기가 거의 불가능하다. 또한, 기술적으로는 가능하다고 하더라도(이런 경우를 위한 여러 가지 솔루션이 존재한다) 예산의 문제로 인하여 대부분의 CCTV 관제센터에서는 서비스를 위한 시스템만 겨우 도입할 뿐 백업시스템의 도입은 엄두도 내지 못하고 있는 것이 현실이다.

그래서 다수의 하드디스크와 스토리지를 사용하는 현장에서는 매일 최소한의 점검을 통하여 고장이 발생하거나(Fail) 고장 발생이 예상되는(Pre-Fail) 디스크를 확인하여 최대한 빠른 시간 내에 교체작업을 수행해야 하며, 이를 위하여 충분한 수의 예비디스크를 미리 확보해 두는 편이 좋다.

3 스토리지(Storage)

(1) DAS

직접연결저장장치(Direct Attached Storage)는 네트워크를 거치지 않고 컴퓨터에 직접연결되는 저장장치를 말하는데, 대부분 컴퓨터와 저장장치가 1:1로 연결된다. 뒤에 소개될 다른 방식의 스토리지도 마찬가지이지만 스토리지의 용량(규모)은 스토리지의 구분과 아무런 관계가 없다. 즉, 네트워크(이더넷)를 이용하여 연결되면 NAS, 스토리지 전용 네트워크를 이용하면 SAN Storage, 직접연결되면 DAS이다. 예를 들어 우리 주변에서 가장 흔히 볼 수 있는 "외장하드" 역시 컴퓨터와 직접연결되므로 DAS의 범주에 포함된다.

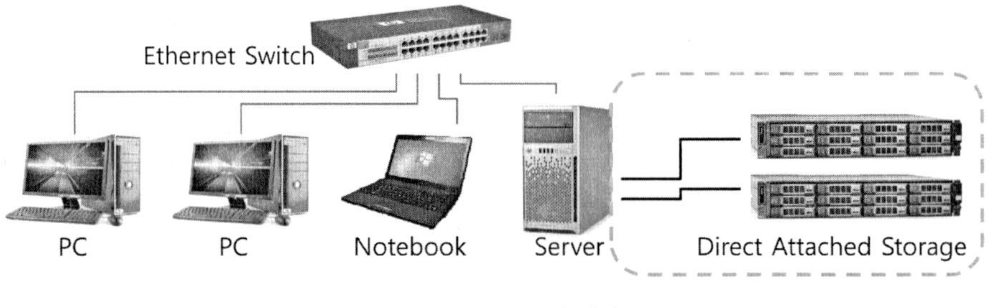

▲ 그림 10-16 DAS의 연결구조

그렇기 때문에, 스토리지의 전면만 보아서는 이 스토리지가 어떤 방식인지 구분할 수 없고, 스토리지 뒷면의 인터페이스를 확인해야 비로소 어떤 방식인지 대략적인 구분이 가능하다.

여기서 대략적인 구분이라고 하는 데에는 또 다른 이유가 있는데, 상당수의 DAS도 관리를 위하여 네트워크에 연결되는 포트(Management Port)를 가지고 있기 때문이다.

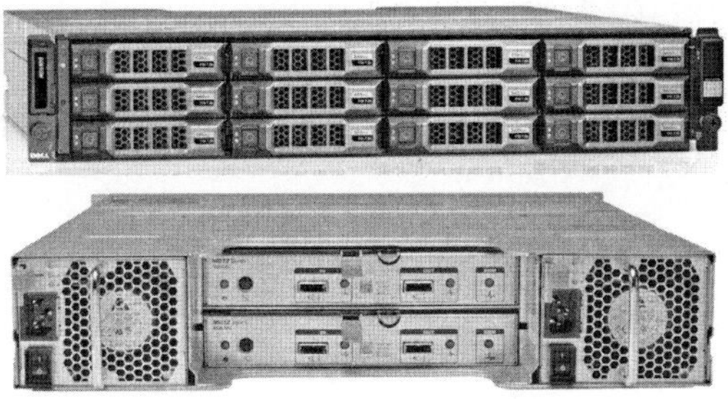

▲ 그림 10-17 DAS

하지만, 컴퓨터 사용자 혹은 OS의 입장에서는 컴퓨터에 내장된 저장장치와 DAS로 연결된 저장장치를 구분할 방법이 거의 없으며, 구분할 필요도 없다. 이는 NAS나 SAN Storage에서도 마찬가지인데 사용하는 프로토콜에 따라 구분할 수 있을 수도 있고 없을 수도 있다. 예를 들어 Windows에서 사용하는 파일공유 서비스(SMB)를 이용하여 연결된 NAS는 "네트워크 드라이브"로 표시되지만, SAN Storage는 DAS와 구분이 사실상 불가능하다.

소형의 DAS는 USB, 1394, eSATA 등의 인터페이스를 이용하여 연결하고, 보다 대형의 DAS는 호스트 버스 어댑터(HBA, Host Bus Adapter)라고 부르는 별도의 Add-on카드와 SAS 인터페이스를 이용하여 연결한다.

이때 사용하는 SAS 커넥터는 우리가 컴퓨터 내부에 하드디스크를 연결할 때 사용하는 커넥터와는 모양이 좀 다른데, 외부 장치 연결용이다 보니 좀 더 튼튼하게 만들 필요도 있고, 외부의 EMI로부터 차폐도 필요하기 때문이다.

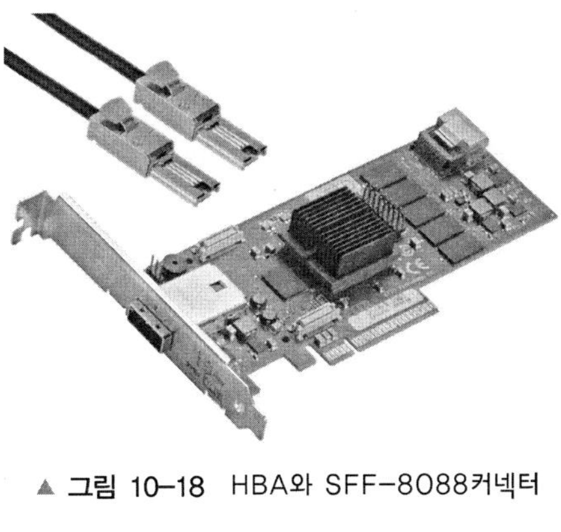

▲ 그림 10-18 HBA와 SFF-8088커넥터

04 감시부와 제어부

DAS에서 RAID지원 여부는 모델에 따라 다르다. 저렴한 모델들은 자체적으로 RAID기능을 지원하지 않거나 RAID-0 또는 RAID-1만 지원하기도 한다. 반면에 고가의 기업용 모델들은 대부분 DAS 자체적으로 RAID-5이상의 레벨을 지원한다. 문제는 많은 수의 하드디스크가 장착되는 모델이라 하더라도 RAID기능을 자체적으로 제공하지 않고 컴퓨터에 장착된 RAID 컨트롤러를 이용하여 기능을 구현하는 경우도 있으므로 구입 전에 반드시 사양서나 카탈로그를 확인해 보아야 한다.

(2) NAS

네트워크 연결 저장장치(Network Attached Storage)는 이름 그대로 네트워크를 통하여 연결하는 저장장치이다. DAS는 스토리지 자체에 OS가 없지만 NAS는 OS(종류는 다양하지만 주로 Linux계열)가 탑재되며, 데이터를 기록하고 사용하기 위한 파일시스템도 NAS의 OS에 따라 다르다.

실제로 NAS는 "데이터 공유 서비스를 제공하는 컴퓨터"이기 때문에 설정하기에 따라서 지금 사용하고 있는 PC도 NAS가 될 수 있다. 하지만 전문적인 NAS는 다양한 방식으로 파일을 저장하고 공유하는 데 최적화된 별도의 OS를 사용하고 있기 때문에 일반적인 PC에 사용되는 OS와는 약간의 차이가 있다.

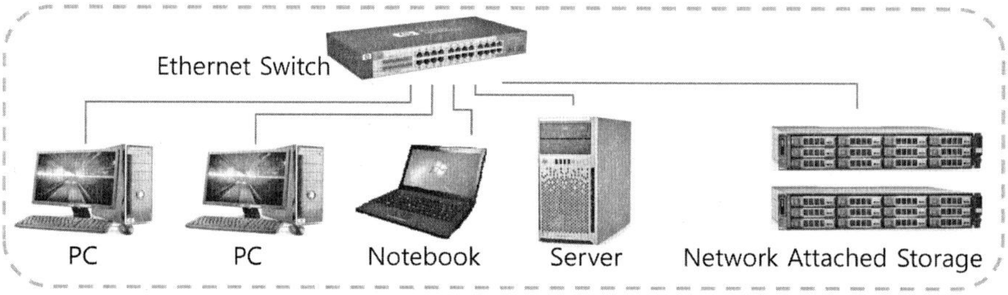

▲ 그림 10-19 NAS의 연결구조

DAS와 마찬가지로 NAS역시 스토리지의 규모는 중요하지 않다. 소형 스토리지는 단지 1개의 하드디스크가 장착될 수도 있고, 전문적인 용도의 스토리지는 42U의 랙에 수백 개의 하드디스크가 장착되기도 한다.

NAS는 자체적인 OS를 가지고 있고, 네트워크를 통하여 연결되기 때문에 DAS와는 달리 저장된 데이터를 여러 대의 컴퓨터가 "공유"할 수 있다. 그래서 NAS는 주로 파일서버로 이용되지만 필요에 따라 다른 서비스, 예를 들어 Web서버나 FTP서버로도 사용할 수 있는 기능을 대부분 가지고 있다.

대부분의 NAS는 Windows를 위한 SMB/CIFS(Server Message Block/Common Internet File System), Unix나 Linux를 위한 NFS(Network File System), Apple(Mac)을 위한 AFP(Apple Filing Protocol)와 같은 네트워크 파일 공유 프로토콜을 지원하기 때문에 어떤 종류의 운영체제를 사용하는 컴퓨터든 데이터를 읽고 쓸 수 있으며, 자료를 서로 공유할 수도 있다.

이러한 장점 때문에 NAS는 파일서버, 특히 데이터를 백업하기 위한 용도로 아주 많이 사용하고 있지만, 데이터를 네트워크를 통해 주고 받기 때문에 다른 방식의 스토리지에 비하여 속도가 다소 느린 단점이 있다. 그래서 DVR이나 NVR에서 생성하는 CCTV 영상데이터를 저장하는 용도로는 그리 많이 사용되지는 않는다.

물론 어떤 종류의 NAS는 자체적으로 IP 카메라와 연결하여 영상을 저장할 수 있는 기능을 가지고 있지만, 그렇게 되면 이미 NAS가 아니라 NVR이라고 해야 할 것이다.

(3) SAN

SAN(Storage Area Network)은 서로 다른 종류의 데이터 저장장치와 컴퓨터를 연결하기 위한 특수목적용 고속 네트워크이다. 이 네트워크는 전통적으로 파이버채널(Fibre Channel)기술과 광섬유케이블을 이용하지만, 일반적인 LAN(Ethernet)을 이용한 iSCSI기술도 있다.

어떤 방식이든 간에 SAN은 네트워크를 이용하여 연결된다는 측면에서 보면 NAS와 유사하고, 블록단위 저장방식을 이용한다는 측면에서는 DAS와 유사하다. 컴퓨터의 입장에서 보면 SAN으로 연결된 스토리지와 DAS 혹은 내장디스크를 구분하기란 아주 어려우며, 실제로 구분할 필요도 없다.

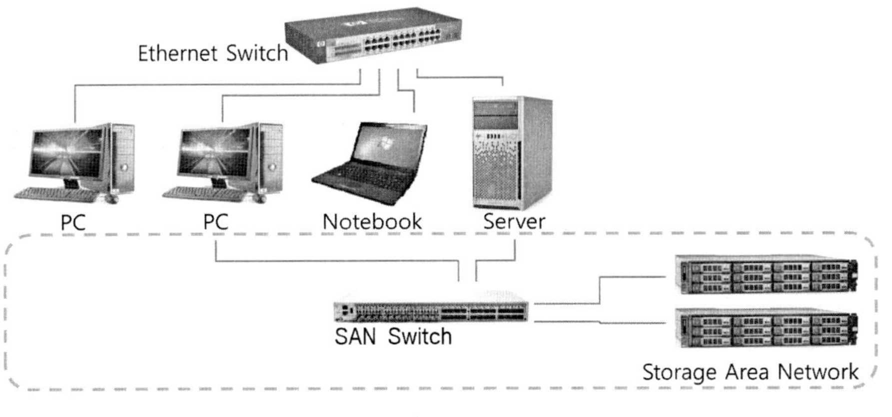

▲ 그림 10-20 SAN의 구조

일반적으로 SAN을 이용한 구성에서는 대용량 저장장치의 공간을 필요한 만큼 나누어서 각각의 컴퓨터에 미리 할당하고, 공간을 할당받은 컴퓨터는 이 저장 공간을 자신의 운영체제에 맞도록 포맷하여 사용한다. 이때 나누어진 각각의 저장 공간은 2대 이상의 컴퓨터가 동시에 연결하여 사용할 수 없으며, 파일의 공유도 불가능하다. 물론 어떤 종류의 SAN 솔루션은 파일공유를 지원하기도 하지만 일반적이지는 않다.

SAN을 이용하면 스토리지의 공간을 효율적으로 이용할 수 있고, 데이터의 입출력 속도도 아주 빠르기 때문에 접속자가 많은 파일서버나 데이터베이스 서버들이 사용하기에 아주 유용하다.

CCTV 시스템에서도 SAN은 아주 유용한 기술이다. 대용량의 영상데이터를 저장해야 하고, 수시로 데이터의 입출력이 일어나며, 영상데이터를 효율적으로 저장할 필요가 있는 대규모 CCTV 시스템에서는 DAS나 NAS보다 SAN이 훨씬 더 선호된다. 다만 SAN은 시스템을 구축하는데 비용이 많이 소요되며 시스템이 복잡하다는 단점이 있다.

Chapter

11 제어장치와 제어기술

초기의 CCTV 카메라는 한 방향으로 고정되어 있었기 때문에 다른 방향을 보기 위하여 상하좌우로 회전하지도 못하고, 멀리 있는 사물을 당겨서 보기 위한 줌 기능도 제공되지 않았다. 하지만 현재는 팬틸트를 사용함으로써 이런 기능들을 사용할 수 있는데, 이 장에서는 팬틸트, 팬틸트 리시버, 컨트롤러 등의 제어장치와 이 장치들을 제어하기 위한 제어기술을 소개한다.

1 제어장치

(1) 팬틸트 리시버

카메라를 상하좌우로 회전시키고 줌이나 포커스를 조절할 수 있도록 해 주는 장치인 팬틸트에 대해서는 이 책의 앞부분에서 이미 소개한 바 있다. 이 팬틸트는 "리시버(Receiver)"라는 제어장치에 연결되어 동작하게 되는데, 이 두 가지 장치가 별도인 모델(리시버 분리형)도 있고 팬틸트에 리시버가 내장된 모델도 있다.

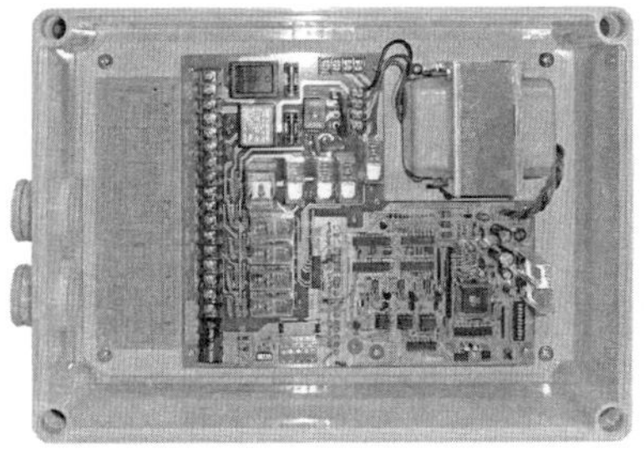

▲ 그림 11-1 팬틸트 리시버

전통적인 팬틸트는 작동을 위한 전원을 리시버로부터 공급받아 동작한다. 예를 들어, 24 V AC를 사용하는 팬틸트를 사용하고 있고, 왼쪽으로 회전시키고 싶다고 가정해 보자. 이때 리시버는 여러 가닥의 전선 중 왼쪽으로 움직이는 동작과 연결된 전선에 24 V를 공급하고, 팬틸트는 이 전선에 연결된 구동모터를 움직여서 카메라를 왼쪽으로 회전시키게 된다.

이 방식에서 상하좌우 네 가지 동작에 대하여 별도의 전선으로 전원을 공급해 주어야 하고 공통선으로 한 가닥이 더 필요하기 때문에, 최소 5가닥의 전선이 리시버와 팬틸트 사이에 연결되어야 한다.

줌 기능과 포커스 조절을 위해서도 마찬가지인데 각각 제어선 두 가닥(총 네 가닥) 혹은 제어선 두 가닥과 공통선 한 가닥이 더 필요하다. 그래서 팬틸트를 이용해 상/하/좌/우, 줌, 포커스 조절을 하고자 한다면 8가닥 혹은 9가닥의 전선이 팬틸트와 리시버 사이에 연결되어야 한다. 이 방식을 고정배선(Hard-wired)방식이라고 하는데, 팬틸트와 리시버의 이격거리가 제한되는 단점이 있기는 하지만 신뢰성이 높고 구축비용이 저렴한 장점이 있다.

▲ 그림 11-2 리시버의 제어선 연결부

흔히 프리셋이라고 부르는 프리셋 포지셔닝(Preset Positioning)기능이 지원되는 팬틸트와 리시버 사이에는 좀 더 많은 전선이 연결된다. 프리셋 기능은 팬/틸트/줌/포커스 위치를 미리 메모리에 저장해 두었다가 운영자의 조작이나 알람 신호에 의해 그 위치로 움직이는 기능인데, 이 기능을 사용하기 위해서는 팬틸트와 리시버 두 장치 모두가 프리셋 기능이 지원되어야 하며, 두 장치 사이에는 프리셋 값을 주고받기 위하여 6 ~ 8가닥의 전선이 추가로 필요하다. 즉, 앞서의 구동용 전선과 합하면 최소 14가닥에서 최대 17가닥의 전선이 연결되게 되는 것이다.

▲ 그림 11-3 리시버의 프리셋 지원부

이렇게 많은 전선이 복잡하게 연결되어야 하기 때문에 팬틸트와 리시버의 거리가 멀어질수록 비용이 많이 들어가고 문제가 발생할 가능성이 높아진다. 그래서 보통 리시버는 팬틸트와 최대한 가까운 곳에 위치하도록 설치한다.

현재는 리시버를 소형화 시켜 팬틸트에 내장시킨 제품이 많은데, 이런 제품을 이용하면 별도로 리시버를 설치할 필요가 없어서 구성이 간단해지고 문제가 발생했을 때 좀 더 쉽게 해결할 수 있기 때문에 리시버 일체형 팬틸트가 선호되지만 아직도 많은 현장에서 리시버 분리형 팬틸트를 사용하고 있다.

지금까지 리시버와 팬틸트의 연결에 대해서 다루었다면, 이제부터는 리시버와 컨트롤러의 연결에 대하여 알아보도록 하자.

리시버는 관제센터에 있는 컨트롤러에서 보내는 팬(좌우회전), 틸트(상하회전), 줌, 포커스 제어 신호를 수신하여 팬틸트를 구동시킨다. 이때 전통적인 리시버와 컨트롤러는 RS-422 혹은 RS-485 방식을 사용하여 제어 신호를 주고받는다.

초기의 리시버와 컨트롤러는 각 제조사별로 독자적인 프로토콜을 사용했기 때문에 두 장치가 동일한 회사의 제품을 사용하지 않으면 제대로 동작하지 않았다. 하지만 지금에 와서는 대부분의 제조사들이 여러 종류의 프로토콜을 지원하도록 생산하고 있기 때문에 서로 다른 회사의 제품들을 연결하여 동작시키는데 큰 문제가 없다. 현재 업계의 사실상 표준은 Pelco사(社)의 프로토콜인데, 거의 대부분의 제품이 이 프로토콜을 지원하고 있으며 자사의 프로토콜을 포함하여 최소 1 ~ 2가지 이상의 프로토콜을 지원한다.

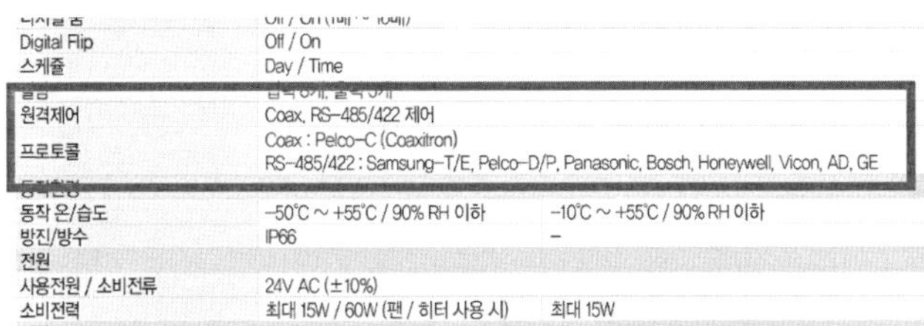

Digital Flip	Off / On	
스케줄	Day / Time	
원격제어	Coax, RS-485/422 제어	
프로토콜	Coax : Pelco-C (Coaxitron) RS-485/422 : Samsung-T/E, Pelco-D/P, Panasonic, Bosch, Honeywell, Vicon, AD, GE	
동작 온/습도	-50℃ ~ +55℃ / 90% RH 이하	-10℃ ~ +55℃ / 90% RH 이하
방진/방수	IP66	-
전원		
사용전원 / 소비전류	24V AC (±10%)	
소비전력	최대 15W / 60W (팬 / 히터 사용 시)	최대 15W

▲ 그림 11-4 팬틸트의 카탈로그 중 프로토콜 지원 부분

(2) 컨트롤러

전통적인 방식의 CCTV 컨트롤러는 "키보드와 조이스틱이 결합된" 모양이며, 단독으로도 사용할 수 있고 영상선택기 혹은 매트릭스 스위치와 연결되어 사용할 수도 있다.

▲ 그림 11-5 CCTV 컨트롤러

대부분의 컨트롤러는 상하좌우로 움직일 수 있는 조이스틱과 줌/포커스 조절 키(버튼)를 기본으로 가지고 있으며, 제어할 특정 카메라의 선택, 프리셋 동작, 투어링(Touring)기능 동작, 와이퍼 동작 등을 설정할 수 있는 키도 가지고 있다.

앞서 언급한 바와 같이 전통적인 컨트롤러는 RS-422 혹은 RS-485와 같은 시리얼 통신을 이용하여 제어 신호를 리시버에 전송하지만, 현재의 컨트롤러는 DVR이나 NVR 혹은 컴퓨터의 USB포트에 연결하여 사용한다.

특히 네트워크를 이용하여 영상을 전송하는 현재의 CCTV 시스템에서는 DVR이나 NVR에 내장된 감시용 프로그램이 컨트롤러 기능을 가지고 있기 때문에, 별도의 전용 컨트롤러를 사용하지 않고 일반적인 컴퓨터용 키보드와 마우스를 이용하여 현장의 팬틸트를 제어하는 것이 일반적이다. 물론 필요에 따라서는 전용 컨트롤러를 DVR이나 NVR에 연결하여 사용할 수도 있다.

(3) 비디오서버

현재의 비디오서버(Video Server)는 단순히 카메라의 영상을 네트워크를 통해 전송할 수 있도록 인코딩(Encoding)하는 기능만 가지고 있는 것이 아니라 전송받은 데이터를 다시 영상신호로 변환하여 주는 디코딩(Decoding) 기능도 가지고 있다.

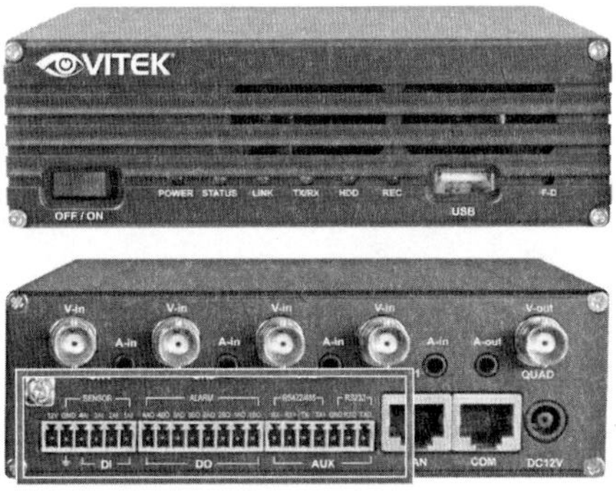

▲ 그림 11-6 비디오서버의 제어장치 연결부

고정되어 있는 카메라(즉 팬틸트가 없는 카메라)의 영상만 보는 것이 목적이라면 이 두 가지 기능을 이용하면 충분하겠지만, 원격지에 있는 카메라를 제어하기 원하는 사용자를 위하여 제어 신호를 중계하는 기능도 가지고 있다. 그래서 비디오서버는 전송장치이면서 동시에 제어장치이기도 하다.

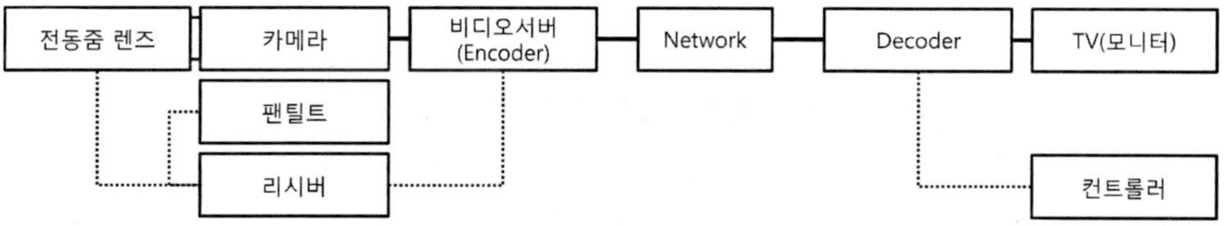

▲ 그림 11-7 비디오서버를 이용한 팬틸트 제어 구성

이 구성도는 책의 맨 앞부분에서 이미 소개한 것인데, 구성도에서 보면 네트워크를 통하여 두 개의 비디오서버가 연결되어 있고, 각각의 비디오서버는 인코더와 디코더로 동작한다. 이때 리시버와 비디오서버는 RS-485 혹은 RS-422 시리얼 통신방식을 사용하여 제어 신호를 주고받는다.

(4) DVR과 NVR

현재의 DVR이나 NVR은 단순한 영상 녹화장치가 아니라 카메라와 팬틸트를 제어하거나 영상에서 움직임 검출(Motion Detection), 알람 신호 송출 등 다양한 기능을 가지고 있다.

다른 기능에 대해서는 따로 설명하도록 하겠지만 중요한 점은 이 장치들을 단순한 녹화 전용장치로 생각해서는 안 된다는 점이다. 두 가지 장치 모두 전송장치이면서 녹화장치이기도 하고 동시에 제어장치이기도 하다.

DVR을 이용하여 팬틸트를 제어하기 위해서는 그림과 같은 구성 방법을 사용한다. 이 구성도에서 보면 카메라의 영상전송케이블과 리시버의 제어케이블이 모두 DVR에 연결되어 있는 것을 볼 수 있다.

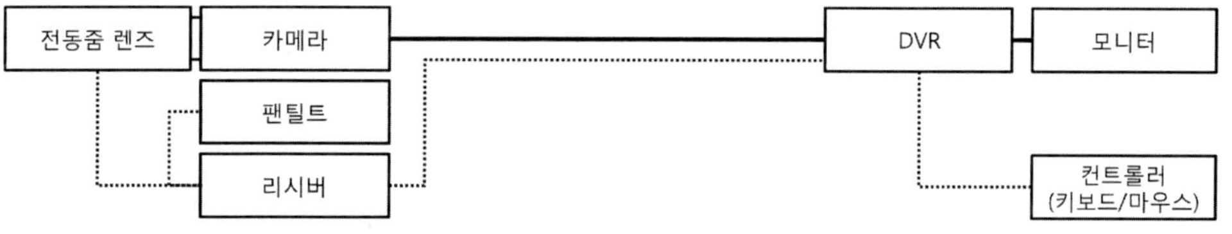

▲ 그림 11-8 DVR을 이용한 팬틸트 제어 구성

대부분의 DVR에는 내장되어 있는 프로그램을 제어하고 설정하기 위한 버튼들이 전면에 위치하고 있으므로 이 버튼들을 이용하여 각종 제어기능을 수행할 수도 있지만 상당히 불편하므로 보통은 키보드와 마우스 또는 전용의 컨트롤러를 USB로 연결하여 사용하는 것이 일반적이다.

▲ 그림 11-9 DVR을 이용한 팬틸트 제어

NVR 역시 DVR과 마찬가지로 각종의 기능들을 가지고 있다. 사실 DVR과 NVR은 영상 신호의 변환 여부에만 차이가 있을 뿐 다른 부분에서는 실질적으로 동일한 장치이다.

NVR의 구성도는 DVR의 구성도와 약간의 차이를 보이고 있다. 사용되는 카메라에 따라 크게 두 가지의 구성방법을 사용할 수 있는데, 물리적인 구성에서만 차이를 보일 뿐이고 NVR의 입장에서는 어떤 구성방법을 사용하든지 동일하다.

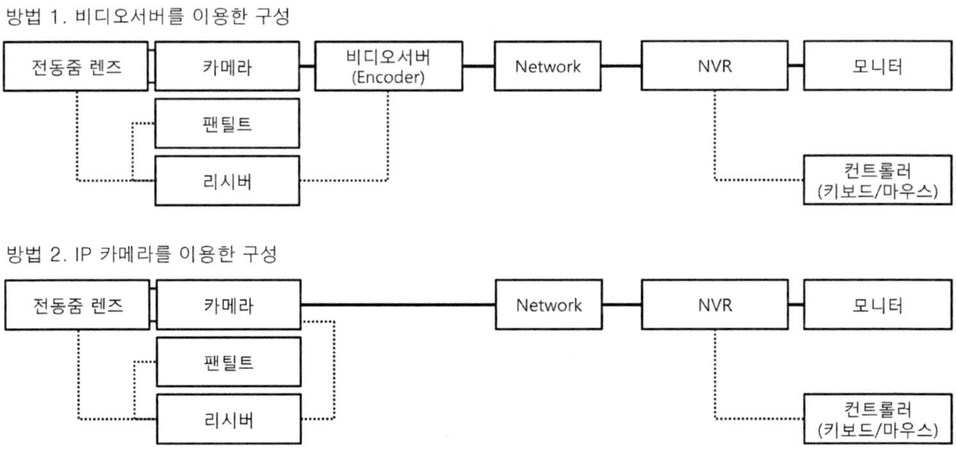

▲ 그림 11-10 NVR을 이용한 팬틸트 제어 구성

(5) 웹브라우저와 스마트폰

현재 출시되어 있는 거의 대부분의 IP 카메라와 DVR, NVR은 웹브라우저를 이용하여 영상을 전송하고 카메라와 팬틸트를 제어할 수 있는 기능을 제공하고 있기 때문에 인터넷을 사용할 수 있는 환경이라면 지구 반대편에서도 카메라의 영상을 볼 수 있고 제어할 수도 있다.

인터넷을 이용하여 카메라에 연결하는 방법은 아주 간단한데, 우리가 늘 사용하고 있는 컴퓨터와 웹브라우저만 있으면 된다.

▲ 그림 11-11 웹브라우저를 이용한 IP PTZ 카메라 제어

스마트폰을 사용할 때도 마찬가지이다. 스마트폰의 웹브라우저를 이용하여 연결할 수도 있고, 카메라 제작사 혹은 전문 업체에서 제공하는 별도의 앱(App)을 이용할 수도 있다.

CCTV 카메라에 연결하기 위한 앱은 간단히 마켓에서 검색하여 설치할 수 있다. 대부분의 IP 카메라 제조사들은 자신의 제품에 최적화된 앱을 공개하고 있으며, 전문적인 앱은 여러 제조사의 다양한 모델을 지원한다.

▲ 그림 11-12 스마트폰 앱을 이용한 IP PTZ 카메라 제어

2 시리얼 통신

(1) 시리얼 통신방식이란?

팬틸트를 제어하기 위해 사용하는 대표적인 통신방법은 시리얼 통신이다. 시리얼 통신방식에는 여러 가지가 있지만 CCTV 시스템에서는 대부분 RS-422이나 RS-485방식을 이용하고 있다.

2010년 까지만 해도 대부분의 PC에는 시리얼통신을 위한 전용의 포트(RS-232 포트)가 장착되어 있었으며, 지금도 산업용 장비는 시리얼 통신을 이용하는 경우가 많기 때문에 산업용 컴퓨터에는 1 ~ 4개의 RS-232 포트가 장착되어 있다. 하지만 현재의 PC는 주변기기 연결용으로 대부분 USB를 사용하고 있기 때문에 별도의 직렬통신 포트가 없으며, 필요하다면 USB 포트에 별도의 컨버터를 연결하거나 별도의 Add-On카드를 장착하여야 한다.

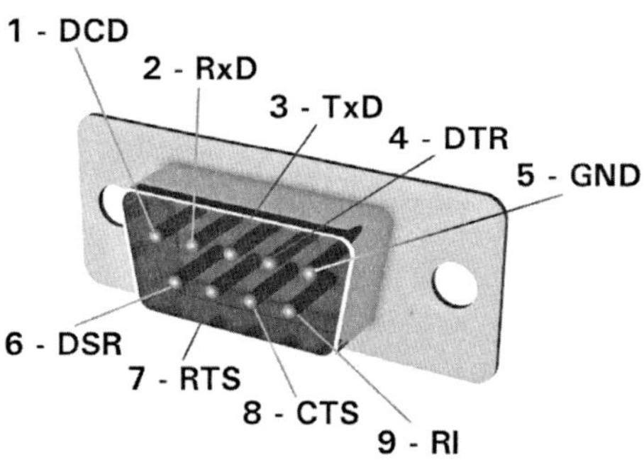

▲ 그림 11-13 RS-232 핀 배열

모든 종류의 시리얼 통신방식은 0과 1의 디지털 신호를 한 가닥의 전선을 이용하여 연속적으로 전송한다. 그래서 RS-232와 같은 표준규격의 시리얼 통신용 포트는 9핀 또는 25핀 커넥터를 이용하지만 실제로는 Rx, Tx, GND의 3가닥의 전선만 있어도 데이터 신호를 주고받을 수 있다.

RS-232는 아주 오래된 규격이고 널리 사용되고 있기는 하지만, 통신가능 거리가 너무 짧기 때문에(보통 30 m이내) CCTV 시스템에서는 잘 사용하지 않는다.

(2) RS-422

이 시리얼 통신 방식은 Rx+, Tx-, Tx+, Tx-의 4가닥의 전선을 이용하며, 차동신호(Differential Signaling)방식을 이용하여 가까운 거리라면 10 Mbps의 속도로 데이터를 전송할 수 있다. 이 통신방식의 최대 거리는 1,200 m(혹은 1,500 m)이지만 이렇게 먼 거리에서는 100 kbps정도의 속도만 낼 수 있다.

▲ 그림 11-14 RS-422 케이블 구성

RS-422방식을 이용한 CCTV 시스템에서는 하나의 제어장치에 다수의 리시버(최대 10대)를 연결할 수 있고, 제어 신호의 송신과 수신을 동시(Full Duplex)에 할 수 있는 장점이 있어서 일부 사용하는 현장도 있지만, RS-485방식에 비하여 큰 장점은 아니기 때문에 대부분의 현장에서는 RS-485방식을 이용하고 있다.

(3) RS-485

RS-485는 반이중통신(Half Duplex)방식을 이용하기 때문에 단지 2가닥의 전선을 이용한다. 10 m 정도의 가까운 거리라면 최대 35 Mbps의 속도로 데이터를 전송할 수 있고, 최대 1,200 m까지 케이블을 연결하여 사용할 수도 있다. 물론 1,200 m 정도의 먼 거리에서는 RS-422과 마찬가지로 100 kbps 정도의 속도밖에는 얻을 수 없다.

▲ 그림 11-15 RS-485 케이블 구성

이 시리얼 통신방식은 32대 이상의 장치를 하나의 케이블에 연결할 수 있고 케이블 비용을 절약할 수 있기 때문에 CCTV 시스템에서 가장 많이 사용된다.

대부분의 리시버나 컨트롤러는 RS-422과 RS-485방식을 모두 지원하고 있기 때문에 간단히 스위치 조작만으로 어떤 방식을 사용할 것인지 선택할 수 있도록 되어 있다. 이때 연결되는 장치들은 당연히 동일한 통신방식을 사용하도록 설정되어야 하며 그렇지 않은 경우에는 제대로 동작하지 않는다.

▲ 그림 11-16 RS-232/485 전환 스위치

현장 엔지니어가 가장 많은 실수를 하는 부분이기도 하기 때문에 모든 장치가 제대로 연결되었지만 정상적으로 작동하지 않는다면 이 부분을 가장 먼저 의심해 볼 필요가 있다.

3 ONVIF

(1) 디지털 CCTV 표준화

아날로그 CCTV에서는 NTSC와 PAL이라는 아날로그 영상 전송을 위한 오래된 텔레비전 규격이 이미 있었기 때문에 서로 다른 제조사의 카메라를 사용해서 CCTV 시스템을 구축하여도 영상을 수신하고 표출하는 데 아무런 문제가 없었다. 팬틸트의 연결이나 제어에 있어서도 마찬가지인데, (다른 견해가 있기는 하지만) 제어 신호의 송수신에는 RS-485를 사용하고 제어를 위해서는 PELCO사(社)의 프로토콜이 사실상 표준화되어 있다.

하지만 IP 카메라가 나오면서 상황은 크게 바뀌었다. IP 카메라를 위한 여러 가지 인코딩 코덱이 존재하며, 카메라 제조사에서는 영상 전송과 카메라 제어를 위한 독자적인 방법을 가지고 있다. 당연히 서로 다른 회사의 카메라와 녹화장치(소프트웨어이든 하드웨어이든)는 서로 호환되지 않았고, 사용자는 엄청난 불편함을 감수해야만 했다.

여러 가지 다른 제조사의 카메라들을 지원하기 위하여 비디오 관리 시스템(VMS, Video Management System)이나 NVR 제작사들은 카메라 제조사와 라이선스 계약을 체결하고 디코딩 소프트웨어 모듈을 자사 VMS 소프트웨어 개발에 사용하는 방식으로 문제를 해결하려고 노력하였지만 여전히 문제는 남아있었다.

서로 경쟁관계에 있는 일부 제조사들은 서로의 기술적 사항을 공개하거나 제공하는 데 동의하지 않을 수도 있으며, 너무나 다양한 기술들이 있기 때문에 VMS 제작사로서는 모든 제조사의 제품들을 지원할 수도 없기 때문이다.

▲ 그림 11-17 ONVIF와 PSIA 로고

이 문제를 해결하기 위하여 ONVIF나 PSIA 등의 단체와 조직에서는 IP 카메라와 VMS 간의 '개방형 표준'을 만들기 위하여 노력하고 있으나 서로 다른 메이커의 제품들 간에 완전한 호환은 어려울 것으로 보인다.

어쨌든 제조사에 따라 영상의 포맷과 인코딩 방식, 제어 프로토콜 등이 모두 다르며 국제적인 표준이 없기 때문에 모든 카메라를 지원할 수 있는 범용의 VMS는 존재하지 않는다. 다만 현재로서는 ONVIF 등의 표준을 지원하는 장비들 간에는 최소한의 동작, 즉 영상의 수신이나 팬틸트의 제어와 같은 기본적인 기능에서는 호환성을 보장받을 수 있다.

(2) ONVIF

IP 카메라와 VMS 등의 표준화를 위한 포럼인 ONVIF(Open Network Video Interface Forum)는 2008년에야 비로소 AXIS, Bosch, Sony의 3개사를 주축으로 하여 시작되었다.

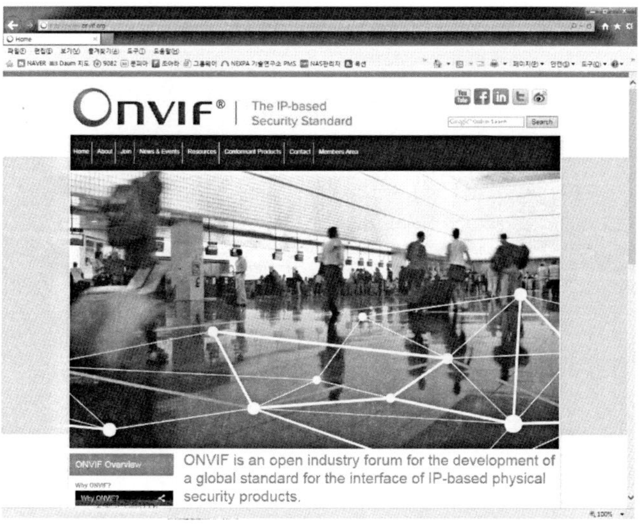

▲ 그림 11-18 ONVIF web Site(www.onvif.org)

이 포럼은 비영리로 설립되었으며 "제조업체와 관계없이 네트워크 연결 비디오 제품들 간의 표준화를 통해 상호 운용성 달성"을 목표로 하고 있다. 통신에 대한 규격과 장치호환성을 위한 제안들은 2008년부터 계속 만들어지고 있지만 계속해서 새로운 기술들이 쏟아져 나오고 있기 때문에 언제 완료될지는 알 수 없다. 하지만 계속적인 협의를 통하여 비디오와 오디오의 전송, PTZ 제어, 알람입출력의 제어방법, 움직임 검출 등 여러 가지 인터페이스와 프로토콜을 표준화하였고, 계속 새로운 표준안이 발표되고 있다.

ONVIF 코어 규격은 네트워크 비디오 제품들의 네트워크 인터페이스(OSI Layer 3)를 표준화하는 것에 목표를 두고 있다. 2008년에 코어 v.1.0이 발표된 이후 계속적으로 갱신된 규격이 발표되고 있는데, 이 규격에서 정의하는 사양들은 다음과 같다.

- IP 구성(IP configuration)
- 장치 검색(Device discovery)
- 장치 관리(Device management)
- 미디어 구성(Media configuration)
- 실시간 보기(Real time viewing)
- 이벤트 처리(Event handling)
- PTZ 카메라 제어(PTZ camera control)
- 영상 분석(Video analytics)
- 보안(Security)
- 녹화된 정보 검색(Search for recorded information)
- 녹화된 영상 재생과 추출(Replay and export of recording)
- 네트워크 비디오 리시버(Network video receiver)

ONVIF 규격에서는 프로필(Profile)이라고 하는 xml파일을 카메라가 가지고 있다가 VMS의 요청이 있을 때 제공하는 방식을 사용하며, 각각 다른 영역을 정의하는 4개의 프로필이 있다.

○ **프로필 S**는 IP기반 비디오 시스템에 대해서 다루고 있으며
- 비디오 & 오디오 스트리밍
- 팬/틸트/줌의 제어와 릴레이 출력
- 비디오 설정과 멀티캐스트

○ **프로필 C**는 IP기반 접근 제어에 대해서 다루고 있으며
- 사이트 정보와 환경설정
- 이벤트와 알람 관리
- 도어 접근 제어

○ **프로필 G**는 IP기반 저장매체에 대해서 다루고 있는데
- 비디오와 오디오 재생
- 녹화된 영상과 이벤트 검색
- 녹화설정과 제어

○ **프로필 Q**는 간편한 설정 메커니즘과 향상된 보안
- 쉬운 장치검색 및 설정
- 보안, 데이터 무결성 및 개인 정보

에 대한 내용을 각각 정의하고 있다.

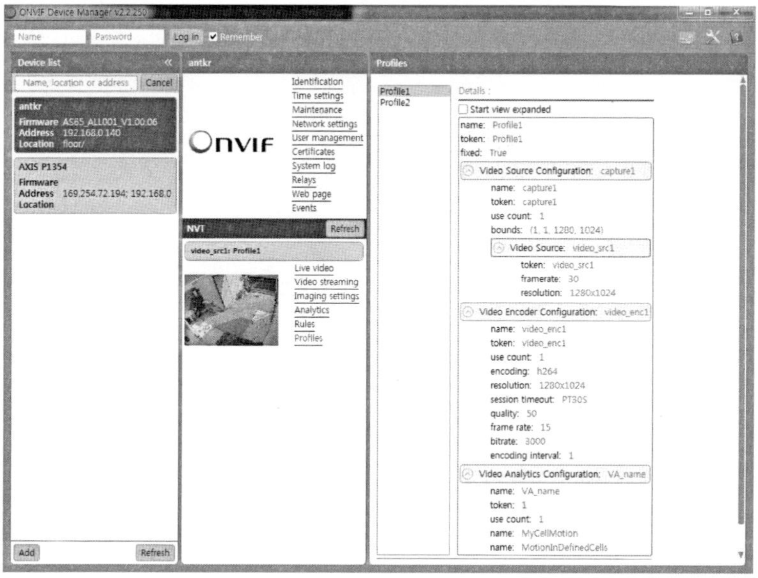

▲ **그림 11-19** 카메라에서 불러온 프로필

카메라나 VMS를 개발하는 개발자라면 ONVIF 코어 규격이나 프로필(Profile)에 대해서 아주 자세히 알고 있어야 하겠지만, CCTV 시설 또는 운영 엔지니어 입장에서는 이런 내용들이 그리 중요하지는 않다. 단지 "ONVIF 규격을 지원하는 각종 IP 기반 장치들은 상호 간에 상당한 수준의 호환성이 있다."는 정도만 알고 있어도 충분하다.

현재 우리나라에서 판매되는 대부분의 IP 카메라나 VMS 제품들은 ONVIF를 지원하고 있지만, 모든 제품이 항상 그렇지는 않으므로 카탈로그를 반드시 확인해 보아야 한다.

05

CCTV 네트워킹

Chapter 12

CCTV와 네트워크

동축케이블과 아날로그 카메라 그리고 TV로 구성되어 있던 기존의 CCTV를 대체하여 많은 새로운 기술들이 개발되었지만, 컴퓨터 네트워크의 발전에 따라 CCTV 시스템도 IP기반으로 점차 변화해 가고 있다. 특히나 현재 신규로 구축되는 시스템에서는 대부분 IP 카메라와 NVR을 이용하여 시스템을 구축하고 있기 때문에 컴퓨터 네트워크에 대해서도 충분한 이해가 필수적이다.

1 CCTV를 위한 네트워크

(1) 지금은 네트워크 세상

1969년 "라이 로보트고"의 아이디어를 바탕으로 추진된 연구의 결과물인 ARPANET 이후 인터넷은 해마다 눈부신 성장을 이룩하였으며 지금도 계속적으로 성장하고 있다. 최초에는 군사적인 목적으로 시작되었을지 몰라도, 원격 시스템 접속, 파일전송, 전자우편 및 정보 공유가 가능한 컴퓨터 통신망으로서 인터넷은 그 기반을 구축하게 되었다. 이에 따라 근거리 통신망기술(LAN)과 네트워크에 연결된 워크스테이션이 보급되었고, 가정이나 소규모 사무실에서조차 네트워크를 사용하는 것이 너무도 당연시 되고 있다.

지금에 이르러서는 네트워크가 없는 세상을 상상하기가 힘들 정도이다. 예전에 네트워크가 없던 시절에는 어떻게 정보를 교환했는지 의구심이 생길 정도이지만, 왜 컴퓨터와 네트워크를 사용해야 하는지도 의문이다.

▲ 그림 12-1 인터넷 데이터 센터(IDC)

어쨌든 이미 네트워크는 우리 생활 속에 깊숙이 침투해 있어서 일상생활과 따로 구분지어 생각하기 어려울 정도이다. CCTV에 있어서도 네트워크는 이미 필수적인 요소인데, 상당수의 아날로그 CCTV 시스템이 이미 IP 기반 시스템으로 변경되었거나 변경을 준비 중이며 신규로 구축되는 시스템은 대부분 IP 기반으로 구축되고 있기 때문이다.

(2) Before Network, After Network

네트워킹이란 무언가를 서로 연결하는 것이다. 그렇다고 두 대의 컴퓨터를 밧줄로 묶어 놓는다고 해서 네트워킹이 되는 것은 당연히 아니다. 서로 연결된 장비끼리 데이터를 주고받을 수 있어야 비로소 네트워킹이 이루어진다고 말할 수 있다.

그러면 네트워킹은 왜 필요할까? 네트워킹을 사용하는 가장 큰 목적은 정보의 공유를 위해서이고, 프린터나 스캐너와 같은 자원을 공유하기 위해서도 네트워크는 필요하다.

애초에 네트워크는 가격이 비싼 장비를 여러 명의 사용자가 동시에 사용하기 위해서 만들어졌다고 볼 수 있다. IBM 호스트와 같은 무지막지한 덩치를 자랑하는 컴퓨터들은 현재의 PC처럼 저렴하게 구입할 수 있는 장비가 아니었고, 이 비싼 장비를 좀 더 효율적으로 사용하기 위해 모니터와 키보드만 붙어있는 장치("터미널"이라고 부른다) 여러 대를 한 대의 호스트 컴퓨터에 연결하여 사용하였다. 이것이 바로 네트워크의 시발점이라 할 수 있는 호스트-터미널(Host-Terminal)구조이다.

이 구조가 점차 발전하여 피어-투-피어(Peer-to-Peer) 방식, 그리고 서버 기반(Server Based) 방식을 현재는 사용하고 있다. CCTV 시스템에서 사용하는 구조는 엄밀히 구분하자면 서버 기반 방식에 가깝지만, 이를 구분하는 것은 큰 의미가 없다.

어쨌든 컴퓨터를 위한 네트워크가 일반화되어 있기 때문에 CCTV용 네트워크를 구축하는 일도 아주 간단하다. LAN 케이블을 이용하여 네트워크기능을 가지고 있는 카메라(IP 카메라)와 녹화장치를 이미 구성되어 있는 네트워크에 연결하기만 하면 된다.

소규모의 시스템이라면 이렇게 기존에 사용하고 있던 네트워크에 통합하는 방식으로 간단히 구성할 수 있지만 대규모로 구성하고자 한다면 기존과 분리된 별도의 네트워크를 새로 구성하는 것이 유리하다.

CCTV의 특성상 대량의 영상데이터를 항상 전송하고 있기 때문에 네트워크의 부하량이 많아서 업무용 네트워크에 지장을 줄 수 있기도 하거니와, 업무용 네트워크에 연결된 컴퓨터 사용자들이 카메라와 같은 보안장치에 접속하는 것은 바람직하지 않기 때문이다.

2 LAN과 WAN

(1) LAN(Local Area Network)

1980년대에 사무실, 공장, 실험실 등에 분산 처리 방식이 확대되어 사용되기 시작하면서 컴퓨터, 터미널, 워드프로세서, 개인용 컴퓨터들이 서로 데이터를 주고받고 공통의 데이터베이스에 접근하여 데이터를 처리하고 보고서를 만들고 프로그램이나 비싼 주변기기(프린터, 디스크 등)를 공유해야 할 필요성이 커지게 되었다. 이러한 배경과 목적으로 근거리 통신망, 즉 LAN(Local Area Network)이 만들어지게 된다.

LAN 제품이 시장에 처음 소개된 것은 1970년대 말이지만 대부분의 LAN 제품은 1980년대가 되어서야 겨우 시판되기 시작하였다. 1982년부터 IEEE에 의해 추진된 LAN 표준화 안에서 버스(Bus) 방식은 이더넷, 토큰 버스(Token Bus) 방식은 Arcnet, 토큰 링(Token Ring) 방식은 IBM의 LAN을 기준으로 정해졌으며 이를 계기로 더 많은 LAN 제품들이 쏟아져 나오게 되었다.

알아두기

현재는 Ethernet 계열 네트워크가 LAN에서 사실상의 표준이 되어 있다.

IEEE의 컴퓨터 표준 위원회에서는 LAN을 "다수의 독립된 컴퓨터 기기들이 상호 간에 통신이 가능하도록 하는 데이터통신 시스템"이라고 정의하고 있다. 또 다른 정의로는 "좁은 지역 내에서 다양한 통신기기의 상호 연결을 가능하게 하는 통신 네트워크", "사무실, 빌딩, 공장 등과 같이 제한된 지역에서 정보처리 장치들을 연결하기 위해 최적화되고 신뢰성 있는 고속의 통신 채널을 제공하는 네트워크" 등도 있다. 어쨌든 위의 정의들의 두드러진 공통점은 "**통신 거리가 짧다**"는 것과 "**공통의 전송매체를 공동으로 이용하고 있다**"는 것이다.

LAN이 보편화되어 사용되고 있는 것은 무엇보다도 저렴한 비용으로 구축할 수 있고, 투자한 비용에 비해 효율이 크기 때문이다. 물론 저렴한 비용이라는 것이 개인이 구축하기에는 부담이 될지 몰라도 기업체라면 그다지 부담이 되지 않기 때문에 효율적인 업무를 위해 구축이 당연시 되고 있다.

컴퓨터를 사용하고 있는 곳이라면 PC에 장착하는 랜카드와 케이블, 허브만으로도 간단히 자체적인 네트워크를 구축할 수 있다. 특히나 현재의 PC는 랜카드를 당연히 내장하고 있는 데다가 허브 등의 네트워크 장비의 가격이 과거에 비해 아주 저렴하고 인터넷 회선의 요금도 예전에 비교할 수 없을 정도이기 때문에 랜을 구축하고 난 다음, 약간의 수고만 더 한다면 구축한 랜을 인터넷과 연결할 수 있다. 사실 지금에 와서는 인터넷과 연결되지 않은 LAN을 찾기가 더 힘들지만 보안상의 목적으로 인터넷과 연결되지 않는 업무용 네트워크도 많다.

LAN은 네트워크의 형상에 따라 3가지로 구분된다.

스타(Star)형 구조는 교환기를 중심으로 한 일반적인 전화망에서 유래된 것으로 중앙의 제어점(허브)으로부터 모든 기기는 포인트 투 포인트(point to point) 방식으로 연결되는 방식으로, 다음과 같은 장점이 있다.

- 고장의 발견과 수리가 쉽다.
- 기기의 고장으로 전체 시스템의 영향을 배제할 수 있으며 시스템의 일괄 변경이 용이하다.
- 각 노드를 접속하는 배선이 서로 독립되어 있으므로 노드의 증설, 이전이 용이하다.

단, 중앙의 접속용 제어장치가 고장이 나면 LAN시스템 전체가 일시에 운용 불능에 빠질 수 있으며 최초로 네트워크를 구성할 때의 케이블 설치에 소용되는 비용과 노력이 크다는 단점이 있다. 그러나 접속용 장치(허브나 스위치)가 고장이 나는 경우는 극히 드물기 때문에 **현재 대부분의 랜은 이 구조로 구성을 하고 있다.**

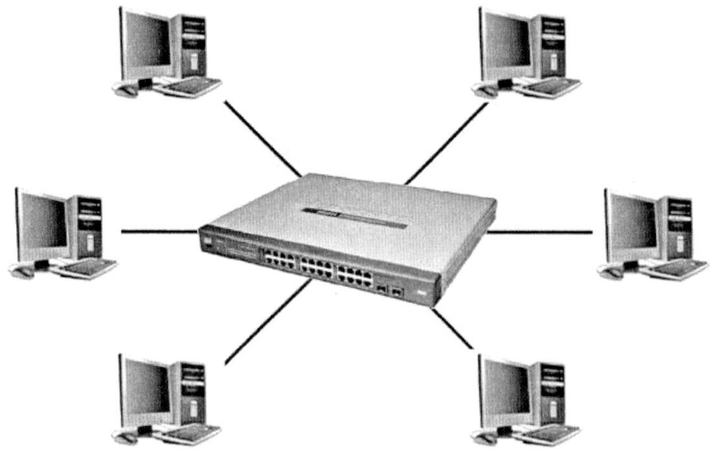

▲ 그림 12-2 스타(Star)형 구조

선(Line)형 구조는 버스라고 부르는 공통 배선을 두고 이 버스에 시스템의 모든 요소를 연결한다. 이 구조에서 모든 노드들은 버스에 T자형으로 연결되며 버스와 노드의 연결은 접속기를 통하여 이루어진다. 버스의 양끝은 종단저항(Terminator)을 달아 신호의 반사를 막아준다.

이 형태는 케이블링에 소용되는 비용이 최소이며, 고리형 구조와는 달리 각 노드의 고장이 네트워크 다른 부분에 영향을 미치지 않으므로 신뢰성이 좋다는 장점이 있는 대신에 베이스밴드 전송 방식을 사용할 경우 거리가 멀어지면 중계기를 사용해야 한다는 단점이 있다.

▲ 그림 12-3 라인(Line)형 구조

초기의 랜인 10Base2나 10Base5에서는 이 구조를 이용하였지만 현재는 거의 사용되지 않고 있으며, CCTV 시스템에서는 기존의 동축케이블을 재활용할 목적으로 변환기를 사용하여 일부구간을 10Base2로 구성하기도 하지만 흔히 사용하지는 않는다.

고리(Ring)형 구조는 각 노드에서 신호를 재생하여 다음 노드로 전달하기 때문에 선형 구조와 달리 거리의 제약이 적으며 잡음에 강하다.

분산 제어와 검사, 회복 등이 가능하지만, 노드의 변경이나 추가가 비교적 어렵고 노드의 고장에 대처하기 어려우며 한 기기의 고장이 다른 전체 네트워크에 영향을 미친다는 단점이 있다.

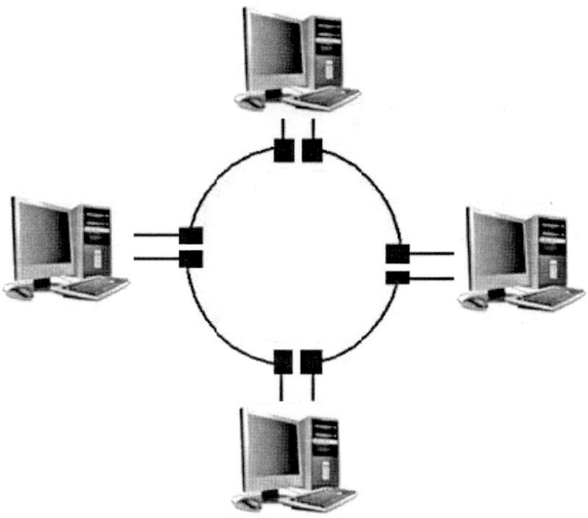

▲ 그림 12-4 고리(Ring)형 구조

이 구조는 캠퍼스 백본에서 사용되는 FDDI, ATM이나 IBM사의 토큰링(Token-Ring)에서 사용되었으나, 소규모 랜에서는 거의 사용되지 않고 백본망의 일부에서만 제한적으로 사용된다. 게다가 기가비트 이더넷과 같은 설치가 쉽고 속도가 빠른 새로운 기술의 등장으로 인해 LAN 구성에서는 찾아보기가 아주 어렵다.

현재 가장 널리 사용되고 있는 LAN 방식은 이더넷(Ethernet)이며, 논리적으로는 선형 구조이지만 물리적으로는 스타형 구조를 가지고 있다.

(2) WAN(Wide Area Network)

WAN은 지역적으로 광범위한 영역(보통 반경 1 km 이상)을 커버하는 망으로서 대개의 경우 여러 행정구역 또는 국가 간의 경계를 넘어서 구성될 수 있으며, 공중사업자의 전송망을 통해 제공되는 회선을 이용하는 것이 일반적이다.

어렵게 느낄지도 모르겠지만 WAN의 기본 개념은 아주 간단하다. LAN이냐 WAN이냐를 구분하는 기준은 바로 “거리”이기 때문이다. 즉, 가까운 거리를 연결하는 네트워크는 LAN이고, 멀리 떨어진 곳까지 연결하는 네트워크는 WAN이다.

이미 우리는 WAN을 수십 년 전부터 사용해 왔다. 이 WAN은 바로 “전화”인데, 불과 십여 년 전만 해도 인터넷이나 PC 통신을 하기 위해서는 전화선에 모뎀이라는 장치를 연결하여 사용했다. 꼭 이런 예를 들지 않더라도 집집마다 한 대씩은 있는 전화기나 사무실마다 있는 FAX가 모두 WAN 장비라고 볼 수 있다. 이렇게 생각하면 WAN은 결코 어렵거나 생소한 네트워크가 아니다.

LAN은 사용자가 직접 케이블을 깔아서 통신을 연결하지만 WAN은 대부분 KT나 LG U+와 같은 통신회사의 회선을 빌려서 사용한다. 그런데, 전통적으로 광역통신망(WAN)에 의해 가입자에게 제공되는 전송속도는 LAN에 비해 비교적 낮은 편이다. 예를 들어 모뎀(물론 지금은 모뎀을 찾아보기가 아주 힘들지만)을 이용하여 데이터 망이나 전화망을 통해 데이터를 전송하는 경우 전송속도가 9,600 bps ~ 28,800 bps 정도로 제한된다.

새로운 기술들이 아니더라도 WAN은 사용하는 목적, 거리, 방법에 따라 아주 다양한 종류가 있다. WAN을 어렵게 생각하는 이유 중의 하나가 바로 WAN을 구현하는 방법이 너무 많기 때문인데, 어렵게 생각할 필요는 전혀 없다. LAN과 WAN의 구분 기준은 "거리"이며 기반 기술(구현방식)이 무엇인지는 중요하지 않기 때문이다.

Chapter 13

OSI 7계층 모델과 DOD 모델

OSI 7계층 모델(OSI 7 Layer Model)은 네트워크에 대해서 관심이 있다면 한 번쯤은 들어보았을 것이다. OSI 모델과 DOD 모델 모두 네트워크 환경에 대한 공통 지침이고, 장비제조사들은 이런 지침에 의해 자신들의 제품을 생산한다.

이 모델들은 개념적인 이해를 돕기 위해 제시된 권고안이지만 네트워크에 대한 사실상의 표준으로 자리매김하고 있다. 물론 이 모델들에 대해서 전혀 모르더라도 네트워크를 구축하고 사용할 수는 있지만 개념을 이해하는 편이 좋다는 것은 말할 필요도 없을 것이다.

1 OSI & Layer

(1) OSI 7계층 모델이란?

컴퓨터를 이용해 작업을 하기 위해서는 반드시 하드웨어와 소프트웨어가 둘 다 필요하고, 이것은 네트워크의 세상에서도 아주 당연하다. 초기에 네트워크라는 것이 개발되었을 때 하

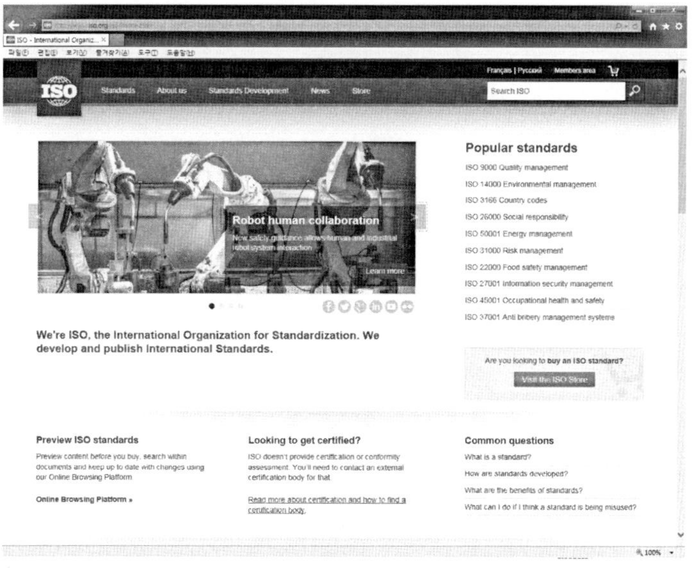

▲ 그림 13-1 ISO 웹사이트(http://www.iso.org)

드웨어는 대체적으로 표준화가 잘 되어 있다고 볼 수 있었지만, 통신 소프트웨어는 각 제조사들에 의해 독자적인 데이터 형식과 기법이 사용되었다. 때문에 다른 컴퓨터와의 호환성에 많은 문제점이 발생하게 되고 이러한 제어를 위한 통신 소프트웨어 개발에 많은 비용이 소요되었다.

다른 기종의 컴퓨터를 연결하기 위한 표준화 요구를 바탕으로 ISO(International Standardization for Organization, 국제 표준화 기구)에서는 1977년 구성된 소위원회를 통해서 통신 소프트웨어의 내부 표준 아키텍처인 OSI(개방형 시스템 상호 연결, Open System Interconnection) 기준 모델을 제시하였다. 1984년에 제시된 OSI 참조모델은 각 컴퓨터가 통신을 하기 위해서 어떤 통신 규칙을 사용할 것인가와 어떤 매체를 통해 어떻게 다른 컴퓨터와 통신을 할 것인가를 정의하고 있다.

OSI 모델은 이러한 목적을 위해 다음 7가지 계층으로 구성되어 있다.

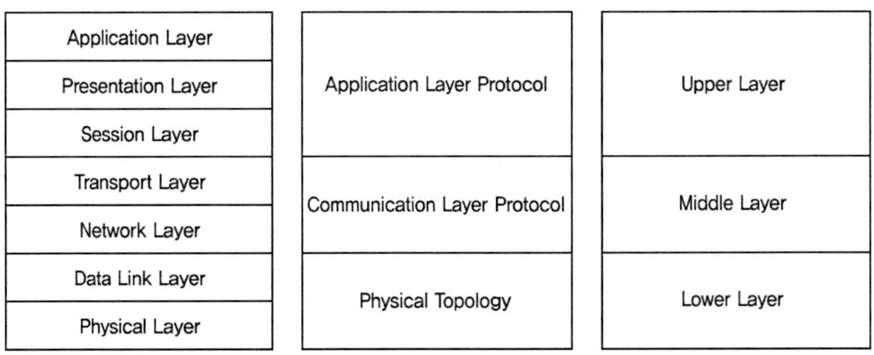

▲ 그림 13-2 OSI 레이어 모델

이 모델은 가장 널리 알려진 네트워크 환경에 대한 공통 지침이고 장비제조사들은 이런 지침에 의해 자신들의 제품을 생산한다. 즉, OSI 모델은 개념적인 이해를 돕기 위해 제시된 권고안이지만 네트워크에 대한 사실상의 표준으로 보아도 무방하다.

(2) 왜 Layer Model을 사용하는가?

괜히 복잡하게 하려고 레이어 모델을 만들어 놓은 건 아니다. 레이어 모델을 만든 것은 레이어 모델을 사용함으로 인해서 소프트웨어와 하드웨어 개발자 모두가 많은 이득을 얻을 수 있기 때문이다.

개발자는 자신이 개발하는 소프트웨어나 하드웨어가 동작하는 바로 그 레이어에 대해서만 알고 있으면 되고, 다른 레이어가 어떤 기능을 하고 어떻게 동작하는지는 알 필요가 없다. 단지 어떤 데이터를 어떤 형식으로 만들어서 다른 레이어로 보내는지만 알고 있으면 된다. 이는 만약 하나의 레이어에 대해서 기능이 변경된다면, 그 레이어에 대한 내용만 수정하면 되지 다른 레이어에 대해서는 손을 대지 않아도 된다는 뜻이다.

두 번째 장점은 데이터가 어떻게 이동하는지 한눈에 보이기 때문에 하드웨어든 소프트웨어든 개발이 쉽고, 나중에 오류가 발생했을 때 고치기도 쉽다. 만약 네트워크에서 어떤 문제가 발생했다면 이 문제를 7가지의 작은 문제로 나눈 다음, 가장 하위계층에서부터 하나씩 해결해 나가면 된다.

예를 들어 PC에서 E-mail을 발송하는 데 문제가 생겼다고 해 보자. 이 문제를 해결하기 위해 가장 먼저 해 보아야 될 것은 물리적으로 네트워크가 제대로 연결이 되어 있는지부터 검사인데, 대개는 커맨드 모드에서 Ping 테스트를 해 봄으로써 네트워크가 제대로 연결되어 있는지를 확인한다. Ping 테스트 결과 이상이 없다면 일단 네트워크계층까지는 이상이 없는 것이므로 그 상위의 트랜스포트 계층부터의 문제라 생각할 수 있다.

하지만 Ping에 대한 응답이 없다면 맨 아래계층인 물리적 계층, 데이터링크 계층, 그리고 네트워크 계층 중 하나에서 문제가 발생한 것이라 우선 생각해 볼 수 있다. 그렇다면 이 세 가지 계층 중 가장 하위인 물리적 계층부터 문제를 하나씩 해결해서 올라오면 된다(보통 Ping 테스트가 실패하는 경우는 네트워크의 물리적인 단절이나 서버의 다운, 혹은 방화벽의 설정이 잘못된 경우가 대부분이다).

다른 하나의 장점은 호환성이다. 이것은 만약 소프트웨어 개발자가 참조 모델에 기초한 어떤 기능을 만들었다면 어떤 컴퓨터에서든지 그 소프트웨어가 동작할 수 있다는 것을 의미한다. 당연히 컴퓨터나 랜카드의 제조사에 따라 다른 소프트웨어를 만들 필요가 없는 것이고, 별도의 소프트웨어를 만들 필요가 없다는 것은 비용과 시간을 비약적으로 절감할 수 있다는 뜻이다.

(3) 각 레이어의 특징

▼ 표 13-1 각 레이어의 기능과 역할

계층	기능과 역할
응용 계층 (Application Layer)	• 유저 인터페이스를 제공
프레젠테이션 계층 (Presentation Layer)	• 네트워크와 응용프로그램 간의 데이터 형식 변환 • 암호화 등의 과정을 처리
세션 계층 (Session Layer)	• 장치 간 또는 노드 간의 데이터 전송을 조정
트랜스포트 계층 (Transport Layer)	• 신뢰성 있는(혹은 없는) 전송을 제공 • 재전송이 필요한 경우 오류를 수정
네트워크 계층 (Network Layer)	• 경로결정 기능 • 두 노드 간의 논리적 연결을 수행하고 유지
데이터 링크 계층 (Data Link Layer)	• 패킷을 바이트로, 바이트들은 프레임으로 결합시킴 • MAC 어드레스를 사용하여 미디어 액세스를 제공 • 송수신되는 정보의 오류와 흐름을 관리(오류 수정은 하지 않음)
물리적 계층 (Physical Layer)	• 장비들 간의 실제 데이터 이동 • 전압, 커넥터의 핀 개수 등을 정의

○ 물리적 계층(Physical Layer)

물리적 계층은 글자 그대로 물리적인 부분에 대해 다루는 계층이다. 그래서 단순히 한 컴퓨터로부터 다른 컴퓨터로 0과 1로 이루어진 디지털 신호를 전기신호로 변환하여 전송하는 역할을 담당한다. 반대로 수신된 신호들은 상위 층인 데이터링크 계층으로 올려 보내진다. 이 계층에서는 데이터 내부의 의미에 대해서는 관여하지 않으며 대신 물리적 접속과 신호의 송수신에 대해서만 다루고 있다. 즉, 단지 데이터를 전달하는 역할만 할 뿐 이 데이터가 무엇인지, 어떤 에러가 있는지, 어떻게 보내는 것이 더 효율적인지에 대해서는 전혀 관여하지 않는다.

부연하자면, 이 계층은 전기적인 세부사항, 예를 들어 0과 1을 표현하는 법, 네트워크 접속장치가 가지는 핀의 개수, 데이터를 동기화시키는 방법, 랜카드가 데이터를 전송하거나 전송하지 않는 시기 등을 정의하며 **통신케이블, 리피터, 허브 등이 이 계층에 속하는 대표적인 장비**들이다.

○ 데이터 링크 계층(Data Link Layer)

데이터 링크 계층은 상위 층인 네트워크 계층으로부터 '패킷'을 받아서 송신을 위한 물리적 계층에 보내질 '프레임' 이라는 데이터 단위로 정보를 포장한다. 다시 말해 네트워크 계층의 다양한 프로토콜을 위한 서비스를 제공하고 물리적 계층을 이용해 데이터를 전송하는 역할을 담당하는 계층이다.

물리적 계층이 전자적 신호를 그대로 전달하는 기능만을 제공하는 반면에, 데이터 링크 계층은 이 물리적 연결의 신뢰도를 높여주며 링크를 활성화, 유지, 비활성화 할 수 있는 기능을 제공한다. 즉, 송수신되는 정보의 오류와 흐름을 관리하여 안전한 정보의 전달을 수행할 수 있도록 도와주는 기능을 하는 계층이다. 이 계층에 속하는 **대표적인 장비로는 브리지와 스위치**가 있다.

○ 네트워크 계층(Network Layer)

복잡하게 얽혀진 네트워크에서 어떤 지점 사이를 연결하는 통로는 하나만 있는 것이 아니다. 하지만 가장 빠른 통로는 분명히 존재하게 되는데, 세 번째 계층인 네트워크 계층에 있는 프로토콜이 가장 적합한 경로를 정해주는 역할을 수행한다. 이 계층에 속하는 **대표적인 장비가 바로 라우터**(Router)이고, 경로가 결정되면 라우터는 가능한 모든 경로들을 평가해서 가장 좋은 경로를 선택하여 데이터를 전송한다.

라우터는 네트워크 형태에 대한 정보들과 네트워크를 통과하는 여러 가능한 경로들을 평가하고 조합하여 "네트워크 지도"를 만들어낸다. 이 네트워크 지도들은 네트워크 관리자가 직접 수작업으로 작성할 수도 있고, 라우터가 다른 라우터의 정보를 받아 동적으로 갱신할 수도 있다.

이 계층에서 다루는 데이터 단위가 "패킷"이기 때문에 네트워크 계층을 다른 말로는 패킷 계층이라고도 하며 다음의 역할을 한다.
- 주소의 지정
- 논리적인 주소와 물리적인 주소를 번역
- 네트워크 경로상의 모든 트래픽을 계산하여 최상의 경로를 선택하여 패킷을 전송
- 두 노드 간의 논리적 연결을 수행하고 유지

네트워크 계층의 프로토콜은 크게 주소지정 프로토콜과 라우팅 프로토콜로 나눌 수 있는데, 전송하려는 상대 노드의 고유의 네트워크 주소를 인식하는 것이 주소지정 프로토콜의 역할이다. 즉, IP 주소와 같은 논리적인 주소를 MAC 등의 물리적인 주소로 변역하는 것이

며, 이에 반해 라우팅 프로토콜은 목적지 네트워크로 가는 경로를 결정하는 데 사용하는 프로토콜이다.

알아두기

> 라우팅 프로토콜은 목적지 노드가 아니라 목적지 네트워크로 가는 경로를 결정하는 데 사용된다.

네트워크 계층에서 작동하는 장치는 네트워크 간에 연결되어지며 트랜스포트 계층에 End-to-End 패킷 전송을 지원한다. 즉, 송신지 노드에서 목적지 노드로 패킷을 전송하는 것이 네트워크 레이어의 근본적인 역할이며, 이 과정에서 패킷의 순서 결정, 주소정보 추가, 라우팅 정보 추가 등이 이루어진다.

라우터로 연결된 네트워크에서는 그림과 같은 순서로 데이터가 전달된다. 라우터는 패킷의 헤더를 검사하여 수신지를 확인하고, 수신지를 확인한 다음에는 라우팅 테이블(네트워크 지도)을 참조하여 현재의 네트워크가 다른 네트워크 인터페이스와 연결되어 있는지를 확인한 다음, 가장 적합한 것을 선택하여 이 인터페이스 정보와 함께 패킷을 캡슐화하여 전달한다.

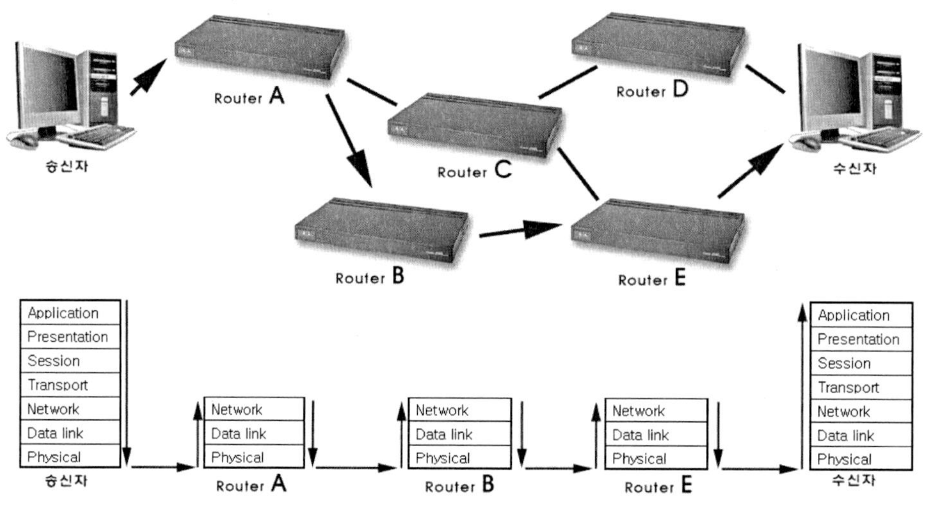

▲ 그림 13-3 네트워크 레이어에서 전송 프로세스

이 동작은 패킷이 목적지에 도착할 때까지 경로상의 모든 라우터에서 반복적으로 일어나게 되며, 마침내 수신지 호스트가 위치한 네트워크에 연결된 라우터에 패킷이 도착하면 패킷은 수신지 네트워크(랜)의 데이터 링크 프레임 형태에 맞게 다시 캡슐화된다.

○ 트랜스포트 계층(Transport Layer)

OSI 7계층을 두 부분으로 나누었을 때 네트워크 계층 아래를 하위계층, 트랜스포트 계층 위를 상위계층이라 하며, 상위계층의 프로토콜은 통신장치에 대한 구체적 사항들과는 관계없이 End-to-End 전송에만 관여한다.

트랜스포트 계층은 상위계층인 세션 계층에 서비스를 제공하고 아래의 네트워크 계층을 이용하여 노드와 노드 사이의 라우팅 작업을 지시한다. 이 계층은 상위 계층들의 논리적 작업들을 처리하여 하위 계층에게 데이터를 전달하는 아주 중요한 역할을 수행한다.

특히, OSI 모델에서 트랜스포트 아래의 세 개 층을 서브넷(Subnet) 계층이라 하는데, 이 계층들의 역할은 근원지 노드에서 목적지 노드로 가는 패킷들을 처리하는 것이다. 실제로 라우터나 브리지, 스위치들은 이 세 개의 층만을 사용하여 작업을 수행한다.

서브넷 계층에서의 전송 서비스는 연결지향 통신과 비 연결지향 통신 두 가지로 나눌 수 있는데, 연결지향 통신(Connection Oriented Communication)에서는 송신측과 수신측 사이의 연결이 먼저 구축된 이후에야 데이터의 전송이 시작된다. 연결이 성공하면 모든 데이터가 이 연결을 따라 순차적으로 전송되고, 전송이 완료되면 연결은 끊어진다. 따라서 뒤에 보낸 패킷이 먼저 도착하는 일은 생기지 않는다.

비 연결지향 통신(Connection-less Oriented Communication)에서는 송신측과 수신측 사이의 연결설정을 하지 않기 때문에 패킷들은 독립적으로 전송된다. 따라서 각기 다른 경로를 선택하여 목적지 노드로 갈 수도 있다. 이 통신모드에서는 패킷들이 목적지 노드에 도착하는 순서가 달라질 수 있으며, 전송도중에 데이터 손실이 발생할 가능성도 상당히 크기 때문에, 모든 패킷에는 반드시 일렬번호가 붙어 있어야 하며 수신지에서는 그 패킷을 순서에 따라 재조립 하는 과정이 필요하다.

○ 세션 계층(Session Layer)

세션 계층은 네트워크 연결에서 컴퓨터상의 응용프로그램이 세션이라는 특수한 방법을 통해 연결을 공유하는 것을 가능하게 한다.

이 계층은 장치 간 또는 노드 간의 데이터 전송을 조정하는 데 Simplex, Half-Duplex, Full-Duplex의 세 가지 모드를 제공하여 전송을 조정하며 연결 수립, 데이터 전송, 연결 해제라는 세 가지 단계를 거쳐 데이터를 전송한다. 다시 말하자면 다이얼로그와 데이터 동기화, 네트워크 오류 이벤트 검사, 오류가 발생한 시점 이후의 데이터 재전송을 담당하는 것이 세션 계층의 주된 역할이다.

용어설명

- Simplex
  단방향 전송. 한 장치는 송신만 할 수 있고, 반대쪽에 있는 장치는 수신만 할 수 있다. 라디오나 TV 방송이 Simplex의 대표적인 예이다.
- Half-Duplex
  반이중 전송. 송신과 수신을 모두 할 수 있지만 동시에 할 수는 없다. 무전기를 생각하면 쉽게 이해할 수 있다.
- Full-Duplex
  전이중 전송. 송신과 수신을 동시에 할 수 있다. 전화가 대표적인 전이중 전송 서비스이다.

○ 프레젠테이션 계층(Presentation Layer)

프레젠테이션 계층은 네트워크가 요구하는 데이터 형식과 컴퓨터가 응용프로그램이 요구하는 데이터 형식 간의 변환을 수행한다. 또한, 이 계층은 문자집합(캐릭터 세트)변환, 데이터 캡슐화, 압축 계층 같은 데이터 형식 변화에도 관여하고 있다.

특히 MicroSoft 제품군에서는 리다이렉터(Redirector) 기능이 이 계층에서 지원된다. 네트워크 리다이렉터는 네트워크 상에 있는 자원, 예를 들어 파일 서버상의 파일을 윈도우의 탐색기를 통해 볼 수 있도록 하는 기능으로서, 네트워크를 통한 인쇄에도 적용되기 때문에 다른 컴퓨터에 있는 프린터를 마치 자신의 컴퓨터에 접속된 프린터처럼 사용할 수 있게 만들어준다. 또한, 프레젠테이션 계층의 표준 중 일부는 멀티미디어의 가동에 관여하는데, TIFF나 JPEG, MPEG와 같은 표준들이 이 계층에 속한다.

○ 응용 계층(Application Layer)

응용계층은 OSI 레이어 모델의 최상위 계층이며 사용자와 직접 만나게 되는 아주 중요한 요소임과 동시에 응용프로그램을 네트워크와 연결시켜주는 기능을 한다.

워드프로세서 등의 응용프로그램은 단지 사용자의 컴퓨터의 자원(CPU나 메모리 등)만 필요로 하지만, 현재의 응용프로그램들은 네트워크를 통해 작업이 이루어지는 경우가 많다. 예를 들어 FTP나 Web 검색, E-mail, Telnet을 통한 원격접속 등이 대표적이다.

▼ 표 13-2 각 레이어의 대표적인 프로토콜

Layer	Protocol	Description
Applicaation	FTP	File Transfer Protocol
	TENLET	for Virtual Terminal
	SMTP	Simple Mail Transfer Protocol
	IMAP	Internet Message Access Protocol
	DNS	Domain Name Service
	BOOTP	Boot Protocol
	DHCP	Dynamic Host Configuration Protocol
	TFTP	Trivial File Transfer Protocol
	FINGER	Finger Protocol
	HTTP	World Wide Web Hyper Text Transfer Protocol
	HTTPS	Secure HTTP Protocol
	HTTP Proxy	HTTP Proxy Protocol
	POP3	Post Office Protocol version 3
	NNTP	Network News Transfer Protocol
Presentation	NTP	Network Time Protocol
	SNMP	Simple Network Management Protocol
	SNMP Trap	SNMP-Trap Message
	SNMP Agent	SNMP-Agent Message
	WINS	Windows Internet Name Service
	NetBIOS	Network Basic Input/Output System
Session	RPC	Remote Procedure Call
Transport	TCP	Transmission Control Protocol
	BGP	Border Gateway Protocol
	UDP	User Datagram Protocol
	RIP	Routing Information Protocol
Network	IP	Internet Protocol
	ICMP	Internet Control Message Protocol
	SLIP	Serial Line IP
	X.25	Packet Level Protocol
	OSPF	Open Shortest Path First Protocol
	IGRP	Interior Gateway Routing Protocol
	GGP	Gateway to Gateway Protocol
	EGP	Exterior Gateway Protocol
	IGMP	Internet Group Management Protocol

Network	ARP	Address Resolution Protocol
	RARP	Reverse Address Resolution Protocol
	IPX	Internetwork Packet Exchange
	NLSP	Netware Link Services Protocol
DataLink	IEEE 802.3	CSMA/CD(Ethernet)
Physical	-	-

(4) 프로토콜 스택과 스택 간의 통신

네트워크에서 데이터를 주고받기 위해서는 프로토콜을 사용한다. 프로토콜이란 통신을 하는 두 노드 간의 상호약속으로서, 각 노드들은 서로 같은 프로토콜을 사용해야만 데이터를 주고 받을 수 있다. OSI 참조 모델은 네트워크의 복잡한 통신과정을 각 계층으로 세분화하고, 각 계층은 각 작업의 한 부분만을 표현한다. 이러한 부분에는 한 개 이상의 프로토콜이 필요하게 되며 이들이 위치한 영역을 프로토콜 스택이라 부른다.

이 프로토콜 스택의 각 계층은 해당 계층의 바로 밑에 있는 계층으로부터 서비스를 받으며, 상위 계층으로 서비스를 제공한다.

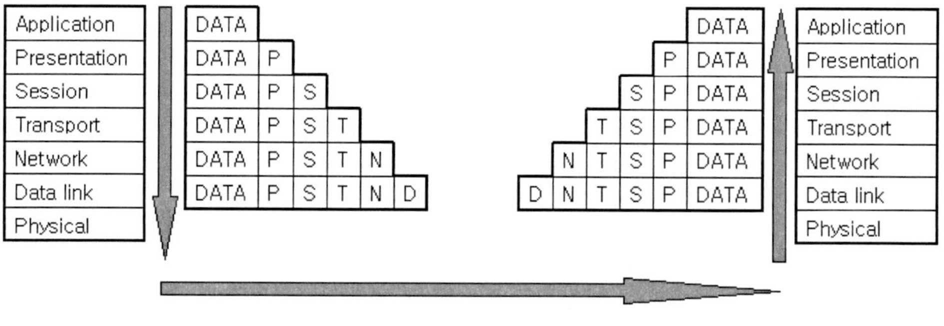

▲ 그림 13-4 OSI 스택에서의 데이터 이동

한편, 한 노드에서 다른 노드로 데이터가 전송될 때 이 데이터는 각 계층을 따라 내려가며 이동하고, 상대 노드에서는 거꾸로 거슬러 올라가면서 이동한다.

데이터가 흐름을 따라 스택을 내려가며 이동할 때 각 계층은 특정한 정보를 담고 있는 헤더(Header)를 추가하여 다음 계층으로 넘겨준다. 이 헤더는 데이터를 수신하는 노드의 해당 계층의 스택에 의해 읽히고 처리되어지는 처리제어 정보를 포함하는데, 데이터가 상대 노드의 스택을 따라 위로 이동하면서 각 계층은 그 계층에 해당되는 헤더를 분리하여 상위 계층으로 데이터를 넘겨주게 된다.

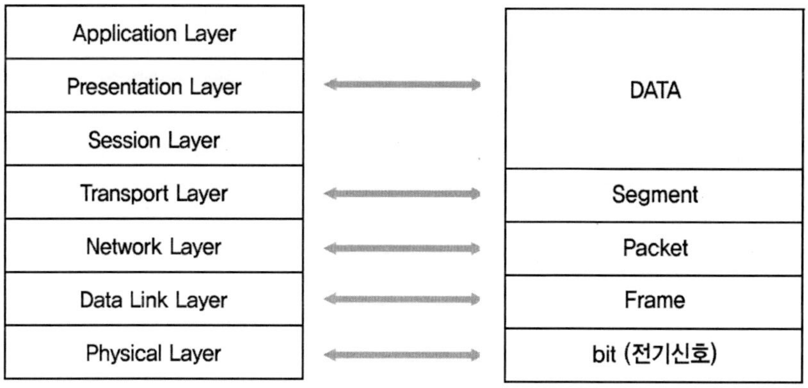

▲ 그림 13-5 각 계층별 데이터 형식

그림 13-4를 자세히 보면 맨 처음 애플리케이션 계층에서 만들어낸 데이터의 크기에 비해서 피지컬 계층에서 실제 전달되는 데이터의 크기가 더 큰 것을 볼 수 있다. 따라서 자신이 원하는 전송속도가 제대로 나오지 않는 것은 이런 여러 가지 정보들이 원래 데이터에 덧붙여지기 때문이다. 데이터가 아주 작을 때에는 원래 데이터의 크기보다 제어정보들이 더 많은 경우도 흔히 볼 수 있다.

2 DOD 모델

(1) DOD 모델이란?

인터넷에서는 OSI 7 Layer 모델이 아닌 DOD라는 독자적인 모델을 사용한다. 이 DOD (Department Of Defense, 미국 국방성) 모델은 OSI의 압축 버전으로, 7계층이 아니라 4계층으로 되어 있는 것이 특징이다.

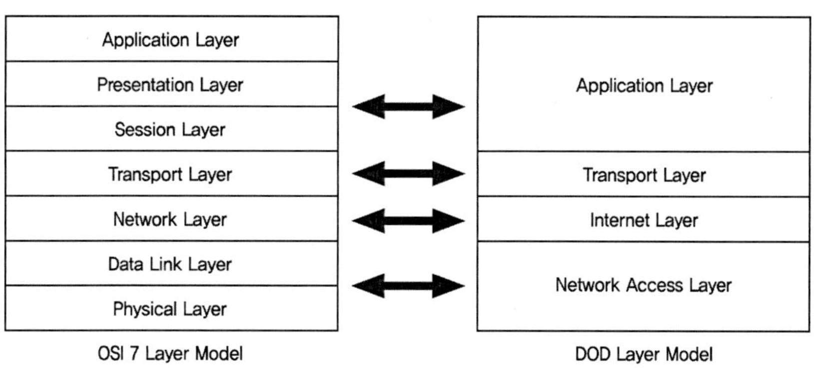

▲ 그림 13-6 OSI와 DOD모델의 비교

앞 그림은 4계층의 DOD 모델과 7계층의 OSI 모델을 비교한 것인데, 그림에서 보는 바와 같이 이 두 모델은 설계와 개념적인 측면에서는 아주 유사한 반면에, 동작방식에 대한 규격이 다르다. 때문에 두 모델 간의 프로토콜도 상당히 다른데, 다음 그림은 DOD 모델 계층 간의 프로토콜을 보여주고 있다.

<table>
<tr><td rowspan="3">Application Layer</td><td rowspan="3">User Process</td><td>Telnet</td><td>LPD</td><td>SNMP</td></tr>
<tr><td>FTP</td><td>TFTP</td><td>X Window</td></tr>
<tr><td>SMTP</td><td>NFS</td><td>DHCP</td></tr>
<tr><td>Transport Layer</td><td colspan="2">TCP</td><td colspan="2">UDP</td></tr>
<tr><td>Internet Layer</td><td>ICMP</td><td>IP</td><td>ARP</td><td>RARP</td></tr>
<tr><td rowspan="2">Network Access Layer</td><td colspan="4">Hardware Interface</td></tr>
<tr><td>Ethernet</td><td>Fast Ethernet</td><td>TokenRing</td><td>FDDI</td></tr>
<tr><td>DOD Layer Model</td><td></td><td></td><td></td><td></td></tr>
</table>

▲ 그림 13-7 TCP/IP 프로토콜 슈트

그림에서 보는 것처럼 상당히 많은 프로토콜이 결합되어 있는 것을 볼 수 있다. 만약 인터넷을 통하여 웹을 사용하고자 한다면, HTTP, TCP, IP 등 최소 3개의 프로토콜을 조합해서 사용해야만 비로소 웹을 검색할 수 있는 것이다.

(2) 애플리케이션 계층

DOD 모델에서는 OSI 모델의 상위 3계층에 해당하는 부분이 애플리케이션 계층이다. 이 계층에서 대부분의 처리가 이루어지며 다수의 프로토콜들이 상호 결합되어 OSI의 세션 계층, 프레젠테이션 계층, 애플리케이션 계층의 기능들과 같은 다양한 활동과 작업을 통합처리하게 된다.

이 계층은 하드웨어, 운용 시스템(OS), 컴퓨터의 기능 등에 관계없이 응용프로그램 상호 간의 통신을 관리할 수 있다. 한편, TCP/IP 프로토콜로 작성된 대부분의 응용프로그램은 클라이언트/서버 응용프로그램의 특징을 가진다. 즉, 여기에 사용되는 소프트웨어는 두 부분으로 구성되어 있으며 서로 다른 기종의 컴퓨터에서도 사용할 수 있다.

이 소프트웨어의 한쪽 부분은 보통 데이터를 실제로 가지고 있는 컴퓨터에서 사용된다. 이 프로그램을 서버라고 하며 서버 소프트웨어를 운용하고 있는 컴퓨터를 서버 머신(Machine) 또는 서버 컴퓨터라고 한다. 이때 데이터의 저장이나 처리의 대부분이 이 컴퓨터에서 이루어지기 때문에 보통은 고성능의 컴퓨터를 서버 컴퓨터로 사용한다.

클라이언트/서버 시스템의 작동방식은 다음과 같다. 클라이언트 소프트웨어가 서버 소프트웨어에게 어떤 요구를 전달하고 이를 수행하도록 하며, 서버에서 보내 준 결과를 클라이언트가 이용하게 되는 것이다. 대표적인 요구로 웹 등의 정보검색, 인쇄물 출력, E-mail, 파일전송 등을 예로 들 수 있다.

서버와의 통신 기능 이외에 클라이언트 소프트웨어는 사용자를 위한 인터페이스(UI, User Interface)를 제공하며, 서버에서 받은 데이터를 조작할 수 있도록 해 준다.

(3) 트랜스포트 계층

Transport 계층은 OSI의 전송 계층(Transport Layer)에 해당하며 응용프로그램의 전송 서비스 수준을 설정하기 위한 프로토콜을 정의한다. 이 계층에서는 신뢰성 있는 통신과 에러 없는 데이터 전달을 보장하는 기능을 수행하며, 패킷의 순서를 결정하고 데이터 무결성을 유지한다.

어쨌든 이 계층의 목적은 복잡한 네트워크에서 상위 프로토콜을 간편하게 사용하기 위한 것이기 때문에, 상위계층에서 데이터와 데이터의 형식을 받아 전송준비를 시키는 것이 주된 역할이다.

○ TCP(Transmission Control Protocol)

전송제어프로토콜로 풀이할 수 있는 TCP는 네트워크가 처음 시작되던 시절, 아직 신뢰성에 문제가 있던 WAN이 처음 등장했던 당시부터 사용되던 프로토콜로서, WAN의 신뢰성 문제를 해결하기 위해 개발되었다. 때문에 이 프로토콜은 에러 테스트를 실시하고, 필요에 따라 데이터를 재전송하며, 에러가 발생하여 직접 이를 해결할 수 없을 때에는 상위계층에게 보고하는 기능을 수행한다. 즉, 다른 프로토콜에 비해 에러에 강하다는 장점을 가지고 있다.

이 프로토콜은 응용프로그램으로부터 정보를 받아 세그먼트라는 작은 단위로 분리한 다음, 순서대로 번호를 할당하여 수신지의 TCP 프로토콜이 이를 다시 조립하여 완전한 데이터로 결합할 수 있도록 한다. 이 세그먼트를 전송한 다음, TCP는 이를 수신한 상대방으로부터 수신확인 메시지를 기다리게 되며 확인되지 않은 세그먼트를 재전송하기도 한다.

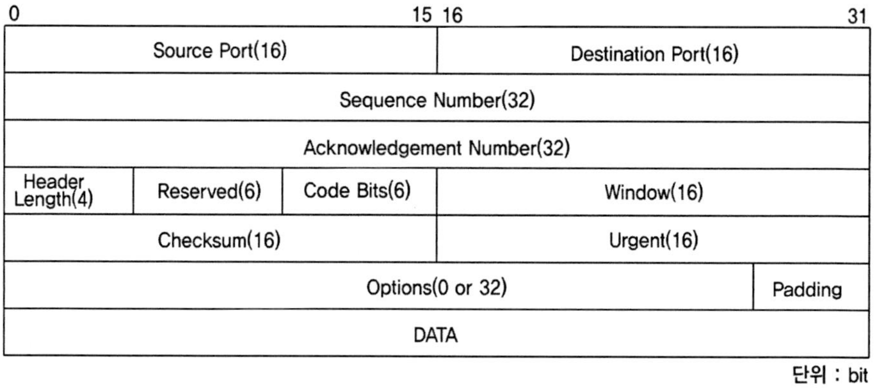

▲ 그림 13-8 TCP 세그먼트 형식

전송장치의 TCP 프로토콜은 세그먼트를 DOD 모델의 하위계층으로 전달한 후, 연결을 설정하기 위해 수신지의 TCP 프로토콜과 접촉한다. 이렇게 해서 확립되는 연결을 가상회선이라고 하며, 이러한 기능을 하는 프로토콜을 연결지향 프로토콜(Connection Oriented Protocol)이라고 한다.

이 초기 설정 동안 두 TCP 계층은 수신 측 TCP가 확인 메시지를 반환하기 전에 전송할 정보의 양에 대해 합의(핸드셰이킹, Hand shaking)를 하게 되는데, 이것은 데이터의 전송 전에 전송에 대한 사항이 합의되어야만 신뢰성 있는 애플리케이션 계층의 통신이 가능하기 때문이다.

알아두기

핸드셰이킹(Hand shaking)은 두 장치 또는 두 프로토콜이 앞으로 주고받을 정보의 규격과 방식을 정하는 것을 말한다. 컴퓨터 네트워크뿐만 아니라 팩스전송에서도 핸드셰이킹이 일어나는데, 이것은 전화 연결에 앞서 사용할 프로토콜의 종류에 관한 합의를 이끌어내기 위해 두 팩스 사이에서 일어나는 정보의 교환이다.
팩스를 보내기 위해 전화를 걸면, 삑~ 하는 접속 음이 들린 다음 얼마동안 핸드셰이킹이 일어나는 소리(찌직거리는 잡음)를 들을 수 있다. 회선 양단에 설치된 팩스들은 전송 능력이 서로 다를 수 있기 때문에, 자신의 능력을 상대방에게 알리고, 통신 중에 사용 가능한 최대 전송속도를 정할 필요가 있는데, 이것도 핸드셰이킹의 일종이라고 볼 수 있다.

TCP는 전이중 연결을 제공하는 신뢰성 있고, 정확하며, 섬세한 프로토콜이다. 이 모든 조건들을 확립하고, 이를 기준으로 에러 검사를 수행하는 것은 결코 쉬운 일이 아니다. 이는 상당히 복잡하며, 네트워크 오버헤드의 측면에서 비용이 많이 드는 작업이다.

어쨌든 중요한 것은 TCP가 연결지향 프로토콜이라는 점이다. 데이터를 전송하기 원한다면 TCP는 전송 전에 먼저 상대방 서버에 전송할 것이라는 내용을 알리고 그 서버와 세션을 연결하여 데이터를 전송한다. 데이터를 보내고 난 다음 수신 서버로부터 데이터를 받았다는 연락을 받으면 다시 다음 데이터를 전송한다. 때문에 전송을 하는 도중에 에러가 발생하면 해당 데이터를 다시 전송하는 것이 가능하다.

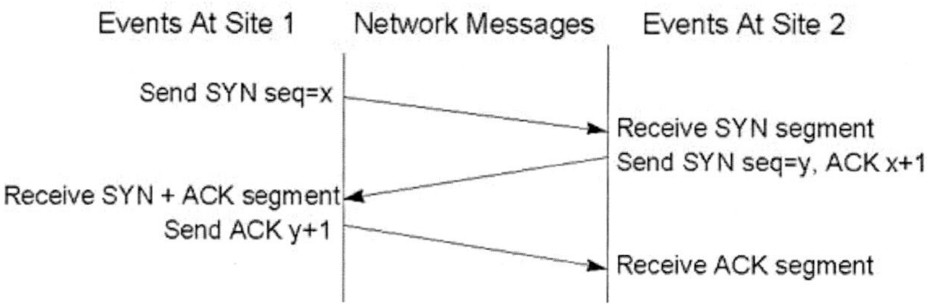

▲ 그림 13-9 TCP의 데이터 전송

○ UDP(User Datagram Protocol)

이 프로토콜은 TCP를 대체할 목적으로 개발된 작은 크기의 프로토콜로, Thin 프로토콜이라고도 한다. TCP에 비해 크기가 작기 때문에 네트워크에서 훨씬 빠르게 동작한다. 또한, TCP처럼 여러 가지 다양한 기능을 제공하지는 않지만 전송의 신뢰성이 요구되지 않는 많은 양의 자료를 전송하는 데에는 적합한 프로토콜이다.

보통은 데이터를 전송할 때 TCP를 사용하지만, 상황에 따라서는 TCP보다 UDP가 더 적합할 때가 있다.

예를 들어 SNMP를 이용해서 네트워크 관리를 한다고 생각해 보자. SNMP는 네트워크 상의 메시지 전송이나 상태의 모니터링 기능을 수행하게 되는데, 아주 작은 크기의 메시지를 관리용 컴퓨터에게 일정시간 간격으로 전송한다. 이 작은 메시지를 전송할 때마다 TCP 연결을 확립하고, 관리하며, 종료하는 작업에 사용되는 시간과 노력은 실제 전송할 데이터보다 터무니없이 많다. 따라서 이런 경우에는 TCP보다 UDP를 이용하는 것이 더 효율적이다.

0 15	16 31
UDP Source Port(16)	UDP Destination Port(16)
UDP Message Length(16)	UDP Checksum(16)
DATA	

단위 : bit

▲ 그림 13-10 UDP 세그먼트 형식

UDP는 TCP와 같이 데이터 세그먼트에 번호를 붙이기는 하지만, 이 세그먼트들이 어떤 순서로 목적지에 도착하든 상관하지 않고, 심지어는 제대로 도착했는지 확인조차 하지 않는다. 일단 전송하기만 하면 UDP의 임무는 그것으로 완료되며, 끝까지 책임지고 점검하며 안전하게 도착했는지 확인하는 것은 UDP가 하는 역할이 아니다.

이 외에도, 가상회선을 만든다거나 전송에 앞서 수신지와 연락을 취한다거나 하는 일도 없다. 그래서 UDP를 비 연결지향 프로토콜(Connection-less Protocol)이라고 부른다.

▼ 표 13-3 TCP와 UDP 비교

TCP	UDP
• 순차적 전송 • 신뢰성이 높음 • 연결지향 프로토콜 • 가상회선 사용 • 3방향 핸드쉐이크 • 윈도우에 의한 흐름제어	• 순서를 무시한 전송 • 신뢰성 결여 • 비 연결지향 프로토콜 • 낮은 오버헤드 • 확인/응답 없음 • 윈도잉/흐름제어 없음

알아두기

오버헤드(Overhead)란 데이터 패킷 또는 세그먼트에서 실제 전송을 원하는 데이터를 제외한 부분이다. 네트워크 상에서 데이터를 전달하기 위해서는 실제 전송을 원하는 데이터 이외에도 세그먼트의 일련번호, 발신지 주소, 수신지 주소, 에러 정정용 코드 등이 패킷에 포함되게 되는데, 이런 부분을 오버헤드라고 한다.

○ 포트번호

TCP와 UDP는 상위 레이어와 통신하기 위해 특정한 포트를 사용하며, 이 포트를 통하여 TCP와 UDP는 각종의 서비스를 제공한다. 특히, 1024번 이하의 번호를 가지는 포트는 잘 알려진(Well Known) 포트로 불리며 RFC 1700으로 정의되어 있다.

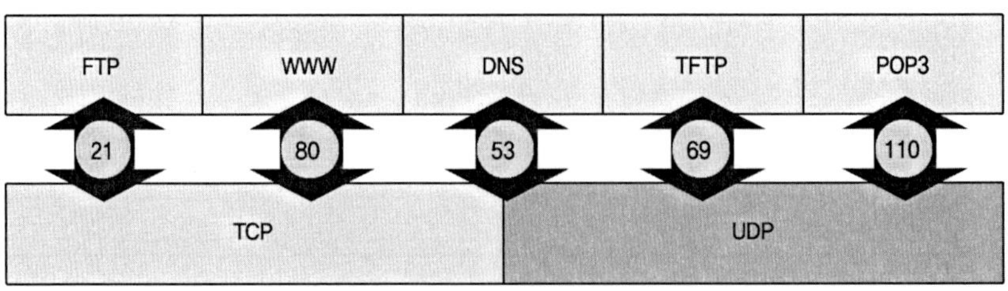

▲ 그림 13-11 TCP/UDP 포트 번호

일반적인 경우 Source(송신측) Port의 번호는 Application Protocol에서 임의로 생성해 사용하는데, 1024 이상의 것을 사용하도록 권고되고 있다. 그러나 Destination(수신측)

Port는 어떠한 번호라도 관계는 없지만, Application Protocol에 따라 미리 약속된 번호를 사용한다.

예를 들어 FTP 서비스를 제공하기 위한 TCP 포트 번호는 21번이며, Web 서비스를 위한 포트 번호는 80번이다. 물론, 보안을 이유로 이 약속된 포트번호를 사용하지 않는 경우도 있지만, 이런 경우에는 서비스를 사용하고자 하는 사용자에게 먼저 포트번호를 알려주어야만 접속이 가능하다. 때문에 일반적인 서비스를 제공하는 경우에는 미리 약속된(널리 알려진)포트 번호를 사용한다.

▼ 표 13-4 흔히 사용되는 TCP 포트의 이름과 번호

포트이름	번호	포트이름	번호	포트이름	번호
echo	7	time	37	pop3	110
discard	9	whois	43	sunrpc	111
daytime	13	domain	53	nntp	119
chargen	19	gopher	70	bgp	179
ftp-data	20	finger	79	uucp	540
ftp	21	www	80	klogin	543
ftp	21	hostname	101	kshell	544
telnet	23	pop2	109		

▼ 표 13-5 흔히 사용되는 UDP 포트의 이름과 번호

포트이름	번호	포트이름	번호	포트이름	번호
echo	7	bootps	67	snmp	161
discard	9	bootpc	68	snmptrap	162
chargen	19	tftp	69	biff	512
time	37	sunrpc	111	syslog	514
nameserver	42	ntp	123	talk	517
tacasds-ds	49	netbios-ns	137	rip	520
dns	53	netbios-dgm	138		

(4) 인터넷 계층

인터넷 계층은 OSI의 네트워크 계층(Network Layer)에 해당하며, 네트워크 전체에 걸쳐 패킷의 논리적 전송과 관련된 프로토콜을 지정한다. 또한, 호스트에 IP 주소를 할당하고, 다수

의 네트워크 간에 패킷 라우팅을 처리하며 두 응용프로그램 간에 통신 흐름을 제어하는 역할도 하고 있다.

정확히 말하면 인터넷 계층은 라우팅과 상위 계층(Transport 계층)과의 단일 네트워크 인터페이스를 제공하는 기능을 수행한다고 보면 된다.

이 계층에서 동작하는 프로토콜 중 가장 대표적인 프로토콜인 IP는 각 패킷이 가지고 있는 목적지 IP 주소를 확인한 후, 라우팅 프로토콜을 사용하여 패킷의 전송 수신지를 결정하여 최적의 경로를 선택한다. 한편, DOD 모델의 최하단에 있는 네트워크 액세스 계층 프로토콜은 전체 네트워크 중 IP의 지정영역은 처리하지 않고 오직 Point-to-Point의 물리적 링크만을 담당한다.

○ IP

네트워크에 연결된 장치는 어떤 장치이든지 간에 두 가지의 주소를 가지고 있다. 하나는 IP와 같은 소프트웨어 주소이며 다른 하나는 MAC 어드레스와 같은 하드웨어 주소이다. 특히, 인터넷에 연결된 모든 장치는 적어도 하나의 IP 주소, 즉 논리적(소프트웨어적) 주소를 가지게 된다.

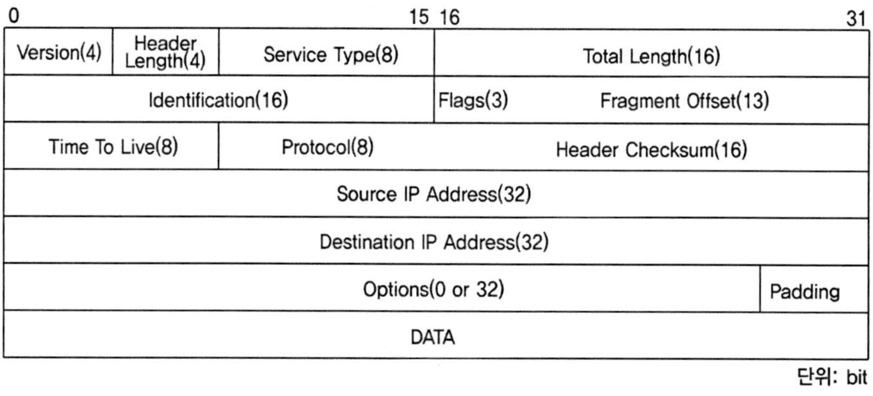

▲ 그림 13-12 IP 데이터그램 형식

데이터의 송신측에서 IP는 트랜스포트 계층으로부터 세그먼트를 수신하여 데이터그램(패킷) 단위로 분할한다. 또한 수신 측에서는 이 데이터그램을 다시 세그먼트로 결합시켜 트랜스포트 계층으로 보내준다. 각 데이터그램에는 수신 측과 송신 측의 IP 주소가 포함되어 있고, 중간의 라우터는 이 주소를 근거로 하여 라우팅을 수행한다.

ARP

IP 주소만 가지고는 네트워크 상의 어느 컴퓨터에게 데이터를 전달해야 하는지 알 수 없다. 랜에서 실제 데이터를 전송할 때 사용되는 주소형식은 192.168.0.1과 같은 IP 주소가 아니라 AE-00-EE-09-E1같은 MAC 주소이기 때문이다.

만약 IP 주소는 알고 있지만 하드웨어 주소(MAC 어드레스)를 모를 경우, 데이터를 송신하고자 하는 컴퓨터는 ARP(Address Resolution Protocol)라는 프로토콜을 사용해 해당 주소를 가진 컴퓨터를 네트워크에서 찾아내야 한다.

(5) 네트워크 액세스 계층

마지막 계층인 네트워크 액세스 계층은 컴퓨터와 네트워크 간의 데이터 교환을 감시하고 수행한다. 이 계층은 OSI 모델의 데이터 링크 계층(Data Link Layer)과 물리적 계층(Physical Layer)에 해당하며, 하드웨어의 주소지정을 관리하고 데이터의 물리적 전송을 위한 프로토콜을 정의하고 있다.

이 계층의 프로토콜들은 모두 데이터의 물리적 전송과 관계가 있으며, 전송을 위한 방법이나 물리적 매체, 커넥터, 전기신호, 타이밍 규칙 등이 여기서 지정된다. 특히, 중요한 것은 MAC 어드레스가 바로 이 계층에서 지정된다는 것인데, 대표적인 LAN인 이더넷, 즉 CSMA/CD도 이 계층의 한 규약이며 프로토콜일 뿐이다.

쉬어가는 페이지

컴퓨터와 네트워크의 세계에서 빠뜨리고 넘어갈 수 없는 부분 중 하나가 바로 2진수(Binary)와 10진수(Decimal), 그리고 16진수(Hex)이다. 그 중에서도 2진수와 10진수를 상호 변환할 수 있어야 편안하게 네트워크를 공부할 수 있다.

먼저 2진수를 10진수로 바꾸는 방법을 알아보자.

2진수에서는 0과 1만으로 모든 수를 표현한다. 그러니까 2진수의 세계에서는 2도 없고 3도 없다. 2진수에서 가장 큰 수는 1이다.

자, 그러면 이진수로 1111은 십진수로 얼마인지 계산해 보도록 하자.

$$
\begin{aligned}
1111 &= (1 \times 2^3) + (1 \times 2^2) + (1 \times 2^1) + (1 \times 2^0) \\
&= (1 \times 8) + (1 \times 4) + (1 \times 2) + (1 \times 1) \\
&= 8 + 4 + 2 + 1 \\
&= 13
\end{aligned}
$$

그러면 반대로 10진수를 2진수로 바꾸어 보도록 하자. 10진수를 2진수로 바꾸려면 10진수를 계속 2로 나누어서 나온 나머지를 역순으로 써 주기만 하면 된다.

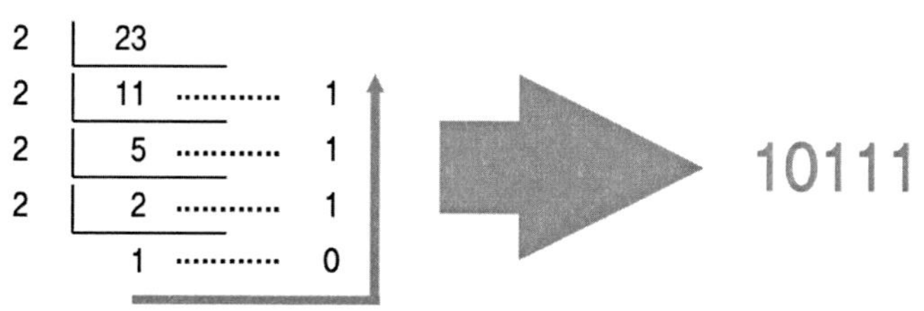

사실 개념만 이해하고 있으면 될 뿐이지, 이걸 손으로 일일이 계산할 필요는 없다. 그냥 공학용 계산기나 스마트폰 앱, 혹은 윈도우에서 제공하는 계산기로도 간단히 계산은 가능하다.

윈도우에서 쓰는 계산기를 [프로그래머용]으로 바꾼 다음, 10진수를 입력하고 [Bin]모드로 설정하면 바로 2진수로 바꾸어 준다. 마찬가지로 [Bin]모드로 설정한 후에 2진수를 입력하고 [Dec]모드로 바꾸면 바로 10진수로 바꿀 수 있다.

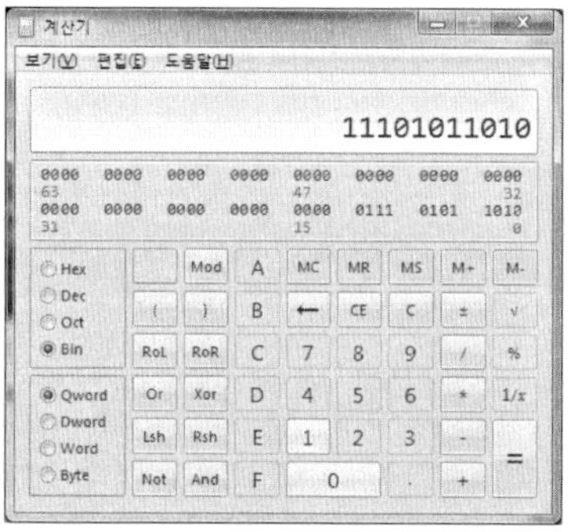

Chapter 14 이더넷과 WiFi

네트워크 초창기에는 LAN을 위한 많은 네트워크 표준들이 있었지만, 현재에 와서는 LAN = Ethernet이라고 할 정도로 이더넷은 사실상의 LAN 표준이다. 이더넷은 1980년 초반부터 사용되어온 오래된 기술이지만 현재의 이더넷도 과거의 표준을 거의 그대로 따르고 있기 때문에 초기의 기술표준을 알고 있어야 현재의 표준을 이해할 수 있다.

1 이더넷(Ethernet)

(1) 이더넷이란?

1970년대에 Xerox, DEC, Intel에 의해 최초의 공식적인 이더넷 스펙이 마련되었는데, 이를 DIX(DEC-Intel-Xerox)표준이라고도 한다. 그리고 위의 3사가 1980년 9월, CSMA/CD를 기본 골격으로 하여 상용화되기에 손색이 없도록 많은 부분을 개선하고 이를 "Ethernet Version 1.0"으로 발표하였다.

IEEE 802 프로젝트가 진행 중이던 1981년 이더넷을 국제 표준으로 인정받기 위하여 802 위원회에 참여하여 버전 1.0을 개선하는 작업을 진행하였다. 이렇게 해서 1982년 Ethernet version 2.0이 개발되었는데, 2.0 버전은 이미 사용되고 있는 버전 1.0과 새로 제안될 표준 간의 호환성을 유지하기 위한 목적이 컸었다고 볼 수 있다.

1983년 하반기, IEEE 802.3 Working Group의 표준화 작업이 마무리되어 IEEE 표준 위원회에서는 마침내 802.3 CSMA/CD 네트워크라는 이름으로 LAN 표준을 발표하였다.

이와 같은 과정을 거침으로써 엄밀한 의미에서 이더넷과 802.3 CSMA/CD 네트워크는 구분되어야 하지만 대부분 이를 구분하지 않고 이더넷이라 통칭하고 있다.

초기에 2 Mbps의 속도로 데이터를 전송할 수 있던 표준이 10 Mbps, 100 Mbps로 계속적인 발전이 되어 왔으며, 현재는 10 Gbps 이상의 속도로 데이터를 전송할 수 있게 되었다.

표준 이더넷의 전반적인 특징은 다음과 같다.

- OSI 7 Layer의 가장 하위층인 물리적 계층과 데이터링크 계층을 정의한다.
- CSMA/CD 방식을 사용한다.
- 동축케이블, 광케이블, 트위스트 페어 케이블 등 다양한 전송 매체를 사용한다.
- 기본적으로 Baseband 네트워크이다
- 논리적으로는 선(Bus)형 구조를 가지며, 물리적으로는 선형 또는 스타(Star)형 구조를 가진다.

▲ 그림 14-1 이더넷의 논리적 구조

이더넷은 여러 개의 서로 다른 물리적 규격을 설정하고 있으며 그 특성에 따라 이름이 정해진다. 예를 들어 10Base5라고 할 때,

10 ⇒ 1초당 전송속도로서 Mbps단위로 나타낸다.
Base ⇒ 전송방식을 뜻하며 Baseband 방식임을 나타낸다.
5 ⇒ 랜 세그먼트의 최대 길이를 나타낸다. 100미터 단위로 나타낸다.

이것은 네트워크가 10 Mbps의 속도로 데이터를 전송할 수 있으며, Baseband 방식이면서 최대 500 m까지 확장할 수 있다는 것을 의미한다.

중요한 것은 이더넷이 OSI 레이어 모델 중 하위 두 계층, 즉 물리적 계층과 데이터링크 계층에서의 표준을 정의한다는 것이다. 정확히 말하자면 데이터 링크계층의 하부층인 MAC과 물리적 계층을 정의하는데, 이것은 이더넷에서 사용하는 하드웨어 주소인 MAC 주소에서 쉽게 알 수 있다.

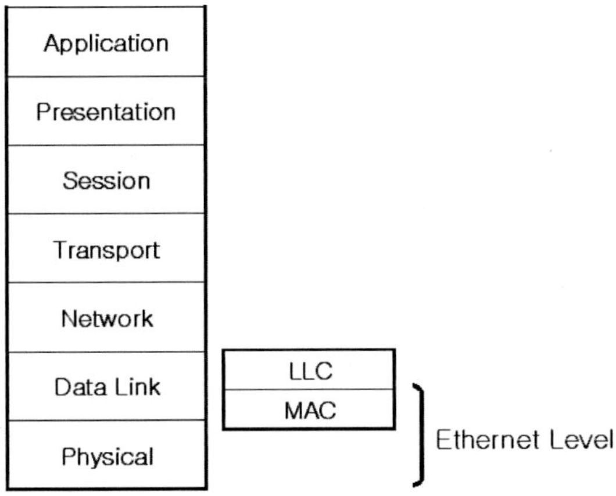

▲ 그림 14-2 OSI 레이어 모델과 Ethernet

○ CSMA/CD(Carrier Sense Multiple Access with Collision Detection)

이 방식은 채널을 사용할 때 우선 다른 사용자가 채널을 이용하는지의 여부를 확인한 다음, 채널을 사용하는 방법으로 사용 경쟁(Contention)에 의해 채널 사용권을 얻는다. 신호 검출(Carrier Sense)은 채널을 사용하기에 앞서 다른 노드가 현재 채널을 사용 중인지를 조사하는 것으로서, 이때 채널이 비어 있으면 각 노드 중 원하는 노드는 누구라도 채널을 사용할 수가 있는데 이를 다중 접근(Multiple Access)이라고 부른다.

각 노드(호스트)는 메시지를 보낸 직후에 네트워크 상에서 데이터의 충돌 여부를 항상 알아봐야 하는데 이를 충돌 검출(Collision Detection)이라 한다. 즉, 채널이 사용 중이 아닌 것으로 판단되어 전송을 시작했을 때 다른 이용자가 역시 전송을 시작하면, 이때 전송된 데이터는 상호 충돌에 의해 깨지게 된다. 만약 이 충돌 현상이 일어나면 일정한 지연 대기 시간만큼 기다린 후 전송을 재개한다.

Carrier Sensing
송신하고자 하는 노드는 채널의 전압을 감지하여 다른 노드가 데이터를 전송 중인지 확인한다.

⇓

Collision Detection
동시에 데이터를 전송하는 경우 채널의 전압이 순간적으로 높아지므로 데이터의 충돌이 발생했다는 것을 감지할 수 있다. 충돌이 감지되면 지정된 대기 시간만큼 기다린 후 데이터 전송을 다시 시작한다.

⇓

Multiple Access
채널이 사용중이 아니라면(데이터를 전송하는 노드가 없다면) 데이터를 전송한다.

○ 이더넷 프레임

이더넷은 데이터링크 계층의 규약이다. 그래서 비트를 바이트로, 바이트를 프레임으로 조합한다. 프레임은 상위계층인 네트워크 레이어로부터 전송된 패킷을 받아 하위계층으로 보내기 위해 캡슐화(Encapsulation)하는 데 사용된다.

그런데 이더넷 프레임과 IEEE 802.3 프레임은 그림에서 보는 것처럼 그 형식에 약간의 차이가 있다.

Ethernet Frame	Preamble	DA	SA	Type	DATA	FCS
	8 Byte	6 Byte	6 Byte	2 Byte	46 ~ 1500 Byte	4 Byte
802.3 Frame	Preamble	DA	SA	Length	DATA	FCS

▲ 그림 14-3 이더넷 프레임 구조

(2) 구형 이더넷(Legacy Ethernet, 10 Mbps Ethernet)

○ 10Base5

50 Ω RG-11 동축케이블과 N형의 커넥터, 그리고 케이블 위의 트랜시버와 DIX 케이블이 랜카드와 연결되는 형식으로 네트워크의 양 끝단에는 터미네이터를 연결한다.

트랜시버(Media Access Unit-MAU)는 동축케이블에 흐르는 신호를 랜카드로 전송하는 역할을 하는 장치이며, 드롭 케이블은 트랜시버와 랜카드의 AU포트를 연결하는 데 사용되는 케이블이다.

10Base5의 전송속도는 10 Mbps이며, 1세그먼트(Segment: LAN전송거리의 기본단위)의 거리는 500 m이다. 특히, 여기에 사용되는 동축케이블은 색이 노란색이기 때문에 "Yellow Cable"이라고도 부른다.

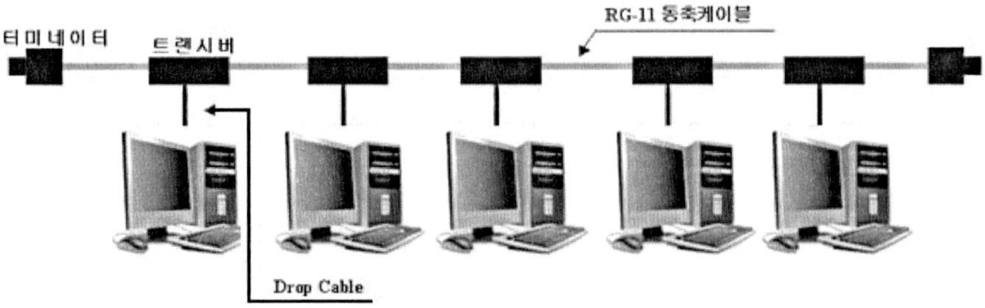

▲ 그림 14-4 10Base5 이더넷

10Base5는 최초의 802.3 표준으로 네트워크를 확장할 때 최대 4개까지의 리피터를 사용할 수 있으며 Thicknet 3-4-5 세그먼트 규칙에 따라 리피터를 사용하는 경우에 네트워크는 2.5 km까지 확장이 가능하다. 3-4-5 규칙이란 한 번에 세 개의 세그먼트만이 워크스테이션에 연결가능하고 리피터는 4개까지, 세그먼트는 5개까지만 확장이 가능하다는 뜻이다.

이더넷 구조 중에서 가장 오래된 것임에도 불구하고 500 m라는 먼 거리까지 신호를 전송할 수 있기 때문에 과거에는 백본망으로 많이 사용되었지만 전송속도에 비해 설치가 까다롭고 비용이 많이 들기 때문에 현재에는 사용되지 않는다.

보충설명

세그먼트(Segment)는 랜을 구성하는 물리적인 단위이다. 랜에서 데이터충돌이 발생했을 경우 그 신호를 알리는 범위로, 브리지나 라우터 등의 접속장치로 랜이 분할되어 있을 경우에는 별도의 세그먼트로 보는 것이 일반적이다. 즉, 세그먼트란 충돌 도메인이라고 보아도 무방하다.

10Base2

10Base5가 공개되고 실제 환경에서 제품이 사용되는 과정에서 10Base5는 소규모 랜을 구축하기 위한 용도로는 비용 부담이 너무 크다는 사실이 밝혀졌다. 사용자로부터 지나치게 비싸고 설치하기에도 불편하다는 불평이 제기되자 각 업체들은 보다 설치하기 쉽고 저렴한 네트워크 모델을 시장에 선보일 필요성을 느끼게 되었다.

10Base5와 같은 성능을 가지는 10Base2는 10 Mbps의 전송 속도를 가진다. 하지만, 가격이 싸고 전송의 품질이 떨어지는 가는 동축케이블을 사용하기 때문에 한 세그먼트의 최대 길이는 185 m로 줄어들었으며 각각의 세그먼트에는 최대 30개의 컴퓨터만 연결할 수 있는 단점이 있다. 또한, 외부에 별도로 연결되는 트랜시버 케이블이 없어졌고 대신 트랜시버는 LAN 카드 자체에 내장되어 있다.

그리고 BNC T커넥터를 사용하여 트랜시버의 비용을 절약하면서 아울러 설치도 용이하게 만들었다. 이 네트워크의 양 끝에도 10Base5와 마찬가지로 터미네이터가 설치되어야 하며 설치되지 않았을 경우 네트워크는 제대로 동작하지 않는다.

설치가 간단하고 비용이 적게 들기 때문에 과거에는 소규모 랜 구성에 많이 사용되었으나 중간에 연결된 커넥터 하나만 문제가 생겨도 전체 네트워크가 동작하지 않으며, 네트워크를 확장하기 위해서(즉, 중간에 컴퓨터를 더 연결하기 위해서)는 네트워크를 사용하지 못하게 되는 문제점이 있다.

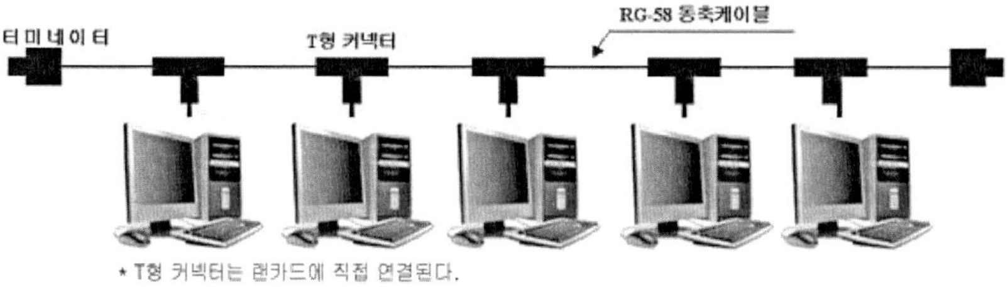

▲ 그림 14-5 10Base2 이더넷

이 방식 역시 현재는 거의 사용하지 않으나, CCTV 시스템에서는 기존에 설치되어 있는 동축케이블을 이용하여 IP 카메라를 연결하고자 할 때 아주 가끔 사용되는 방식이다.

보충설명

10Base5 이더넷은 때로 Thicknet이라 불리는데, 이것은 10Base2 이더넷에 비해 굵은 케이블을 사용하기 때문이다. 이에 비하여 가는 케이블을 사용하는 10Base2 이더넷은 Thinnet이라 부른다.

10BaseT

지금의 이더넷 네트워크의 대부분은 TP 케이블, 특히 UTP 케이블을 주로 사용해서 구축된다. 10BaseT는 TP 케이블을 이용하여 구성되며 10 Mbps의 전송속도를 낼 수 있다.

10BaseT는 중앙에 허브라는 장치를 이용해서 컴퓨터를 연결하는데, 허브는 기본적으로 리피터의 기능을 포함하고 있어 신호를 증폭할 수 있다. 허브를 이용한 스타형태의 구조는 10Base5나 10Base2가 이용하는 선형 구조보다 문제의 해결이 쉽지만, 최대 연결거리는 세그먼트당 100 m로 제한되어 있다.

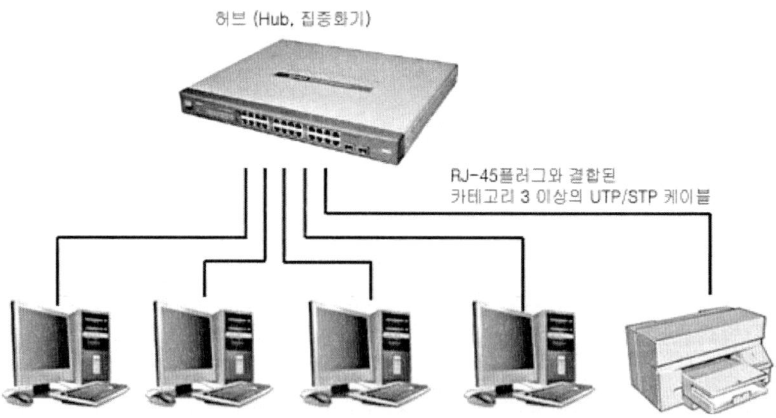

▲ 그림 14-6 10BaseT 이더넷

10BaseT 케이블의 사용 형태는 설치, 상호연결, 검사를 거쳐 “체계적인 케이블링 시스템(Structured Cabling System)”으로 표준화되어 있으며, 허브를 통하여 전체 네트워크 길이를 연장할 수 있다.

초기의 10BaseT는 반이중 방식(Half-Duplex)만 지원되었지만, 전이중 방식(Full-Duplex)도 나중에 추가되었는데, 1990년대에 이더넷의 대중화를 선도한 것이 바로 CAT-3 UTP를 사용하는 10BaseT이다.

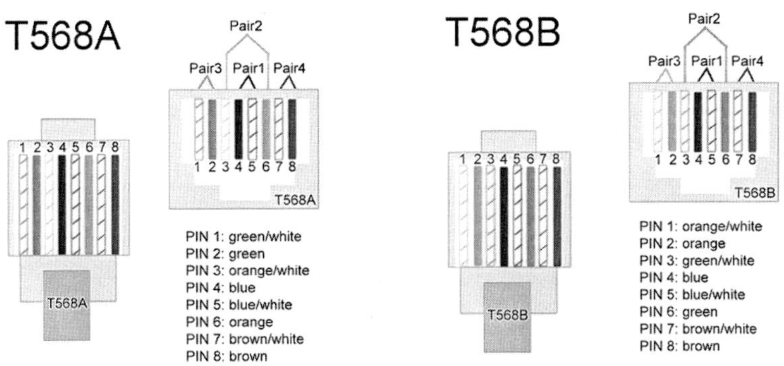

▲ 그림 14-7 T568A와 T568B 케이블 배열

10BaseT 네트워크에서는 CAT-3 케이블을 사용하는 것이 적당하지만, CAT-5 혹은 좀 더 좋은 자재나 배선과 같이 새로운 케이블 설치 방안을 수용할 수 있어야 한다는 것을 강력히 권고하고 있다. 실제 데이터를 주고받는 데 사용하는 선은 2쌍(4가닥) 뿐이지만, 네트워크 구축 시 4쌍(8가닥)의 케이블 모두를 사용하는 것을 권장하며, T568A 혹은 T568B의 케이블 핀아웃 배열을 사용해야한다.

▼ 표 14-1 10BaseT 케이블 핀아웃

핀 번호	신호
1	TD+(송신 데이터, + 차등 신호)
2	TD-(송신 데이터, - 차등 신호)
3	RD+(수신 데이터, + 차등 신호)
4	사용하지 않음
5	사용하지 않음
6	RD-(수신 데이터, - 차등 신호)
7	사용하지 않음
8	사용하지 않음

○ 10BaseF

광케이블을 이용한 이더넷으로 전기가 아닌 빛의 신호로 데이터를 전송하기 때문에 전기적인 잡음에 의한 문제가 없다. 하지만 네트워크 구성에 필요한 장비나 케이블의 가격이 비싸고 설치하기 까다롭기 때문에 거의 사용되지 않았으며, 현재는 더욱 고속의 표준이 사용되고 있으므로 사실상 사장된 표준이다.

▼ **표 14-2** 10 Mbps 이더넷의 특징

표준	10Base5	10Base2	10BaseT	10BaseF
최대 세그먼트 길이	500 m	185 m	100 m	2,000 m
최대 세그먼트 수	5	5	1,024	1,024
최대 리피터 수	4	4	-	-
세그먼트당 최대 노드수	100	30	1,024	1,024
노드 간 최소간격	2.5 m	50 cm	제한없음	제한없음
최대 네트워크 길이	2,500 m	925 m	500 m	8,000 m
최대 전송속도	10 Mbps	10 Mbps	10(20) Mbps	10(20) Mbps
사용 케이블	동축케이블	동축케이블	TP 케이블	광케이블

보충설명

노드(Node)는 대개의 경우 컴퓨터, 라우터, 프린터 등 네트워크에 연결된 모든 장치를 말하지만, 특별한 경우에는 그 장치로 연결되는 케이블이나 허브의 연결 포트 자체를 뜻하기도 한다.

▼ **표 14-3** 10 Mbps 이더넷의 동작 매개변수

매개변수	값
비트타임(bit-time)	100 nsec
슬롯 타임(slot time)	512 bit time
프레임 간 간격	96 bit
충돌 시도 제한	16
충돌 백오프(backoff) 제한	10
충돌 잼(jam) 크기	32 bit
표식 없는(untagged) 최대 프레임 크기	1,518 octet
최대 프레임 크기	512 bit(64 octet)

(3) 고속 이더넷(Fast Ethernet)

랜이 사용되던 초기에는 10 Mbps라는 데이터 전송속도도 엄청난 고속으로 여겨졌지만 컴퓨터를 사용하는 분야가 계속 늘어나고 이에 따른 데이터의 질적, 양적 팽창은 더욱 빠른 네트워크를 원하게 되었다. 지금 새로이 랜을 구축하는 곳에서는 최소한 고속 이더넷(Fast Ethernet)으로 구성하고 있는데, 고속 이더넷은 기존의 이더넷을 100 Mbps로 업그레이드한 것이다.

실질적으로 고속 이더넷과 기존 이더넷의 차이점은 속도 이외에는 없다고 보아도 무방하다. 데이터 전송방식으로 이더넷과 같은 CSMA/CD를 채용하고 있으며 장비 구성 역시 거의 동일하다. 표준안도 이더넷 분야인 IEEE 802.3의 하위위원회인 IEEE 802.3u-1995에 명시돼 있다. 결국 고속 이더넷은 이더넷의 성능을 10배 확장시킨 것으로 보면 된다.

초기에는 고속 이더넷이 장비의 가격 문제로 인해 백본용으로 주로 사용되었으나, 현재는 그 자리를 기가비트 이더넷이나 10G 이더넷에게 넘겨주고 하위의 워크그룹용 랜으로 사용되고 있다.

▼ 표 14-4 고속이더넷의 구성과 케이블 도달 거리

아키텍처	100Base-TX	100Base-FX	100Base-FX와 100Base-TX
스테이션과 스테이션 스테이션과 스위치 스위치와 스위치(반이중 혹은 전이중)	100 m	412 m	-
한 개의 클래스 I 리피터(반이중)	200 m	272 m	100 m TX 160.8 m FX
한 개의 클래스 II 리피터(반이중)	200 m	320 m	100 m TX 208 m FX
두 개의 클래스 II 리피터(반이중)	205 m	228 m	105 m TX 221.2 m FX

▼ 표 14-5 고속 이더넷의 동작 매개변수

매개변수	값
비트타임(bit-time)	100 nsec
슬롯 타임(slot time)	512 bit time
프레임 간 간격	96 bit
충돌 시도 제한	16
충돌 백오프(backoff) 제한	10
충돌 잼(jam) 크기	32 bit
표식 없는(untagged) 최대 프레임 크기	1,518 octet
최대 프레임 크기	512 bit(64octet)

100BaseT 연결의 케이블 핀아웃은 10BaseT에서 사용하는 것과 동일하지만 속도에서 차이가 있기 때문에 보다 고품질인 CAT-5 이상의 케이블을 사용하여야 한다.

또한, 고속 이더넷의 구성에 있어 보다 고품질의 광케이블을 이용하는 100BaseF 표준도 존재하지만 케이블 가설의 어려움과 아울러 신속하게 진행된 기가비트 이더넷의 출현으로 인해 LAN용으로는 거의 사용되지 않고 WAN용도(Metro Ethernet)로 사용된다.

▲ 그림 14-8 고속 이더넷 스위치와 랜카드

(4) 기가비트 이더넷

○ 기가비트 이더넷(Gigabit Ethernet)

기가비트 이더넷이라고 불리는 표준은 1,000 Mbps(1 Gbps)의 대역폭을 제공하며 기존의 10/100 Mbps 이더넷 표준과 호환될 뿐만 아니라 고속 이더넷(Fast Ethernet)에 비해 이론상 성능은 10배 이상 뛰어나며 가격 차이는 2 ~ 3배에 불과하다. 또한, 구형 이더넷에 비해 데이터 전송 대역폭을 거의 100배 가까이 증가시킴으로써 날로 커지는 네트워크에 대응함과 아울러 네트워크의 속도에 불만을 가지는 사용자들에게 적절한 선택이 될 수 있다.

기가비트 이더넷은 구형 이더넷 표준(리거시 이더넷)의 CSMA/CD(Carrier Sense Multiple Access/Collision Detection)를 계속 지원하며 반이중(Half Duplex) 모드 뿐 아니라 전이중(Full duplex) 운영 모드도 포함된다.

보충설명

기가비트 이더넷에서는 전이중 모드가 기본값이며, 케이블 4쌍(8가닥)을 모두 사용하여 데이터를 동시에 송수신한다. 이것은 이전 버전의 이더넷이 2쌍(4가닥)의 케이블을 이용하면서 한 쌍은 송신용으로, 나머지 한 쌍은 수신용으로 사용했던 것과는 많은 차이가 있다.

1998년에 IEEE 802.3 위원회는 1000BaseX 표준(IEEE 802.3z)을 채택하였다. 이 표준은 전이중 모드 광섬유 내에서 데이터 전송 속도를 1 Gbps로 증가시킨 것이며, 구형 이더넷 표준인 10BaseT에 비하여 100배 속도가 향상된 것이다.

1999년에는 설치와 관리가 어려운 광케이블을 이용하지 않고 CAT-5e 이상의 UTP 케이블에서 1 Gbps 전이중 모드로 동작하는 1000BaseT 표준이 채택되었다.

▼ 표 14-6 기가비트 이더넷 동작 매개변수

매개변수	값
비트타임(bit-time)	1 nsec
슬롯 타임(slot time)	4,096 bit time
프레임 간 간격	96 bit
충돌 시도 제한	16
충돌 백오프(backoff) 제한	10
충돌 잼(jam) 크기	32 bit
표식 없는(untagged) 최대 프레임 크기	1,518 octet
최대 프레임 크기	512 bit(64 octet)
버스트 제한	65,536 bit

앞서 말한 대로 기가비트 이더넷은 구형 이더넷 표준(10 Mbps)에 비해 데이터의 전송속도가 100배(1,000 Mbps) 빠른 대신에 전기적 잡음에 아주 약하다. 그래서 초기의 기가비트 이더넷에서는 광케이블이나 CAT-6케이블을 이용하여야만 했으나 현재 출시된 장비들은 CAT-5E 이상의 케이블을 사용하면 큰 문제없이 동작한다. 물론 광케이블이나 CAT-6케이블을 이용한다면 좀 더 데이터 전송의 안정성을 높일 수 있다.

2000년대 초반에만 해도 기가비트 이더넷을 지원하는 랜카드나 스위치의 가격이 워낙 고가였기 때문에 대중적으로 사용되지는 못했지만 현재는 대부분의 컴퓨터에 기가비트 이더넷을 지원하는 랜카드가 설치되어 판매되고 있다.

○ 1000BaseT

CAT-5E 이상의 UTP 케이블을 사용하는 기가비트 이더넷인 1000BaseT의 목표는 다음과 같은 것들을 포함하고 있다.

- 현존하는 CAT-5E 구리선 케이블 설비를 이용할 수 있는 가용성
- 엄격한 조건을 만족시켜야 하는 CAT-5E 검사를 통과한 케이블만 사용된다는 것에 대한 보증
- 10BaseT, 100BaseTX와의 상호 운용성
- 빌딩 백본, 스위치 사이의 링크, 배선반 응용, 서버 팜, 하이엔드 데스크톱 워크스테이션에 대한 응용성
- 네트워크에서 필요로 하는 업스트림 속도의 향상을 촉진하고, 많은 사용자가 이미 사용하고 있는 고속 이더넷 대역폭의 10배 보장

CAT-5E 구리 케이블(UTP) 내에서 이러한 속도를 달성하기 위하여, 1000BaseT는 4쌍(8가닥)의 케이블을 모두 사용한다. CAT-5E 케이블은 125 Mbps까지 트래픽을 안정적으로 전송할 수 있으며, 정교한 회로를 사용하여 각 전선 쌍에서 전이중 모드로 250 Mbps까지 전송이 가능하다. CAT-3 이상의 케이블은 4쌍(8가닥)으로 구성되므로 4 × 250 Mbps = 1,000 Mbps가 되지만 여러 가지 이유로 인해 실제 전송속도는 600 Mbps 정도로 제한된다.

▲ 그림 14-9 TP 케이블용 기가비트 스위치와 랜카드

구형이더넷과의 하위 호환성 문제 때문에 1000BaseT에서도 CSMA/CD와 반이중 모드가 지원된다. 그러나 1000BaseT는 전이중 모드가 대부분이며, 이는 동시에 같은 전선에서 송신(TX)과 수신(RX)의 동작을 제공하는 정교한 하이브리드 회로에 의하여 이루어진다.

○ 1000BaseSX/LX

광섬유 기반의 기가비트 이더넷은 백본 기술 중에서 가장 많이 사용되었던 기술 중 하나이며, 다음과 같은 많은 장점을 가지고 있다.

- 널리 보급된 고속 이더넷 장치 그룹을 집중화할 수 있는 1,000 Mbps 데이터 전송
- 전기적 잡음에 대한 면역성보장
- 건물의 층간이나 빌딩 사이의 잠재적인 접지 문제의 해결
- 뛰어난 장거리 전송 성능

1000BaseX는 저비용 단파장의 850 nm 레이저(혹은 LED) 광원과 다중모드 광섬유(1000BaseSX) 혹은 장파장의 1,310 nm 레이저 광원과 단일 모드 광섬유에서 8B/10B 부호화를 NRZ 라인 부호화로 변환하여 사용한다.

100 Mbps와 1000 Mbps같이 서로 다른 속도의 이더넷을 연결시켜 주는 장치는 OSI 제 2계층 장비인 브리지 또는 스위치이며 리피터는 사용할 수 없다.

▲ 그림 14-10 광케이블용 기가비트 스위치와 랜카드

기가비트 이더넷 아키텍처는 전이중 방식으로 동작하는 스테이션과 스테이션, 스테이션과 스위치, 스위치와 스위치, 스위치와 라우터의 연결에서 주로 사용되고 있다. 이 중에서 1000BaseSX는 다중 모드 광섬유에 특화되어 있으며, 1000BaseLX는 다중 모드와 단일 모드 광섬유에 특화되어 있다.

(5) 10기가비트 이더넷(10 Gigabit Ethernet)

○ 10기가비트 이더넷

초당 1기가비트를 전송할 수 있는 기가비트 이더넷(GbE)만 해도 출시 당시에는 혁신적인 속도로 생각되었지만 전송할 데이터의 양이 폭발적으로 증가하면서 기가비트 이더넷으로도 요구를 충족시키지 못하게 되었다. 물론 여러 개의 기가비트 이더넷 회선을 하나로 묶어서 속도를 높이는 기술을 사용할 수도 있지만 여러 가지 불편이 있기 때문에 서버와 스토리지(NAS)의 연결 혹은 스위치와 스위치 사이의 연결에 간혹 사용될 뿐이고 대중화되지는 않았다.

2002년에 IEEE 802.3ae로 표준화되기 시작한 10기가비트 이더넷(10GE 또는 10GbE)은 케이블 하나로 초당 10기가비트를 전송할 수 있는 기술이다. 이전의 이더넷 표준과는 달리 10GE는 전이중 통신만 지원하며 기가비트 이더넷 표준에서도 포함되어 있던 **CSMA/CD가 표준에서 제외**되었다.

▲ 그림 14-11 10GE 스위치와 랜카드

10GE 역시 이전 버전과 마찬가지로 연결에 구리선(TP 케이블)과 광섬유케이블이 사용되지만, 두 케이블 모두 보다 대역폭이 높은 고품질의 제품을 사용해 주어야 한다. 현재의 표준으로는 CAT-6급의 케이블을 사용해도 불과 55 m 거리만 전송이 가능하며 100 m 거리를 전송하고자 한다면 최소한 CAT-6A 혹은 CAT-7의 고품질 케이블을 사용해야 한다. 광섬유케이블 역시 마찬가지인데 기존에 사용되던 케이블들이 노란색(싱글모드) 혹은 주황색(멀티모드)으로 구분되었던 것과 달리 10GE용의 광 패치 케이블은 하늘색으로 구분하고 있다.

기술이 표준화된 이후로 많은 시간이 지났지만 아직도 10GE의 사용처는 그리 많지 않다. 개별 노드의 연결에는 100 Mbps나 1 Gbps만으로도 대부분 불편함이 없고, 아직도 10GE를 지원하는 장비의 가격은 상당히 비싼 편이기 때문이다. 그래서 주로 백본용도나 서버와 스토리지 혹은 스위치와 스위치 간의 연결용도로 사용하는 경우가 대부분이지만 시간이 지남에 따라 장비의 가격이 하락할 것이므로 사용처는 계속적으로 늘어날 전망이다.

○ 10GE 기술표준

10GE의 기술표준은 기존의 이더넷 표준에 비하여 종류가 아주 많다. 2002년에 최초로 표준화된 802.3ae에서는 광섬유케이블을 이용한 LAN과 WAN에 대해서만 다루고 있으며, 구리선(TP 케이블)을 사용하는 표준은 그로부터 4년이 지난 2006년에 와서야 비로소 발표되었다.

▼ **표 14-7** 10GE 규격

<table>
<tr><th>규격명</th><th>표준화</th><th>커넥터</th><th>케이블</th><th>미디어타입</th><th>최대전송거리</th></tr>
<tr><td>10GBase-USR</td><td>2011년</td><td>X2,
SFP+</td><td>Fiber</td><td>Serial multi-mode</td><td>100 or 150 m</td></tr>
<tr><td rowspan="2">10GBase-SR</td><td rowspan="2">2002년</td><td rowspan="2">XENPAK,
X2, XFP,
SFP+</td><td rowspan="2">Fiber</td><td rowspan="2">Serial multi-mode</td><td>OM3: 300 m</td></tr>
<tr><td>OM4: 400 m</td></tr>
<tr><td>10GBase-LR</td><td>2002년</td><td>XENPAK,
X2, XFP,
SFP+</td><td>Fiber</td><td>Serial single-mode</td><td>10 km</td></tr>
<tr><td>10GBase-ER</td><td>2002년</td><td>XENPAK,
X2, XFP,
SFP+</td><td>Fiber</td><td>Serial single-mode</td><td>40 km</td></tr>
<tr><td>10GBase-ZR</td><td>-</td><td>XENPAK,
X2, XFP,
SFP+</td><td>Fiber</td><td>Serial single-mode</td><td>80 km</td></tr>
<tr><td rowspan="2">10GBase-LX4</td><td rowspan="2">2002년</td><td rowspan="2">XENPAK,
X2, SFP+</td><td rowspan="2">Fiber</td><td rowspan="2">WDM multi-mode
or single-mode</td><td>300 m
(multi-mode)</td></tr>
<tr><td>10 km
(single-mode)</td></tr>
<tr><td>10GBase-LRM</td><td>2006년</td><td>XENPAK,
X2, SFP+</td><td>Fiber</td><td>Serial multi-mode</td><td>220 m</td></tr>
<tr><td>10GBase-CX4</td><td>2004년</td><td>XENPAK,
X2</td><td>Copper</td><td>InfiniBand 4X
twinaxial 8-pair</td><td>15 m</td></tr>
<tr><td>SFP+
Direct Attach</td><td>2006년</td><td>SFP+</td><td>Copper</td><td>Twinaxial 2-pair</td><td>15 m</td></tr>
<tr><td rowspan="2">10GBase-T</td><td rowspan="2">2006년</td><td rowspan="2">8P8C</td><td rowspan="2">Copper</td><td>Class E channel using
category 6</td><td>55 m</td></tr>
<tr><td>Class Ea channel using 6a
or 7</td><td>100 m</td></tr>
<tr><td>10GBase-KX4</td><td>2007년</td><td></td><td>Copper</td><td>PCB backplane</td><td>1 m</td></tr>
<tr><td>10GBase-KR</td><td>2007년</td><td></td><td>Copper</td><td>PCB backplane</td><td>1 m</td></tr>
<tr><td>10GBase-PR</td><td>2009년</td><td></td><td>Fiber</td><td>Passive Optical
Network</td><td></td></tr>
</table>

현재 보다 더 고속의 데이터전송을 지원하는 기술들이 연구되고 있으며, 1테라비트 급 전송이 가능한 표준도 개발 중에 있으므로 가까운 시일 내에 표준화될 것으로 보인다.

2 와이파이

(1) 와이파이와 IEEE 802.11 무선랜

와이파이(Wi-Fi)는 IEEE 802.11표준을 기반으로 한 무선랜(Wire-less Local Area Network) 기술 중 하나이다. 사실 와이파이는 "와이파이 얼라이언스(Wi-Fi Alliance)"의 상표명이기 때문에 무선랜 표준인 IEEE 802.11과는 구별되어야 하지만 사실상 구분하지 않고 동의어로 사용하는 것이 일반적이다.

현재 와이파이는 IEEE 802.11기반의 기술 대부분을 포함하고 있으며, 무선랜 장비 제조사들은 와이파이 얼라이언스에 인증비용을 지불하고 로고(상표)를 사용하고 있다. 사실 IEEE 802.11을 준수하는 모든 기기가 와이파이 로고를 부착하고 있는 것은 아닌데 이는 인증에 필요한 비용 때문이다. 그래서 와이파이 로고가 부착되어 있지 않다 하더라도 다른 와이파이 인증 로고가 부착된 기기와 대부분 호환이 된다.

▲ 그림 14-12 와이파이 얼라이언스 로고

IEEE 802.11은 주로 사용되는 유선랜의 단점을 보완하기 위하여 개발된 기술로 전파를 이용하여 데이터를 전송한다. 케이블을 포설할 필요가 없기 때문에 아주 간단히 네트워크를 구성할 수 있고 단말(컴퓨터나 스마트폰)의 위치도 자유롭게 변경할 수 있기 때문에 편리하다. 하지만 유선랜에 비하여 보안성에 취약하고 속도가 느리며 전송거리가 제한되는 단점이 있기 때문에 상황에 맞게 이용해야 한다. 예를 들어 서버나 프린터 등은 유선랜을 사용하여 연결하고 스마트폰이나 노트북은 무선랜을 사용하여 연결하는 것이 일반적이다.

당연히 CCTV 네트워크에서도 무선랜을 사용할 수 있다. 물론, 기업체나 관공서에서는 여러 가지 이유 때문에 무선랜의 사용을 제한하고 있으며, CCTV용 네트워크도 당연히 유선랜을 사용하여 구성하고 있다. 하지만 유선랜을 사용하기 위한 케이블 포설에는 상당한 비용이 필요하고 케이블을 눈에 보이지 않게 숨기기도 어렵다. 기업체나 관공서의 입장에서는 약간의 비용이나 케이블의 노출이 그다지 문제가 되지 않지만 소규모 사무실이나 가정에서는 이런 점들이 큰 부담일 수 있고, 특히 가정이라면 이곳저곳에 케이블이 노출되어 있는 것을 좋아할 사람은 아무도 없기 때문이다. 그런 현장에서는 다소 보안상의 문제가 있더라도 무선랜을 지원하는 소형 CCTV 카메라를 사용하면 저렴한 비용으로 간단하게 CCTV 시스템을 구축할 수 있다.

▲ 그림 14-13 무선랜 지원 CCTV 카메라

이런 무선랜 지원 CCTV 카메라는 집안 곳곳에 있는 전원콘센트에 연결하여 전원만 공급받으면 되기 때문에 유선랜에 비해서 설치 위치의 선정이 보다 수월하다.

무선랜을 구성하는 것도 어렵지 않다. 유선랜을 구성할 때 랜카드와 스위치를 이용하는 것처럼 무선랜에서도 무선 랜카드와 액세스 포인트(AP, Access Point)라는 장비를 사용하면 된다. 이 두 가지만 있으면 간단하게 무선랜을 구성할 수 있으며 거리가 멀 경우에는 별도로 증폭기나 안테나를 사용할 수도 있다. 소규모의 네트워크에서는 별도로 AP를 사용할 필요 없이 유무선 공유기 하나만 있으면 구성이 끝날 정도로 간단하며, 현재 판매되는 모든 스마트폰이나 태블릿 혹은 노트북은 이미 무선랜카드가 내장되어 있기 때문에 추가적인 비용도 거의 들지 않는다.

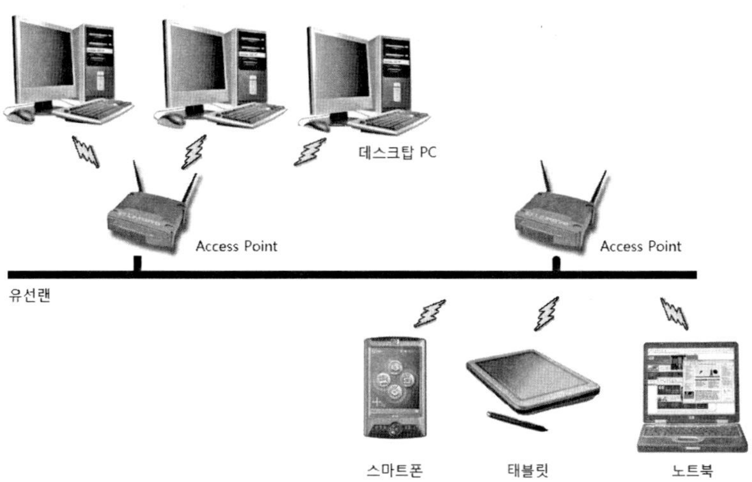

▲ 그림 14-14 무선 네트워크

○ CSMA/CA(Carrier Sense Multiple Access with Collision Avoidance)

대표적인 무선랜인 IEEE 802.11에서는 CSMA/CD와 유사한 CSMA/CA방식을 사용한다. CSMA/CD방식과 비교하여 채널의 경쟁획득이라는 측면에서는 동일하지만, 무선 주파수 영역으로 신호를 보내는 중에 다른 노드가 동시에 신호를 전송하였는지 감지하는 것은 불가능하기 때문에(수신신호가 송신신호에 비하여 월등히 미약하기 때문) 충돌감지(CD)를 사용할 수는 없다. 따라서 802.11에서는 CSMA/CA라는 다른 방식을 사용하여 데이터를 전송한다.

CSMA/CA에서, 데이터를 보내려는 노드는 데이터를 보내기 전에 사용하고자 하는 주파수 영역에 다른 반송파가 있는지 먼저 확인하고, 다른 노드가 사용 중이면 그 노드의 사용이 끝날 때까지 기다린 후 주파수 영역을 체크해서 보내는 방법으로 신호의 충돌(Collision)을 피할 수 있다.

Carrier Sensing
송신하고자 하는 노드는 반송파를 감지하여 다른 노드가 데이터 전송 중인가 확인한다.

⇓

Collision Avoidance
다른 노드가 데이터를 전송 중이라면 그 노드의 데이터 전송이 끝날 때까지 대기한다.

⇓

Multiple Access
데이터를 송신중인 노드의 사용시간이 끝나면, 다시 반송파를 감지하여 사용중이지 않으면 보내고자 하는 데이터를 전송한다.

○ DSSS(Direct Sequence Spread Spectrum, 직접 스펙트럼 확산 방식)

전송될 2진 디지털 신호를 칩(Chip)코드라고 하는 다른 2진 코드로 변조하여 사용 주파수 전역으로 확산시켜 전송하는 방식이다. 이 방식은 칩 코드를 이용해 사용가능한 모든 대역폭으로 신호를 확산 전송하므로 비록 대역폭 이용효율은 떨어지나 확산하지 않은 경우에 비해 향상된 잡음비를 제공할 뿐 아니라 칩 코드가 다르면 같은 주파수 대역에서 여러 스프레드 스펙트럼 시스템이 사용될 수 있어 FHSS방식과 마찬가지로 주파수 자원을 효율적으로 재활용할 수 있다.

원래는 군사적 목적으로 적의 전파방해(Jamming)나 도청에 대응하기 위해 개발되었으나 현재는 무선랜 기술로 널리 사용되고 있다.

○ FHSS(Frequency Hopping Spread Spectrum, 주파수 도약 스펙트럼 확산 방식)

호핑코드에 따라 순간적으로 한 주파수로 튜닝(Tuning)되어 그 주파수에서 아주 짧은 시간 동안 전송하고 다시 다른 주파수로 튜닝되어 전과 동일한 과정을 반복하는 기법이다. 이 기법을 사용하면 전파방해나 잡음간섭을 최대한 방지할 수 있다. 게다가 같은 주파수라도 호핑코드만 다르면 여러 스프레드 스펙트럼 시스템을 동일한 장소에서 사용이 가능하다. 이 기술 역시 원래 군사적 목적으로 개발되었으나 민간용으로도 사용되고 있다.

▼ 표 14-8 DSSS와 FHSS방식 비교

구분	DSSS	FHSS
사용주파수	ISM(2.4 ~ 2.4835 GHz)	ISM(2.4 ~ 2.4835 GHz)
전송속도	1 ~ 11 Mbps	1 ~ 2 Mbps
ACCESS방식	CSMA/CA	CSMA/CA
보안성	우수	우수
변조방식	BPSK/QPSK/CCK	2 GFSK/4 GFSK
스펙트럼방식	약하고 넓은 대역폭사용 (타장비의 영향이 적음)	강하고 좁은 대역폭사용 (타장비에 영향을 많이 줌)
수신기 구조	복잡	간단
사용채널수	14 CH(5 MHz/CH)	79 CH(1 M/CH)

○ OFDM(Orthogonal Frequency Division Multiplexing, 직교주파수분할다중화방식)

고속 데이터 전송에 적합한 방식으로 주어진 주파수 대역 내에서 서로 직각으로 교차하는 복수의 반송파를 사용하여 데이터를 전송하는 방식입이다. 데이터를 분할하여 여러 개의 반송파에 실어 보냄으로써 보다 고속의 데이터 전송이 가능한 장점이 있다. 다중경로를 다루는 효율적인 방법으로 협대역 간섭이 일부 반송파에만 영향을 미치게 되므로 협대역의 주파수 간섭에 강하고 전송효율이 좋다.

(2) 무선 이더넷 표준

2 Mbps의 속도를 지원하는 IEEE 802.11부터 시작된 무선 이더넷 표준은 현재 최대 600 Mbps 이상의 전송속도를 지원하는 IEEE 802.11n이나 IEEE 802.11ac까지 상용화되어 있다. 또한, 더 고속의 데이터 전송이 가능한 표준들 역시 이미 표준화되어 있거나 표준화를 진행하고 있으므로 시간이 지날수록 더욱 빠른 무선네트워크를 사용할 수 있을 것으로 기대된다.

▼ 표 14-9 IEEE 802.11 무선랜 표준

<table>
<tr><th>규격명</th><th>표준화</th><th>주파수
(GHz)</th><th>대역폭
(MHz)</th><th>전송속도
(Mbit/s)</th><th>MIMO
스트림</th><th>변조방식</th></tr>
<tr><td>802.11</td><td>1997년</td><td>2.4</td><td>22</td><td>1 ~ 2</td><td>-</td><td>DSSS, FHSS</td></tr>
<tr><td rowspan="2">802.11a</td><td rowspan="2">1999년</td><td>5</td><td rowspan="2">20</td><td rowspan="2">6 ~ 54</td><td rowspan="2">-</td><td rowspan="2">OFDM</td></tr>
<tr><td>3.7</td></tr>
<tr><td>802.11b</td><td>1999년</td><td>2.4</td><td>22</td><td>1 ~ 11</td><td>-</td><td>DSSS</td></tr>
<tr><td>802.11g</td><td>2003년</td><td>2.4</td><td>20</td><td>6 ~ 54</td><td>-</td><td>OFDM</td></tr>
<tr><td rowspan="2">802.11n</td><td rowspan="2">2009년</td><td rowspan="2">2.4/5</td><td>20</td><td>7.2 ~ 72.2
(6.5 ~ 65)</td><td rowspan="2">4</td><td rowspan="6">MIMO-OFDM</td></tr>
<tr><td>40</td><td>15 ~ 150
(13.5 ~ 135)</td></tr>
<tr><td rowspan="4">802.11ac</td><td rowspan="4">2013년</td><td rowspan="4">5</td><td>20</td><td>7.2 ~ 96.3
(6.5 ~ 86.7)</td><td rowspan="4">8</td></tr>
<tr><td>40</td><td>15 ~ 200
(13.5 ~ 180)</td></tr>
<tr><td>80</td><td>32.5 ~ 433.3
(29.2 ~ 390)</td></tr>
<tr><td>160</td><td>65 ~ 866.7
(58.5 ~ 780)</td></tr>
<tr><td>802.11ad</td><td>2012년</td><td>60</td><td>2,160</td><td>최대 6,912
(6.75 Gbit/s)</td><td>-</td><td>OFDM,
single carrier,
low-power single carrier</td></tr>
</table>

○ 802.11b

IEEE 802.11b는 1999년 9월에 인준된 표준안으로서 2.4 GHz의 주파수 대역을 사용하며 최대 11 Mbps의 전송속도를 낼 수 있다. 이 표준안은 기존에 사용하던 IEEE 802.11표준을 기반으로 발전시킨 기술이며 최대전송속도는 11Mbps이지만 실제로는 CSMA/CA 구현 문제로 인하여 6 ~ 7 Mbps의 속도로 제한된다.

느린 속도와 더불어 제대로 된 표준안을 가지지 않았던 802.11과는 달리 802.11b는 실질적인 시장의 표준안이며 신고나 인허가 없이 사용가능한 2.4 ~ 2.48 GHz 대역의 주파수를 사용하기 때문에 표준이 확정되자마자 시장에 다양한 관련제품이 등장하였으며, 당시로서는 유선랜을 대체하기에 충분한 속도를 제공하였기 때문에 아주 빠른 속도로 보급되었으며 현재에도 상당수의 기기가 이 표준을 지원하고 있다.

▼ 표 14-10 802.11과 802.11b 비교

표준안	IEEE 802.11	IEEE 802.11b
최대속도	2 Mbps	11 MBps(2/5/11 Mbps 중 동적 선택)
표준	표준의 난립	실질적인 시장의 표준
기능	제한된 로밍 제한된 보안 제한된 관리수단	Layer 2/2 로밍 암호화기능 제공 SNMP 및 Web을 이용한 관리

○ 802.11a

1999년 9월에 표준으로 인증된 802.11a는 최대 54 Mbps의 전송속도를 가지는 무선 이더넷 표준으로 802.11b와는 달리 5 GHz의 주파수 대역을 사용한다. 고주파 대역을 사용함으로 인해 채널 간의 혼선가능성을 낮추고 고속의 데이터 전송 속도를 얻을 수 있지만 기존에 사용하던 802.11b와의 호환성이 결여되어 있다. 즉, 기존에 사용하던 802.11b용 랜카드는 802.11a네트워크에서 사용이 불가능하다.

이런 단점에도 불구하고 실제속도나 안정성 면에서 802.11g보다 유리한 측면이 있기 때문에 2004년에 정통부에서는 802.11a를 표준안으로 확정하고 KT등의 무선 네트워크 사업자 또한 이에 맞춘 서비스를 제공하였다.

이 때문에 상당수의 무선랜 기기 제조사에서는 802.11a와 802.11b를 동시에 지원하는 제품을 판매하였고, 사용자는 상황에 따라 어떤 방식을 사용할 것인지 결정할 수 있었기 때문에 큰 문제는 발생하지 않았다.

특히, 5 GHz 대역의 주파수는 2.4 GHz 대역에 비하여 다른 통신기기와의 간섭이 적고 더 넓은 전파 대역을 사용할 수 있는 장점이 있지만, 주파수가 높아질수록 장애물의 영향을 받아 전송거리가 급격히 줄어드는 단점이 있기 때문에 2.4 GHz 대역에서 54 Mbps 이상의 전송속도를 지원하는 802.11g 규격이 등장한 이후로는 잘 쓰이지 않은 표준이다.

○ 802.11g

802.11g는 2003년 6월에 표준으로 인증되었으며 OFDM 방식의 변조기술을 채택하여 최대 54 Mbps의 데이터 전송이 가능하다. 또한, 2.4 GHz 대역의 주파수를 사용하기 때문에 기존에 사용하던 표준인 802.11b와의 하위호환이 가능하다. 이것은 기존에 사용하던 802.11b지원 랜카드로 802.11g네트워크에 접속이 가능하다는 뜻으로 해석할 수 있으며, 802.11g+에서는 최대 108 Mbps의 전송속도를 지원한다.

그러나 802.11g 네트워크에서 801.11b장치(랜카드)가 사용될 경우 네트워크의 전체 속도가 11 Mbps 수준으로 떨어지는 문제가 일부 제품에서 발생하며, 2.4 GHz대역의 주파수를 사용하기 때문에 중첩되지 않는 채널이 3개 밖에 존재하지 않는 점도 단점으로 지적된다.

○ 802.11n

802.11n은 2.4 GHz 대역과 5 GHz 대역을 사용하고 MIMO(Multiple-Input and Multiple-Output)기술을 통하여 이론적으로는 최대 600 Mbps의 속도로 데이터 전송이 가능하다.

MIMO는 무선통신의 속도(대역폭)를 높이기 위한 스마트 안테나 기술인데, 여러 개의 안테나를 사용하여 동시에 데이터를 송수신 할 수 있게 해 준다. 예를 들어 802.11n에서는 최대 4개의 채널을 사용할 수 있고, 각 채널당 150 Mbps를 지원하므로 150 Mbps × 4 = 600 Mbps의 속도를 낼 수 있는 것이다.

실제 현장에서는 다른 무선기기와의 간섭문제 때문에 4개의 채널 모두를 사용하기는 어렵지만 이전의 다른 표준에 비하여 연결안정성이 높고 전송가능 거리가 길기 때문에 현재 가장 많이 사용하고 있는 표준이다.

○ 802.11ac

이 규격은 2013년에 표준으로 인증되었으며, 5 GHz 대역의 주파수를 사용하고 MU-MIMO(Multi-User MIMO) 기술을 지원한다. 802.11n에 비하여 더 넓은 무선 주파수 대역폭을 가지는 등 많은 장점이 있고, 1 Gbps 이상의 속도를 낼 수 있는 장점이 있다.

이 규격은 비교적 최신의 것이기 때문에 아직 널리 보급되지는 않았지만 고속 무선랜을 요구하는 사용자를 중심으로 점차 시장을 넓혀가고 있다.

○ 802.11ad

이 규격은 빔포밍 기술을 이용하여 최대 약 7 Gbps의 높은 속도를 제공하는 규격이다. 엄청난 속도를 제공하지만, 60 GHz의 주파수 대역을 사용해 데이터를 전송하는 방식을 사용하기 때문에 장애물 투과 능력이 거의 없어서 10 m 정도의 아주 짧은 거리에서만 사용이 가능하다.

Chapter 15 Mac Address와 IP Address

인터넷은 TCP/IP를 이용해서 통신을 하기 때문에 인터넷에 연결된 모든 장비에는 IP 어드레스가 부여되어야 한다. 그러면 이 경우에 맥 어드레스는 사용되지 않는 것일까? 정답은 "아니오"이다. IP 어드레스만으로는 LAN(이더넷)에 연결된 두 단말 사이에 통신이 불가능하기 때문에 반드시 두 가지 주소 모두를 알고 있어야만 통신을 할 수 있다.

이 장에서는 하드웨어 주소인 Mac 어드레스와 인터넷주소인 IP 어드레스에 대해 소개한다.

1 MAC Address

(1) Mac Address

맥 어드레스(MAC Address)란, 랜에서 컴퓨터 간의 데이터전달을 위해 사용하는 주소(Address)이다. 이 맥 어드레스는 다른 말로는 Hardware Address라고도 불리며, 최초 생산단계에서 ROM에 기입되어 출하되기 때문에 사용자는 자기가 사용하는 랜카드의 맥 어드레스를 식별할 수는 있으나 변경할 수는 없다. 물론 맥 어드레스를 변경할 수 있는 방법이 전혀 없는 것은 아니지만 변경해야 할 필요가 거의 없기 때문에 특별한 이유가 없다면 변경하지 않고 사용하는 것이 일반적이다.

이더넷에서 맥 어드레스는 48 bit 또는 16 bit의 주소체계를 가진다. 16 bit의 주소체계는 과거 Novell사에서 자신의 하드웨어를 식별하기 위해 사용하였으나, 근래에는 거의 모두 48 bit(6 byte)의 주소체계를 가지고 있다.

▼ 표 15-1 맥 어드레스의 예

0000 0000 . 1010 0000 . 1100 1001 . 1000 0100 . 1111 0100 . 0100 1100

이 맥 어드레스는 IP 어드레스와 마찬가지로 하나의 세그먼트에서 유일해야 하므로 중복될 가능성도 없지는 않으나, 48비트의 주소체계는 모두 281,474,976,710,656개의 주소를 가질 수 있으므로 하나의 세그먼트에서 주소가 중복될 가능성은 극히 희박하다고 할 수 있다.

사실 저 정도의 주소영역을 가지고 있는데, 자신이 가지고 있는 랜카드의 맥 어드레스가 로컬 네트워크에서 충돌할 확률은 로또복권에서 1등에 당첨되는 것만큼 어려운 일이다. 또한, bit 단위로 표시하는 것은 상당히 불편하므로 8 bit단위로 끊어서 16진수로 표시하게 되는데 보통은 다음과 같은 형식으로 표시를 하고 있다.

▼ 표 15-2 맥 어드레스의 16진수 표현

00-A0-C9-84-F4-4C
00:A0:C9:84:F4:4C
00A0.C984.F44C

여기서 사이사이에 끼어있는 '-'이나 ':'은 단순한 구분자일 뿐 아무런 의미도 가지고 있지 않은데, IP Address의 표시에서 숫자사이를 '.'으로 표시하는 것과 비슷하다고 보면 된다. 윈도우 계열의 O/S에서는 '00-A0-C9-84-F4-4C'와 같은 형식으로 표현하며, CISCO에서는 '00A0.C984.F44C'와 같은 형식으로 표현하는 것이 일반적이다.

윈도우 계열에서 랜카드의 맥 어드레스 확인은 "ipconfig /all" 명령어를 사용하여 할 수 있고, 리눅스나 유닉스 계열에서는 "ifconfig" 명령어를 이용해서 확인이 가능하다.

```
C:\>ipconfig /all [Enter↵]

Windows IP 구성

   호스트 이름 . . . . . . . .      : HAHAHA
   주 DNS 접미사 . . . . . . .      :
   노드 유형 . . . . . . . . .      : 혼성
   IP 라우팅 사용. . . . . . .      : 아니요
   WINS 프록시 사용. . . . . .      : 아니요

이더넷 어댑터 로컬 영역 연결 3:

   연결별 DNS 접미사. . . .        :
   설명. . . . . . . . . . .       : INTEL E1000B PCI Gigabit Ethernet NIC
   물리적 주소 . . . . . . . .     : 00-A0-C9-84-F4-4C
   DHCP 사용 . . . . . . . . .     : 아니요
   자동 구성 사용. . . . . . .     : 예
   IPv4 주소 . . . . . . . . .     : 192.168.0.130(기본 설정)
   서브넷 마스크 . . . . . . .     : 255.255.255.0
   기본 게이트웨이 . . . . . .     : 192.168.0.1
   DNS 서버. . . . . . . . . .     : 168.126.63.1
                                     192.168.0.1
   Tcpip를 통한 NetBIOS. . . .     : 사용
```

맥 어드레스에서 앞쪽 6개의 16진수(앞의 랜카드의 예에서 00-A0-C9)가 생산자를 나타내는 코드인데, 이 코드를 OUI(Organization Unique Identifier)라고 한다. 이 코드는 생산자에 따라 다르기 때문에 맥 어드레스만 보아도 어느 회사에서 생산된 랜카드인지 알아낼 수 있다. 여기서 예로 든 00-A0-C9는 인텔에서 만든 랜카드에 붙이는 OUI이다.

뒤에 오는 나머지 6개의 16진수가 생산자가 자신의 장비에 분배하는 Host Identifier로서 일종의 시리얼넘버이다. 이 회사에서 랜카드만 생산한다면 16,777,216개마다 같은 맥 어드레스를 가진 랜카드가 하나씩 있게 된다고 보면 된다. 이 주소영역은 앞에서 말한 281,474,976,710,656개 의 주소영역보다는 좀 작기는 하지만 이것도 상당히 큰 주소영역이기 때문에 랜에서 맥 어드레스가 충돌할 걱정은 하지 않아도 된다.

(2) 맥 어드레스를 이용한 네트워킹

인터넷은 TCP/IP를 이용해서 통신을 하고, 인터넷에 연결된 모든 장비에는 IP 주소가 주어진다. 그러면 이 경우에 맥 어드레스는 사용되지 않는 것일까? 정답은 "아니오"이다. 이 경우에도 당연히 맥 어드레스는 통신에 사용된다.

얼핏 생각하기에는 IP 주소로 직접 통신이 이루어질 것처럼 보이지만 사실은 IP 주소만으로는 통신이 일어나지 않는다. 특히 로컬 네트워크(랜)에서는 IP 주소를 맥 어드레스로 변경하는 절차가 반드시 일어난다.

보충설명

> Mac Address는 OSI 7 Layer 모델에서 2계층 주소이며, IP 주소는 3계층 주소이다.

이렇게 IP 주소를 맥 어드레스로 바꾸어 주기 위해 사용하는 프로토콜을 ARP(Address Resolution Protocol)라고 하며, 반대의 기능을 하는 프로토콜을 RARP라고 한다.

우선 라우터가 없는(다른 네트워크와 연결되지 않은) 독립된 네트워크 내에서의 통신을 먼저 살펴보자. 그림에서 PC A가 데이터를 보내고자 하는 PC이고 PC B가 데이터를 받을 PC이다.

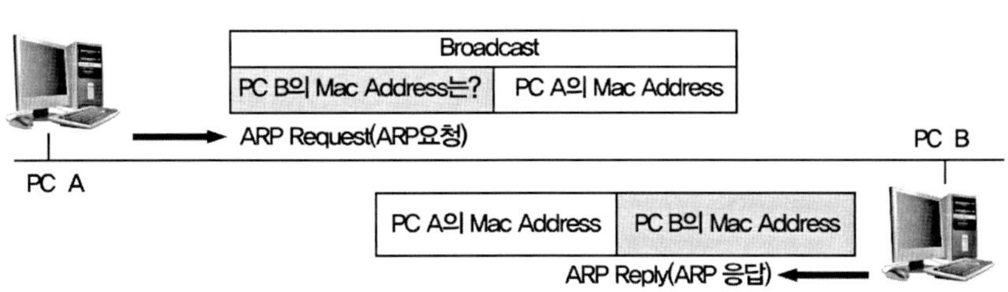

▲ 그림 15-1 독립 네트워크에서의 데이터 전송

PC A가 PC B의 IP 주소는 알고 있지만, 한번도 PC B와 통신해 본 적이 없기 때문에 PC B의 맥 어드레스는 알지 못하고 있다고 가정하자. 하지만 데이터를 전송하기 위해서는 수신자인 PC B의 맥 어드레스를 알아야만 하기 때문에 어쩔 수 없이 자기가 속해있는 네트워크 전체에 연결된 PC 들에게 "이 IP 주소를 가진 PC는 나에게 맥 어드레스를 알려 달라."라는 메시지를 보내게 된다(이렇게 네트워크 전체에 메시지를 보내는 것을 브로드캐스트 라고 한다).

이때 PC B는 이 메시지를 받고 PC A에게 자신의 맥 어드레스를 알려주게 된다. 답변을 받은 PC A는 이제 데이터를 받을 상대방의 맥 어드레스를 알고 있기 때문에 통신을 시작할 수 있다.

다음 그림은 데이터를 받을 PC B가 라우터를 통해 연결된 다른 네트워크에 있는 경우이다. 이때에는 PC A가 브로드캐스트를 보내도 PC B는 그 메시지를 바로 받아볼 수는 없다. 왜냐하면 중간에 있는 라우터들이 브로드캐스트 패킷을 통과시켜 주지 않기 때문이다. 그러면 이런 경우에는 서로 통신을 할 수 없는 것일까? 여기에 대한 답도 "아니오"이다.

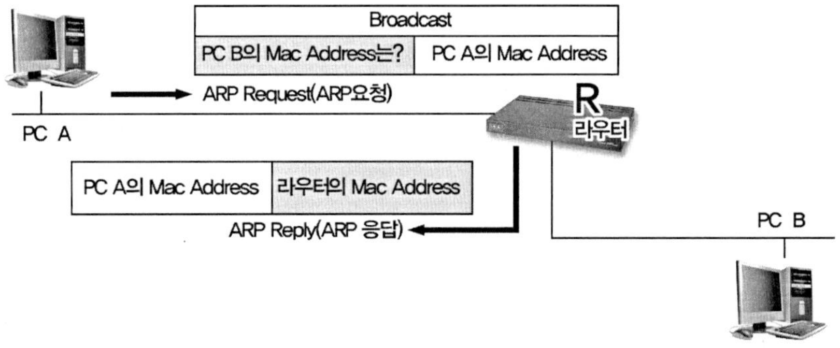

▲ 그림 15-2 다른 네트워크로의 데이터 전송

앞의 경우처럼 PC A가 "이 IP 주소를 가진 PC는 나에게 맥 어드레스를 알려 달라."라는 메시지를 전체 네트워크에 보내는 것까지는 동일하다. 그런데, 중간에 라우터가 이 메시지를 받아보니 그 IP 주소는 우리 네트워크에서 사용하는 주소가 아니고, 당연히 아무도 이 질문에 대답하지 않을 것이라는 것을 알게 된다. 그래서 라우터는 PC A에게 "PC B에게 전송할 데이터가 있으면 내가 대신 전달해 주겠다."라는 메시지와 함께 자신(라우터)의 맥 어드레스를 알려준다.

그러면 PC A는 라우터에게 이 데이터를 보내게 되고, 라우터는 PC B가 속해있는 네트워크에 있는 라우터에게 이 데이터를 전달해 주면서 "이 메시지는 이 IP 주소를 가진 PC한테 가는 거니까 잘 전달해 달라."라는 부탁을 하게 된다. 메시지를 받은 상대측 라우터는 역시 그쪽 네트워크에 브로드캐스트해서 PC B의 맥 어드레스를 알아내고 데이터를 전달한다.

얼핏 복잡해 보이기는 하지만 실제로는 아주 간단하다. 일상생활에서 다른 집에 물건을 하나 보내고자 할 때 받는 곳이 우리 동네라면 그냥 직접 가져다 줄 것이고, 우리 동네가 아니라면 택배로 보내는 것과 비슷하다고 보면 된다.

2 IP 주소

(1) IP 주소 체계

TCP/IP에서 가장 중요한 것은 IP 주소지정이다. IP 주소는 인터넷에 연결되는 모든 장비가 반드시 하나 이상 가지고 있어야 하는 주소이며, 그 장비가 있는 위치를 나타낸다.

앞서 DOD 모델에서 살펴본 것처럼 IP 주소는 하드웨어 주소가 아닌 소프트웨어 주소이며, 컴퓨터나 랜카드와는 무관하다. 현재는 IPv4와 IPv6가 혼재되어 사용하고 있으나, 현장에서는 IPv4를 더 많이 사용하므로 이후의 모든 설명은 IPv4를 기준으로 한다.

어쨌든, IP 주소는 모두 32비트로 이루어져 있다. 그래서 00000000.00000000.00000000.00000000에서 11111111.11111111.11111111.11111111까지 총 4,294,967,296개(2^{32} 개)의 주소를 만들 수 있다.

IP 주소는 보통 1바이트(8비트)씩 4개의 부분으로 나누어 표시하는데, IP 주소를 나타내는 데에는 아래의 3가지 방법이 있다.

▼ 표 15-3 IPv4 주소의 표시방법

- 2진법 표시 : 10001010.00110011.01111111.00111000
- 10진법 표시 : 127.0.0.1
- 16진법 표시 : 82 1E 31 29

아무래도 이진수(0과 1)로 표시하는 방식은 사람이 외우기가 어렵기 때문에 사용하기 쉬운 10진수 방식으로 고쳐서 흔히 사용한다. 하지만 컴퓨터는 이진수만 사용하기 때문에 네트워크 업계에 일하는 사람이라면 세 가지 표시방법을 다 알고 있어야 한다. 다행스럽게도 2진법이나 16진법으로 표시하는 경우는 그리 흔하지 않다.

아무튼 십진수로 고쳤을 때 **IP 주소는 0.0.0.0에서 255.255.255.255까지의 주소범위를 가지게 된다.** 8자리씩 끊어서 표시하기 때문에, 8자리의 2진수(11111111)를 10진수로 바꾸어 보면 255가 된다.

보충설명

- 비트(bit): 0 또는 1
- 니블(nibble): 4비트(예, 1010)
- 옥텟(octet): 8비트(예, 10101010)
- 바이트(byte): 8비트(예, 10101010)

IP 주소와 서브네팅에서는 이진수와 십진수 사이의 변환이 아주 중요한데, 특히 서브넷을 이해하려면 이진수계산이 필수적이기 때문이다. 이진수를 십진수로 변환하는 방법은 몰라도 큰 불편이 없지만, 자주 사용하는 아래 몇 가지는 외워두면 도움이 된다.

▼ 표 15-4 자주 사용되는 2진수 표현

00000000 = 0
10000000 = 128
11000000 = 192
11100000 = 224
11110000 = 240
11111000 = 248
11111100 = 252
11111110 = 254
11111111 = 255

(2) Class

IP 주소는 종류, 계열, 등급 등에 의해 구성되는 2단계 계층적 주소지정 방식으로 지정되고, 그 중에서도 네트워크 부분과 노드(호스트) 부분으로 나누어지게 된다. 예를 든다면 전화번호 같은 것인데 지역코드인 전화번호의 첫 부분은 매우 큰 영역을 지정하며, 뒤이어 국번이 지역의 범위로, 마지막 고객번호가 특정 번호를 가진 개인을 호출하는 것과 같은 형식이다. 즉 전화번호가 02-2104-1114번이라고 한다면 02는 서울이라는 지역을 나타내는 대분류, 2104은 강남구를 나타내는 중분류, 1114는 어떤 특정한 개인의 고객번호인 것이다(예를 들자면 그렇다는 것이다).

IP 주소도 이와 유사하다. 32비트 전체가 유일한 식별자이기는 하지만, 단계적인 계층적 구조가 부여되어 **주소의 일부는 네트워크 주소로, 나머지 일부는 노드 주소로 사용된다.**

여기서 말하는 네트워크란 하나의 브로드캐스트 도메인(Broadcast Domain)이라 생각하면 된다. 쉽게 말하면 라우터로 구분되어 있는 네트워크의 부분인데, 어떤 컴퓨터가 데이터를 전송할 때 라우터를 거치지 않아도 받을 수 있는 영역(Domain)이라는 뜻이다.

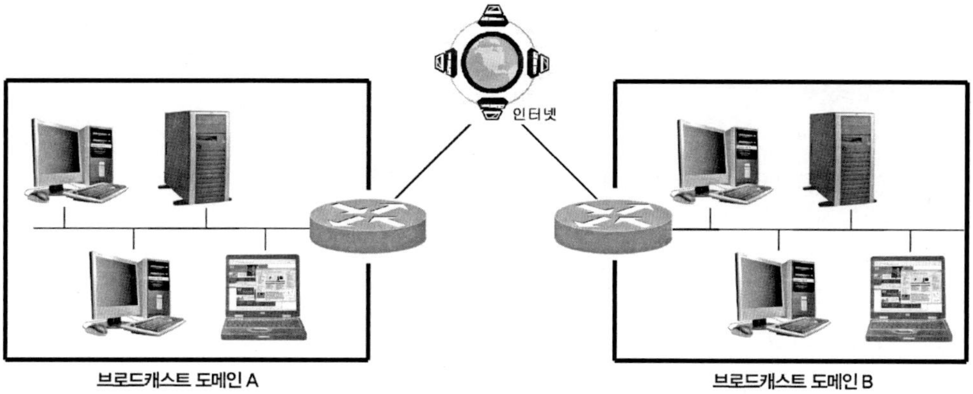

▲ 그림 15-3 브로드캐스트 도메인

예를 들어 게임방에서 PC A가 데이터를 그 게임방 안에 있는 PC B라는 다른 컴퓨터에게 전송한다면, 그 데이터를 라우터를 거치지 않고 바로 전달이 된다. 즉, PC A와 PC B는 같은 네트워크, 특히 같은 브로드캐스트 도메인 안에 있는 것이다.

하지만 PC A가 인터넷 상에 있는 다른 컴퓨터(예를 들어 외국에 있는 서버)에 데이터를 전송한다면, 이 데이터는 여러 대의 라우터를 거쳐서 전달이 된다. 이 부분은 앞에서 ARP라는 프로토콜을 설명할 때 간략하게 설명을 한 바 있지만, 어쨌든 "하나의 네트워크"란 용어의 정의는 라우터를 거치지 않고도 데이터가 전달이 가능한 영역이라고 이해하면 된다.

네트워크에서 노드 또는 호스트라는 용어는 네트워크에 연결된 PC나 서버, 라우터와 같은 장비라고 보면 된다. 경우에 따라서 다르게 쓰일 때도 있지만 보통 네트워크에 연결된 장비를 통틀어서 노드나 호스트라고 부른다.

32비트로 구성된 IP 주소 중에서 일부는 네트워크 주소로, 일부는 노드 주소로 이용된다. **이 때 "하나의 네트워크" 안에서 네트워크 주소는 모두 같아야 하고, 노드 주소는 모두 달라야만 정상적으로 통신이 일어날 수 있다.**

다시 한 번 말하자면, 네트워크 주소는 각각의 네트워크에서 유일한 것이고, 같은 네트워크에 있는 모든 컴퓨터들은 같은 네트워크 주소를 사용한다. 이 네트워크 주소는 IP 주소의 앞부분인데, 예를 들어 IP 주소가 172.16.30.12 이라면 172.16이 바로 네트워크 주소이다.

노드 주소는 그 네트워크에 있는 각각의 컴퓨터들에 유일하게 지정된다. 노드주소는 IP 주소의 뒷부분인데, 위에서 본 172.16.30.12에서 30.12 가 바로 노드 주소이다. 노드 주소는 다른 말로는 호스트 주소(Host Address)라고도 한다.

그렇다면 32비트 IP 주소에서 어디까지가 네트워크 주소이고 어디까지가 노드 주소인지를 알아보도록 하자.

최초의 인터넷 설계자들은 네트워크의 크기에 맞추어 네트워크의 등급을 만들기로 협의했다. 그 결과로 5개의 클래스가 만들어지게 되었는데, 많은 수의 컴퓨터(노드)를 가지는 대형 네트워크에 대해 클래스 A, 중간규모의 네트워크를 위한 클래스 B, 작은 규모의 네트워크를 위한 클래스 C가 만들어지게 되었다. 이외에도 실제로 사용되지는 않는 클래스 D와 E 등급도 있다.

이런 네트워크의 등급 지정에 따라 IP 주소를 네트워크 주소와 노드 주소로 세분하는 방법이 달라진다.

▼ **표 15-5** 네트워크의 등급(Class)

클래스	형식	시작비트	시작주소	최대 네트워크 수	한 네트워크당 최대 노드 수
A	Net.Node.Node.Node	0	1-126	126	16,777,216
B	Net.Net.Node.Node	10	128-191	16,384	65,534
C	Net.Net.Net.Node	110	192-223	2,097,152	254
D	멀티캐스트	1110	224-239		

표에서 보는 것처럼 각각의 클래스는 시작비트가 다르다.

이진수로 표시할 때 클래스 A는 무조건 "0"으로 시작한다. 그래서 클래스 A의 주소범위를 10진수로 나타내면 1.0.0.0 ~ 126.255.255.255가 된다(127.x.x.x는 다른 목적을 위해 예약되어 있기 때문에 클래스 A 주소영역에 포함되지 않는다).

마찬가지로 클래스 B는 무조건 "10"으로 시작되며, 10진수로 나타낼 경우에 주소의 범위는 128.0.0.0 ~ 191.255.255.255가 된다.

클래스 C는 "110"으로 시작되기 때문에, 10진수로 나타낼 경우 129.0.0.0 ~ 223.255.255.255를 주소범위로 가진다.

그런데, 전체 IP 주소영역이 모두 사용되는 것은 아닌데, 일부 IP 주소는 특정 용도로 사용하기 위해 일반에게 배정되지 않는다("예약되었다"라고 표현한다). 다음은 예약된 IP 주소와 그 용도이다.

▼ 표 15-6 예약된 IP 주소

주소	용도	예
모두 0으로 이루어진 네트워크 주소	"이 네트워크"로 해석된다.	0.0.0.127
모두 1로 이루어진 네트워크 주소	"모든 네트워크"로 해석된다.	255.255.255.127
127	루프백 테스트용	127.0.0.1
모두 0으로 이루어진 노드 주소	"이 노드"로 해석된다	203.246.1.0
모두 1로 이루어진 노드 주소	특정 네트워크 상의 "모든 노드"로 해석된다.	203.246.1.255
모두 0으로 이루어진 전체 IP 주소	RIP프로토콜이 기본 라우터를 지정하는 용도로 사용된다.	0.0.0.0
모두 1로 이루어진 전체 IP 주소	현재 네트워크 상의 모든 노드에 브로드캐스팅한다.	255.255.255.255

보충설명

클래스의 기준은 무엇이며, 어떻게 해서 그렇게 나누어지는지는 중요하지 않다.
이것은 인터넷 상의 "규칙"이다.

○ 클래스 A 네트워크

클래스 A 네트워크에서 첫 번째 바이트는 네트워크 주소에, 나머지 세 바이트는 노드 주소의 지정에 사용된다. 클래스 A의 IP 주소 형식은 다음과 같다.

주소형식	Net	Node	Node	Node
2진 주소 예	00110001	00010110	01100110	00110011
10진 주소 예	49	22	102	51

▲ 그림 15-4 클래스 A 주소형식

예를 들어, IP 주소가 49.22.102.51인 경우, 49는 네트워크 주소이며, 22.102.51이 노드 주소이다. 이 네트워크에서 모든 컴퓨터는 49라는 네트워크 주소를 가지며 이것으로 네트워크를 구분한다.

또 클래스 A 네트워크의 IP 주소는 항상 0(이진수)으로 시작하기 때문에 나머지 7비트로 네트워크 주소를 조합할 수 있다. 때문에 총 128의 클래스 A 네트워크를 만들 수 있다. 하지만 모두 0으로 구성된 네트워크 주소는 예약되어 있으므로 사용할 수가 없고, 127도 다른 용도로 예약되어 있기 때문에 실제로는 1 ~ 126까지 총 127개의 네트워크를 만들 수 있다.

보충설명

127.x.x.x는 루프백 테스트를 위해 예약된 주소영역이다.

클래스 A 네트워크는 노드 주소를 지정하기 위해 총 3바이트를 이용할 수 있다. 이것은 2^{24}(16,777,216)개의 노드(호스트)가 하나의 네트워크에 속할 수 있다는 뜻이다(3바이트는 24비트).

이진수로 표시하면 00000001.00000000.00000000.00000000부터 01111110.11111111.11111111.11111111까지, 알기 쉽게 십진수로 표시하면 1.0.0.0에서 126.255.255.255 까지가 클래스 A의 주소영역이다.

클래스 A 네트워크 주소는 인터넷 전체에서 126개밖에 없기 때문에 배정을 받은 나라가 손에 꼽을 정도이며, 우리나라는 클래스 A를 할당받지 못했다.

○ 클래스 B 네트워크

클래스 B 네트워크에서 처음 2바이트는 네트워크 주소의 지정에 사용하고, 나머지 2바이트는 노드 지정에 사용한다. 클래스 B의 IP 주소의 형식은 다음과 같다.

주소형식	Net	Net	Node	Node
2진 주소 예	10001011	00110010	00010101	00001011
10진 주소 예	139	50	21	11

▲ 그림 15-5 클래스 B 주소형식

예를 들어, IP 주소가 139.50.21.11인 경우, 139.50은 네트워크 주소이며 21.11이 노드 주소이다.

처음 2바이트가 네트워크 주소로 지정되어 있으므로 216개의 네트워크를 만들 수 있다. 하지만 모든 클래스 B 네트워크는 10(이진수)으로 시작하도록 되어 있으므로 실제로는 214개, 즉 16,384개의 클래스 B 네트워크를 만들 수 있다. 따라서 128 ~ 191로 시작하는 IP 주소라면 클래스 B 네트워크이다.

또한 노드 주소에 대해 2바이트를 사용할 수 있으므로 총 2^{16}(216)개의 조합을 만들 수 있지만, 모두 0이나 1로 구성된 노드 주소는 예약되어 있으므로 65,534개의 노드가 같은 네트워크에 속할 수 있다.

그래서 이진수로 표시하면 10000000.00000000.00000000.00000000부터 10111110.11111111.11111111.11111111까지, 알기 쉽게 십진수로 표시하면 128.0.0.0에서 191.255.255.255까지가 클래스 B의 주소 영역이다.

클래스 C 네트워크

클래스 C 네트워크는 처음 3바이트를 네트워크 주소지정에, 나머지 1바이트를 노드 지정에 사용한다.

주소형식	Net	Net	Net	Node
2진 주소 예	11001011	11110110	00000011	01011010
10진 주소 예	203	246	3	90

▲ 그림 15-6 클래스 C 주소형식

예를 들어, IP 주소가 203.246.3.90인 경우, 203.246.3이 네트워크 주소이며, 90이 노드 주소이다.

클래스 C는 3바이트를 네트워크 주소로 사용하기 때문에 224개의 조합이 만들어지지만, 시작이 반드시 110(이진수)으로 시작되어야 하기 때문에 221개 2,097,152개의 네트워크를 만들 수 있다.

또한, 노드 주소로는 맨 뒤의 1바이트만 사용할 수 있으므로, 2^8개의 컴퓨터를 네트워크에 접속시킬 수 있지만 모두 0이나 1로 된 경우는 사용할 수 없으므로 하나의 네트워크당 총 254개의 노드 주소를 사용할 수 있다.

클래스 C는 IP 주소가 192 ~ 223 사이의 숫자로 시작되며, 가장 흔히 볼 수 있는 주소영역이다.

클래스 D, E 네트워크

위에서 살펴본 클래스 A, B, C 이외에도 D, E 클래스가 있다. 클래스 D는 멀티 캐스트 패킷을 위해 사용되는데, 이 주소의 영역은 224.0.0.0부터 239.255.255.255이다.

한편, 240.0.0.0부터 255.255.255.255까지의 주소를 클래스 E라고 하는데, 연구 개발용으로 예약되어 있으며 실제로 할당받아 사용할 수 있는 주소영역은 아니다.

(3) 서브네팅(Subnetting)

서브네팅이란 하나의 커다란 네트워크를 여러 개의 작은 네트워크로 나누는 작업이며, 이렇게 나누어진 각각의 작은 네트워크를 서브넷이라고 부른다.

네트워크를 분할하는 데에는 여러 가지 이유가 있을 수 있지만 대체로 다음과 같은 이유 때문이다.

- 네트워크 트래픽의 감소
  트래픽을 감소시키는 것이야말로 서브네팅의 가장 큰 목적이라고 할 수 있다. 네트워크의 부하가 모든 인터넷 상에 전파된다고 한 번 생각해 보자. 백본의 용량이 아무리 크더라도 트래픽이 넘쳐서 네트워크는 완전히 마비될 것이다. 랜에서도 마찬가지로 될 수 있으면 트래픽을 줄이는 쪽으로 설계하는 것이 좋다.

- 네트워크 성능 최적화
  네트워크 상의 트래픽이 감소하기 때문에 덤으로 얻어지는 효과이다. 트래픽이 적어지기 때문에 당연히 그 만큼의 대역폭을 원래 목적인 데이터의 전송에 사용할 수 있게 된다.

- 관리 편의성
  하나의 거대한 네트워크보다는 작은 그룹으로 나누어진 네트워크가 관리하기 더 쉽다.

- 물리적 거리의 광범위한 확장
  WAN 연결은 랜보다 비용이 많이 들고 속도도 느리기 때문에 장거리에 걸쳐 하나의 네트워크를 구성하는 것은 앞에 열거된 모든 면에서 문제를 일으킬 수 있다. 중앙의 네트워크에 작은 네트워크들을 여러 개 연결시키는 것이 비용과 효율 면에서 훨씬 유리하다.

간단히 말하자면, 서브네팅은 하나의 IP 네트워크를 보다 작은 논리적 네트워크로 세분할 수 있도록 하는 기능이다. 서브넷을 나눌 때에는 IP 주소의 호스트 부분(노드 주소 부분)의 일부를 이용하여 서브넷 주소라 불리는 것을 만들게 된다.

서브넷 주소를 만들 때 사용하는 것이 바로 서브넷 마스크이며, 서브넷 마스크에 대한 이해가 있어야만 비로소 IP 주소체계를 이해하였다고 볼 수 있다.

보충설명

IP 주소와 서브넷 마스크를 잘 이해하기 위해서는 이진수에 대한 완벽한 이해와 논리적 AND에 대한 이해가 필요하다.
논리적 AND(Logical AND)의 기본 성질은 양쪽이 모두 1인 경우에만 결과도 1이 된다는 것인데, 간단히 아래의 내용만 숙지하면 된다.
0 AND 0 = 0
1 AND 0 = 0
0 AND 1 = 0
1 AND 1 = 1

가장 작은 클래스인 클래스 C라고 하더라도 하나의 네트워크에 255대의 노드를 연결할 수 있다. 그런데, 컴퓨터가 10대밖에 없는 작은 네트워크에 클래스 C 주소를 배정받는 것은 IP 주소를 낭비하는 꼴이 된다.

클래스 B나 A에서는 더 심각한 현상이 발생한다. 클래스 B만 하더라도 하나의 네트워크에 65,534개의 노드를 가질 수 있는데, 이렇게 큰 네트워크를 하나로 구성했다가는 브로드캐스트 때문에 정작 데이터는 하나도 전송을 하지 못할 수도 있다. 바로 이런 경우에 서브네팅이 필요하다.

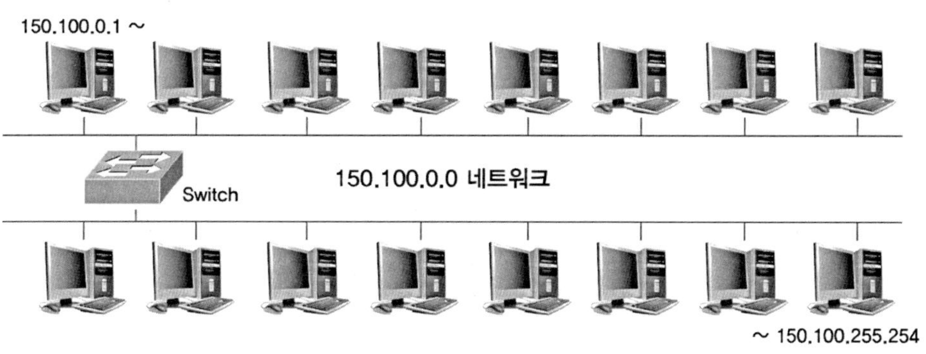

▲ 그림 15-7 서브넷 되지 않은 클래스 B 네트워크

그림과 같이 서브네팅을 하게 되면 브로드캐스트 도메인의 크기를 줄일 수 있다. 이때 서브넷 마스크는 디폴트값인 255.255.0.0 대신에 255.255.255.0을 사용했다. 이렇게 되면 각각의 네트워크는 마치 클래스 C인 것처럼 사용된다.

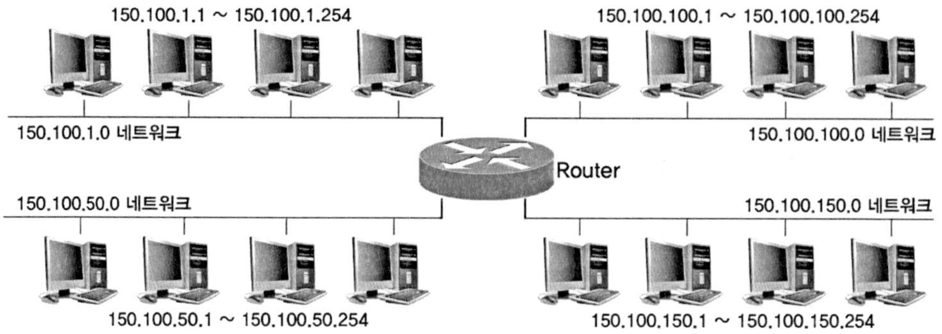

▲ 그림 15-8 서브넷된 클래스 B 네트워크

이 네트워크에서 서브넷 간의 통신은 라우터나 L3스위치를 통해 일어난다. 즉, 150.100.1.0 네트워크와 150.100.50.0 네트워크 간에 통신을 하려면 반드시 라우터나 L3스위치를 거쳐야 한다.

(4) 서브넷 마스크

서브넷 마스크도 IP 주소와 마찬가지로 32비트로 구성되어 있고 IP 주소에는 항상 서브넷 마스크가 따라다닌다. 이것은 서브네팅을 하든 안하든 마찬가지 인데, **서브네팅을 하지 않은 경우에는 디폴트 서브넷 마스크를 사용하고 서브네팅을 한 경우에는 상황에 맞는 서브넷 마스크를 사용한다.**

▼ 표 15-7 디폴트 서브넷 마스크

클래스	형식	디폴트 서브넷 마스크
A	Net.Node.Node.Node	255.0.0.0
B	Net.Net.Node.Node	255.255.0.0
C	Net.Net.Net.Node	255.255.255.0

211.23.150.1이라는 주소를 예로 들어 보자. 이 주소는 클래스 C 주소이며, 이 네트워크에는 211.23.150.1 ~ 211.23.150.254까지 254개의 노드(호스트)를 연결할 수 있다. 이렇게 네트워크를 나누지 않고(서브네팅 하지 않고) 사용할 때 이 네트워크에는 디폴트 서브넷 마스크인 255.255.255.0을 사용한다.

IP 주소	: 211.23.150.1 = 11010011.00010111.10010110.00000001
서브넷마스크	: 255.255.255.0 = 11111111.11111111.11111111.00000000
서브넷네트워크	: 211.23.150.0 = 11010011.00010111.10010110.00000000

그런데 이 클래스 C 네트워크를 두 개로 나누어 사용한다고 생각해 보자. 첫 번째 네트워크에서는 211.23.150.1 ~ 211.23.150.127까지의 주소를 사용할 수 있고, 두 번째 네트워크에서는 211.23.150.129 ~ 211.23.150.254까지의 주소를 사용할 수 있다. 이 경우에는 디폴트 서브넷 마스크가 아니라 다른 값을 사용해야만 한다.

서브넷된 네트워크 A

IP 주소	: 211.23.150.1	= 11010011.00010111.10010110.00000001
서브넷 마스크	: 255.255.255.128	= 11111111.11111111.11111111.10000000
서브넷 네트워크	: 211.23.150.0	= 11010011.00010111.10010110.00000000

서브넷된 네트워크 B

IP 주소	: 211.23.150.129	= 11010011.00010111.10010110.10000001
서브넷 마스크	: 255.255.255.128	= 11111111.11111111.11111111.10000000
서브넷 네트워크	: 211.23.150.128	= 11010011.00010111.10010110.10000000

서브넷 마스크에서 1은 네트워크 주소이거나 서브넷 주소를 의미하며, 0은 호스트 주소임을 의미한다.

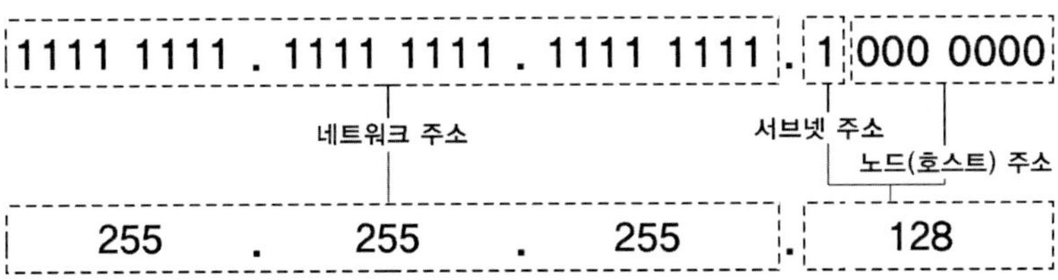

▲ 그림 15-9 서브넷 마스크

클래스 C 네트워크를 둘로 나누었을 때 그림과 같이 서브넷 마스크가 구성된다. 클래스 C의 경우에는 IP 주소 형식이 Net.Net.Net.Node로 표시되기 때문에 서브넷 마스크의 처음 3바이트는 1로 구성된다. 그리고 원래 호스트 주소로 사용되는 마지막 바이트의 첫 번째 비트가 여기서는 서브넷 주소를 나타내는 데 사용되며, 그렇기 때문에 1로 구성된다. 여기서는 나머지 7비트가 호스트 주소를 나타내는 데 사용된다.

그런데 RFC에는 1비트만 가지고는 서브네팅을 할 수 없다고 규정되어 있다. 하지만 실무에서는 이렇게 1비트만 가지고 서브네팅을 하는 경우, 예를 들어 C 클래스를 반으로 나누어 쓰는 일이 비일비재하게 일어난다.

그래서 대부분의 라우터나 L3 스위치에는 이렇게 규정위반을 위한 명령어가 따로 만들어져 있다. 시스코 제품에서는 "ip subnet-zero"가 그 명령어인데, 이 명령어를 사용하면 라우터가 규칙을 무시하고 1비트 서브넷 마스크를 사용하도록 할 수 있다. 이 명령어는 해당 라우터가 IOS 12.x 이상이라면 디폴트로 이미 설정되어 있다.

(5) 서브네팅 연습

우리 주변에서 가장 흔하게 볼 수 있는 주소영역이 바로 클래스 C이므로, 클래스 C의 서브네팅을 한 번 알아보도록 하자. 물론 클래스 A나 클래스 B의 서브네팅도 같은 방법으로 이루어지기 때문에 클래스 C 하나만 알고 있으면 다른 클래스의 주소에도 그대로 적용이 가능하다.

클래스 C 주소에서는 맨 뒤의 8비트(1바이트)만이 노드(호스트) 주소를 나타내는 데 사용된다. 여기서 만약 서브네팅을 하고자 할 경우, **서브넷 비트는 맨 왼쪽의 첫 번째 비트부터 시작되며 건너뛸 수는 없다**. 즉, 이런 형식으로 표기가 된다.

```
Net.Net.Net.10000000 = 128
Net.Net.Net.11000000 = 192
Net.Net.Net.11100000 = 224
Net.Net.Net.11110000 = 240
Net.Net.Net.11111000 = 248
Net.Net.Net.11111100 = 252
Net.Net.Net.11111110 = 254
```

만약 서브넷 마스크를 255.255.255.128로 주었다면 호스트에 부여할 수 있는 비트는 총 7비트이므로, 2^7(128)개의 호스트를 네트워크에 참여시킬 수 있다. 마찬가지로 255.255.255.252를 서브넷 마스크로 사용했다면 호스트에 부여할 수 있는 비트는 총 2비트이므로 2^2(4)개의 호스트를 네트워크에 참여시킬 수 있게 된다.

하지만 두 경우 모두 호스트 주소 비트가 모두 0인 경우와 1인 경우는 사용할 수 없으므로, 맨 처음의 주소 한 개와 맨 뒤의 주소 한 개(총 2개)를 사용하지 못한다. 따라서 255.255.255.128의 서브넷 마스크에서는 총 2^7-2개(=126개)의 호스트를 네트워크에 참여시킬 수 있으며, 255.255.255.252의 서브넷 마스크에서는 총 2^2-2개(=2개)의 호스트를 네트워크에 참여시킬 수 있다.

서브네팅에서 최대로 사용가능한 서브넷의 개수와 서브넷당 호스트의 개수를 계산하는 공식은 다음과 같다.

```
2^(서브넷 마스크에서 마스크된 비트의 수) - 2 = 최대 서브넷 개수
2^(서브넷 마스크에서 마스크되지 않은 비트의 수) - 2 = 한 개의 서브넷당 최대 호스트 개수
```

공식에서 "마스크 된"이란 비트값이 1인 경우를, "마스크 되지 않은"이란 0의 값을 갖는다는 의미이다.

▼ 표 15-8 서브넷 마스크에 따른 서브넷 변화

서브넷 마스크	서브넷 수	서브넷당 가용 호스트 수	서브넷 비트	호스트비트
255.255.255.0	1	254	0	8
255.255.255.128	2	126	1	7
255.255.255.192	4	62	2	6
255.255.255.224	8	30	3	5
255.255.255.240	16	14	4	4
255.255.255.248	32	6	5	3
255.255.255.252	64	2	6	2
255.255.255.254	128	0	7	1

표에서 알 수 있듯이 네트워크를 많이 나눌수록 사용할 수 있는 호스트의 수는 절대적으로 감소한다. 이것은 각 서브넷 마다 네트워크 주소 식별용으로 하나의 주소를 사용해야 하며, 브로드캐스트 주소로 하나를 사용해야 하기 때문이다. 예를 들어 255.255.255.252를 서브넷 마스크로 사용한 경우에는 64(네트워크의 수) * 2(네트워크당 호스트의 수)인 128개의 호스트만 네트워크에 접속할 수 있다.

C 클래스에서 서브네팅 하지 않았을 경우 254대의 호스트를, 255.255.255.128을 서브넷 마스크로 사용했을 경우 126 * 2개, 242대의 호스트를 네트워크에 접속할 수 있는 것과 대조적이다.

따라서 서브네팅을 할 때에는 무작정 작게 나눌 것이 아니라 적절한 크기의 그룹으로 네트워크를 분할하는 정책이 꼭 필요하다.

서브넷 마스크에 따라 사용이 가능한 주소영역을 계산하는 것은 어려운 일은 아니지만 실수를 할 가능성이 아주 많다. 그래서 IP 주소계산기와 같은 프로그램을 이용하는 것도 좋은 방법이다. 이 IP 주소 계산기는 인터넷에서 쉽게 찾을 수 있고, 당연히 스마트폰용 앱도 있다.

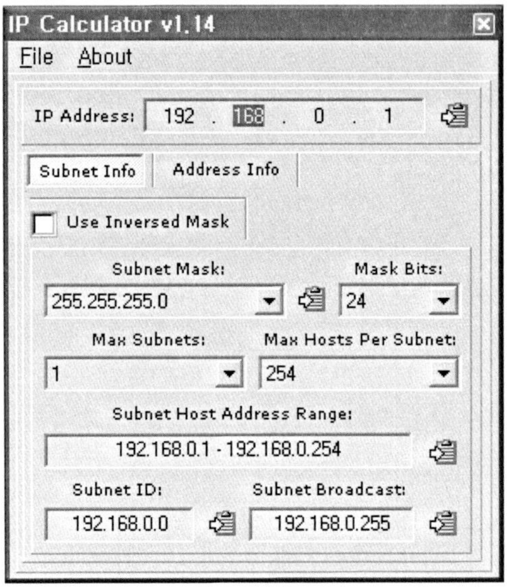

▲ 그림 15–10 IP 주소 계산기

Chapter

16 네트워크 접속장치

두 대의 컴퓨터를 서로 연결하는 데에는 단순히 두 개의 랜카드만 있으면 충분하다. CCTV의 경우에도 마찬가지라서 IP를 지원하는 CCTV 카메라 한 대와 컴퓨터에 장착된 랜카드만 있으면 네트워크를 구성하고 서로 통신할 수 있다. 하지만 좀 더 많은 수의 장치를 연결하고 싶다면 허브나 스위치와 같은 장치가 필요하고 인터넷에 연결하기 위한 IP 공유기나 무선랜(WiFi) 연결을 위한 AP와 같은 장치가 더 필요할 수도 있다.

이 장에서는 네트워크 연결에 사용되는 각종의 접속장치에 대해 간략하게 알아보기로 하자.

1 허브와 스위치

(1) 허브(HUB)의 역할

허브와 스위치는 네트워크 장비 중에서 사용자에게 가장 친숙한 장치이다. 컴퓨터와 관련된 용어들도 어느 정도는 일반적인 뜻에 기반을 두고 있는데, 바퀴에서 가장 중심이 되는 부분을 허브라고 부르며, 네트워크에서도 허브가 중심이 되어 스타형태의 네트워크가 구축된다.

즉, 네트워크에서 허브란 "LAN 구축 시 필요한 집선 장치로 가까운 거리의 컴퓨터들을 TP 케이블을 이용해 서로 연결시켜 네트워크를 확장할 수 있게 해주는 장치"이다.

▲ 그림 16-1 허브(위)와 스위치(아래)

HUB는 공유허브와 스위치로 나눌 수 있으며, 엄밀하게 말하자면 공유허브만을 HUB라고 부르는 것이 정확한 표현이다. HUB는 ISO/OSI 7 Layer 중 1계층, 즉 물리 계층에서 작동하는 장비이며 스위치는 2계층, 즉 데이터 링크 층에서 작동하는 장비이기 때문이다.

하지만 현재에는 공유허브가 생산조차 되지 않고 있기 때문에 시중에서 신품의 공유허브를 구하기란 하늘의 별따기만큼이나 어렵다. 즉, **지금 여러분의 주변에서 허브라고 부르는 제품들은 실제로는 모두 스위치이다.** 그럼에도 불구하고 스위치를 허브라고 부르는 것은 허브와 스위치는 육안으로는 전혀 구분이 불가능할 정도로 동일한 모양이며, 비전문가의 입장에서는 특별히 허브와 스위치를 구분할 필요도 없기 때문이다.

사실 전통적인 의미의 허브는 많은 수의 포트를 가지고 있는 리피터(Multi-port Repeater)인데, 일반적인 리피터가 입력과 출력 2개의 포트만을 가진 반면에 허브는 다수의 입출력 포트를 가지고 있어서, 많은 수의 컴퓨터를 연결할 수 있다는 점이 차이점이며 다음과 같은 기능을 한다.

- 컴퓨터끼리의 네트워크 연결
- 근거리의 다른 네트워크(즉, 다른 허브)와 연결
- 라우터 등의 네트워크 장비와 연결
- 네트워크 상태 점검(모니터링 기능 – Intelligent Hub인 경우)
- 신호 증폭 기능(Repeater 역할)

앞에서 설명한 바와 같이 10Base5나 10Base2같은 원래의 이더넷은 논리적/물리적으로 Bus형 구조를 가지며, 10BaseT나 100BaseTx같은 발전된 이더넷은 논리적으로 Bus형/물리적으로 Star형의 구조를 가진다.

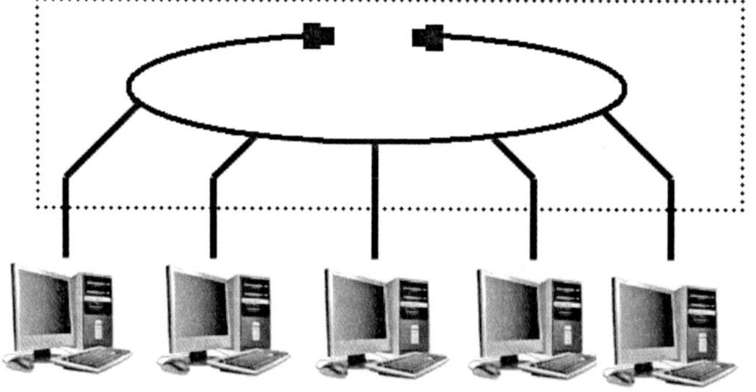

▲ 그림 16-2 허브의 논리적 구조

그림은 허브를 사용한 10BaseT 네트워크의 논리적 구조를 보여주고 있다. 그림에서 볼 수 있듯이 허브의 구조는 아주 단순하다. 물론 실제의 구조는 절대로 이렇지 않으며, 이 그림은 설명의 편의를 위해 간략히 만든 구조이다.

허브는 Bus형 네트워크에서 중앙선로와 같은 역할을 하는 장비이기 때문에 Bus형 네트워크가 가지는 단점을 그대로 가지게 된다. 즉 "중앙의 선로에 이상이 생기면 모든 네트워크가 마비된다."는 Bus형의 단점이 "중앙의 허브가 이상이 생기면 모든 네트워크가 마비된다."로 바뀌는 것뿐이다. 하지만 허브를 사용해서 생기는 이점은 상당히 큰데, 가장 큰 장점은 무엇보다도 네트워크 관리가 용이해 진다는 데 있다.

보충설명

허브와 리피터는 대표적인 1계층(물리적 계층, Physical Layer) 장비이다.

(2) HUB 사용의 장점

허브를 사용한 네트워크 구성은 BUS형 네트워크에 비해 다음과 같은 장점을 가진다.

- 네트워크 관리가 용이해진다.
- 네트워크 에러를 검출해 내기 쉽다.
- 병목 현상을 어느 정도 줄여 준다.
- 확장이 용이하다.
- 다른 네트워크와 네트워크 장비에 연결할 수 있다.
- 신호 증폭기능이 있으므로 원거리 연결이 가능하다.

네트워크 구성에서 가장 기본이 되면서 귀찮은 일 중의 하나가 케이블을 연결하고 관리하는 것이다. 보통은 케이블이 가능한 눈에 띄지 않도록 책상 밑이나 벽 속으로 케이블을 연결하게 되는데, 선형 네트워크의 특성상 이 중 어느 한 노드에서 문제가 발생한다면 전체 네트워크가 사용불능이 될 수도 있다. 이런 문제가 발생했을 때 네트워크 관리자는 문제가 발생한 곳의 위치를 찾기 위해 전체 케이블을 점검해서 오류를 확인해야 한다.

그러나 허브를 사용하면 이러한 귀찮은 문제가 어느 정도 해결 될 수 있다. 허브를 사용하면 허브와 연결된 컴퓨터가 작동중이면 허브의 포트마다 LED가 켜져 있거나 깜박거려서 연결 등의 상태를 알 수 있기 때문에 문제가 되는 위치를 바로 파악할 수 있기 때문이다.

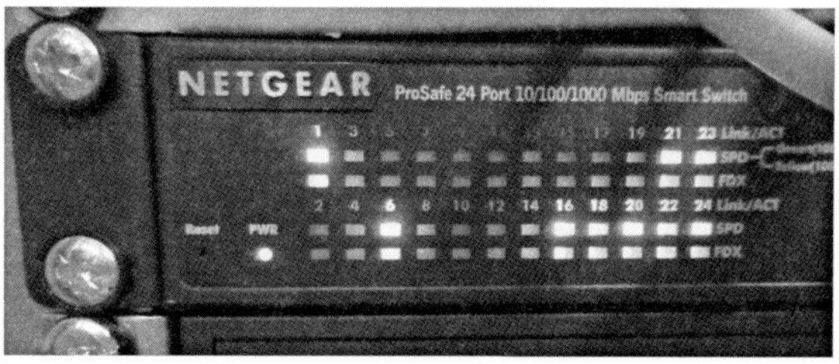

▲ 그림 16-3 허브의 LED

전통적인 허브를 사용한 네트워크는 이더넷, 즉 CSMA/CD 방식이 가지는 결점인 데이터량 증가에 따른 속도감소를 그대로 가지고 있다.

CSMA/CD 방식에 대해 다시 한 번 설명을 하자면, 일단 전송을 하려고 하는 컴퓨터는 회선이 사용 중인지를 검사한 후 사용 중이 아니라면 자신의 데이터를 전송하고, 사용 중이라면 잠시 기다렸다가 회선이 사용 중인지 다시 검사한다. 그런데 랜 케이블을 통해 신호가 전달되는 데에는 어느 정도의 시간이 필요하기 때문에 회선이 사용 중이 아니라고 판단한 경우라도 데이터가 전달되는 도중에 다른 컴퓨터가 데이터를 전송할 가능성이 충분히 있다. 컴퓨터의 수가 많아지면 많을수록, 전송하는 데이터가 많으면 많을수록 그 가능성은 기하급수적으로 커지게 된다.

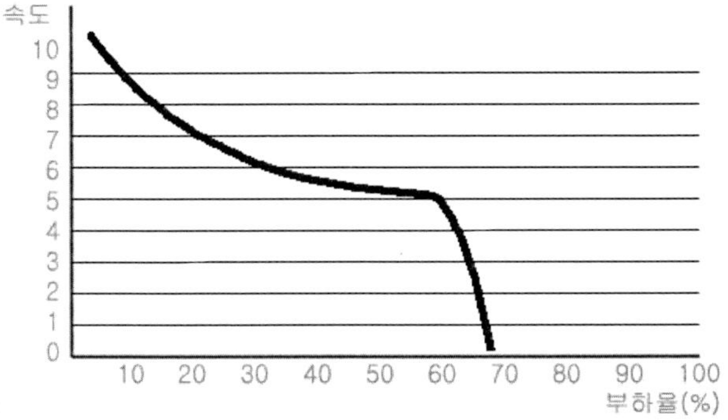

▲ 그림 16-4 허브를 이용한 네트워크에서 부하량에 따른 속도 변화

허브를 사용한 네트워크에서는 이론상 최대 대역폭의 60%를 초과하면 통신을 거의 할 수 없는 상태가 된다(물론 지금은 허브 대신에 스위치를 사용하므로 위의 그래프는 거의 의미가 없다).

(3) 스위치(Switch)

보통의 HUB들은 적은 수의 사용자들 사이에 파일, 프린터, 모뎀 등의 네트워크 자원을 공유하여 사용하기 위해 설계되었다. 그런데 허브를 사용할 경우에는 모든 컴퓨터는 하나의 선로를 이용해 데이터를 전송한다. 즉, 허브에 연결된 모든 컴퓨터에 같은 신호가 동시에 전달되며, 어느 한 순간에 오직 한 사용자만이 데이터를 전송할 수 있는 것이다.

대역폭을 공유하는 방식은 LAN에 소수의 장치들이 접속되었을 때 매우 효율적이지만 현재의 랜은 규모도 커지고 더욱 복잡해졌으며, 사용자는 좀 더 빠른 네트워크를 원하고 있다. 게다가 전송할 데이터가 많아질수록 데이터가 충돌할 확률이 기하급수적으로 커지는 문제는 멀티미디어나 클라이언트/서버 응용들을 지원하는 데 많은 약점을 가지고 있다.

보충설명

대역폭(Band width)이란 그 회선이 전송할 수 있는 데이터의 양을 말한다. 예를 들어 UTP 케이블을 이용한 1000BaseT 네트워크라면 1,000 Mbps(1 Gbps)가 이 네트워크의 대역폭이다. 당연히 대역폭이 넓을수록 같은 시간에 더 많은 데이터를 전송할 수 있다.

90년대 중반에 LAN분야에서 가히 혁명이라 부를 수 있는 변화가 일어났다. 바로 스위칭 시대가 도래한 것이다. 스위칭이란 말은 교환으로 풀이되는데, 원래 교환이란 용어는 한 전화에서 송신되는 음성 데이터를 다른 전화로 전송하는 것을 뜻하는 의미로 전화 교환기 관련 기술이다. 스위칭과 교환은 실제로 같은 형태를 갖고 있지만 편의상 LAN용(스위칭)과 WAN(교환)용으로 구분하여 사용한다.

보충설명

스위치와 브리지는 대표적인 2계층(데이터링크 계층, Data-link Layer) 장비이다.

스위칭은 전용 대역폭 할당(Dedicated-Bandwidth) 방식의 Switched LAN을 꾸밀 수 있게 해주는 기술이다.

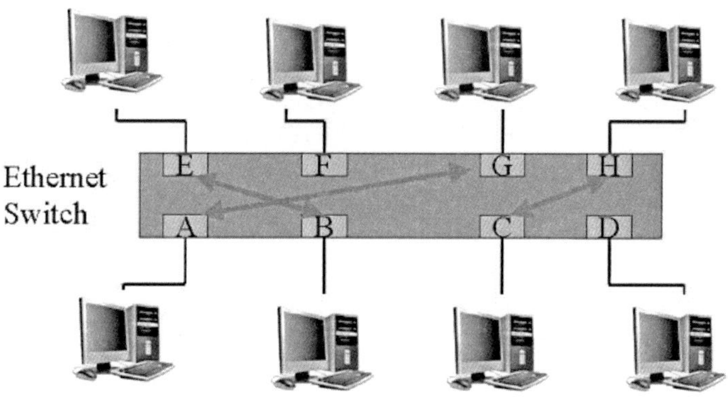

▲ 그림 16-5 이더넷 스위칭 개념

전용 대역폭 할당은 대역폭 공유와 대비되는 개념으로 랜이 가질 수 있는 최대 대역폭을 모든 장치들이 거의 100% 사용할 수 있도록 해 준다. 예를 들어 100 Mbps 더미허브를 스위치로 교체할 경우 여기에 몰리는 PC들은 모두 100 Mbps 대역폭을 보장 받게 되는 것이다. 그림은 이더넷의 스위칭 개념을 단순화하여 보여주고 있는데, 데이터를 송수신하고자 하는 두 대의 PC 간에 가상의 회선이 연결되어 마치 두 대의 장비가 1:1로 연결된 것처럼 만들어 주는 장비가 바로 스위치이다.

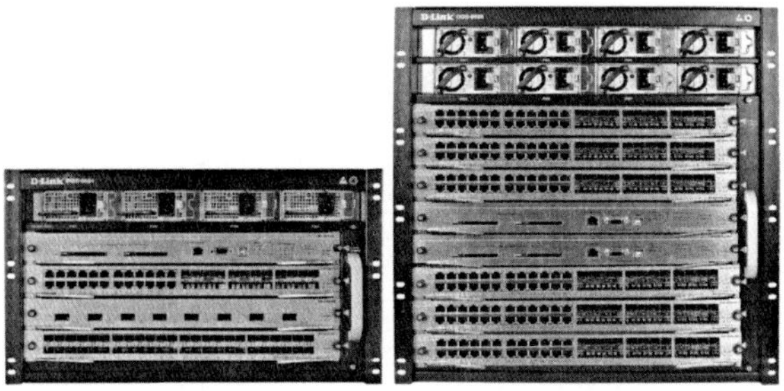

▲ 그림 16-6 Enterprise Switch

스위치는 대표적인 2계층(Layer 2) 장비이기는 하지만 현재는 3계층(Layer 3) 이상에서 동작하는 제품(L3 스위치)도 시장에서 많이 볼 수 있으며, L3 스위치는 라우터가 담당하던 부분을 상당수 대체해 나가고 있다.

2 라우터(Router)

라우터는 네트워크 세그먼트의 분할 또는 LAN과 WAN을 결합하는 데 사용되며, 기능적인 면에서 브리지와 비슷한 것처럼 보이지만 실제로는 크게 다르다. 브리지는 필요한 패킷 외에도 Broadcast 패킷 등을 통과시키기 때문에 두 세그먼트의 트래픽을 완전히 분리하지는 못하지만, 라우터는 필요한 패킷만을 최적의 코스로 선정해서 통과시키기 때문에 두 세그먼트의 트래픽을 완전히 분리시켜 준다.

▲ 그림 16-7 Workgroup Router

라우터는 3계층 내의 인터넷 프로토콜 중 네트워크 번호에 따라 경로를 판정한 다음, 해당하는 노드 번호에 따라 이를 다시 세분화하고 최종 목적지를 계층적으로 결정하여 전송하는 기능을 한다. 네트워크에 있는 인터넷 프로토콜은 XNS, TCP/IP, OSI, DECnet 등의 프로토콜에 따라 정의의 방법이 다르므로 대부분의 라우터는 기본적으로 하나의 프로토콜만을 사용하여 경로를 설정한다. 거꾸로 생각하면 다수의 프로토콜이 혼재하는 백본 네트워크에서 특정 프로토콜의 네트워크만을 선택할 수 있고, LAN과 WAN을 연결할 때 등과 같이 속도차이에 의해 병목현상이 발생하는 곳에서는 아주 효과적으로 사용될 수 있다.

또한, 대규모 네트워크에서 그물형이나 복수의 경로를 포함하는 복잡한 형상의 네트워크를 구축할 수 있고 직렬연결을 병행해서 사용함에 따라 부하분산을 할 수도 있다. 결론적으로 비용과 부하량의 관계를 따져보아서 브리지나 스위치를 사용할 것인지, 아니면 라우터를 사용할 것인지를 선택하게 된다.

보충설명

라우터는 대표적인 3계층(네트워크 계층, Network Layer)장비이다.

라우터는 단위 세그먼트 내에서 주고받는 데이터를 해당 세그먼트 내에서만 한정적으로 움직이도록 제한을 가하여 네트워크에 발생될 수 있는 불필요한 부하를 줄여 준다. 또한, 패킷 내의 목적지 주소를 읽어, 라우터 내의 라우팅 테이블(Routing table, 경로표)과 대조한 다음 데이터 패킷이 지나가야할 경로를 지정한다.

라우팅 테이블의 작성은 수작업으로 하는 Static Routing과 라우터 스스로 갱신하는 Dynamic Routing이 있는데, 각각 장단점이 있으므로 네트워크 환경에 맞게 적절히 조합하여 사용할 필요성이 있다.

▲ 그림 16-8 Enterprise Router

몇 년 전 까지만 해도 WAN의 구성이나 대규모 LAN 또는 캠퍼스 백본의 구축에는 라우터가 필수적인 장비였지만 L3 스위치의 등장과 기가비트 이더넷의 활성화로 점차 그 역할이 줄어들고 있다. 하지만 L3 스위치가 라우터를 완전히 대체할 수는 없기 때문에 여전히 그 중요성은 크다고 하겠다.

3 인터넷공유기(Internet Share Router)

인터넷공유기는 NAT 기능을 지원하는 소형 라우터이지만 최근에는 마치 라우터와는 별개의 장치인 것처럼 판매되고 있다.

사무실에 여러 대의 컴퓨터가 있고, 모든 컴퓨터가 인터넷을 자유롭게 쓰려면 전용회선이나 기업용 매트로 이더넷과 같이 여러 개의 실제 IP(공인 IP)를 할당해 주는 서비스가 가장 좋은 답이겠지만 이런 고품질 회선의 사용요금은 상당히 비싸다.

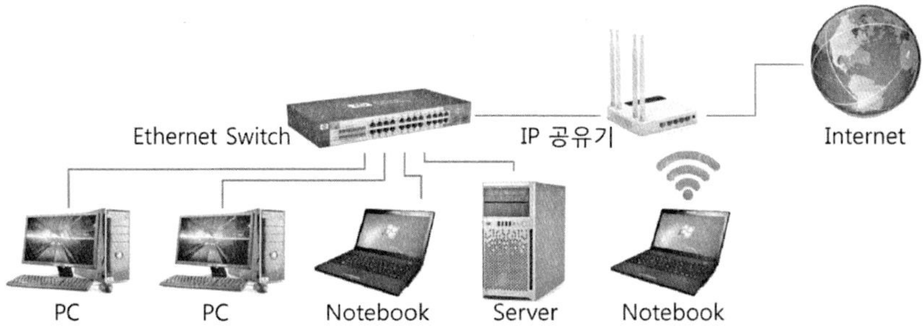

▲ 그림 16-9 인터넷공유기를 이용한 네트워크 구성

케이블 모뎀이나 ADSL이 보급되기 시작한 초기에는 여러 대의 컴퓨터가 하나의 회선으로 인터넷을 이용하기 위해 인터넷공유 소프트웨어를 사용했지만 소프트웨어를 사용하는 것은 설정이 까다로운데다가 서버 역할을 하는 PC를 항상 켜 놓아야 한다는 단점이 있었다.

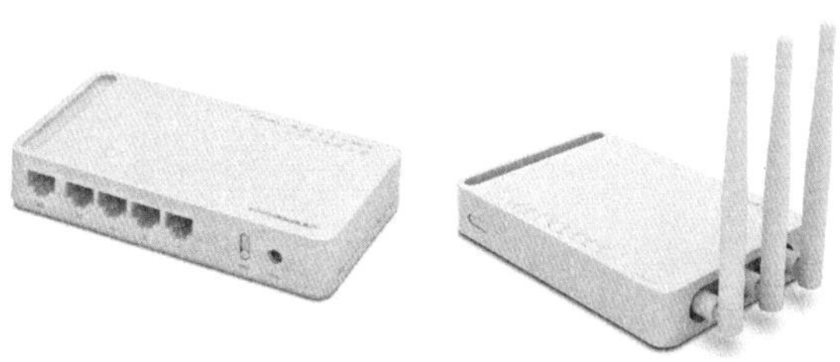

▲ 그림 16-10 유선 공유기(좌)와 유무선 공유기(우)

하지만 인터넷공유기는 별도의 장치를 사용하는 것이기 때문에 안정적인 서비스를 이용할 수 있는 장점이 있는 데다가 설정도 아주 간단하다. 게다가 인터넷에 연결된 외부의 다른 컴퓨터에서 내부 네트워크에 접근할 수 없는 보안상의 장점도 덤으로 제공받을 수 있다.

보충설명

NAT(Network Address Translator)는 IP 하나를 여러 PC나 장비에서 공유하여 동시에 인터넷을 사용하는 방법이다. 즉, 하나의 실제 IP 주소를 이용해서 다수의 컴퓨터사용자가 동시에 인터넷 서비스를 이용할 수 있도록 해 주는 기술이다.
현재의 IP 주소체계인, 32bit로 구성된 IPv4로는 2의 32승 개수만큼만 IP를 식별할 수 있기 때문에 폭발적인 인터넷증가추세로 IP 주소가 절대적으로 부족하게 되었다. 따라서 IETF(인터넷 통신규약 표준기관)에서는 "가상의 사설 IP Address 영역"을 지정하여 사용하도록 공인하고 있다.
이와 같은 IETF의 RFC공인규정에 따른 IP 공유방식은 인터넷에 연결된 컴퓨터(라우터)에 부여한 공인된 하나의 IP 주소를 사용하여, 네트워크로 묶여진 다수의 컴퓨터에 가상의 IP 주소를 자동으로 부여하고 내부의 가상 IP를 가진 컴퓨터들이 외부의 인터넷에 접속할 경우 IP Packet의 발신자 주소 공간에 공인된 IP 주소를 입력하여 인터넷에 접속하게 하는 세계적으로 공인된 통신기술이다.

현재에는 1 Gbps급의 속도를 지원하는 유선 인터넷공유기와 함께 54 Mbps 이상의 속도를 지원하는 무선 인터넷공유기를 시장에서 손쉽게 구입할 수 있으며, 가격도 아주 저렴하기 때문에 소규모의 사무실 등에서는 거의 대부분 인터넷공유기를 이용하여 네트워크를 구축하고 있다.

▲ 그림 16-11 24포트 지원 공유기

흔하지는 않지만 소규모 사업체를 위한 16 ~ 24포트를 지원하는 공유기도 있으며, 2개 이상의 인터넷 회선을 사용할 수 있는 공유기도 있으므로 목적에 맞는 제품을 선택하면 네트워크 구축에 들어가는 비용을 많이 줄일 수 있을 뿐만 아니라 유지보수도 간편해진다.

4 AP(Access Point)

흔히 AP라고 줄여서 부르는 Access Point는 유선 네트워크에서 허브와 같은 역할을 하는 장치이다. 보통 30미터에서 100미터 범위 내에 무선랜카드가 장착된 컴퓨터가 있다면 AP를 통해 데이터를 주고받을 수 있다. 그래서 건물의 각층별로 AP를 장치하거나 사무실별로 하나씩 AP를 장치하면 자유롭게 이동하면서 네트워크를 사용할 수 있게 된다.

▲ 그림 16-12 Access Point

외형만 볼 때는 앞서 소개한 유무선 인터넷공유기와 거의 차이가 없는데, 실제로 유무선 인터넷공유기는 AP와 NAT지원 Router 그리고 4 ~ 8포트 정도의 Switch가 하나로 합쳐진 제품이기 때문이다(AP 자체로는 라우팅 기능을 가지고 있지 않다). 때문에 AP는 대부분 어느 정도 규모가 있는 네트워크에서 사용하며, 컴퓨터가 10대 미만이며 1대의 AP만 사용해도 충분히 운영이 가능한 소규모 네트워크에서는 AP보다 유무선 공유기를 사용하는 것이 더 적은 비용으로 네트워크 구성이 가능하다.

대부분의 경우 무선으로만 네트워크를 구축하는 경우는 거의 없기 때문에 AP를 천장이나 벽면에 장착하고 TP 케이블을 사용하여 유선 네트워크에 연결해서 사용한다.

5 브리지(Bridge)

OSI 7 계층 중 데이터 링크 계층에서 동작하는 장비이며 주된 기능은 부하의 분리이다.

이 장비는 2개 이상의 랜 세그먼트를 연결하여 서브넷을 연결하는데, 리피터와는 달리 패킷을 필터링하여, 상대측으로 전달되어야만 하는 패킷만 통과시키고, 그렇지 않은 경우에는 통과시키지 않는다. 따라서 2개의 네트워크를 연결하면서 네트워크 부하를 줄일 수 있는 장비이다. 하지만 전체 네트워크를 대상으로 하는 브로드캐스팅 패킷은 그대로 통과시키기 때문에 부하분산에 그리 효과적이지는 못하다.

스위치의 등장으로 최근의 랜 구성에는 거의 사용되지 않으나, 200미터 이상의 먼 거리를 연결할 경우에 일부 사용되며 특히 무선으로 두 개의 네트워크를 연결하고자 할 때에는 대부분 브리지(무선 브리지)를 사용하여 연결하고 있다.

무선 브리지는 유선 브리지가 하는 역할을 그대로 수행한다. 즉, 2대의 브리지 장치가 서로 1:1로 통신하면서 서로의 네트워크를 연결해 준다. 보통의 경우에는 건물과 건물 사이의 연결이나 유선으로 연결하지 못하는 상황에서 중간에 장애물이 없는 경우 사용하게 된다.

▲ 그림 16-13 무선 브리지(실내, 단거리용)

브리지의 종류와 안테나에 따라 수백 m에서 수 km까지 데이터를 주고받을 수도 있기 때문에 유선가설이 곤란한 산악지대에서도 문제없이 네트워크를 구성할 수 있다.

소규모의 네트워크에서는 거의 필요하지 않은 장비이며, AP자체가 브리지 모드를 지원하는 모델도 시장에 많이 나와 있다.

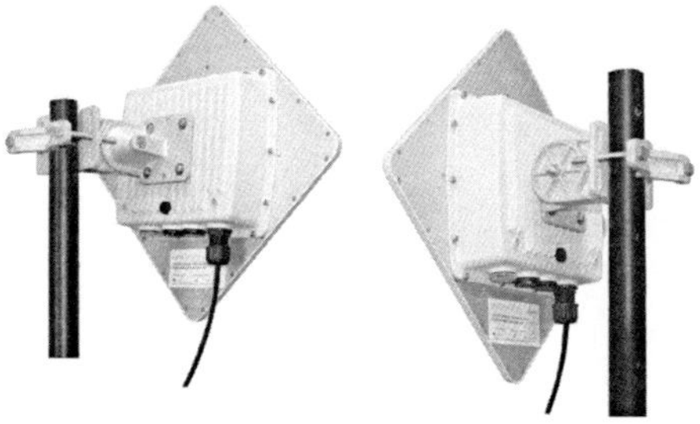

▲ 그림 16-14 무선브리지(실외, 장거리용)

6 동축케이블 컨버터

TP 케이블을 이용한 네트워크가 대중화되어 있지만 기존에 사용하던 CCTV 시스템을 고화질 IP 카메라 시스템으로 바꾸려면 많은 비용이 필요하다. 이는 카메라나 녹화장치를 구성하는 데 들어가는 비용도 상당하지만, 지중에 포설되어 있는 동축케이블을 교체하기 위해서 다시 굴착공사를 하려면 여러 가지 어려움도 따르게 되기 때문이다. 당연히 이미 포설되어 있는 동축케이블을 그대로 이용하여 영상신호나 데이터를 전송할 수 있다면 많은 비용을 절약할 수 있게 된다.

이런 조건에 부합하는 CCTV 시스템이 바로 확장 아날로그(AHD) 시스템이고, HD-SDI 방식에 비하여 비교적 품질이 낮은 케이블을 이용하여도 먼 거리까지 HD급 영상 신호를 전송할 수 있다.

그런데, 반드시 IP 카메라와 동축케이블을 사용해야 하는 상황이라면 어떻게 해야 할 것인가? 가장 간단한 해결책은 구형 이더넷, 즉 10Base2 이더넷을 사용하는 것이다. 10Base2 이더넷은 동축케이블을 이용하여 데이터를 전송하므로 TP 케이블과 동축케이블 사이에 적당한 데이터 변환장비만 있으면 데이터 전송이 가능해진다.

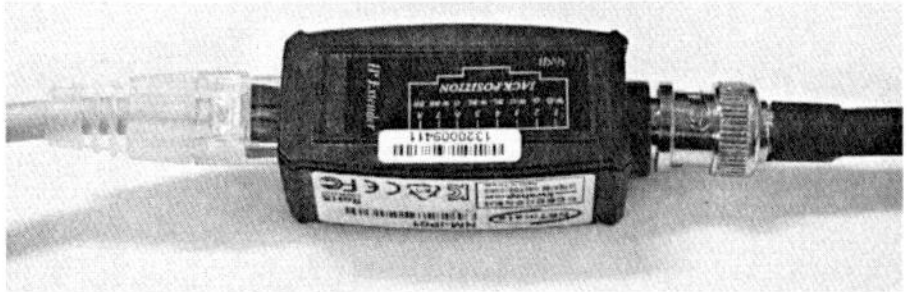

▲ 그림 16-15 동축케이블 컨버터

동축케이블 컨버터의 한쪽에는 동축케이블을 연결할 수 있는 BNC 커넥터가 있으며 반대쪽에는 TP 케이블을 연결할 수 있는 RJ-45 잭이 있으므로 그림과 같이 간단히 연결만 하면 된다. 하지만 10Base2 이더넷 자체가 10 Mbps의 속도만 지원하기 때문에 FHD급 이하의 영상 데이터만 제한적으로 수용이 가능하다는 단점이 있으며, 네트워크의 전체적인 속도를 떨어뜨릴 수도 있다.

7 광컨버터

광컨버터(Fiber Optic Media Converter)는 이름 그대로 광케이블과 TP 케이블 사이의 변환을 수행하는 장치이다. TP 케이블을 이용한 이더넷은 전송거리가 100 m로 제한되어 있는데, CCTV 설치환경에서는 100 m 이상 데이터를 전송해야 하는 현장이 아주 많고, 공장과 같이 전기적 노이즈가 심하게 발생하는 환경에서 TP 케이블로는 부족하기 때문에 광케이블을 이용하여 연결하게 되면 이런 문제를 간단히 해결할 수 있다.

▲ 그림 16-16 1포트 광미디어컨버터

광컨버터는 광케이블 연결용 커넥터와 TP 케이블 연결용 RJ-45커넥터가 부착되어 있으며, 10Mbps급 장치에서부터 10 Gbps급 장치까지 다양한 제품이 판매되고 있다.

일반적으로 미디어 컨버터는 1:1변환용의 기기이기 때문에 여러 개의 광케이블을 연결하기 위해서는 당연히 여러 개의 광컨버터를 사용해야 하지만 이렇게 구성하면 구성이 지저분해지고 문제가 발생했을 때 해결이 어려워지기 때문에 하나의 섀시에 여러 대의 광미디어컨버터가 설치되어 있는 "집합형 광컨버터"를 사용할 수도 있다.

▲ 그림 16-17 집합형 광컨버터

하지만 이 집합형 광컨버터도 결국은 스위치에 연결해서 사용해야 하기 때문에 최적의 솔루션이라고 보기에는 어렵다. 가장 효과적인 방법은 처음부터 광케이블 연결을 지원하는 스위치를 사용하는 것이며, 연결부분이 줄어들기 때문에 여러 개의 광미디어컨버터와 스위치를 이용하는 것보다 훨씬 간결하게 네트워크를 구성할 수 있다.

▲ 그림 16-18 이더넷 광스위치

광스위치는 처음부터 연결용 커넥터가 고정 부착되어 있는 제품도 있고, GBIC(Gigabit Interface Converter)이라고 부르는 모듈을 바꿔 끼울 수 있는 제품도 있으므로 목적에 맞는 제품을 선택하면 된다.

Chapter

17 기본관리 명령어

네트워크를 사용하려고 하면 기본적으로 알아야만 하는 몇 가지 명령어와 도구들이 있다. 대부분의 기본 명령어는 윈도우나 리눅스에서 기본적으로 제공하고 있기 때문에 별도로 설치해 줄 필요는 없다.

기본관리 명령어에서 가장 많이 사용하는 명령어는 Ping이며, 사실상 이 명령어 하나만 제대로 사용할 수 있어도 문제의 원인을 상당수 파악할 수 있다.

이 장에서는 윈도우나 리눅스에서 기본적으로 제공하고 있는 몇 가지 기본관리 명령어에 대해서 간략히 설명하고 있다.

1 기본제공 명령어

(1) Ping

Ping은 다른 컴퓨터와의 연결이 제대로 되어 있는지를 검사하는 가장 기본적인 명령이다. 처음 네트워크를 구축하고 연결이 제대로 되었는지, 각종 IP 기반 기기들의 설치는 제대로 되었는지를 검사하는 데 가장 먼저, 가장 많이 사용된다.

잘 사용하던 네트워크라 하더라도 특정한 홈페이지에 접속을 시도할 때 계속 에러가 나면서 접속이 안 된다든지, 메일이 계속 돌아온다든지 하는 경우가 종종 발생하게 되는데, 이런 경우에도 Ping을 사용해서 어디에 문제가 있는지 쉽게 알아볼 수 있다.

Ping은 일정한 패킷 데이터를 상대 컴퓨터에게 보내면 그 컴퓨터가 응답 메시지를 보내는 방식이며, 데이터를 보내고 받는 일련의 과정을 통하여 상대 컴퓨터의 상태나 네트워크의 상태를 확인할 수 있다. 일반적으로 네트워크에 무슨 문제가 발생했다면 Ping은 어떤 문제인가를 파악하는 시작점이 된다.

○ 사용방법과 결과

윈도우의 명령 프롬프트에서 "Ping *Host-name*"으로 실행시킨다.

그림은 KT의 DNS 서버인 ns.kornet.net에 Ping 테스트를 수행한 결과이다. Ping 테스트는 IP 주소나 호스트 이름(도메인 이름) 중 어떤 것이든 사용할 수 있는데, 호스트 이름을 사용했을 경우에는 그림에서 보이는 것처럼 DNS 서버에 그 호스트의 주소를 조회하여 IP 주소로 변화시킨 다음 Ping 테스트를 수행하게 된다.

따라서 IP 주소를 포함한 첫 번째 줄이 화면에 나타나기까지 얼마간의 시간이 소요되기도 하는데, 이 시간은 DNS 서버에 호스트 이름 풀기를 질의하고 응답을 받는 데 사용되는 시간이다. 만약 IP 주소를 직접 입력했다면 좀 더 빠른 응답을 얻을 수 있다.

또한 보통의 경우 첫 번째 응답시간이 나머지 것들보다 긴 경우가 많은데, 이것은 목적지 하드웨어 주소가 송신자의 ARP 캐시에 없는 경우로서, IP 주소를 하드웨어 주소(MAC Address)로 변환하는 데 걸리는 시간 때문이다.

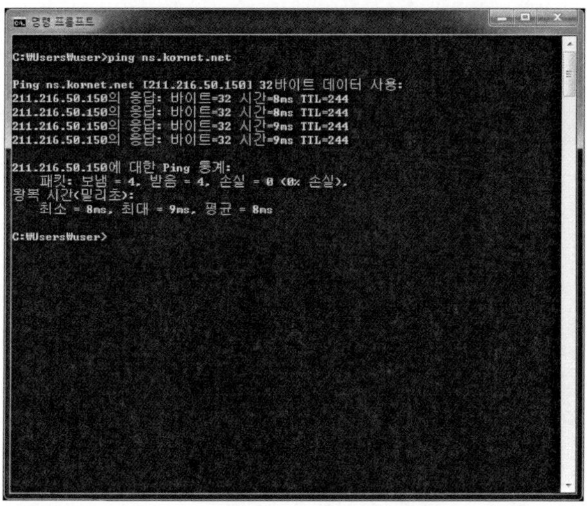

▲ 그림 17-1 Ping Test

보충설명

> TTL(Time to Live)은 IP에서 얼마나 많은 HOP을 돌아다닐 수 있는가를 정해주는 필드로서, 1 HOP을 지날 때마다 1씩 감소하게 된다. 일정 시간 내에 응답이 없는 패킷은 제거해 주지 않으면 네트워크의 대역폭이 계속 낭비되게 되므로 TTL이 0이 되는 경우, 그 패킷을 받은 라우터는 패킷을 폐기하게 된다.

형식과 옵션

ping [-t] [-a] [-n count] [-l size] [-f] [-i TTL] [-v TOS] [-r count] [-s count] [[-j host-list] | [-k host-list]] [-w timeout] [-R] [-S srcaddr] [-4] [-6] target_name

▼ 표 17-1 ping의 옵션

매개변수	변수	기능	IP버전
-t		사용자가 종료할 때까지 핑 테스트를 계속한다.	공통
-a		IP 주소를 호스트 이름으로 변환해서 보여준다.	공통
-n	count	count에 지정된 횟수만큼 핑 테스트를 수행한다. 윈도우에서 기본값은 4이다.	공통
-l	size(length)	length에 지정된 크기의 데이터로 ECHO 패킷을 보낸다. 기본값은 32바이트이고 최댓값은 65,527바이트이다.	공통
-f		패킷에 Do not Fragment 플래그를 보낸다. 이 패킷은 도중에 게이트웨이(보통 라우터)에 의해 조각으로 나누어지지 않는다.	IPv4
-i	ttl	Time To Live 필드를 ttl에 지정된 값으로 설정한다.	공통
-v	tos	Type Of Service 필드를 tos에 지정된 값으로 설정한다.	IPv4
-r	count	보내는 패킷과 반환되는 패킷의 경로를 Record Route 필드에 기록한다. count에 최소 1대에서 최대 9대까지의 컴퓨터를 지정할 수 있다.	IPv4
-s	count	count에 지정된 홉의 수에 대한 시간 스탬프를 지정한다.	IPv4
-j	host-list	host-list에 지정된 컴퓨터의 목록을 따라 패킷을 전달한다. 연속적인 컴퓨터는 중간 게이트웨이로 구분할 수 있으며, 최댓값은 9이다.	IPv4
-k	host-list	host-list에 지정된 컴퓨터의 목록을 따라 패킷을 전달한다. 연속적인 컴퓨터는 중간 게이트웨이로 구분할 수 없으며, 최댓값은 9이다.	IPv4
-w	timeout	시간 초과 간격을 1/1000초 단위로 지정한다.	공통
-S	srcaddr	핑 테스트를 수행하는 컴퓨터(이 컴퓨터)가 두 개 이상의 IP 주소를 가지고 있을때 어떤 주소를 사용할 것인지 지정한다.	공통
-R		라우팅 헤더를 사용하여 역방향 라우팅도 테스트한다.	IPv6
-4		IPv4를 사용한다.	IPv4
-6		IPv6를 사용한다.	IPv6

(2) ipconfig

이 진단 명령은 모든 현재 컴퓨터에 구성된 TCP/IP 네트워크 설정을 보여주는 데 사용된다.

DHCP 서버를 이용하여 자동으로 IP 주소를 할당하는 네트워크에 연결된 컴퓨터의 네트워크 설정에는 단순히 자동설정으로 나타나지만, 이 명령을 사용할 경우에는 컴퓨터(정확히는 랜카드)에 부여된 IP 주소를 알 수 있다. 참고로 리눅스나 유닉스 계열에서는 ipconfig 명령 대신에 ifconfig 명령을 사용하여 비슷한 결과를 얻을 수 있다.

○ 사용방법과 결과

Ping 테스트와 마찬가지로 명령 프롬프트에서 “ipconfig”라고 입력한 후 엔터를 치면 그림과 같은 결과를 얻게 된다.

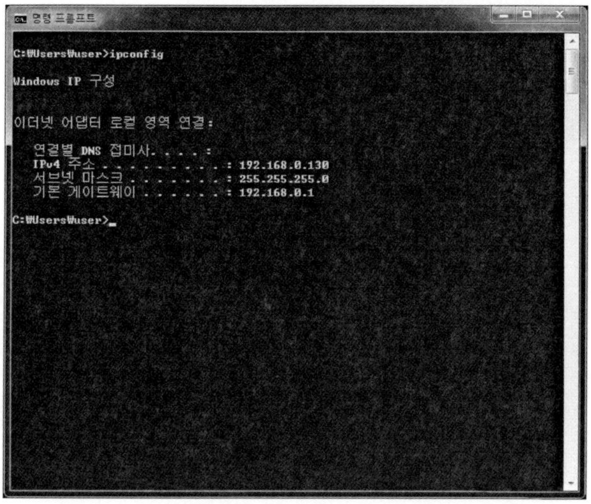

▲ 그림 17-2 ipconfig

ipconfig 명령만으로는 아주 단순하게 현재 사용중인 랜카드에 부여된 IP 주소, 서브넷마스크, 게이트웨이 정보만 알 수 있으며, 좀 더 상세한 정보를 확인하기 위해서 “/all” 옵션을 사용할 수도 있다. “/all” 옵션을 이용하면 랜카드의 맥어드레스나 DNS서버 주소 등의 확인이 가능하다.

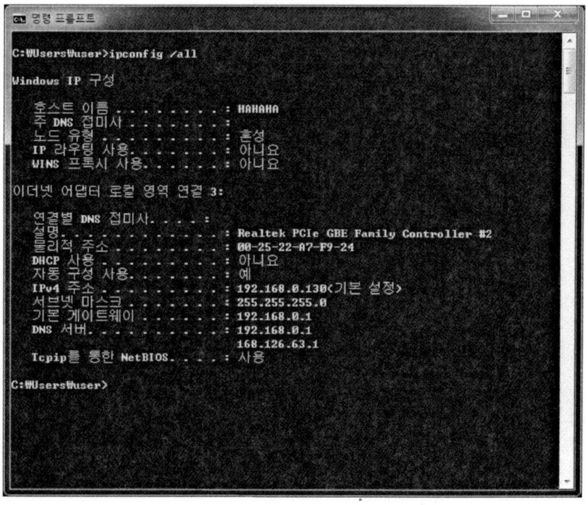

▲ 그림 17-3 ipconfig /all

○ 형식과 옵션

```
ipconfig [/allcompartments] [/? | /all |
                                 /renew [adapter] | /release [adapter] |
                                 /renew6 [adapter] | /release6 [adapter] |
                                 /flushdns | /displaydns | /registerdns |
                                 /showclassid adapter |
                                 /setclassid adapter [classid] ]
                                 /showclassid6 adapter |
                                 /setclassid6 adapter [classid] ]
```

▼ 표 17-2 ipconfig의 옵션

옵션	기능
/all	전체 구성정보를 표시한다. 이 옵션이 없으면 ipconfig는 각 랜카드(네트워크 어댑터. NIC)의 IP 주소, 서브넷 마스크 및 기본 게이트웨이 값만 표시한다.
/release	지정된 랜카드에 대한 IP 주소 할당을 해지한다. 이 옵션은 DHCP 클라이언트 서비스를 실행하는 시스템에서만 사용할 수 있으며. 어댑터 이름을 지정하려면 매개변수 없이 ipconfig를 사용할 때 나타나는 어댑터 이름을 입력한다. IPv6에서는 "/release6" 옵션을 사용한다.
/renew	지정된 랜카드에 할당된 IPv4주소를 갱신한다. 이 옵션은 DHCP 클라이언트 서비스를 실행하는 시스템에서만 사용할 수 있으며, 어댑터 이름을 지정하려면 매개변수 없이 ipconfig를 사용할 때 나타나는 어댑터 이름을 입력한다. IPv6에서는 "/renew6" 옵션을 사용한다.
/flushdns	DNS캐시를 삭제한다.

(3) tracert

인터넷에는 많은 수의 네트워크가 복잡하게 연결되어 있다. 때문에 만약 어떤 하나의 통로가 막힌다면 다른 통로를 통해 원하는 컴퓨터에 접속하게 된다. 서울에서 부산으로 가는 길이 하나만 있지 않은 것과 같이, 인터넷에서도 원하는 컴퓨터에 접속하기 위해 반드시 하나의 길만을 통해야 하는 것은 아니다.

이 때문에 어떤 때에는 빠르던 전송속도가 때로는 더디게 될 수도 있고, 때로는 아예 접속이 되지 않을 수도 있다. 또한 어떤 인터넷 서비스를 이용하는가에 따라서 중간의 경로가 다르기 때문에 같은 컴퓨터에 접근하더라도 접속시간이 다르게 나타나게 된다.

tracert(Traceroute)라는 명령어는 접속하려는 컴퓨터까지의 경로에 있는 모든 라우터에게 ICMP(Internet Control Message Protocol) 에코 패킷을 보낸 다음 이 응답을 확인함으로써 중간 라우터의 존재 및 작동상태를 알 수 있다. 간단하게 생각하면, 접속하고자 하는 컴퓨터 사이에 있는 모든 라우터를 대상으로 Ping 테스트를 하는 것이다. 그러나 일부 라우터는 TTL 값이 만료된 패킷을 제거하기 때문에 tracert에서 볼 수 없는 경우도 있다.

리눅스나 유닉스 계열에서는 traceroute 명령어를, 윈도우 계열에서는 tracert 명령어를 사용한다.

○ 사용방법과 결과

[시작] → [실행]에서 "tracert *Computer-name*"을 입력하거나, 명령 프롬프트(prompt)에서 직접 입력하여 실행시킬 수 있다.

그림 17-4는 "www.intel.com"이라는 호스트까지의 경로를 분석한 결과이다. 이를 살펴보면 중간에 라우터가 총 12개가 있으며, 이들을 경유하여 최종 목적지인 "www.intel.com"에 접속하는 것을 알 수 있다.

일반적으로 첫 번째 표시되는 항목이 사용자의 컴퓨터가 있는 네트워크의 게이트웨이 이며, 첫 번째 항목과 두 번째 항목이 사용자의 전용회선 구간임을 나타내 준다. 또한, 각각의 항목에 3번씩의 Ping Test(Echo Request)를 수행하여 그 결과를 나타내주며, IP 주소를 DNS 서버에 질의하여 호스트 이름으로 표시해 준다.

Traceroute는 앞에서 설명한 바와 같이 항상 같은 결과를 보여주지는 않는다. 시간, 네트워크의 혼잡도, 사용자의 수, 사용자의 위치 등등 많은 변수에 의해 결과값은 달라진다.

마지막으로 경로추적 과정에서 가끔 "***"과 같은 표시가 나타날 때가 있는데, 이런 경우는 해당 라우터나 컴퓨터에서 응답이 없는 경우를 나타낸다. 이것은 네트워크 사용자가 많아 시간이 초과된 경우일 수도 있으며, 보안상의 이유 때문에 라우터나 컴퓨터에서 응답을 하지 않도록 설정이 된 경우도 있다.

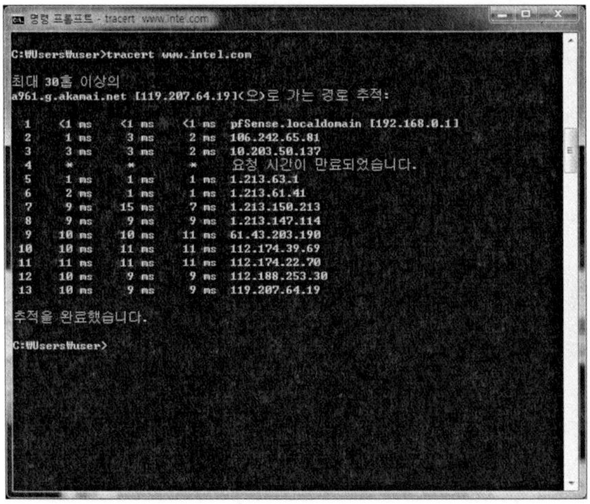

▲ 그림 17-4 tracert

○ 형식과 옵션

tracert [-d] [-h maximum_hops] [-j host-list] [-w timeout] [-R] [-S srcaddr] [-4] [-6] target_name

▼ 표 17-3 Tracert의 옵션

매개변수	변수	기능	IP버전
-d		IP 주소를 컴퓨터이름(DNS Name)으로 변환하지 않는다.	공통
-h	maximum-hops	대상을 검색할 최대 홉(hop) 수를 지정한다.	공통
-j	computer-list	computer-list를 따라 신축적 원본 경로를 지정한다.	IPv4
-w	timeout	timeout에 지정된 시간(ms) 동안 응답을 기다린다.	공통
-R		왕복 경로를 추적한다.	IPv6
-S	srcaddr	사용할 원본주소를 지정한다.	IPv6
-4		IPv4를 사용한다.	IPv4
-6		IPv6를 사용한다.	IPv6

(4) Nslookup

이 진단도구는 IP 주소를 DNS 서버에 질의하여 그 IP 주소의 도메인 정보를 보여준다.

○ 사용방법과 결과

Nslookup에는 대화식 및 비대화식의 두 가지 모드가 있다. 하나의 데이터만 조회하려면 비대화식 모드를 사용한다. 첫째 인수로 조회할 컴퓨터 이름이나 IP 주소를 입력한다. 둘째 인수로 DNS 이름 서버 이름이나 IP 주소를 입력한다. 둘째 인수를 생략하면 기본 DNS 이름 서버가 사용된다.

둘 이상의 데이터를 조회할 필요가 있으면 대화식 모드를 사용한다. 첫째 인수에는 하이픈(-)을 입력하고 둘째 인수에는 DNS 이름 서버의 이름이나 IP 주소를 입력한다. 인수를 모두 생략하면 기본 DNS 이름 서버가 사용된다.

그림 17-5는 "www.nexpa.co.kr"이라는 호스트 이름에 대해서 Nslookup을 수행한 결과이다. NSlookup에 응답한 서버(DNS 서버)의 호스트 이름은 "kns.kornet.net" IP 주소는 "168.126.63.1"이며 "www.nexpa.co.kr"이라는 호스트 이름의 IP 주소는 "222.122.39.47" 임을 알 수 있다.

▲ 그림 17-5 nslookup

○ 형식과 옵션

nslookup [*-Subcommands*] *host-to-find* [*server*]

▼ 표 17-4 nslookup의 옵션

변수	설명
host-to-find	IP 주소를 알아내고자 하는 Host이름이며, 입력하지 않으면 nslookup은 대화형 모드로 동작한다.
server	이름변환에 사용할 DNS서버의 주소이다. 입력하지 않으면 네트워크설정의 기본 DNS서버를 사용한다.

보충설명

- 권한 있는 응답: 이름 변환을 요청한 DNS서버가 해당 호스트의 주소를 직접 알고 있는 경우
- 권한 없는 응답: 요청한 DNS서버가 해당 호스트의 주소를 직접 알고 있지 못하기 때문에, 상위의 다른 서버에게 재요청한 경우

(5) Netstat

프로토콜 통계와 현재 TCP/IP 네트워크 연결을 표시한다.

○ 사용방법과 결과

이 도구의 사용방법도 별반 다를 것이 없다. 명령 프롬프트에서 단순히 "netstat"라고 입력하고 엔터를 누르기만 하면 된다.

▲ 그림 17-6 netstat

○ 형식과 옵션

netstat [-a] [-b] [-e] [-f] [-n] [-o] [-p proto] [-r] [-s] [-t] [interval]

-s: 프로토콜에 따른 통계를 표시한다. 기본적으로 TCP, UDP, ICMP 및 IP에 대한 통계를 표시한다. -p 옵션은 기본 값의 하위 집합을 지정하는 데 사용할 수 있다.

-p protocol: protocol에 지정된 프로토콜에 대한 연결을 보여준다. protocol에는 tcp나 udp를 사용할 수 있다. 프로토콜에 따른 통계를 표시하기 위해 -s 옵션과 함께 사용한 경우 protocol은 tcp, udp, icmp 또는 ip가 될 수 있다.

–r: 라우팅 테이블의 내용을 표시한다.

interval: 각 화면에서 interval 초 동안 일시 정지한 다음 선택한 통계를 다시 화면에 표시한다. 통계를 다시 표시하는 것을 중단하려면 Ctrl + B를 누른다. 이 매개변수를 생략하면 netstat는 현재의 구성 정보를 한 번만 표시한다.

▼ 표 17–5 netstat의 옵션

매개변수	변수	기능
–a		모든 연결과 수신 대기 포트를 표시한다. 일반적으로 서버 연결은 나타나지 않는다.
–b		각 연결 또는 수신 대기 포트 생성과 관련된 실행파일을 표시한다. 어떤 파일이 포트를 열고 있는지 쉽게 확인이 가능하지만, 이 옵션을 사용하기 위해서는 관리자권한이 필요하다.
–e		이더넷 통계를 표시한다. 이 옵션은 –s 옵션과 조합할 수도 있다.
–f		외부 주소의 FQDN(정규화된 도메인 이름)을 표시한다.
–n		이름 검색을 시도하지 않고 숫자 형식으로 주소와 포트 번호를 표시한다.
–o		각 연결의 소유자 프로세스 ID를 표시한다.
–p	protocol	*protocol*로 지정한 프로토콜의 연결을 표시한다. *protocol*은 TCP, UDP, TCPv6 또는 UDPv6 중 하나이지만, –s 옵션과 함께 사용하여 프로토콜별 통계를 표시할 경우 protocol는 IP, IPv6, ICMP, ICMPv6, TCP, TCPv6, UDP 또는 UDPv6 중 하나이다.
–r		라우팅 테이블을 표시한다.
–s		프로토콜에 따른 통계를 표시한다. 기본적으로 IP, IPv6, ICMP, ICMPv6, TCP, TCPv6, UDP 및 UDPv6에 대한 통계를 표시한다. –p를 사용하여 일부 집합에 대한 통계만 표시할 수 있다.
–t		현재 연결 오프로드 상태를 표시한다.
	interval	구성정보를 표시한 후 지정한 시간(초) 동안 대기하였다가 구성정보를 다시 표시한다. 통계 다시 표시를 중지하려면 Ctrl + C를 누르면 되며, 이 값이 생략된 경우에는 현재의 구성정보가 한 번만 출력된다.

(6) nbtstat

이 진단 명령은 NBT(TCP/IP 상의 NetBIOS)를 사용하여 프로토콜 통계와 현재 TCP/IP 연결을 표시한다.

○ 사용방법과 결과

이 진단 명령의 사용방법은 windows의 버전에 따라 다소 차이가 있다. Windows 7미만의 버전에서는 "nbtstat"를 입력하는 것만으로도 결과를 얻을 수 있었지만, Windows 7이상에서는 반드시 옵션을 사용하여야 한다.

이 명령은 NetBIOS 통계를 얻기 위해서 사용할 수도 있지만, 실제로는 IP 주소만 알고 있는 컴퓨터의 MAC 주소를 알아내기 위해서 가장 많이 사용된다. ARP 명령으로도 비슷한 결과를 얻을 수 있지만 nbtstat 명령 쪽이 보다 많은 정보를 얻을 수 있게 해 준다.

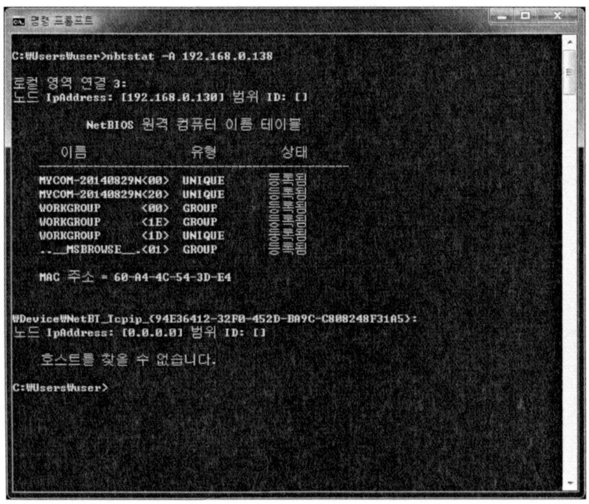

▲ 그림 17-7 nbtstat

○ 형식과 옵션

nbtstat [[-a RemoteName] [-A IP address] [-c] [-n] [-r] [-R] [-RR] [-s] [-S] [interval]]

▼ 표 17-6 nbtstat의 옵션

매개변수	변수	기능
-a	RemoteName	컴퓨터 이름을 사용하여 원격 컴퓨터의 이름 목록을 표시한다.
-A	IP address	컴퓨터의 IP 주소를 사용하여 원격 컴퓨터의 이름 목록을 표시한다.
-c		각 이름의 IP 주소를 제공하는 NetBIOS 이름 캐시의 내용을 목록으로 표시한다.
-n		로컬 NetBIOS 이름의 목록을 표시한다. Registered는 브로드캐스트(B노드)나 WINS(다른 노드 형식)에 의해 이름이 등록되었음을 나타낸다.
-r		브로드캐스트 및 WINS를 통해 확인된 이름 목록을 표시한다.
-R		NetBIOS 이름 캐시에서 모든 파일을 정리한 후에 Lmhosts 파일을 다시 로드한다.
-s		클라이언트와 서버 세션을 모두 표시한다. 이 옵션은 Hosts 파일을 사용하여 원격 컴퓨터 IP 주소를 이름으로 변환하려고 시도한다.
-S		IP 주소만 사용하여 원격 컴퓨터의 목록을 나타내는 방식으로 클라이언트와 서버 세션을 모두 표시한다.
	interval	선택한 통계를 다시 표시하고 각 지연 시간 사이에 interval 초 동안 멈춘다. 통계를 다시 표시하지 않게 하려면 Ctrl+C를 누른다. 이 매개변수를 생략하면 nbtstat는 현재 구성정보를 한 번만 표시한다.

(7) ARP

ARP(Address Resolution Protocol)에 사용되는 IP 주소와 이더넷의 물리적 주소(MAC 주소) 변환 테이블을 표시하고 수정한다.

○ 사용방법과 결과

이 진단 명령 역시 옵션과 함께 사용해야 결과를 얻을 수 있다. 가장 흔히 사용되는 옵션은 -a 또는 -g이며, 이 옵션은 현재 이 컴퓨터가 가지고 있는 모든 IP 주소와 MAC 주소 항목을 보여준다.

▲ 그림 17-8 arp

○ 형식과 옵션

arp -a [*inet_addr*] [-N *if_addr*]

arp -d *inet_addr* [*if_addr*]

arp -s *inet_addr ether_addr* [*if_addr*]

▼ 표 17-7 arp의 옵션

매개변수	변수	기능
-a		TCP/IP를 쿼리하여 현재 ARP 항목을 표시한다. inet_addr를 지정하면 지정된 컴퓨터의 IP와 물리적 주소만 표시된다.
-g		-a와 동일하다.
-v		세부정보 표시 모드에서 현재 ARP목록을 표시한다.
-N	if_aaddr	*if_addr*로 지정한 랜카드에 대한 ARP항목을 삭제한다.
-d	inet_addr	inet_addr에 의해 지정된 항목을 삭제한다.
-s		IP 주소 inet_addr가 물리적 주소 ether_addr와 연관되도록 ARP 캐시에 항목을 추가한다. 물리적 주소는 하이픈(-)으로 구분된 6개의 16진수 바이트로 표시된다. 점으로 구분된 십진수로 IP 주소를 지정한다. 항목은 영구적이다. 즉, 시효가 만료된 후에 자동으로 캐시에서 제거된다.
	inet_addr	점으로 구분된 십진수로 나타낸 IP 주소이다.
	if_addr	if_addr가 있으면 주소 변환 테이블을 수정해야 하는 인터페이스의 IP 주소를 지정한다. if_addr가 없으면 처음 적용할 수 있는 인터페이스를 사용한다.
	ether_addr	물리적 주소(MAC Address)를 지정한다.

06

CCTV 응용 시스템

Chapter 18

CCTV 응용 시스템

CCTV는 전통적인 목적, 즉 방범용도로만 사용되는 것이 아니다. 현재의 CCTV 시스템은 생활방범 용도로 많이 구축되지만 주차관제나 유도시스템에서도 기존의 주차권 발권기나 초음파센서를 대신해서 CCTV를 이용한 영상기반 시스템으로 전환되고 있다. 교통법규위반차량 단속 분야에서는 이미 오래전부터 CCTV를 이용한 불법주정차단속이나 과속차량단속용도의 시스템이 개발되어 사용되고 있다.

이 장에서는 CCTV를 응용한 시스템에 대해서 간략하게 소개한다.

1 광역감시 동작추적 시스템

(1) 동작감지와 동작추적

초기의 CCTV 시스템은 고정되어 있는 카메라와 모니터만으로 구성되었기 때문에 근무자가 항상 모니터를 주시하고 있어야만 했다. 하지만 사람의 집중력에는 한계가 있기 때문에 항상 동일한 집중력을 발휘할 수는 없기 때문에 사건이 발생하더라도 쉽게 알아차리기가 어렵다.

동작감지(Motion Detection)기능은 영상에서 움직이는 물체가 감지되었다면 미리 정해진 알람을 발생시키는 기능인데, 알람은 영상에 특별한 아이콘을 나타내거나 영상을 확대하여 표시할 수도 있고 경고음 혹은 경고등을 점등하는 방식일 수도 있다. 현재 시장에서 판매되는 대부분의 DVR, NVR, 비디오서버 및 IP 카메라는 이 동작감지기능을 제공하고 있기 때문에 필요에 따라 설정만으로도 이 기능을 사용할 수 있다.

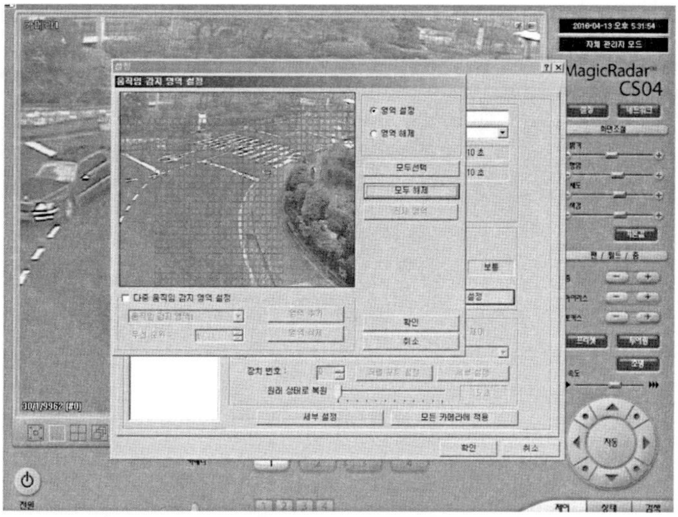

▲ 그림 18-1 동작감지기능

동작감지기능을 사용하면 화면에 움직이는 물체가 감지될 때 마다 알람을 발생시키기 때문에 움직임이 많은 장소 혹은 시간에 사용하기에는 무리가 있다. 하지만 야간의 골목길이나 건물 내부 혹은 주차장과 같은 장소에서는 평상시 움직이는 물체(혹은 사람)가 거의 없기 때문에 아주 유용하다. 근무자는 항상 모니터를 주시하고 있을 필요 없이 알람이 발생할 때마다 모니터를 확인해 주기만 하면 되기 때문이다.

동작감지기능은 녹화장치의 저장 공간을 절약하는 데에도 아주 효과적인데, 예를 들어 엘리베이터 내부에 FHD급 CCTV 카메라가 설치되어 있다고 가정해 보자. FHD급 CCTV 1대의 영상을 30FPS로 1개월 동안 저장하고 싶다면 최소한 1 TB 이상의 하드디스크 공간이 필요하지만, 엘리베이터 내부에 움직임이 감지될 때(즉, 사람이 엘리베이터에 탑승했을 때)만 영상을 저장한다면 100 GB 이하의 하드디스크 공간으로도 1개월 동안의 영상을 저장할 수 있게 된다(저장 공간의 사용정도는 상황에 따라 다를 수 있다).

앞서 예로 든 엘리베이터나 건물의 복도에서는 고정되어 있는 카메라와 동작감지 기능만으로 충분한 효과를 얻을 수 있고, 차후에 녹화된 영상에서 사람의 인상착의를 아주 분명하게 구분이 가능하지만 실외에 설치된 고정 카메라에서는 인상착의를 식별하는 데 한계가 있다.

대부분의 방범용 카메라는 최대한 넓은 화각을 가질 수 있도록 설치하고 설정하기 때문에 FHD급 고화질 카메라라고 하더라도 수십미터 떨어져 있는 사람의 인상착의를 식별하기에는 어렵다. PTZ 카메라(보통 스피드돔 카메라)를 이용한다면 전동줌렌즈를 조작하여 의심스러운 피사체를 확대해 볼 수 있지만, 이 역시 사람이 컨트롤러를 이용하여 카메라를 조작해 줄 필요가 있다.

그래서 개발된 기능이 바로 동작추적(Motion Tracking)기능이다. 동작추적기능을 갖춘 스피드돔 카메라는 미리 설정된 프리셋위치(홈포지션)에서 영상을 촬영하고 있다가 화면에서 움직임이 발생하면 자동으로 해당 위치로 이동한 후(Pan/Tile) 전동줌렌즈를 제어하여 영상을 확대하고 (Zoom-in) 자동으로 초점을 조절(Auto-Focus)한다. 줌인된 영상에서도 계속적으로 움직임이 발생한다면(즉, 물체가 이동한다면), 움직이는 물체를 추적하여 촬영하고, 촬영범위를 벗어나거나 움직임이 멈추면 다시 홈포지션으로 이동하여 촬영을 계속한다.

▲ 그림 18-2 동작추적기능

동작추적기능을 제공하는 카메라는 그렇지 않은 카메라에 비하여 좀 더 비싸기는 하지만 확실한 증거영상을 얻을 수 있고 CCTV 감시 인력을 줄일 수 있으며 즉각적인 대응이 가능한 장점이 있기 때문에 충분히 고려해 볼 만하다. 하지만 아직까지는 동작추적기능이 완벽하지는 않고 동시에 추적 가능한 물체의 수도 한계가 있는 단점이 있다.

동작추적기능을 가진 카메라를 사용할 때 가장 문제가 되는 부분은 물체를 추적하고 있는 동안에는 다른 방향의 촬영이 전혀 불가능하다는 점이고 이를 해결하기 위해 개발된 시스템이 바로 "광역감시 동작추적 시스템"이다.

(2) 광역감시 동작추적 시스템의 구성

광역감시 동작추적 시스템은 두 종류의 서로 다른 카메라를 사용하여 구성하는데, 구성의 방법에 따라 "180° 이상을 촬영할 수 있는 어안렌즈 장착형 카메라 + PTZ 카메라" 혹은 "3 ~ 4개의 고정초점 카메라 + PTZ 카메라"로 구성되어 있기 때문에 PTZ 카메라가 물체를 추적하고 있더라도 다른 방향의 영상을 최소한 촬영할 수 있으며, 다른 방향에서 새로 나타난 물체가 있다면 기존의 추적을 중지하고 새로 나타난 물체를 추적하게 할 수도 있다.

어안렌즈 장착형 시스템은 한 대의 감시 카메라만으로 넓은 범위를 감시할 수 있기 때문에 물리적인 구성이 간단한 대신에 영상의 왜곡이 심한 단점이 있다.

▲ 그림 18-3 광역감시 동작추적 카메라

영상의 왜곡은 전용의 프로그램을 이용하여 보정이 가능하기 때문에 치명적인 단점은 아니지만 뒤에 소개될 여러 개의 고정초점 카메라를 사용하는 방식에 비하여 보정된 분할영상의 해상도가 다소 낮다는 점이 아쉬운 부분이라 할 수 있다.

여러 개의 고정초점 카메라를 사용한 시스템은 각각의 카메라가 90° ~ 120°의 화각을 커버하는 방식이며 앞의 어안렌즈 카메라에 비하여 왜곡이 적고 전용 보정프로그램도 필요하지 않지만 전체 시스템의 크기가 상대적으로 크고 구성이 복잡한 단점이 있다.

▲ 그림 18-4 전방위감시 동작추적 카메라

이 시스템은 왜곡 없는 고해상도 영상을 제공하고, 일반적인 녹화장치를 이용하여 녹화가 가능하기 때문에 어안렌즈 카메라 장착형에 비하여 범용성이 높으며 1대의 시스템만으로도

360°전체를 촬영할 수 있으므로 여러 대의 CCTV 카메라를 설치하는 것에 비하여 비용을 절감할 수 있다.

2 영상인식 방식 주차관제시스템

(1) 차량번호판 인식 시스템(LPRS)

컴퓨터를 이용한 영상인식기술은 특히 CCTV 분야에서 계속적인 발전을 거듭해 오고 있다. 앞서 소개한 동작감지나 동작추적기술은 물론이거니와 촬영대상의 온도분포(열화상 카메라)나 안면인식보안시스템에 이르기까지 영상인식기술 분야는 아주 다양한데, 이러한 영상인식기술 중에서 가장 먼저 실용화된 기술 분야가 바로 영상에서 문자를 추출하는 기술, 즉 광학문자인식(OCR, Optical Character Recognition)이다.

OCR 기술은 영상인식기술 전체에서 보자면 비교적 낮은 단계의 기술 분야이지만 현재의 기술수준에서는 아직 완전하지는 못하기 때문에 많은 기업체들이 인식성능을 높이기 위하여 기술적 노력과 시간을 투자하고 있다.

OCR 기술을 도로교통 분야에 적용하여, 차량의 번호판(License Plate)을 자동으로 판독하는 장치를 LPR(License Plate Recognizer) 또는 LPRS(License Plate Recognition System)라고 한다.

도로교통 분야에서 차량번호인식기술은 모든 응용 시스템의 기본이 되는 아주 중요한 기술인데, 차량의 번호판은 그 차량만이 가지고 있는 고유의 번호이기 때문에 번호판만 정확히 식별할 수 있다면 아주 다양한 목적으로 사용이 가능하다.

문제는 컴퓨터가 사물을 인식하는 방법과 사람이 인식하는 방법에는 차이가 있기 때문에 사람에게는 아주 쉬운 일이 컴퓨터에게는 대단히 어려운 일이 된다. 차량의 번호판에서 문자를 추출하는 데 있어서 번호판의 촬영 각도, 빛의 반사, 번호판의 구겨짐이나 휘어짐, 오래되어 탈색된 번호판, 번호판에 부착된 진흙이나 먼지와 같은 이물질 등이 번호판인식을 방해하는 요소들이다.

번호판인식기술 자체는 아주 전문적인 영역이므로 이 책에서는 인식기술 자체는 다루지 않고 기술을 이용한 시스템에 대해서만 설명한다.

(2) 영상인식 방식 주차관제시스템

기존의 주차관제시스템은 출입차량을 관리하기 위하여 크게 두 가지 방식을 사용하고 있다. 유료주차장에서는 입차하는 차량의 운전자가 발권기에서 직접 마그네틱카드를 받아서 출차 시에 요금을 정산하는 방법을, 차량의 출입통제만 필요한 주차장(아파트 주차장 등)에서는 RF Tag를 이용하여 RF리더에 Tag가 인식되면 자동으로 차단기를 열어주는 방식을 사용한다.

마그네틱카드를 이용하는 방법은 자동차 운전에 미숙한 운전자라면 발권기를 사용하는 자체가 어렵고 시간이 많이 소요되기 때문에 러시아워 때에는 정체되기 일쑤이며 마그네틱카드가 훼손되면 자동으로 정산이 어려운 단점이 있다. 또한, 대부분의 유료주차장에서는 마그네틱카드를 분실하면 그 차량이 언제 입차하였는지 확인할 방법이 없기 때문에 주차요금의 시비가 자주 일어난다. 게다가 대부분의 마그네틱카드는 재사용이 불가능하기 때문에 매번 새로운 마그네틱카드를 구매하는 비용이 추가로 지출된다.

▲ 그림 18-5 주차권 발권기와 RF 리더

RF Tag를 이용한 방식도 여러 가지 문제점을 가지고 있다. 전파를 이용하는 방식이기 때문에 다른 무선장치에 의한 간섭을 받아 오작동이 종종 발생하고, Tag를 타인에게 대여할 수 있기 때문에 실제로 그 차량이 출입하였는지를 확신할 수 없다.

기존 주차관제시스템의 문제점을 확실해 해결할 수 있는 방안이 바로 영상인식 방식 주차관제시스템이다. 초기의 영상인식기는 차량 번호판의 인식률이 낮아 사용에 많은 어려움이 있었지만 현재 사용되고 있는 주차관제용 번호인식기는 최소한 98% 이상의 인식률을 보이고 있고 차량의 앞/뒤 번호판 모두를 촬영하는 방식의 번호인식기는 99% 이상의 인식률을 자랑하고 있기 때문에 주차관제시스템으로 사용하기에 충분하다고 볼 수 있다. 물론 기상조건이나 환경에 따라 약간의 인식률 저하는 있을 수 있지만, 미인식이나 오인식된 번호판에 대하여 어떻게 처리할 것인지에 대한 노하우들을 제조사에서 충분히 가지고 있으므로 고객서비스에 차질을 가져올 정도는 아니다.

(3) 차량번호인식기의 구성

주차관제용 차량번호인식기는 대부분 카메라, 조명장치, 제어컴퓨터, 안내전광판의 주요장치와 네트워크 장치, 루프감지기 등의 보조 장치로 구성되어 있다.

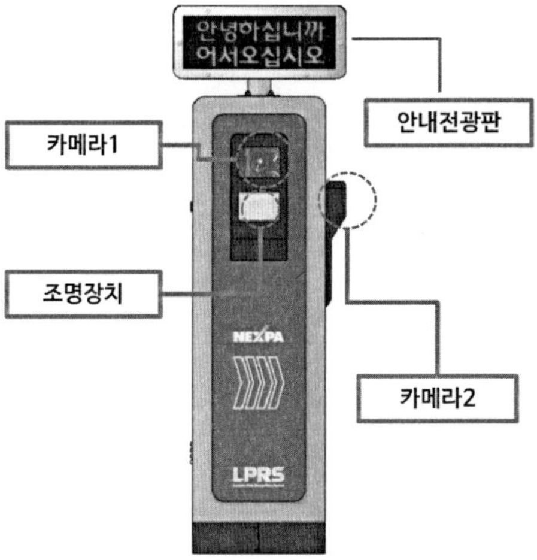

▲ 그림 18-6 주차관제용 차량번호인식기

카메라는 영상을 촬영하여 제어컴퓨터에 전달하는 입력부의 역할을 하며 인식기 제조사에 따라 다르지만 보통은 1.3 Mpx(1280×1024) 이상의 해상도를 가지는 컬러 또는 흑백카메라를 사용한다. 연결방식 역시 제조사에 따라 다른데, 1394, USB, GbE 방식을 주로 사용하며 IP 카메라는 특유의 딜레이 문제 때문에 거의 사용하지 않는다.

조명장치는 야간 촬영을 위해서 사용되며, 운전자의 눈부심 방지를 위하여 적외선방식을 사용하는 것이 일반적이지만 컬러카메라를 사용하는 일부 인식기는 백색광조명을 사용하기도 한다. 조명장치는 항상 켜져 있는 것은 아니고 카메라가 영상을 촬영하는 동안에만(보통 1~2초) 켜지게 된다.

제어컴퓨터는 카메라에서 촬영한 영상을 분석하여 영상에서 번호판을 추출하는 소프트웨어가 설치되어 있으며, 인식된 번호 데이터를 데이터베이스 서버(관리컴퓨터)로 전달하는 기능을 수행한다. 일반인들의 생각과는 달리 카메라는 단순히 영상의 촬영기능만 수행하며 번호인식을 포함한 모든 작동은 제어컴퓨터에서 이루어지고 있기 때문에 제어컴퓨터에 문제가 생기면 당연히 차량번호인식기는 작동하지 않는다.

안내전광판은 인식된 차량번호를 표시하거나(입차 시) 주차요금을 표시하는(출차 시) 용도로 사용된다. 보통은 차량번호인식기 상부에 부착하지만 필요에 따라서는 분리하여 설치하기도 한다.

네트워크 장치는 제어컴퓨터와 데이터베이스 서버(관리컴퓨터) 사이의 데이터 전달을 담당한다. 네트워크 스위치는 인식기내부에 설치할 수도 있고 주차관리 부스에 설치하여 케이블만 연결할 수도 있다.

루프감지기는 바닥에 매설된 루프에 차량(정확히는 금속물체)가 감지되었을 때 제어컴퓨터로 신호를 보내는 역할을 한다. 신호를 받은 제어컴퓨터는 조명을 켜고 카메라에서 촬영된 영상에서 번호판을 추출하며, 차단기를 열어주는 동작을 수행한다.

일부 차량번호인식기는 차량의 앞/뒤 번호판 모두를 촬영하기 위하여 카메라, 조명장치, 루프감지기가 각각 두 대씩 장착되어 있다.

이는 보다 높은 인식률을 얻기 위함인데, 번호판의 훼손이나 빛의 반사로 인하여 차량의 앞에 있는 번호판을 읽지 못하거나 불완전하게 인식했다 하더라도 차량의 뒷 번호판을 한 번 더 촬영함으로써 보다 완벽한 차량번호 인식을 가능하게 한다. 특히, 눈이 내리는 날에 단방향 차량번호인식기는 거의 무용지물인데 비하여 양방향 차량번호인식기는 대부분의 차량번호를 정상적으로 인식해 낼 수 있다.

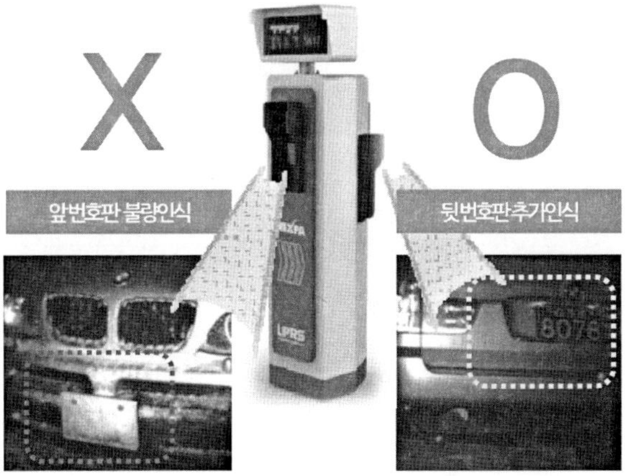

▲ 그림 18-7 눈 내리는 날 앞뒤 번호판 영상

(4) 영상인식 방식 주차관제시스템의 구성

입차로와 출차로가 각각 하나씩 있는 환경에서 영상인식 방식 주차관제시스템은 그림과 같이 각 차로에 한 대씩의 차량번호인식기와 자동차단기를 설치하며 필요에 따라 요금정산 근무자를 위한 주차부스, 무인 요금정산기, 4면 촬영 CCTV 등의 부가기기를 설치한다.

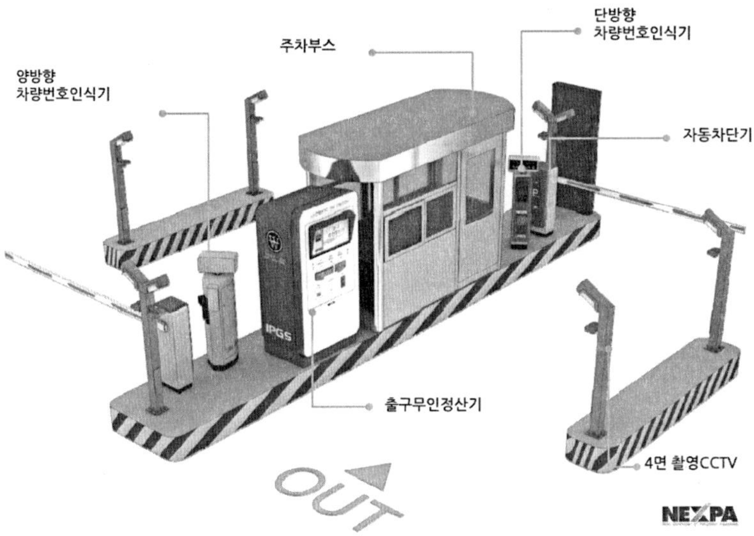

▲ 그림 18-8 영상인식 방식 주차관제시스템의 구성

유료 주차장인 경우, 차량의 출입이 빈번하지 않고 근무자가 항상 있는 환경이라면 조금이라도 설치비용을 줄이기 위하여 입차로와 출차로 모두에 단방향 차량번호인식기를 설치하지만, 보다 효율적인 운영을 위하여 입차로에 양방향 차량번호인식기를 설치하면 오인식이나 미인식을 확실히 줄일 수 있으므로 가능하면 양방향 차량번호인식기를 설치하는 것이 좋다.

아파트 주차장과 같이 차량의 출입통제만 필요하고 보안의 목적이 그리 크지 않은 경우에는 입차로에만 차량번호인식기를 설치하고 출차로에는 차량이 접근하면 차량번호의 인식 없이 항상 차단기를 열어주는 구성이 일반적이다. 반대로 보안의 목적이 아주 중요한 기업체나 군부대에서는 입차로와 출차로 모두 양방향 차량번호인식기를 설치하면 차량의 출입시간을 확실히 파악할 수 있다.

최근 대형마트나 백화점의 주차장에서는 차량의 출입구에 여러 대의 카메라(보통 차로당 4대)의 CCTV를 설치하여 출입하는 차량의 외관을 촬영하는 "4면 촬영 CCTV"를 설치하여 운영하는 경우가 늘어나고 있다. 주차장의 특성상 접촉사고가 빈번히 발생하는 데 비하여 주차장내부를 촬영하는 CCTV 만으로는 해당 차량이 주차장에서 접촉사고가 있었는지 판별하기가 아주 어렵기 때문이다.

그래서 차량의 입차 시 외관 상태와 출차 시 외관 상태를 모두 촬영해 두면 운전자가 주차장에서 접촉사고가 발생하였다고 주장할 때 주차장 관리 업체의 책임을 면할 수 있는 근거가 되며, 반대로 명확한 보상의 근거가 될 수 있다.

▲ 그림 18-9 사면촬영 CCTV 시스템으로 촬영된 차량 외관 영상

(5) 영상인식 방식 주차관제시스템의 효용

영상인식 방식 주차관제시스템은 차량의 고유한 정보인 차량번호를 이용하는 방식이기 때문에 이 정보를 이용하여 다양한 서비스를 제공할 수 있으며, 반대로 서비스를 제한할 수도 있다.

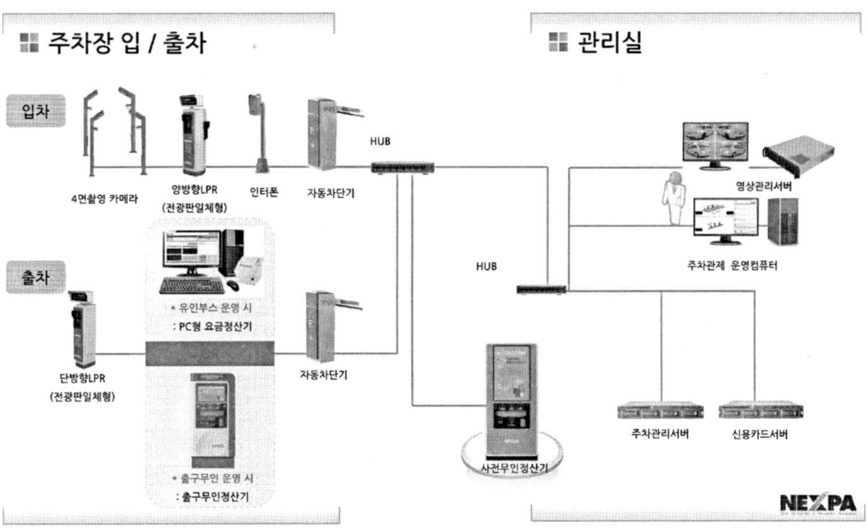

▲ 그림 18-10 영상방식 주차관제시스템 구성도

예를 들어 미리 차량번호를 등록해 놓은 차량이라면 출구에서 요금을 정산하지 않고 통과하도록 할 수 있으며(통상 정기권 등록이라고 한다) 반대로 출입불가 차량으로 등록해 놓는다면 입구에서 차단기가 열리지 않도록 할 수도 있다.

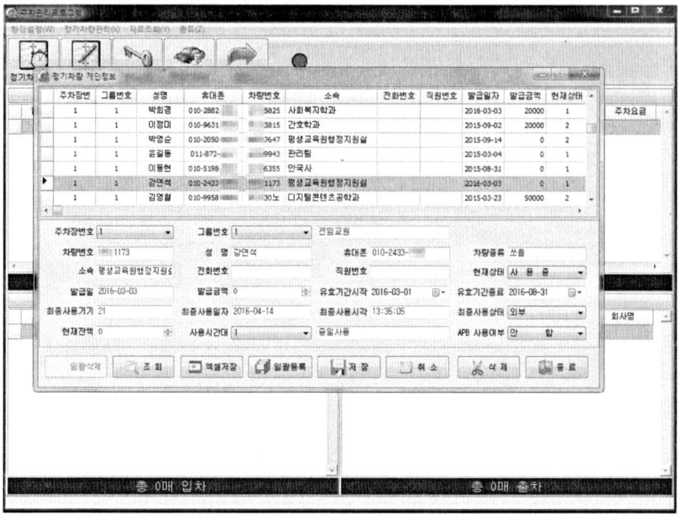

▲ 그림 18-11 정기권이나 블랙리스트 등록

게다가 차량번호를 사진과 함께 저장하기 때문에 특정 차량이 언제, 어느 출입구를 통과하였는지를 확실히 파악할 수 있는 보안상 장점도 있으며, 근무자가 없는 시간에 출차한 차량이 차후에 다시 주차장을 이용하면 이전에 받지 못했던 주차요금까지도 함께 정산할 수도 있다.

▲ 그림 18-12 차량의 입출차 기록

지방자치단체에서 운영하는 몇 군데의 공영주차장에서는 좀 더 적극적인 활용을 하고 있는데, 바로 "세금 또는 과태료 미납차량 알림시스템"이다. 이 시스템은 세금이나 과태료를 오랫동안 납부하지 않은 차량의 정보를 미리 데이터베이스에 가지고 있다가 차량번호인식기가 인식한 차량의 번호와 대조하여 체납차량이 주차장에 입차 되었다면 지자체의 징수담당자에게 통지하는 시스템이다.

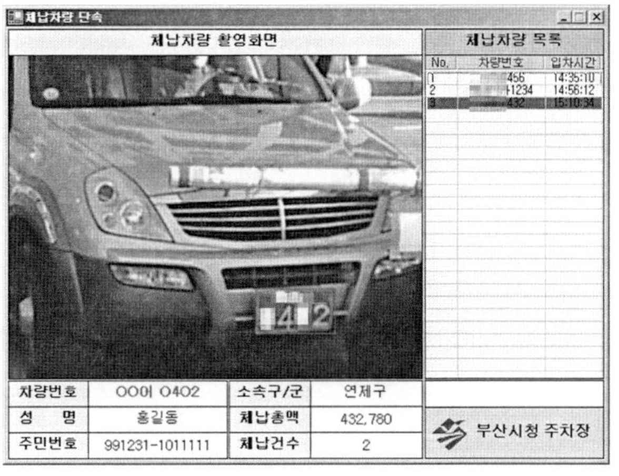

▲ 그림 18-13 세금/과태료 미납차량 알림 시스템

통지를 받은 징수담당자는 주차장에 있는 차량을 찾아 번호판을 영치함으로써 확실하고 효과적인 징수체계를 구축할 수 있다. 게다가 여러 군데의 주차장에 설치되어 있는 주차관제시스템과 연계하여 운영할 수도 있기 때문에 더욱 효과적인 징수가 가능하다.

장점은 또 있다. 영상인식 방식의 주차관제시스템을 사용하면 차량이 정차하지 않고 통과할 수 있기 때문에 차량의 입차 혹은 출차에서 불필요한 시간의 소모를 최대한 줄일 수 있는 장점이 있으므로 특히 러시아워 시간대에 기존의 주차시스템이 비하여 차량의 정체가 확실히 줄어들게 된다.

3 영상인식 방식 주차유도시스템

(1) 주차유도시스템

대형마트나 백화점 혹은 공항 등에 있는 대형 주차장에서 주차할 공간을 한참동안 찾아다닌 경험이 누구에게나 한 번쯤은 있을 것이고, 반대로 내가 어느 위치에 주차해 두었는지를 기억하지 못해서 차를 찾아 헤매어본 경험 역시 있을 것이다.

주차유도시스템은 이런 불편을 해소하기 위해서 주차장의 각 주차면에 센서나 카메라를 설치하여 비어있는 주차공간을 운전자에게 안내하며, 내 차의 위치를 기억하지 못하는 운전자에게 어느 위치에 차가 주차되어 있는지 알려주기 위한 시스템이다. 또한, 주차장을 관리하는 관리자는 현재 주차장의 운영 상태를 실시간으로 파악할 수 있고 장기주차차량이나 방치 차량 등의 정보를 쉽게 파악하여 대처할 수 있도록 도와준다.

주차유도시스템은 센서를 이용한 방식과 영상(번호판)인식 방식으로 크게 나누어 볼 수 있다.

센서를 이용한 방식은 초음파 센서, 지자계 센서 혹은 루프 센서를 이용한 방식이며 비어있는 주차면을 파악할 수 있을 뿐 차량의 위치 찾기 기능 등 다양한 기능은 제공하지 못한다. 하지만 영상인식 방식에 비하여 기술적 난이도가 낮은 데다가 시스템이 간단하고 도입비용이 저렴하기 때문에 적은 예산으로 주차유도시스템을 설치하고자 하는 곳에서 많이 도입하고 있다.

▲ 그림 18-14 센서방식 주차유도시스템

영상인식 방식의 주차유도시스템은 앞서의 센서방식에 비하여 도입비용이 다소 높지만 비어있는 주차면의 파악 뿐 아니라 차량의 위치 찾기 기능이 가능하고 별도의 보안용 CCTV설치가 필요하지 않기 때문에 전체적인 시스템 도입과 운영비 측면에서는 오히려 비용이 절감되는 시스템일 수 있다.

▲ 그림 18-15 영상인식 방식 주차유도시스템

(2) 영상인식 방식 주차유도시스템의 구성

영상인식 방식 주차유도시스템은 단독으로 구성되는 경우는 거의 없으며 대부분 영상방식 주차관제시스템과 통합하여 구성하는 것이 일반적이다. 주차유도시스템의 핵심부분은 주차면을 촬영하는 카메라, 주차면 인식 제어장치, 차량유도용 전광판 및 주차위치확인용 키오스크(Kiosk)로 이루어지며 필요에 따라 비상벨이나 자동조명조절장치와 연동하기도 한다.

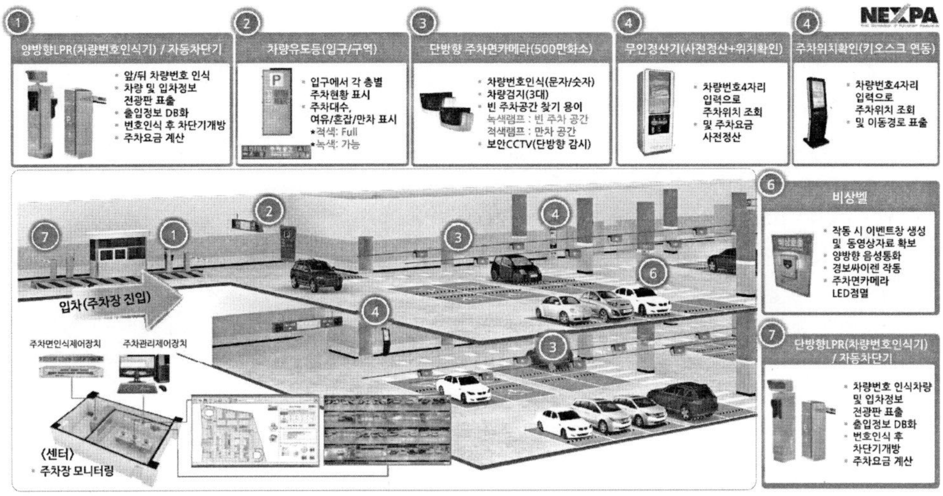

▲ 그림 18-16 영상인식 방식 주차유도시스템의 구성

주차면 촬영용 카메라는 촬영하고자 하는 주차면의 반대쪽에서 영상을 촬영하고, 촬영된 영상을 주차면 인식 제어장치에 전달하여 차량의 번호를 추출하게 된다. 보통은 3개의 주차면 당 하나의 카메라가 사용되며, 최신의 제품은 하나의 카메라로 6 ~ 8개의 주차면을 촬영하고 번호판을 판독할 수 있다.

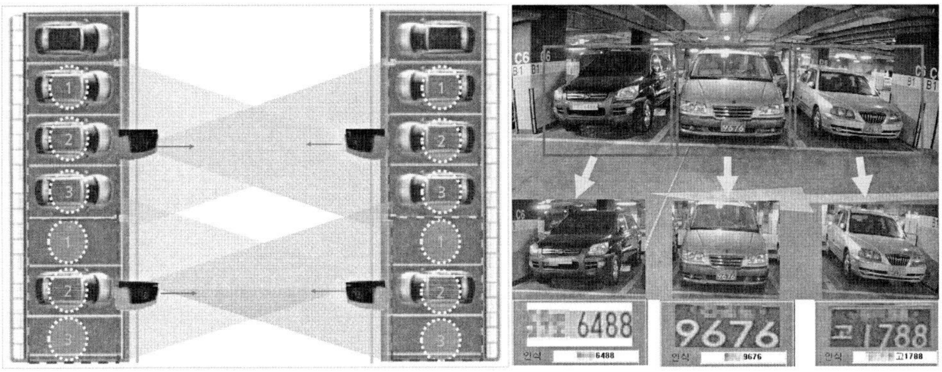

▲ 그림 18-17 주차면 카메라의 설치와 번호판 인식

주차면 인식 제어장치에서 인식된 정보는 데이터베이스서버에 저장되며, 관리 프로그램은 해당 데이터를 이용하여 현재 비어있는 주차면에 있는 만공차등은 녹색으로, 차량이 주차되어 있는 주차면에 있는 만공차등은 적색으로 표시하여 운전자가 쉽게 알아볼 수 있도록 한다. 또한 비어있는 주차면의 수를 합산하여 전광판에 표시해 주어서 운전자가 어떤 방향으로 진행해야 하는지 결정하는 데 도움을 주게 된다.

▲ 그림 18-18 유도전광판과 만공차등

차량의 위치확인도 아주 간단하다. 자신의 차량이 어느 위치에 있는지 알고 싶은 운전자는 주차장 곳곳에 설치되어 있는 키오스크에서 자신의 차량번호를 조회하기만 하면 어느 위치에 자신의 차량이 주차되어 있는지를 표시하고, 이동경로를 안내해 준다. 필요하다면 키오스크에서 주차요금을 미리 정산하여 주차장 출구에서 기다리지 않고 바로 출차가 가능하다.

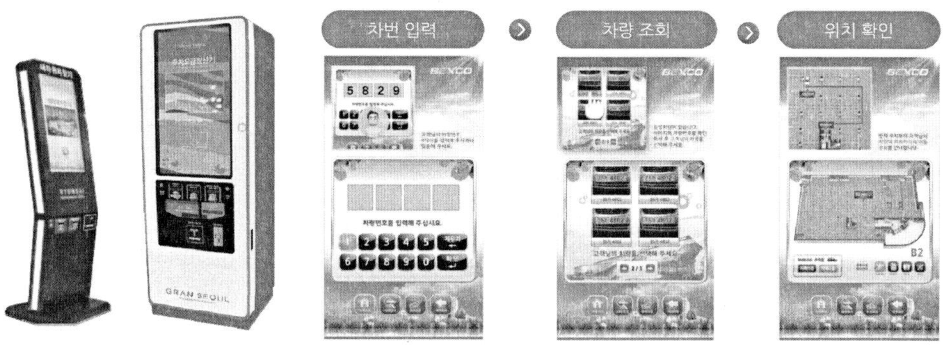

▲ 그림 18-19 내차 찾기 키오스크

(3) 영상보안과 주차장 관리

영상인식 방식 주차유도시스템은 여러 대의 카메라를 이용하여 사각지대가 거의 없는 영상을 촬영할 수 있기 때문에 보안성 측면에서도 아주 탁월한 효과를 얻을 수 있다. 실제로 인천공항의 지하주차장에는 4,000대의 CCTV 카메라가 장착되어 있으며, 촬영된 영상을 이용하여 차량절도범을 검거하는 데 결정적인 역할을 하기도 하였다.

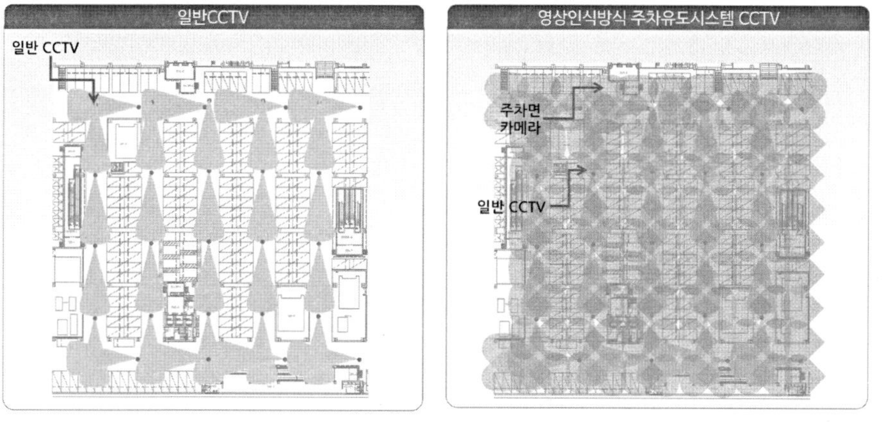

▲ 그림 18-20 CCTV 촬영범위(사각지대) 비교

주차장 내 거의 모든 구역을 촬영하기 때문에 사각지대가 없는 영상감시가 가능하여 범죄를 사전에 예방하고, 범죄발생 시 용의자를 검거하는 데 도움을 주기도 하지만 주차장에서 흔히 일어나는 접촉사고에 대하여 보다 확실한 근거자료가 될 수 있다. 예를 들어 주차된 차량에 접속사고가 발생하였고 가해차량이 도주하였다면 피해차량이 주차한 시간부터 저장된 영상을 확인하면 실제 접촉사고가 있었는지 확인할 수 있고, 가해차량의 차량번호판 또한 촬영하여 저장되어 있기 때문에 확실한 증거자료가 된다.

▲ 그림 18-21 사고영상의 확인

주차장 관리자는 주차장의 이용현황을 실시간으로 파악할 수 있어 효율적인 인원배치를 통해 비용을 절감할 수 있는 데다가, 대형주차장에서 골칫거리가 되는 장기주차 차량이나 방치 차량을 적발하는 데 많은 도움이 된다.

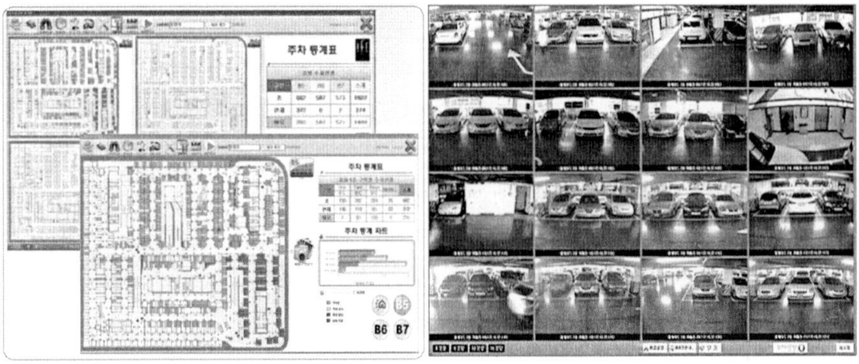

▲ 그림 18-22 주차장관리 모니터링 시스템

4 도로보안/교통법규위반 단속용 CCTV 시스템

(1) 시스템의 목적

운전을 하다 보면 도로 위에 카메라를 설치하여 지나가는 차량을 촬영하는 시스템을 곳곳에서 만나게 된다. 이 시스템들은 도로보안용, 교통정보 조사용, 신호위반 단속용, 과속단속용, 전용차로 위반 단속용 등 다양한 목적으로 사용된다.

▲ 그림 18-23 도로 위에 설치된 CCTV 시스템

도로위에 설치된 CCTV 시스템은 지나가는 차량을 촬영하여 수집된 번호판정보를활용하는 방식이기 때문에 차량번호인식기능을 기본적으로 가지고 있으며, 여러 장의 정지 화상만 촬영하는 장비도 있고 동영상을 촬영하는 장비도 있으며 두 가지를 다 촬영하여 저장하는 장비도 있다.

(2) 시스템의 구성

대부분의 현장설치 시스템은 차량번호를 촬영하기 위한 카메라, 야간촬영을 위한 조명장치, 촬영된 영상에서 차량번호를 추출하기 위한 제어컴퓨터(제어기), 통신장치 및 차량의 통과를 감지하기 위한 루프와 루프감지기로 구성되어 있다. 지자체나 경찰서에 설치되는 센터시스템은 수집된 영상정보(정지화상 및 동영상)와 차량번호판 정보를 저장하기 위한 데이터베이스 서버와 실시간으로 현황 확인을 위한 운영서버로 구성되는 것이 일반적이다.

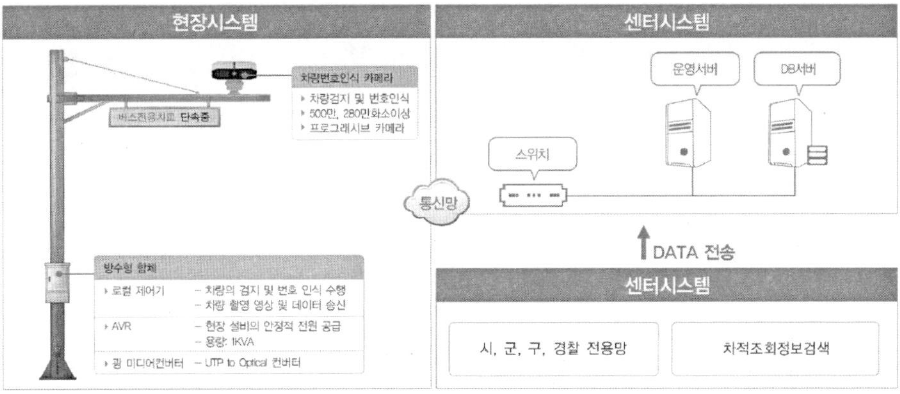

▲ 그림 18-24 도로보안 시스템의 구성

현장설치 시스템에서 도로보안이나 교통정보수집이 목적인 경우에는 하나의 루프감지기만 사용하며 과속단속이나 전용차로 단속을 목적으로 사용할 경우에는 두 개 이상의 루프 감지기를 사용한다. 과속단속의 경우에는 두 개의 루프에서 감지되는 시간을 기준으로 하여 차량의 속도를 산출하고 전용차로 단속의 경우에는 두 개 이상의 루프를 사용하여 차량의 길이를 판단하는 방식을 사용한다.

신호 위반 단속 목적의 시스템은 구조가 좀 더 복잡한데, 기본적으로는 신호등과 연동하여 녹색등이 아닌 시간에만 촬영이 이루어지도록 하고 있으며 운전자에게 확실한 위반사실을 고지하기 위하여 신호등과 위반차량을 함께 촬영할 수 있는 카메라를 하나 더 설치하여 운영한다.

영상촬영을 위한 카메라는 각 차로에 한 대씩 배정하는 것이 일반적이지만, 최근의 고성능 카메라는 두 개 이상의 차로를 동시에 촬영할 수 있기 때문에 갓길로 운행하여도 사진의 촬영이 가능하며, 최소한 30FPS ~ 60FPS로 촬영하기 때문에 200 km 이상으로 주행하는 차량의 번호판도 선명한 촬영이 가능하다.

(3) 시스템의 활용

차량의 번호판을 인식하는 시스템이기 때문에 수집된 정보를 어떻게 사용하는지에 따라 활용도는 무궁무진하다.

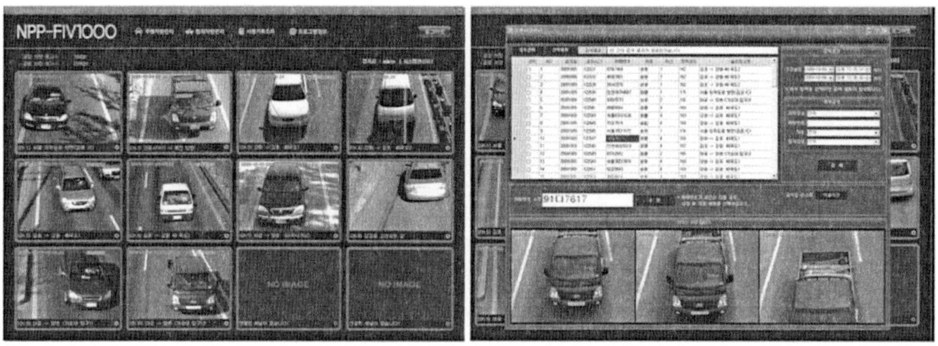

▶ 센터 모니터링 화면 ▶ 실시간 차량 검지화면

▲ 그림 18-25 센터에 설치된 모니터링 시스템 화면

그림과 같이 모든 차량의 정보가 실시간으로 수집되기 때문에 미리 등록된 범죄차량에 대한 경로추적, 신속대응, 증가확보가 가능하며 광역 수사에 대한 실시간 수배 시스템을 구성할 수 있고, 불법 명의 차량(속칭 대포차)이나 세금/과태료를 체납한 차량을 단속할 수도 있다.

교통정보수집 목적의 시스템에서는 교통량을 실시간으로 파악하여 신호등의 점멸시간을 조절하거나 차후 도로의 확장이나 우회도로 개설 등의 기초자료로 활용하기도 한다.

교통법규위반차량 단속 목적의 시스템에서는 위반차량을 식별하여 과태료를 부과하게 된다.

이처럼 다양한 용도로 수집한 정보를 활용할 수 있기 때문에 도로상에 설치되는 CCTV 시스템의 수요는 갈수록 증가하고 있다.

5 고정형 불법주정차단속 시스템

(1) 시스템의 목적

도로변의 불법주정차 차량은 교통의 흐름을 방해할 뿐만 아니라 교통사고를 유발하는 원인이 되기 때문에 많은 지자체에서는 주요도로변에 고정형 불법주정차단속용 CCTV를 설치하여 운영하고 있다.

▲ 그림 18-26 고정형 불법주정차단속 시스템

고정형 불법주정차단속 시스템은 도로에 설치되는 CCTV 응용 시스템 중에서 가장 기술적으로 구현이 어려운 시스템임과 동시에 가장 효용가치가 높은 시스템이다.

이 시스템의 주된 목적은 주정차위반차량을 촬영하여 단속하는 것이지만, 여러 대의 CCTV 카메라(보통 3 ~ 5대)를 이용하는 시스템이기 때문에 현재의 도로상황을 촬영하여 저장하는 기능을 당연히 가지고 있다. 따라서 교통사고가 발생하거나 범죄(뺑소니 등)가 발생하였을 때 녹화된 영상을 중요한 증거자료로 이용할 수 있는 다목적의 시스템이다.

(2) 시스템의 구성

이 시스템 역시 다른 도로 위 설치 CCTV 응용 시스템과 마찬가지로 현장설치 시스템과 센터설치 시스템으로 나누어 볼 수 있다.

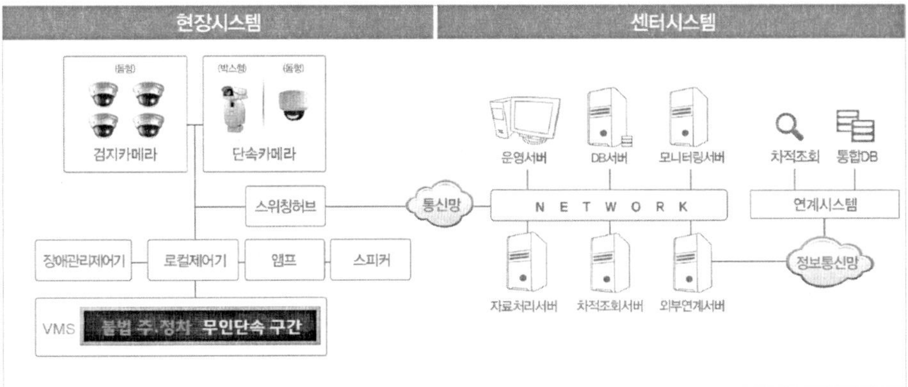

▲ 그림 18-27 고정형 불법주정차단속 시스템의 구성

현장시스템은 도로상황을 관찰하고 주차된 차량(정확히는 차량 크기의 물체)을 검지하기 위한 영상을 촬영하는 검지카메라, 차량번호판 촬영을 위한 단속카메라, 촬영한 번호판에서 번호를 추출하고 단속하는 등 주요 기능을 수행하는 제어컴퓨터(제어기), 운전자에게 안내를 위한 안내전광판, 센터시스템과의 통신을 위한 통신장치 등으로 구성되며 센터시스템은 자료 영상 등을 저장하기 위한 데이터베이스 서버, 도로상황을 실시간으로 감시하기 위한 모니터링 서버, 단속자료 정리를 위한 자료처리 서버 및 도로교통 행정시스템과 연계되는 기타 서버들로 구성된다.

현장시스템은 여러 대의 검지카메라가 촬영한 영상을 제어컴퓨터가 분석하여 차량크기의 물체를 식별한 후 단속카메라를 이동시켜 번호판을 촬영하고, 촬영된 영상에서 차량 번호를 추출하여 센터시스템의 데이터베이스 서버에 전송하는 기능을 수행한다.

▲ 그림 18-28 불법주정차단속 현장시스템의 차량검지

각 지자체의 교통상황실에서는 모니터링 서버를 이용하여 현장의 교통상황을 실시간으로 파악하고 필요시에는 주차단속반이나 경찰관(사고나 범죄 발생 시)에게 통지하고 있으며, 현장

시스템에서 전송된 단속정보(사진)를 이용하여 이 차량이 실제 과태료부과대상인지를 확인하고 정리하여 과태료고지서를 위반차량의 소유자에게 송부한다.

▲ 그림 18-29 불법주정차단속 센터시스템

(3) 시스템의 한계

고정형 불법주정차단속 시스템은 주요도로에 설치하여 차량의 주정차를 미연에 방지하는 긍정적인 효과가 충분히 입증되었지만 이동이 불가능하기 때문에 많은 한계점 역시 가지고 있다.

- **차량의 간격이 지나치게 좁을 때** 주정차단속을 위해서는 반드시 차량의 번호판을 카메라로 식별할 수 있어야 하는데, 차량의 간격이 지나치게 좁은 경우에는 앞차량의 번호판을 뒷차량이 가려버리기 때문에 차량번호의 식별이 전혀 불가능하다. 문제는 단속카메라에서 멀리 떨어질수록 요구되는 차량사이 간격이 멀어진다는 점인데, 단속카메라에서 가까운 지점이라면 차량사이의 간격이 1 m 정도면 충분하지만, 멀리 떨어진 지점이라면 10 m 이상의 간격이 필요할 수도 있다.

▲ 그림 18-30 지나치게 좁은 차량 간격

○ **번호판을 가린 차량** 수건이나 휴지 등을 이용하여 번호판을 가리거나 트렁크 또는 적재함을 열어서 번호판을 가린 차량에 대해서는 전혀 단속이 불가능하다. 물론 차량을 주차하거나 출발하는 바로 그 순간을 적발할 수 있다면 단속이 가능할 수도 있겠지만 아직은 그 정도의 기술수준에는 도달하지 못하고 있다.

▲ 그림 18-31 번호판을 가린 차량

○ **직각 혹은 대각선 주차** 단속카메라에서 번호판이 보이지 않도록 차를 주차시키면 차량의 번호판 확인이 불가능하다.

▲ 그림 18-32 직각/대각주차

○ **단속카메라 아래에 주차** 단속카메라 바로 아래에 주차하는 경우에도 카메라에서 번호판의 확인이 불가능하므로 주정차단속이 불가능하다. 다행스럽게도 이 문제는 별도의 보조카메라를 이용하는 방법으로 해결이 가능하다. 일부 제조사에서는 회전형 Arm을 이용하여 이 문제를 해결할 수 있다고 주장하지만, 100 kg이 넘는 Arm을 안전관리자 없이 회전시키는 것은 안전사고의 위험이 있기 때문에 추천할 만한 방법은 아니다.

▲ 그림 18-33 단속카메라 아래에 주차

○ **정차차량이 많을 때** 도로교통법상에는 주정차 시간에 관계없이 차량에 운전자가 없다면 주차로 판단하지만 현장에서는 운전자의 여부에 관계없이 5분 이상 동일한 위치에 차량이 주/정차하고 있다면 주차위반으로 판단한다. 그래서 5분 이내의 정차차량이 많은 현장에서는 다수의 차량이 주정차되어 있음에도 불구하고 단속 실적은 거의 없는 현상이 발생하게 된다.

▲ 그림 18-34 수시로 차량이 정차

○ **신호대기차량과 주정차차량의 식별** 아쉽게도 현재의 기술로는 신호대기중인 차량과 주차된 차량을 사람이 하는 것처럼 빠른 시간 내에 구분하지는 못하며, 최소한 3분 정도의 시간이 필요하다.

▲ 그림 18-35 신호대기차량과 주정차차량

○ **이동물체로 인한 번호판 가림** 이동하는 차량이나 사람이 많은 현장에서는 이들 물체에 의하여 단속대상 차량의 번호판 가림이 빈번하게 발생한다.

▲ 그림 18-36 이동물체로 인한 번호판 가림

6 차량 탑재형 불법주정차단속 시스템

(1) 시스템의 목적

고정형 불법주정차단속 시스템은 운영자 없이 완전 자동으로 24시간 주정차단속을 할 수 있지만 앞서 살펴본 것처럼 여러 가지 기술적인 한계가 있다. 게다가 현장 시스템의 가격이 상당히 비싸고 설치장소 인근의 거주자로부터 많은 민원이 발생하며, 이전설치가 아주 어렵기 때문에 주정차위반이 상습적으로 발생하는 주요지점에만 설치가 가능하다. 또한, 고정형이라는 한계 때문에 다양한 장소에서 접수되는 주차관련 민원에 대해서도 대처가 불가능한 단점도 가지고 있다.

기존에는 이런 문제점에 대응하기 위하여 사람이 카메라를 가지고 다니면서 위반차량에 직접 주차위반통지서를 부착하는 방식으로 주정차 위반차량을 단속하였지만 기동성이 떨어지는 데다가 민원인과의 마찰이 자주 발생했다.

▲ 그림 18-37 차량탑재형 불법주정차단속 시스템

차량 탑재형 불법주정차단속 시스템은 차량에 주정차단속용 CCTV 시스템을 탑재하여 운영하기 때문에 손쉽게 넓은 지역을 단속할 수 있으며, 한 대를 촬영하는 데 소요되는 시간이 불과 1 ~ 2초에 불과할 정도로 빨리 단속할 수 있으므로 민원인과의 마찰도 거의 발생하지 않는다.

주정차단속 근무자의 근무환경도 대폭 개선되어서 더 이상 더위나 추위에 시달리지 않고도 차량 내부에서 편안하게 업무를 수행할 수 있음은 물론이고 근무자의 수도 줄일 수 있는 장점이 있다.

(2) 시스템의 구성

차량 탑재형 불법주정차단속 시스템은 이름 그대로 차량에 단속을 위한 카메라와 조명장치, 번호인식을 위한 제어컴퓨터, 단속 중임을 안내하기 위한 전광판 등이 설치되고, 지자체의 사무실에는 단속 자료를 저장하기 위한 운영서버와 고지서 발부를 위한 도로교통 행정시스템이 컴퓨터를 설치하여 운영한다.

▲ 그림 18-38 차량 탑재형 불법주정차단속 시스템

차량 상부에 설치된 카메라 및 조명장치는 원하는 방향으로 회전시킬 수 있기 때문에 어떤 방향, 어떤 각도로 위반차량이 주차하고 있더라도 번호판을 촬영할 수 있고, 최근에는 아예 2세트의 카메라장치를 설치하여 차량의 앞/뒤 번호판을 동시에 촬영함으로써 단속 효율을 보다 높일 수 있도록 하고 있다.

▲ 그림 18-39 양방향 카메라 시스템

차량 탑재형 시스템 수집한 위반차량의 사진, 위치정보(GPS 좌표), 단속시간 등의 기초자료는 운영서버를 거쳐 차량 소유자에게 과태료통지서를 발부하게 된다.

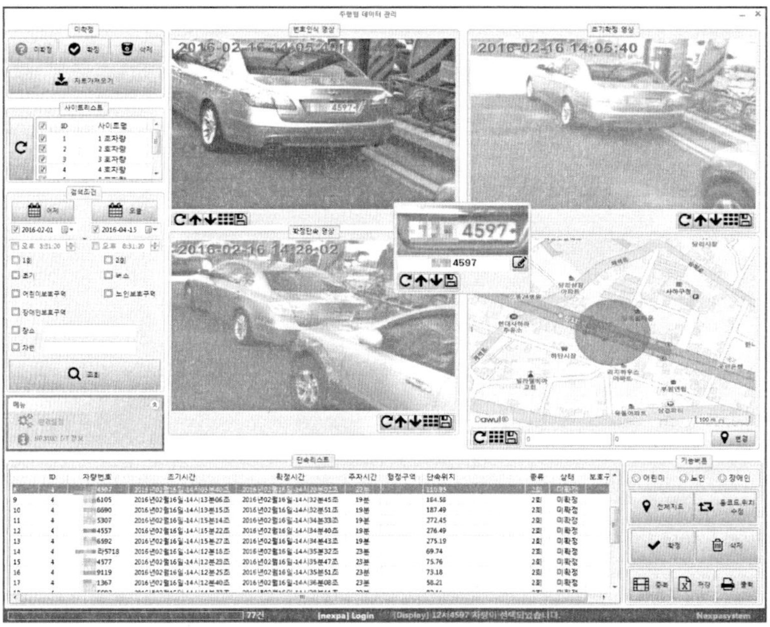

▲ 그림 18-40 데이터관리 프로그램

현재 우리나라의 모든 지자체에서는 최소한 한 대 이상의 차량 탑재형 불법주정차단속 시스템을 운영하고 있고 어떤 지자체에서는 견인사업소와 연계하여 견인대상 차량의 정보를 자동으로 견인사업소에 전송하여 위반차량을 즉시 견인하도록 하는 시스템도 갖추고 있다.

(3) 시스템의 응용

차량 탑재형 불법주정차단속 시스템 역시 단점은 있다. 가장 큰 단점은 장비의 운영에 반드시 운영자가 필요하기 때문에 다수의 시스템을 운영하기 위해서는 많은 유지비용이 발생한다는 점이다. 지자체의 입장에서는 많은 인력을 유지하기가 상당히 부담스럽기 때문에 좀 더 비용을 줄일 수 있는 방안을 모색하게 되었고 이에 호응하여 개발된 시스템이 바로 버스 탑재형 다기능 단속 시스템이다.

어느 지역이든 주요도로에는 시내버스가 운행하고 있고, 이 버스에 카메라를 장착하여 버스 전용차로 위반이나 주정차위반을 단속할 수 있다면 인건비에 대한 부담이 전혀 없으면서도 효과적인 교통법규 위반 단속이 가능하다.

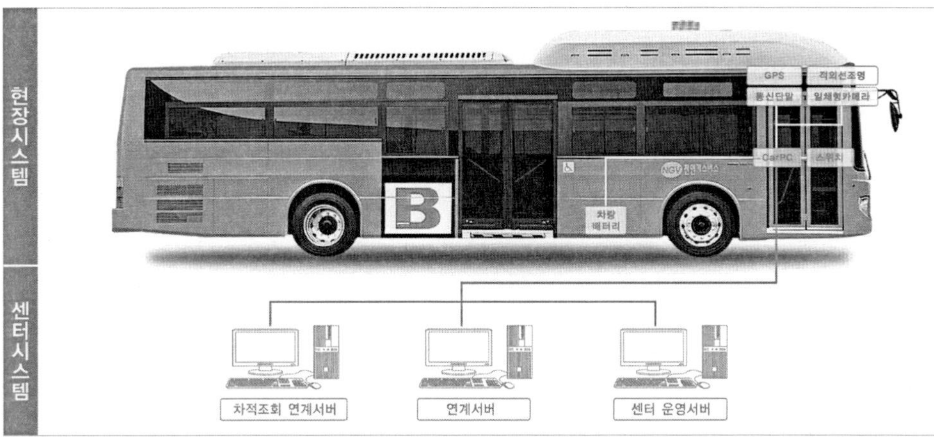

▲ 그림 18-41 버스 탑재형 교통법규위반단속 시스템

다만 시내버스는 정해진 노선을 운행해야 하기 때문에 앞서의 차량 탑재형 시스템과는 시스템의 구성이 약간 다르다. 버스전용차로 위반 단속은 한 번의 사진 촬영만으로 충분히 가능하지만 주정차 위반의 단속은 최소한 5분 이상의 간격을 두고 두 번의 사진 촬영이 필요하기 때문인데, 이를 위하여 버스 탑재형 교통법규위반 단속 시스템은 최소한 두 대 이상의 버스가 한 조를 이루어 운영하고 있다.

차량 탑재형 시스템의 용도는 주정차위반 차량의 단속에 국한되지 않는다. 이 시스템 역시 차량번호의 인식을 기반으로 하고 있기 때문에 범죄차량, 세금이나 과태료 체납 차량, 불법명의 차량 등의 단속에도 사용할 수 있다.

▲ 그림 18-42 수배차량/체납차량 단속 시스템

이 시스템 또한 우리나라의 모든 지자체와 경찰서에 보급되어 있으며 심지어는 한국도로공사에서 도로통행료 미납차량의 적발 용도로도 다수 사용하고 있다.

07

CCTV 시스템 설계와 구축

Chapter 19

CCTV 시스템 설계

CCTV 시스템을 설계한다는 것은 고려사항이 다양하고 복잡한 업무이다. 간단히 4~8대의 카메라와 한 대의 NVR만 설치하면 되는 소규모 환경이라면 고객의 예산 범위 내에서 기기를 선정하고 구축하기만 하면 되겠지만 대규모 CCTV 시스템에서는 고려할 부분이 너무나 많다. 그래서 시스템 설계자는 모든 CCTV 시스템 시공 전반과 시스템에 사용되는 구성장비들에 대하여 상당한 수준의 지식이 있어야 한다.

무엇보다 중요한 점은 "고객이 무엇을 원하는가?"를 정확히 이끌어 내는 것이다. 대부분의 고객은 전문적인 지식을 가지고 있지도 않고, 자신의 원하는 바를 정확히 전달하지도 못한다. 설계자는 자신의 지식을 바탕으로 하여 고객이 원하는 시스템을 설계하여 제안해 주어야 한다.

1 설계 가이드라인

(1) 고객의 요구사항 파악

모든 종류의 시스템 설계에서 가장 먼저 파악되어야 할 내용은 고객의 요구사항이다. 대부분의 CCTV 시스템은 보안(감시)업무를 위한 것이기 때문에 시스템을 사용하고자 하는 고객이 어떤 목적으로 이 시스템을 구축하고자 하는지 제대로 파악해야 한다. 다행스럽게도 고객이 기술적인 부분에 대하여 잘 알고 있다면 요구사항의 파악은 아주 수월해지며 고객의 요구사항에 맞추어 기술동향과 제품들의 성능을 소개하기만 하면 된다. 반대로 고객이 기술적인 부분에 대하여 거의 지식이 없다면 전문가의 입장에서 가장 최적이라 생각되는 시스템을 고객에게 제안하고 동의를 구해야 한다.

설계의 시작은 고객이 원하는 업무가 어떤 목적인지를 명확히 하는 것이다. 예방적인 목적 혹은 사고발생 시 즉각적인 대응을 목적으로 시스템을 운영하는 경우, 예를 들어 마트의 도난 사고 감시가 목적이라면 다수의 근무자가 딜레이가 없는 카메라 영상을 계속 관찰하고 예방 활동을 할 수 있는 시스템을 요구할 것이며, 사고이후 조치를 목적으로 한다면 영상의 녹화장치에 보다 많은 비용을 투자해야 할 것이다. 물론 두 가지 모두를 요구한다면 기술적인 어려움을 해결하기 위해 앞서의 시스템들보다 더욱 많은 비용을 투자해야 함은 말 할 필요도 없다.

어떤 설계이든 간에 완벽한 시스템은 있을 수 없으므로, 제안하고자 하는 장비의 성능과 시스템 구현의 한계에 대하여 고객에게 반드시 설명하고 이해시킬 필요가 있다. 그렇지 않았다면 시스템의 구축 이후에 고객의 불만을 해결하는 데 추가적인 비용과 노력이 들어가게 된다.

설계에 있어서 가장 어려운 문제는 고객은 자신이 원하는 시스템을 막연하게 생각만 하고 있을 뿐 구체적으로 어떤 시스템을 요구하는지 알려주지 못한다는 점이다. 단순히 어떤 "전문가가 모든 것을 다 알아서 해 준다. 단지 비용만 지불하면 된다."는 식이기 때문에 설계자는 자신의 경험을 바탕으로 하여 고객에게 직접 질문하고 해답을 구해야 한다. 단순히 어떤 카메라와 녹화장치를 선택할 것인가의 문제는 고객이 생각하지도 않고 생각할 필요도 없다. 설계자가 고객에게 제시하고 답을 구해야 하는 문제는 "어떻게 사고를 발견하고 어떻게 대처할 것인가?", "알람이 발생하면 그 다음 어떤 행동을 취할 것인가?", "알람이 발생한다면 누구에게 알려줄 것인가?", "녹화영상은 얼마의 기간 동안 보관해야 할 것인가?", "녹화영상의 해상도와 프레임 수는 얼마로 할 것인가?", "감시구역의 영상저장은 상시녹화로 할 것인가 아니면 이벤트녹화로 할 것인가?" 등 기술적인 부분보다는 고객의 행동방법이나 비용에 관한 문제가 주를 이루게 된다.

어쨌든 설계자는 고객과의 긴밀한 관계를 유지하면서 최대한 많은 질문과 답을 구해야 하며, **여러 차례의 현장실사를 통하여 최적의 시스템을 고객에게 제안하고 시스템의 성능과 한계에 대하여 납득시킬 필요가 있다.** 이는 무제한의 비용과 시간을 투자할 수 있다면 완벽에 가까운 시스템을 설계하고 구현할 수 있지만 사실상 "예산"과 "시간"은 한정되어 있기 때문에 아무리 완벽한 시스템을 설계한다 하더라도 이 두 가지가 뒷받침되지 않는다면 아무 소용없는 일이기 때문이다. 또한, 설계과정에서 차후에 시스템이 확장될 가능성도 염두에 두어야 하는 것은 물론이다.

(2) CCTV 시스템 설계 순서

CCTV 시스템 설계에서는 가장 먼저 설치할 현장의 도면을 입수해야 한다. 신축건물이라면 당연히 설계도(평면도)가 제공되겠지만 기축건물이라면 설계도의 입수가 어려울 수 있고, 그렇다면 설치할 현장을 방문하여 직접 간략하게나마 평면도를 작성해야 설치할 CCTV의 수량을 산출할 수 있다.

설계도가 입수되었다면 고객의 요구에 따라 카메라의 대략적인 설치 위치를 선정한다. 설계도(평면도)만으로도 대략적인 FOV는 산출해 낼 수 있으며 이 FOV가 고객의 요구사항, 예를 들어 "사람의 얼굴이 확실히 식별되어야 한다." 또는 "사람의 움직임만 파악되면 된다." 등에 부합하는지를 따져서 설치위치를 선정하면 된다. 대부분의 경우에 고객은 자신의 요구사항을 명확히 표현하지 못하며 단순히 "선명하게 잘 나와야 된다."는 식으로 표현하므로 고객의 모호한 요구사항을 구체화시킬 필요가 있다.

이 과정에서 카메라의 위치를 약간 변경하거나 고객의 요구사항을 조금만 완화시킨다면 비용을 대폭적으로 절감할 수 있기 때문에 신중한 접근이 필요하며 적극적으로 고객을 설득해야 할 수도 있다. 이는 고객이 희망하는 사소한 변경사항으로 인하여 전체 일정이 변경되거나 설치비용이 상승하는 일이 비일비재하며, 기술적으로 해결할 수 없는 결과가 초래될 수도 있기 때문이다. 경험상 고객의 희망사항 중 상당수는 기술적으로 해결이 어렵지만 발상을 전환하거나 고객을 설득하기만 한다면 해결할 수 있는 사소한 문제가 대부분이었다.

카메라의 위치와 요구되는 FOV가 확정되었다면 이를 간략화시켜 시스템 구성도를 그린다. 이 구성도에는 카메라, 렌즈, 하우징, 사용되는 케이블, 전원의 공급방식, 각종 기기(카메라나 분배기 등)에서 요구되는 전원의 종류 등 아주 사소한 부분까지 반영되어야 한다. 구성도를 그리다 보면 수정하거나 개선될 부분은 물론이거니와 고객에게 다시 확인하여야 할 사항들이 반드시 나오게 되며, 이를 반영하여 여러 차례 수정이 이루어진다.

이 단계에서 시스템 구성을 위해 필요한 대략적인 물량이 산출되므로 이를 바탕으로 하여 재료비, 노무비, 제경비, 일반관리비, 기계임대료, 회사 이윤 등을 고려하여 설계서를 작성한다. 설계서 작성 시 가장 중요한 요소는 총 가격이며, 고객의 예산범위에 부합하도록 해야 한다.

특히 유의할 점은 시험조정, 시험운영, 운영자 교육 및 하자보증에 소요되는 금액이 반영되어야 한다는 점인데, 최소한 시험조정과 시험운영 부분은 구체적으로 기술하기를 권장한다. 이 중에서 운영자 교육은 시험운영기간에 이루어지는 것이 보통이기 때문에 별도로 비용을 산출하여 청구하기가 가장 어려운 부분이고, 시험운영기간에 운영자가 선임되지 않을 것으로 예상된다면 별도의 교육비를 설계서에 반영하는 것도 좋은 방법이다.

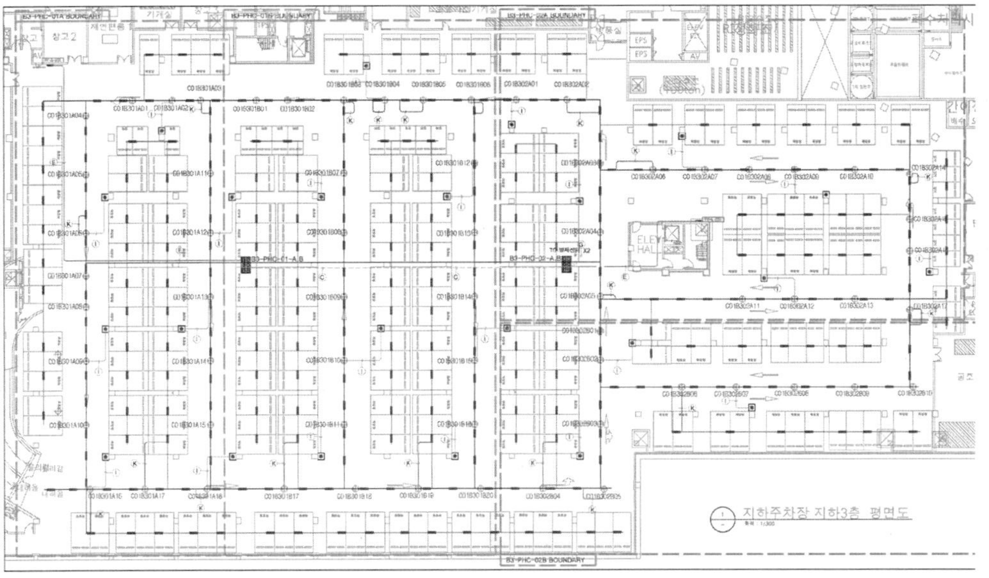

▲ 그림 19-1 CCTV 시공 설계도(평면도)

설계서의 작성과 검토가 완료되면 여기서 확정된 물량을 바탕으로 시공에 필요한 설계도를 작성한다. 통상 설계도는 CAD를 이용하며, 신축건물의 경우에는 전기 혹은 통신설계자와 협의하여 각종 케이블 관로 등을 결정하여야 차후 시공 시 혼란을 없앨 수 있다.

(3) 설계를 위한 고려사항

신규 건축물이라면 건축물의 도면(설계도)을 바탕으로 설계가 이루어질 수밖에 없지만, 그렇지 않다면 반드시 현장조사를 통하여 정보를 수집하여 설계에 반영해야 한다. 시스템의 설계자는 수집된 정보와 고객의 요구를 바탕으로 하여 설계하게 되는데, 설계과정에서 고려해야 할 최소한의 요소들을 살펴보기로 하자.

○ 예산은 얼마인가?

예산은 가장 중요한 설계요소이며 처음이자 마지막이다. 다른 모든 고려사항들은 검토하고 결정하기 이전에 대략적인 예산을 파악해야 하며, 이를 바탕으로 장비의 종류와 수량, 시스템의 작동방법 등 모든 사항을 결정해야 한다.

하지만 예산이 부족하다고 해서 시스템의 성능을 지나치게 떨어뜨리는 것은 바람직하지 않으므로 최대한 예산의 범위 내에서 설계하되, 제한된 예산으로 인하여 고객의 요구기능과 성능구현이 불가능한 수준이라면 제안하고자 하는 시스템을 설계한 다음 고객에게 초과예산을 부담할 수 있는지 협의하는 것이 바람직하다. 아울러 협의 과정에서 추가적인 예산확보가 불가능하다면 시스템의 기능을 유지하면서 카메라나 녹화장치의 수를 줄이는 것이 바람직하다.

○ CCTV 시스템의 주된 목적은 무엇인가?

사고의 예방이 목적이라면 CCTV 카메라를 최대한 노출되도록 설치하되 카메라가 촬영 하는 방향을 쉽게 알 수 없도록 하는 편이 좋고, 주차단속이나 과속방지용이라면 CCTV 카메라를 최대한 노출하면서 카메라가 촬영하는 방향도 잘 보이도록 하면 보다 효과적인 운용이 가능하다. 반대로 은행의 자동입출금기와 같은 특수한 상황에서는 최대한 카메라를 보이지 않게 감추어야 할 필요도 있다.

카메라나 녹화장치의 선정에서도 시스템의 사용 목적은 중요하다. 고화질이면서 딜레이가 없는 영상을 원한다면 HD-SDI가 최적의 시스템이지만, 약간의 딜레이가 있더라도 균형 잡힌 시스템을 원한다면 IP기반 기기가 최적의 시스템일 수 있기 때문이다.

기존에 구성되어 있는 시스템을 업그레이드 하는 경우에도 마찬가지이다. 이미 포설되어 있는 동축케이블을 그대로 유지해야 하는 상황이라면 AHD가 최적의 시스템이며, 비용을 감수하고서라도 새로 케이블을 포설한다면 HD-SDI나 IP기반 시스템을 고려할 수 있다.

○ 어떤 방식의 시스템으로 구축할 것인가?

대부분의 신규 시스템은 디지털, 특히 IP기반 시스템으로 구축하고 있지만, 고객이 이미 사용하고 있는 아날로그 시스템을 확장할 목적일 수도 있다. 이런 경우라 하더라도 IP기반 시스템과 아날로그 시스템을 모두 수용할 수 있도록 시스템을 구성할 수도 있으며, 기존의 아날로그 시스템에 비디오서버(인코더)를 이용하여 IP기반 장비에 연결할 수도 있다.

○ 필요한 카메라의 종류와 수량은 얼마나 되는가?

감시구역에 따라 사용할 카메라의 종류, 예를 들어 고정 초점의 돔카메라나 제어가 가능한 스피드돔 카메라 혹은 PTZ 카메라를 선정한다. 실내에 부착하는 카메라는 대부분 고정초점을 가진 돔카메라가 되겠지만 지하주차장이나 개활지 혹은 보안상의 목적으로 별도의 제어 가능한 카메라를 요구하는 곳은 얼마든지 있다.

또한, 사각지역을 최대한 줄일 수 있도록 카메라의 설치 위치나 렌즈의 화각을 잘 선정하여야 한다. 하지만 예산은 항상 부족하기 때문에 보안에 치명적이지 않다면 약간의 사각지대가 생기더라도 최대한 카메라의 수량을 줄일 수 있도록 구성하는 편이 현명하다.

○ 야간 조명수준은 어떻게 되는가?

광량이 부족한 장소라면 절대 좋은 영상을 얻을 수 없다. 하지만 고객은 자신이 카메라를 설치하고자 하는 곳의 조도를 정확히 알고 있지 못하기 때문에 반드시 현장조사를 통하여 조도를 측정해 보아야 한다. 충분한 광량을 얻을 수 없다면 별도의 조명을 설치하거나 적외선 투광기가 부착되어 있는 카메라를 선정해야 한다.

특히 문제가 되는 부분은, 조도가 낮은 지역임에도 불구하고 "컬러" 영상을 고객이 요구할 때인데 적외선 투광기와 Day/Night 카메라의 조합으로는 "흑백" 영상밖에 얻을 수 없기 때문에 고객의 요구에 부합할 수 없게 된다. 이런 경우에는 어쩔 수 없이 백색광조명을 이용할 수밖에 없는데, 밝은 백색광은 밝은 부분과 어두운 부분의 경계가 뚜렷해져서 어두운 부분을 촬영하기 어렵게 만들어서 보안상 취약해 지기 쉬우며 주거지에서 백색광 사용은 안면의 방해요소가 되기 때문에 신중하게 고려하여야 한다. 될 수 있으면 적외선 조명장치를 사용하는 방향으로 고객을 설득하는 쪽이 차후 발생할 수 있는 문제를 미연에 방지할 수 있다.

○ 누가, 어떻게 운영하는가?

근무자가 24시간 교대근무 하는 경우, 근무자가 일정시간만 근무하는 경우, 일부 위치에는 24시간 근무자가 있지만 다른 위치에는 근무자가 일정시간만 근무하는 경우, 근무자 없이 운영하는 각각의 경우에 따라 알람의 발생 시 조치방법이 달라져야 한다. 또한, 알람 발생 시 어느 위치(모니터)에 알람의 발생을 표시해야 할 것인지도 결정할 필요가 있다.

그리고 정해진 근무시간에 근무하는 인원수와 근무형태에 따라 제어 콘솔(모니터와 키보드 등)의 수량도 결정해야 하는데, 상황실의 공간은 차후에 확보하기 아주 어려우므로 충분한 여유 공간을 미리 확보해 두는 쪽이 차후에 유리하다.

작은 시스템이라면 한 대의 콘솔로 충분하지만 다수의 카메라를 동시에 제어해야 하는 대규모 시스템에서는 상황실 내의 배치도 아주 중요한 요소이므로 CAD를 사용하여 상황실을 설계하고 상황실의 구조나 모니터의 배치와 역할을 미리 3차원으로 구성하여 고객에게 프레젠테이션하고 확인을 받아야 한다.

○ 어떤 전송매체를 이용할 것인가?

이미 포설되어 있는 동축케이블을 이용할 것인지 아니면 새로 케이블을 포설할 것인지 결정하고, 기존의 케이블을 이용해야 한다면 케이블의 품질을 반드시 확인해 보아야 한다. 케이블의 품질이 낮아 새로 포설해야 하는 상황이라면 관로의 위치와 상태 역시 확인의 대상인데, 기존의 관로가 붕괴 혹은 압착되어 입선이 불가능하다면 별도의 관로공사에 소요되는 비용도 설계에 포함되어야 하기 때문이다.

새로 포설하기로 결정되었다면 어떤 케이블을 사용할 것인지도 결정해야 한다. 현재 주로 사용되는 IP 기반 시스템에서는 Category-5E 혹은 Category-6 UTP 케이블이 일반적이지만 전기 노이즈가 많이 발생하는 현장이라면 STP나 FTP 케이블을 포설해야 할 수도 있고, 원거리를 연결해야 한다면 광섬유케이블의 포설도 고려할 필요가 있다.

현재 가장 많이 사용되는 FHD급 IP 카메라가 사용하는 대역폭은 3 ~ 10 Mbps정도이기 때문에 기가비트 이더넷 용도로 사용할 수 있는 Category-5E 케이블이면 카메라연결 용도로는 충분하므로 굳이 가격이 비싸고 포설이 어려운 Category-6 케이블을 이용할 필요는 없다.

광케이블도 마찬가지인데, 낙뢰가 자주 떨어지는 지역이나 전기노이즈가 많은 지역, 혹은 원거리 시스템을 구축해야 하는 경우에는 광케이블을 포설하는 편이 가장 효과적이다. 실제로 케이블 자체의 비용만 따지자면 광케이블이 가장 저렴하며 유지보수 측면에서도 케이블이 끊어지지 않는 이상에는 별다른 문제가 발생하지 않으므로 장기적으로 볼 때 오히려 비용이 절감되게 된다.

○ 전원의 공급은 어떻게 할 것인가?

카메라의 전원공급은 중앙집중형으로 하고 될 수 있으면 UPS가 연결되어 정전 시에도 영상을 촬영할 수 있도록 하는 것이 좋다. 또한, 대규모 CCTV 시스템의 상황실에서는 대량의 전력을 소모하므로 충분한 여유용량을 확보할 수 있도록 설계하여야 한다.

IP 카메라의 경우에는 아날로그 카메라에 비하여 루프그라운드 등에 대해 보다 자유롭기 때문에 반드시 중앙집중형으로 구성할 필요는 없으며, 카메라와 가까운 배전반에서 전력을 인출해도 대부분 문제가 되지 않는다. 게다가 PoE 방식으로 전력을 공급받는 카메라는 별도의 전력선을 가설할 필요가 없기 때문에 네트워크 케이블만 포설하면 충분하다.

○ 장비실의 냉난방은 어떻게 할 것인가?

대량의 하드디스크를 장착하는 스토리지들은 상당한 수준의 열을 발생시키기 때문에 반드시 냉방장치가 있어야 한다. 또한, 전자기기들은 습도에도 민감하므로 가능하다면 항온항습기 설치를 추천한다. 이때 한 대의 냉방장치만 사용한다면 장비의 고장 시 장비실의 온도가 지나치게 올라가서 문제가 발생할 수 있으므로 두 대 이상의 냉방장치를 사용하면 냉방장치 한 대에 고장이 발생하더라도 온도를 유지할 수 있다.

가끔 습도의 유지를 목적으로 장비실에 가습기를 사용하는 경우를 볼 수 있는데, 이는 절대로 피해야 한다. 모든 방식의 가습기는 물을 사용하기 때문에 물통이 넘어지거나 누수가 발생하면 돌이킬 수 없는 결과를 가져올 수도 있으며, 초음파 방식의 가습기는 물속의 광물질이나 석회성분을 비산시키는 백분현상을 일으키기 때문에 민감한 전자기기에 고장을 발생시킬 수도 있기 때문이다.

○ 추후 확장가능성은 어떻게 할 것인가?

고객의 요구사항은 항상 늘어나기 마련이므로 모든 요소에 대하여 추후에 확장할 여지를 남겨두어야 한다. 이는 배관용 통로, 상황실 공간, 기계실 공간, 스토리지 등 모든 부분에 해당하며 특히 차후에 재시공이 어려운 배관통로나 포설하는 케이블의 수 등에 대하여 더욱 주의를 기울일 필요가 있다. 특히 상황실 내부에서 고객의 변심으로 컴퓨터의 위치가 변경되거나 대수가 증설될지 알 수 없으므로 네트워크스위치나 전원 콘센트도 여유있게 구성하여야 한다.

2 화각 결정과 렌즈 선택

(1) 화각의 결정

CCTV를 설계하고 시공하면서 고객으로부터 가장 빈번하게 받는 질문은 "어디까지 볼 수 있습니까?" 또는 "어디까지 촬영할 수 있습니까?"이다. 엔지니어의 입장에서는 대답하기 곤란한 질문인데, 이 질문에 대답하기 위해서는 우선 고객의 문의사항을 구체화할 필요가 있다. 즉, 고객이 식별하기 원하는 피사체가 무엇이고 그 피사체가 카메라에서 얼마나 떨어진 거리에 있는지, 그리고 한 대의 CCTV 카메라로 촬영하기 원하는 범위(대부분 H-FOV)가 얼마나 되는지를 먼저 확인하여야 한다.

다행스럽게도 FHD 이상의 해상도를 가지는 카메라가 이미 시장에 상당수 나와 있고, 충분한 예산만 있다면 고객의 요구사항을 수용하는 제품을 설치하는 것은 어렵지 않다. 반대로 예산이 충분하지 않은 경우에는 카메라의 설치 위치를 조정하거나, 해상도가 낮은 카메라 여러 대를 사용하거나, 중요한 지점만 Zoom-in하여 촬영하는 각종 방법을 이용하고, 기술적으로 해결 방법이 없다면 다시 고객을 설득하여야 한다.

방범용 CCTV의 관점에서 보면 고객이 원하는 "어디까지?" 라는 질문은 크게 네 가지로 나누어 볼 수 있다.

- 얼굴 확인: 사람의 얼굴이 명확하게 촬영되고 누구인지 확실히 확인할 수 있다
- 얼굴 인식: 사람의 얼굴이 촬영되고 특이점(안경, 머리색)등을 인식할 수 있다.
- 침입 감지: 피사체가 사람 또는 다른 사물인지 판단할 수 있다.
- 군중 통제: 피사체의 수를 세어볼 수 있다.

여기서 확인(Identifying)과 인식(Recognizing)은 여러 표준 규정들에서 각각의 다른 기준을 사용하고 있지만 ISO 62676 표준 규격에서는 SD급 모니터 화면에서 사람의 키가 화면상에 100% 들어오는 것을 확인상태라고 구분한다.

이 규격에서는 화면에 있는 사물크기를 조사(Inspection), 확인(Identifying), 인식(Recognizing), 관찰(Observation), 탐지(Detection), 모니터링(Monitoring)으로 구분하는데, 관찰대상이 사람이고 CCTV 시스템이 SD급 해상도를 사용하고 있는 경우라면 분류를 위한 최소크기는 다음과 같다.

▼ **표 19-1** ISO 62676 표준규격에 따른 분류기준

구분	SD 영상 기준 사람의 키	1픽셀당 길이	픽셀밀도 (Pixel/m)
조사	400%	1 mm	1000
확인	100%	4 mm	250
인식	50%	8 mm	125
관찰	25%	16 mm	62.5
탐지	10%	40 mm	25
모니터링	5%	80 mm	12.5

표준 규격들은 아날로그 SD 해상도 기준으로 되어 있지만, 다른 해상도를 가진 시스템에도 적용할 수 있다.

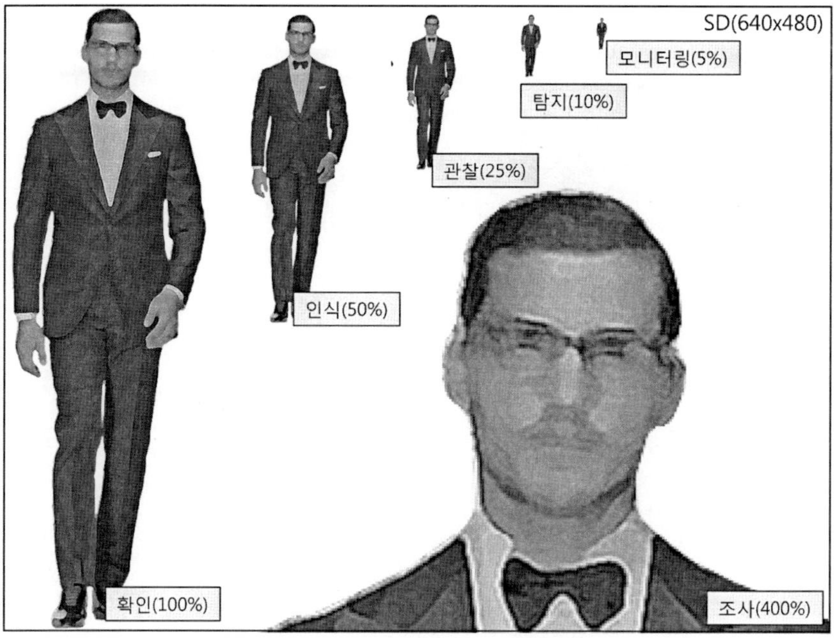

▲ 그림 19-2 SD 해상도에서 사물의 식별

때로는 차량번호판의 식별을 요구받을 때도 있는데, SD에서는 차량 번호판에 있는 숫자(신형 백색 번호판 기준)의 높이가 화면전체의 5%수준이 되어야 하며, 이를 해상도로 환산하면 약 30Pixel이다.

아무리 해상도가 높은 카메라를 사용하더라도 넓은 촬영범위(FOV)와 원거리 사물인식이라는 두 마리 토끼를 모두 잡을 수는 없다. 따라서 CCTV설계자는 "얼마만큼의 거리에서 어떤 사물이 어떻게 인식되어야 하는지" 고객의 요구를 명확히 파악해야 한다.

(2) 렌즈의 선택

현실적으로 가장 가성비가 높고 대중적인 CCTV 카메라는 FHD급이고, 이미 해상도는 지정되어 있으므로 고객이 원하는 촬영범위에 맞는 렌즈를 선택하면 된다. 이 책의 렌즈 챕터에서 설명한 바와 같이 초점거리가 짧은 렌즈는 FOV가 넓고, 초점거리가 긴 렌즈는 FOV가 좁은 대신에 멀리 있는 피사체를 확대하여 볼 수 있으므로 계산을 통해 고객이 원하는 촬영범위에 맞는 렌즈를 선택하면 된다.

렌즈의 선택, 즉 FOV의 확인을 위해서는 전용의 계산프로그램이나 스마트폰 앱을 사용하면 간단히 확인할 수 있다. FOV의 계산을 위해서는 카메라 촬상소자의 크기, 카메라와 피사체와의 거리를 미리 파악해 두어야 한다.

예를 들어 1/3인치 촬상소자를 가진 FHD급 카메라에 1/3인치 포맷의 렌즈를 부착하였으며 피사체와의 거리가 10 m라고 가정하자. 고객은 이 거리에서 사람의 얼굴 확인을 요구하였으므로 V-FOV는 3.6 m 이내가 되어야 한다(사람의 키를 180 cm로 가정하였다).

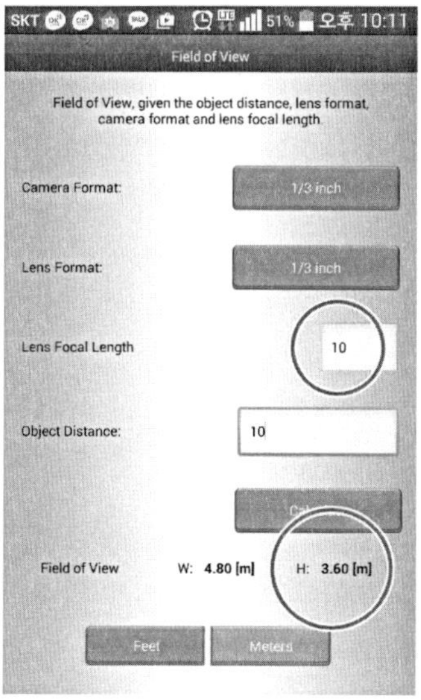

▲ 그림 19-3 스마트폰 앱을 사용한 화각 계산

앱을 이용한 계산결과로 초점거리가 10 mm인 렌즈를 이용하면 10 m 거리에서 H-FOV는 4.8 m이고 V-FOV가 3.6 m이므로 사람의 얼굴을 확인하기에 충분하다는 것을 알 수 있다.

문제는 4.8 m라는 "H-FOV가 고객의 요구를 만족하기에 충분한가?"이다. 고객의 요구를 만족한다면 다행이겠지만 그렇지 않다면 카메라의 수를 늘리거나, 더 높은 해상도를 가진 카메라를 사용하거나, 고객의 요구를 완화시켜야 할 필요가 있다.

고객의 요구가 명확하지 않고 결정을 망설이고 있다면, 가격이 낮은 고정초점렌즈 대신에 다소 가격이 비싼 가변초점렌즈를 사용하여 고객의 변심에 따라 현장에서 재조정하는 방법을 사용할 수도 있다.

▲ 그림 19-4 가변초점렌즈

3 네트워크 디자인

(1) 계층적이고 체계적인 네트워크 설계

현재 상당수의 CCTV 시스템은 네트워크기반 기기들을 이용하여 구성하고 있기 때문에 네트워크 설계에도 많은 고려를 해 주어야 한다. 모든 네트워크 구축, 설계, 문제해결은 OSI 7 Layer에 입각해 1계층에서 7계층으로 차근차근 진행되어야 한다. 또한, 가까운 곳(LAN)에서 먼 곳(WAN)으로 확장되면서 분석되고 설계되어야 한다.

고객의 기술적/사업적 요구사항을 파악한다.
⇓
현재 네트워크에 대해 체계적으로 진단한다.
⇓
고객이 현재 사용하거나 사용할 예정인 기기와 응용프로그램에 대해 파악한다.
⇓
네트워크 형상을 디자인한다.
⇓
LAN을 디자인한다.
⇓
WAN을 디자인한다.
⇓
기타 네트워크 트래픽을 조절하기 위한 기능을 결정한다.

네트워크는 네트워크를 지원하는 응용프로그램에 의해 발생되는 트래픽이 가장 효율적으로 처리되도록 디자인되어야 한다. 이를 위해서 네트워크 설계자는 반드시 회사 업무상 필요한 네트워크 지원 응용프로그램과 이 응용프로그램을 운영하기 위한 OS에 대해 고려해야 하며, 사용되는 장비 및 매체(케이블 등)의 특성에 대하여 잘 알고 있어야 한다. 또한 데이터링크 프로토콜의 종류에 대해서 고려가 있어야만 좋은 네트워크 디자인을 얻을 수 있다.

(2) 소규모 네트워크 디자인

24포트 네트워크 스위치 한 대와 라우터 한대(혹은 미디어 컨버터 하나)로 구성된 정말 소규모 네트워크에서는 디자인이란 것이 사실상 필요가 없다. 그저 잘 보이는 곳에 네트워크 장비를 장착하고 케이블을 잘 설치하기만 하면 끝난다. 하지만 수백 대의 IP기기가 연결되게 되면 문제가 다르다. 이렇게 많은 수의 기기를 네트워크로 연결하기 위해서는 블레이드 타입의 집합형 허브, 스태커블 허브 혹은 트리구조의 허브 연결이 필요하기 때문이다. 이 중 블레이드 타입의 집합형 허브는 그 가격 때문에 선불리 손댈만한 장비가 아니기 때문에 일찌감치 선택에서는 제외되고 스태커블 허브나 트리구조의 허브 연결이 현실적인 대안이 된다.

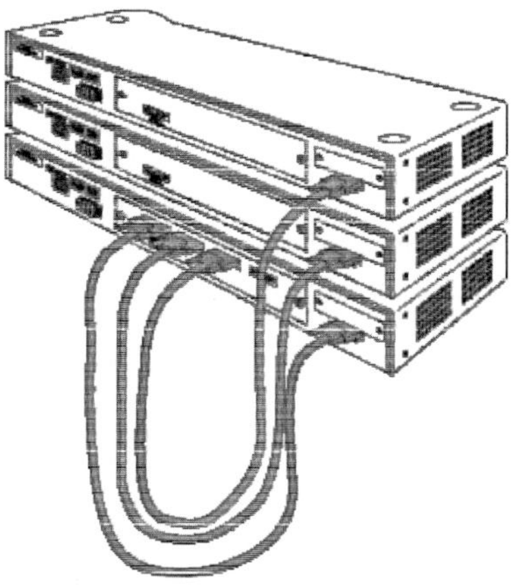

▲ 그림 19-5 스태커블 허브

이런 연결에서 주의해야 할 것은 마스터 스위치의 처리능력이다. 일부 저가의 스위치인 경우 처리능력이 낮아 일부 패킷이 유실되거나 지연현상이 발생할 수 있으므로 처리능력이 높은 장비를 선택해야 한다는 것이다. 물론 전체 트래픽을 한 대의 스위치가 감당할 수 있을 정도로 트래픽의 발생이 심각하지 않다면 고려하지 않아도 무방하다.

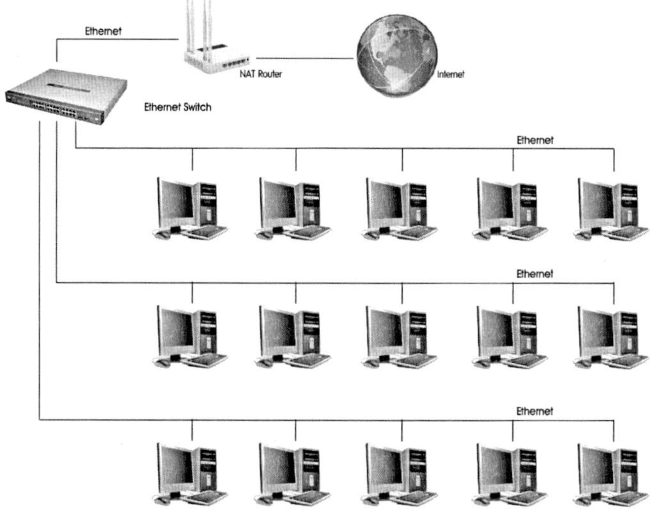

▲ 그림 19-6 소규모 네트워크

(3) 중간규모 네트워크 디자인

중간규모 네트워크 디자인이라면 백본의 개념을 도입하는 것이 바람직하다. 물론, 백본 없이 직접 스위치에서 개별 아웃렛까지 케이블을 설치하는 것도 경우에 따라서는 나쁘지 않은 방법일 수도 있다. 하지만 대부분의 5층 이하 건물에는 층간 케이블 설치를 위한 별도의 통로가 없고, 설사 있다고 하더라도 상당히 좁기 때문에 만약 케이블 자체에 문제가 생겼을 경우 대처하기 힘들다.

때문에 기가비트 이더넷 등의 고속망을 이용하여 각 층에 설치된 허브를 연결하는 백본을 만드는 것이 여러모로 유리하다. 물론 장비가 여러 군데에 흩어져 있기 때문에 각 장비의 상태를 즉시 파악하기 위해서는 원격 모니터링 도구를 사용해야 하지만 최소한 케이블의 이상으로 사용자가 네트워크를 이용하지 못하는 일은 적어진다.

물론 건물의 크기가 작거나 연결될 컴퓨터의 수가 적을 때에는 백본 없이 모든 아웃렛이 중앙의 허브로 연결되는 구조를 채택하는 것이 더 좋은 결과를 얻을 수도 있다.

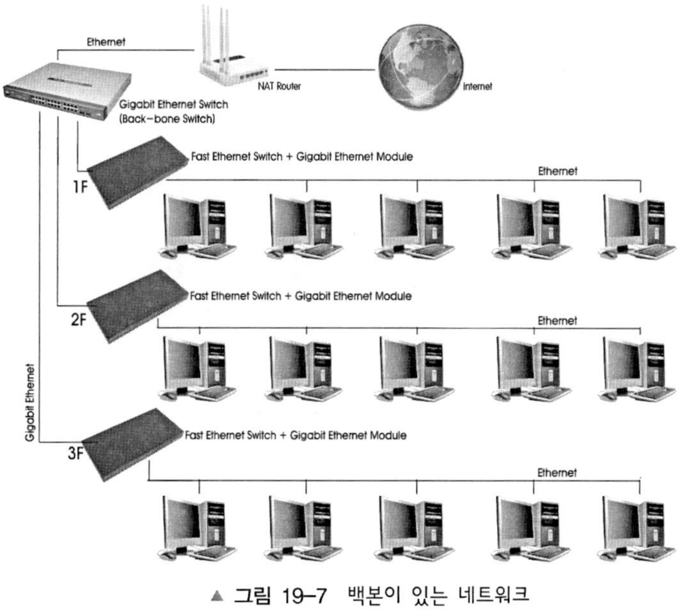

▲ 그림 19-7 백본이 있는 네트워크

(4) VLAN을 이용한 네트워크 디자인

연결되는 기기가 많아질수록 하나의 백본으로는 모든 사용자의 요구를 충족시키기가 힘들어진다. 특히나 각 부서에서 발생한 트래픽이 네트워크 전체에 영향을 주는 구조로는 백본에 걸리는 부하가 필요이상으로 증가하게 된다.

따라서 각층 혹은 각 부서별로 VLAN을 구성하여 해당부서의 부하를 그 부서의 네트워크에 국한시키는 방식을 취하는 것이 보다 효율적인 네트워크를 구성할 수 있다.

이 경우 백본스위치는 최소한 VLAN을 지원하며 라우팅이 가능한 3계층(L3) 스위치여야 한다. 또한, 백본스위치와 각 부서 간의 스위치를 연결하기 위해 2～4개의 포트를 묶어 Ether Channel(Trunk)을 구성할 수 있다면 더욱 좋은 성능을 얻을 수 있다.

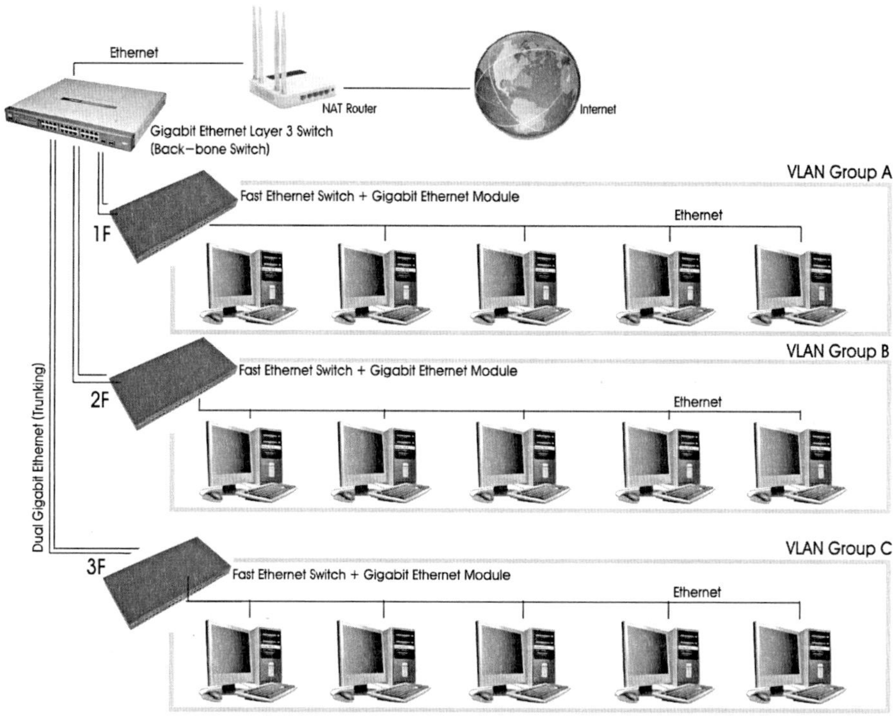

▲ 그림 19-8 VLAN을 이용한 네트워크

(5) WAN 디자인

WAN의 경우에도 LAN과 마찬가지로 계층적 디자인을 한 후 장애복구 및 오류제어를 위한 중복연결이 필요한지를 검토한다. 필요하다면 그물구조로 각 랜 상호 간에 WAN 연결을 구성하거나 부분적인 그물구조를 이용하여 네트워크가 단절되지 않도록 할 수 있다. 하지만 오류제어를 위한 중복연결이 필요하지 않다면 LAN과 마찬가지로 스타구조로 구성할 수도 있다.

비용상 가장 경제적인 이점이 있는 것은 역시 스타구조이다. 하지만 중앙의 장치에 문제가 생길 경우 전체 네트워크에 영향을 주게 되므로 신중히 선택해야 한다. 따라서 일시적인 네트워크(WAN) 단절이 전체 사업 분야에 얼마나 손해를 주는가에 따라 디자인을 달리 해야 한다.

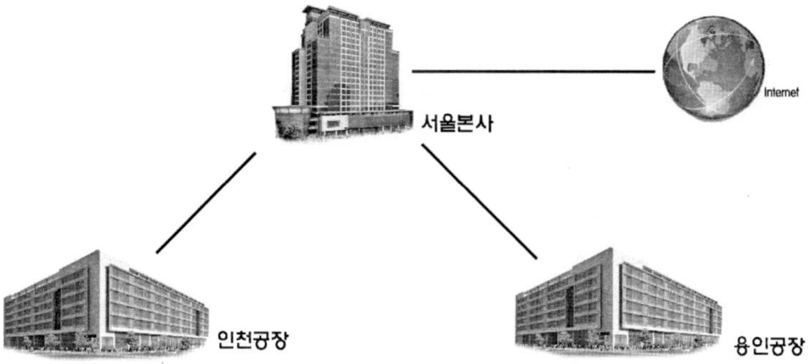

▲ 그림 19-9 3개 지점의 스타형 WAN 연결

예를 들어 본사와 두 개의 공장을 WAN으로 연결한다고 가정해 보자. 본사와 공장 간의 연결에 있어서 본사를 중앙에 두고 두 개의 공장을 WAN으로 연결시키는 스타형 구조를 가장 먼저 생각해 볼 수 있다. 이런 경우라면 공장 간 데이터 이동을 원활하게 하는 동시에 오류제어를 위해 각 공장 간을 WAN으로 연결하는 완전한 그물 구조를 사용할 수도 있다.

특히, 본사와 공장 간 데이터 이동 보다 공장과 공장 사이의 데이터 이동이 많다면 본사와 공장과의 WAN 대역폭을 낮추고 공장과 공장을 연결하는 WAN의 대역폭을 늘리는 구성도 생각할 수 있다. 하지만 WAN을 유지하기 위해서는 지속적인 비용이 발생되기 때문에 전용회선의 유지비용과 중복구성을 하지 않았을 때 발생할 수 있는 손실을 비교 검토해야 한다.

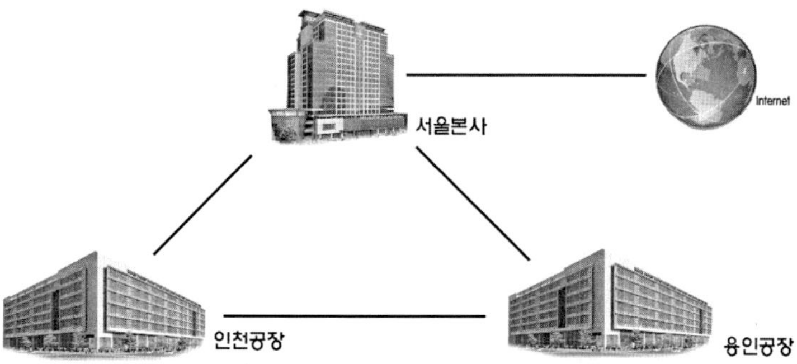

▲ 그림 19-10 3개 지점의 그물형 WAN 연결

대부분의 경우 본사와 공장 간을 스타형 구조로 연결하고 상호 간에 부하균형이 될 수 있도록 라우팅을 구성한다면 전체적인 성능을 향상시킬 수 있으며 선로이상으로 인한 네트워크 단절을 대비하여 사용한 만큼 요금을 지불하는 종량제 형식의 백업회선을 두는 것이 현실적인 대안이 될 것이다.

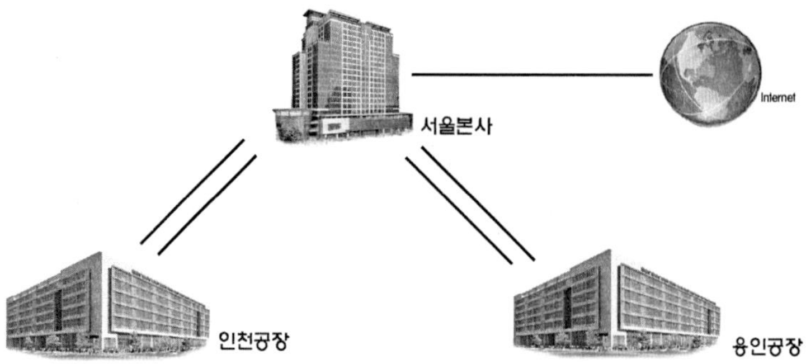

▲ 그림 19-11 3개 지점의 스타형 WAN 연결+백업라인

WAN의 형상을 결정했다면 어떤 종류의 서비스를 이용하여 구성할 것인지를 결정해야 한다. 본사와 공장 간의 연결에 실시간으로 전송이 필요한 데이터가 있거나 보안상 중요성이 있을 경우에는 여전히 전용선이 가장 훌륭한 방법이 될 것이다. 그러나 전용회선의 요금은 현재 사용되는 가정용의 인터넷 회선에 비해 상당한 비용을 부담해야 하는 단점이 있다. 따라서 최근에는 전용회선을 이용하여 연결하기 보다는 VPN을 이용한 연결이 선호되고 있으며 실제로 좋은 결과를 얻고 있다.

▲ 그림 19-12 VPN을 이용한 WAN 구성

(5) 주소할당 및 정책구현

○ 주소할당

LAN과 WAN의 디자인을 마치고나면 OSI 1, 2계층에 대한 설계가 끝난 것이다. 다음 작업은 3계층 설계인데, 3계층 설계에서 가장 먼저 해야 할 것은 어떤 종류의 주소 프로토콜을 이용할 것인가를 결정해야 한다. 다행스럽게도 인터넷의 영향으로 대부분 IP를 사용하며, 모든 운영체제와 프로그램이 TCP/IP를 기반으로 만들어지고 있기 때문에 특별한 경우가 아니라면 이에 대해 더 이상 생각할 필요가 없다.

문제는 "수많은 PC들과 라우터, 서버에 어떻게 주소할당을 할 것인가?"이다. 사용하기에 충분한 수의 IP수소를 통신사업자에게서 받을 수 있다면 모든 컴퓨터에 공인 IP를 할당하는 것이 가능하겠지만 그렇지 않다면 NAT를 사용하여 사설 IP 주소를 사용함으로써 이 문제를 해결할 수 있다.

대부분의 환경에서는 외부에서 접근이 가능해야 하는 일부 네트워크장비나 서버를 제외하고는 NAT 지원 라우터나 방화벽을 이용하는 것이 여러모로 합리적인 선택이다. 또한, 내부망을 위한 사설 IP의 할당 시에도 서버나 라우터와 같은 장비에는 고정 IP를 할당하고 나머지 PC들에게는 DHCP를 이용하여 동적으로 주소를 할당하는 것이 관리상의 비용과 사용자 오류를 최소화할 수 있다. 또한, 각 장비 및 PC들에 대하여 체계적이고 일관된 호스트 이름을 이용하도록 하면 좀 더 효율적으로 네트워크를 관리할 수 있다.

○ 라우팅 방법의 설정

IP 주소를 효율적으로 할당하였다면 남은 것은 "어떤 라우팅 방법을 사용할 것인가?"이다. 라우팅 방법은 동적 라우팅과 정적 라우팅으로 나눌 수 있는데, 다행스럽게도 라우터가 1대 밖에 없는 소규모 네트워크에서는 당연히 정적 라우팅을 사용해야 하기 때문에 라우팅 방법을 결정할 필요가 없다. 앞에서 예로 든 3개 지점의 연결망도 마찬가지이다. 망이 대단히 작기 때문에 정적 라우팅으로도 충분히 대응할 수 있다. 물론 동적 라우팅을 사용하여 자동으로 라우팅 테이블을 갱신할 수도 있으나 추가적인 라우팅 업데이트 트래픽이 발생되기 때문에 이런 작은 규모의 네트워크에서는 불필요하게 대역폭을 낭비하는 결과를 가져오게 된다.

○ 정책의 결정

라우팅까지 설정되고 나면 네트워크를 사용할 준비는 완료되었다고 할 수 있다. 이제 마지막으로 해야 할 일은 각각의 응용프로그램 혹은 OS가 발생시키는 트래픽의 특성에 따라 막아야 할 것, 우선적으로 처리해야 할 것, 암호화가 필요한 것 등 필요에 따라 적절한 정책을 구현해야 한다. 예를 들어 VOIP를 이용하려고 한다면 네트워크 상의 다른 데이터 전송 트래픽이 폭주한다 하더라도 음성전화를 위한 대역폭을 충분히 남겨놓아야 하기 때문에 라우터나 스위치에서 QOS 설정을 해 두는 것이 필요하게 된다.

이런 필요성에 따라 네트워크가 트래픽을 적절히 반영하여 처리하고 있는지, 과도한 부하가 걸리거나 병목현상이 발생하는 지점이 없는지 등을 확인하여 네트워크 관리자와 사용자에 대한 교육을 진행하면 된다.

4 관제센터 설계

(1) 관제센터의 중요성

관제센터는 운영요원이 상주하면서 구축되어있는 CCTV 시스템은 운영함과 동시에 이상이 발생한 지역에 대하여 직/간접적인 후속조치를 취하며, 필요한 경우 녹화되어 있는 영상을 재생하고 분석하는 곳이다. 또한, 장비가 항상 정상적인 상태로 동작하는지 확인하고 예방정비를 수행하는 곳이기도 하다. 사실상 전체 CCTV 시스템 중에서 가장 중요한 곳이지만 의뢰로 예산이나 인력의 배정이 적게 이루어지는 곳이기도 하다.

관제센터는 구축에도 상당한 예산이 소요되지만 지속적으로 관리비용, 특히 인건비가 투자되어야 한다. 하지만 전문적인 관제센터가 꼭 필요하다고 판단되는 곳에서도 다른 공간에 비하여 우선순위가 낮기 때문에 설계에 제대로 반영되지 않기도 하고, 이미 사용 중인 건물에서는 추가적인 공간의 확보가 곤란하다는 이유 때문에 대부분의 관제센터가 협소하고 근무조건이 열악한 경우가 많다.

▲ 그림 19-13 다양한 관제센터

근무자의 배정에 있어서도 마찬가지이다. 시스템을 유지 관리할 수 있는 전문 엔지니어를 상주시키고, 운영요원 역시 전문지식을 갖춘 근무자가 이상적이지만 이런 인력을 충원하는 자체가 어렵고 상당한 비용이 발생하기 때문에 대부분의 관제센터에서는 숙련되지 않은 임시 계약직이나 파견 근무자가 운영요원의 대부분을 차지하고 있다.

다행스럽게도 대부분의 지자체에서는 기존에 관할 부서별로 분산하여 관리하던 CCTV 시스템을 통합하여 관리할 수 있도록 통환 관제센터를 구축하여 두고 있으며, 분산 관리할 때에 비하여 적은 인원과 비용으로 보다 체계적이고 확실한 관리 및 관제체제를 갖추고 있다.

(2) 감시부의 구축 방법

감시부의 구축은 크게 통합형, 분산형, 그리고 이 두 가지를 적절히 혼합한 복합형으로 나누어 볼 수 있다. 이 방식들은 각각 장단점을 가지고 있으므로 고객의 운영목적에 맞는 적절한 구성형태를 제안해 주어야 한다.

▼ **표 19-2** 감시부의 유형 비교

구분	통합형	분산형	복합형
감시 소요 인력	○	×	△
신속 대응 능력	×	○	△
초기 구축 비용	△	○	×
지속 유지 비용	△	×	○
감시 업무 효과	△	×	○

표는 각 유형별 감시방법을 비교해 놓은 것인데, 실제의 운영방식 특히 근무인력의 투입정도와 시간에 따라 완전히 다를 수 있으므로 단순히 참고자료로만 사용하자.

통합형 감시방법은 특정한 장소에 관제센터를 구축하여 모든 CCTV 영상을 관제센터에 있는 녹화 및 모니터링 장치에 수용하는 방법이다. 이 방법은 분산형에 비하여 초기 구축비용이 많이 들고 별도의 공간을 필요로 하는 단점이 있지만 근무인력을 최소화할 수 있고 각 현장에 설치된 CCTV 카메라를 유기적으로 연동할 수 있는 장점이 있다.

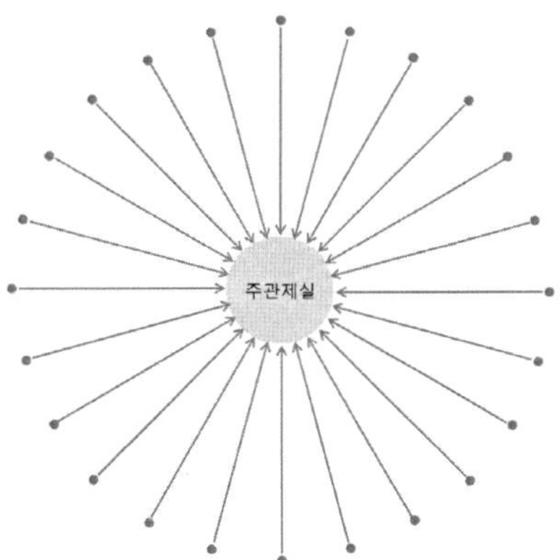

▲ **그림 19-14** 통합형 감시방법

분산형 감시방법은 CCTV 카메라가 설치된 인근에서 직접 영상의 녹화와 모니터링을 수행하는 방법이다. 각 동마다 경비실이 있는 오래된 아파트단지 등에서 주로 볼 수 있는 방식인데, 문제가 발생한 경우 상주하는 근무자가 즉각적인 후속조치를 취할 수 있고 초기 시설비용이 적게 드는 단점이 있다. 하지만 근무자가 모니터링을 태만히 할 경우에는 문제발생 자체를 인지하지 못할 수 있으며 문제발생 상황을 전체에 전파하기 어려운 단점도 가지고 있다.

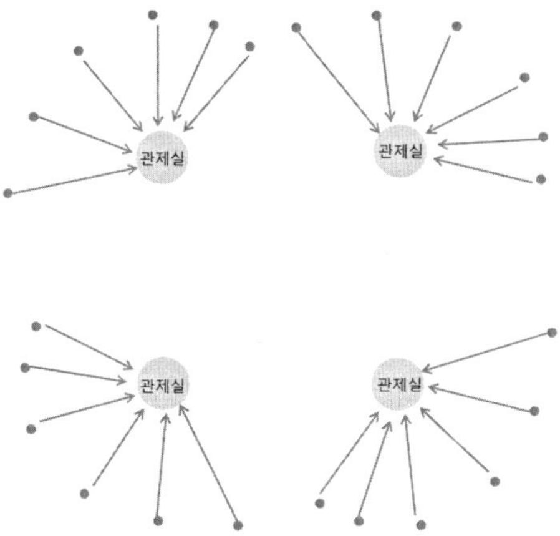

▲ 그림 19-15 분산형 감시방법

복합형 감시방법은 위 두 가지 방법을 통합한 것으로 시스템의 구성이 가장 복잡하고 구축비용 역시 가장 많이 소요되지만 가장 활용도가 높은 방법이다. 기존의 아날로그 CCTV 시스템에서는 복합형 감시방법을 위한 시스템설계와 구축이 아주 어려웠지만 현재의 IP 기반 시스템에서는 단지 데이터전송을 위한 케이블 하나만 포설하면 되기 때문에 필요한 요소에 모니터링 시스템을 간단히 설치할 수 있다.

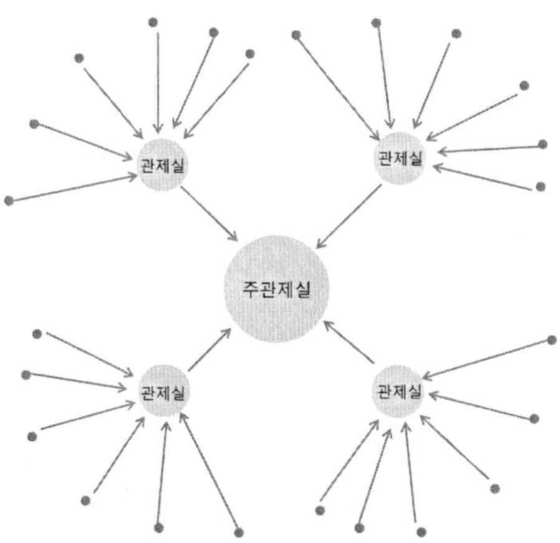

▲ 그림 19-16 복합형 감시방법

(3) 모니터의 크기와 이격거리

관제센터에는 여러 대의 모니터를 사용하기 때문에 CCTV 시스템 설계자는 한정된 공간 안에 모니터를 어떻게 배치해야 할 것인지, 모니터와 눈 사이의 거리(시거리)를 얼마로 잡아야 할 것인지에 대하여 고민해야 한다.

관제센터 근무자들은 대부분의 근무시간 동안 모니터의 영상을 보고 있어야 하기 때문에 시거리(Viewing Distance)는 아주 중요한 요소이며, 시거리에 대한 기준이나 권고사항을 적용하면 근무효율이나 업무수행 효율을 높일 수 있다.

여러 가지 실험과 테스트를 통하여 인간의 시각 능력(Acuity of Human Vsion)은 mm당 5 ~ 6개의 선을 구분하는 것이 한계라고 알려져 있다. 이 내용은 사물과 눈의 거리가 30 cm 떨어진 조건에서 0.1 mm 두께의 선을 구별할 수 있다는 뜻이고, 이를 다르게 표현하면 인식을 위한 최소 각도가 1/60°라는 의미가 된다.

모니터는 패널의 종류와 패널의 크기에 따라 해상도가 다르지만 어떤 모니터든 픽셀을 조합하여 영상을 만들어낸다는 기본원리는 동일하다. 그래서 모니터와 눈 사이의 거리가 너무 가까우면 화면의 픽셀구조를 볼 수 있을 정도가 되어 오히려 흐려지게 되고, 모니터 화면에서 조금 떨어져서 보면 선명한 영상을 볼 수 있으며 더 멀리 떨어지면 정확하게 볼 수 없게 된다.

권장(최적) 시거리는 모니터의 해상도와 패널의 크기에 따라 차이가 있기는 하지만 현재 사용하는 대부분의 모니터는 패널의 크기와 해상도가 비례하기 때문에 대략적인 권장 시거리는 계산해 낼 수 있다. 아래의 표는 ICE 62676 CCTV 표준을 기준으로 하여 권장 시거리를 정리한 것인데, 실제 사용할 모니터의 해상도나 패널의 크기와 다소 차이는 있겠지만 참고자료로서는 충분하다.

▼ 표 19-3 ICE 62676 CCTV 표준 기준 권장 시거리

화면크기	해상도	픽셀크기	시거리
20″	1440 × 1050(SXGA+)	0.29	1.0
50″	1920 × 1080(FHD)	0.57	1.98
70″	1920 × 1080(FHD)	0.80	2.75

이 권장 시거리는 단지 권장되는 사항일 뿐이므로 반드시 지켜야 하는 것은 아니다. 특히, 현재의 디지털 시스템에서는 아날로그 시스템에 비하여 화면의 분할이나 축소/확대, 모니터에 표출할 영상의 선택 등이 자유롭기 때문에 더욱 다양한 구성이 가능하다.

우리나라의 법령은 모니터의 크기에 대하여 별도로 규정하고 있지 않지만, 국토해양부 훈령 "주차장 내의 방범설치 세부지침"에서 "다채널의 폐쇄회로텔레비전 카메라 신호를 1대의 녹화 장치에 연결하여 감시할 경우에 연결된 카메라 신호가 전부 모니터 화면에 표시되어야 하며 1채널의 감시화면의 크기는 최소한 4인치(대각선방향) 이상이 되어야 한다."라고 규정하고 있고, 이를 다른 목적의 영상에도 준용하고 있으므로 화면의 분할 구성 시 참고할 필요가 있다.

▲ 그림 19-17 50″ 모니터에서 64분할 영상의 표출

Chapter 20

현장시공

CCTV현장시공은 현장의 특수성을 고려하여 각 현장의 상황에 맞는 설계를 바탕으로 이루어져야 함은 물론이거니와 전기나 통신공사와 함께 이루어져야 하기 때문에 많은 주의가 필요하다. 현장시공은 크게 폴 설치, 배관배선, 장비설치와 설정으로 나누어 볼 수 있는데 각 분야별로 전문성을 갖춘 기술자가 시공하여야만 보다 완성도 높은 시공이 될 수 있다.

이 장에서는 CCTV 현장 시스템의 시공에 대하여 간략하게나마 알아보도록 하자.

1 Pole 설치

(1) Pole의 종류와 필요성

건물외부를 감시하기 위해서라면 건물의 외벽이나 기둥에 CCTV 카메라를 설치하면 되겠지만 주변에 적절한 장소가 제공되지 않을 때에는 어쩔 수 없이 설치용의 구조물을 세워서 카메라를 설치해야 한다.

일반적인 방범용 CCTV를 설치할 때 사용하는 Pole은 스테인리스강으로 제작된 3 ~ 4 m 높이의 제품을 사용하며 Arm이 없거나 아주 짧다.

▲ 그림 20-1 방범용 CCTV Pole

반면에 주정차단속용이나 도로방범용 CCTV를 설치할 때 사용하는 Pole은 최소 6 m 이상의 높이에 카메라를 설치해야 하기 때문에 Pole의 높이는 7 m 이상이며 Arm의 길이도 필요에 따라 10 m 이상일 수도 있다.

▲ 그림 20-2 주정차단속용 CCTV

특히, 교통감시용 CCTV는 30 m 이상되는 높이의 Pole을 사용하기도 하는데, 이런 Pole은 자체의 무게도 상당하지만 바람의 영향(풍하중) 및 유지보수를 위해 Pole에 올라가는 사람의 무게까지도 감안하여 Pole의 강도나 기초의 크기를 산출해야 안전사고를 막을 수 있다.

Pole을 사용하여 카메라를 설치하는 경우에는 Pole의 높이뿐만 아니라 폴의 탄성도 아주 중요한 요소이다. 일반적으로 사용하는 금속재질의 Pole과 Arm은 바람이 불거나 카메라가 움직일 때 마다 진동하게 되는데, 길이가 길면 길수록 진동은 심하게 발생한다.

특히나 원거리를 촬영하기 위해서 고배율 줌 렌즈를 장착한 카메라를 길이가 긴 Pole과 Arm에 장착하였다면 육안으로는 거의 확인할 수 없을 정도의 진동에서도 화면에서 보이는 영상은 아주 심하게 흔들려서 거의 식별할 수 없을 정도가 된다.

그래서 CCTV용 Pole은 목적을 달성하기에 충분하지만 최소의 높이로 하여야 하고, Arm 역시 가능한 짧게 하여야 한다. 원거리를 감시하는 방범용 CCTV나 교통감시용 CCTV들을 보면 Arm이 없이 Pole 상부에 바로 카메라가 설치되어 있는 것을 볼 수 있는데, 설치비용을 절감하고 유지보수를 편하게 하기 위한 이유도 있지만 영상의 흔들림 방지가 가장 큰 목적이다.

(2) Pole 설치 시 고려사항

정보통신공사협회의 "CCTV 시스템 설치 표준공법"에서는 Pole의 설치 시 다음과 같은 사항에 대하여 고려하도록 권장하고 있다.

- 폴의 높이는 외곽용은 약 6 m, 출입구 감시용 카메라는 약 4 m의 폴을 사용하는 것이 일반적이나, 설치환경에 따라 다르게 할 수 있다.
- 폴의 표면처리는 비 또는 눈, 강한 햇빛 등에 의해 부식되지 않도록 용융아연 등 도금된 제품을 선정한다.
- 노출된 앙카 볼트와 너트는 스테인리스 스틸(Stainless Steel)을 사용하여 부식을 방지한다.
- 기기의 구조는 가능한 Steel Pipe Pole Type으로 설계한다.
- 카메라 및 P/T Driver 부착 시 케이블의 인입이 용이하게 Cable Hole이 있어야 한다.
- 몸체를 지지하는 부분은 콘크리트 지지대 부분에 부착이 용이하도록 Pole Base가 형성되어 있어야 한다.
- 폴 상단에는 낙뢰로부터 카메라 장치들을 보호할 수 있도록 피뢰침을 설치하도록 설계에 반영하여야 한다.
- 폴 설치작업 시에는 중량물임을 각별히 유의하여 안전사고가 발생하지 않도록 모든 위험요소에 대한 대비책을 사전에 준비하고 차량유도요원을 배치하여 교통사고 예방에 만전을 기한다.
- 특히, 건축물 옥상에 폴 시공 시에는 절대로 방수층 및 건물자체에 균열 또는 손상이 가지 않도록 각별히 주의한다.
- 건설장비 작업 시 작업반경 내 출입을 통제하고 인양장비(크레인)인 경우 반드시 허용 인양 하중 내에서 작업을 실시한다.
- 작업을 시작하기 전에 안전교육과 자재 불출 및 작업시 유의사항 등을 안내하여야 한다.

▲ 그림 20-3 CCTV 폴 설치

또한, 시공절차 및 방법에 대해서도 자세히 안내하고 있다.

구분	시공절차	시공방법
CCTV 철주 기초 터파기	기초터파기	• 터파기전 기본조사 및 인접건물 침하검토 • 터파기 시 잔토/콘크리트 폐기물 처리 • 접지봉 매설
	1차 기초 타설	• 안정처리 기층확보 및 바닥정리 후 타설
	배근/앙카/거푸집 설치	• 기초 앙카 설치시 설치도면과 규격에 따라 앙카 상판과 철주가 수직이 되도록 설치
	콘크리트 타설	• 한중/서중 타설 계획에 따른 시공 • 하중 구조계산에 의한 시공
	양생	• 양생 온도 및 기후변화에 주의 • 지정시간 경과 후 소용강도 이상 시 거푸집 해체
	되메우기 및 복구	• 최종적으로 도로 원상복구 및 정리정돈
CCTV 철주 설치	자재검수 및 현장반입	• 감독관에 의한 철주 자재 검수
	철주 조립	• 각각 철주조립 및 철주상단 안전망 등 조립
	철주 설치	• 철주를 세우고, 베이스와 철주를 앙카 볼트로 조여 고정
	철주설치 완료	• 수직/수평 및 안전도 확인

(3) 피뢰기와 접지공사

야외, 특히 개활지에 설치되는 Pole은 낙뢰가 직격할 수 있으므로 반드시 피뢰침을 설치하고 접지봉을 매설하여 피해를 최소화 시킬 수 있도록 해야 한다.

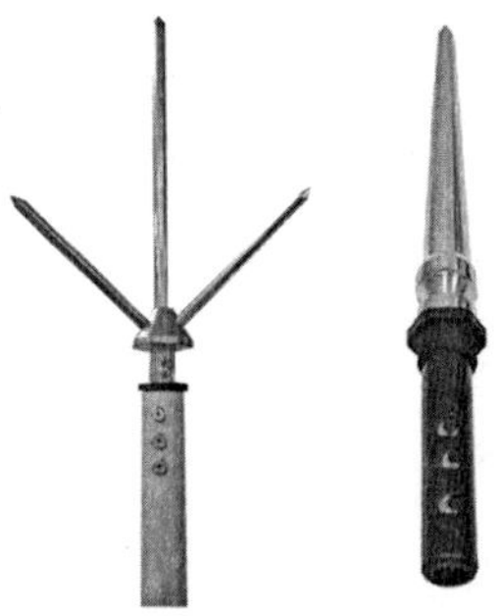

▲ 그림 20-4 피뢰침

접지공사는 낙뢰, 과도전류, 과도전압으로부터 인명과 장비를 보호하고 낙뢰 및 전원개폐기에서 발생하는 서지(Surge)에 대한 방전로의 제공이 주된 목적이며, 정전기로 인한 전자파의 영향을 제거 또는 감소시키는 효과가 있다.

접지공사는 방송통신위원회 국립전파연구원 고시 "접지설비 · 구내통신설비 · 선로설비 및 통시공동구 등에 대한 기술기준"에 준하여 시공하여야 하며, 접지봉은 접지봉의 상단이 지표로부터 수직 깊이 75 cm 이상이 되도록 매설하여 접지봉용 리드선으로 지상구조물(Pole)에 연결한다.

▲ 그림 20-5 접지봉의 매설

2 배관, 배선 및 접속작업

(1) 배관배선 작업

케이블이 지나갈 관로를 설치하는 배관, 실제로 케이블을 포설하는 배선, 케이블과 케이블 혹은 케이블과 기기를 연결하는 접속 작업은 CCTV 시공에서 가장 큰 부분을 차지한다. 따라서 설계자는 전력선과의 교차 및 이격 거리, 굴곡개소와 굴곡각도, 분전반의 위치 등을 면밀히 검토하여 설계하여야 하며, 작업자는 설계도면의 배관 및 배선도를 확실히 숙지한 후 작업에 임하여야 한다.

정보통신공사협회의 "CCTV 시스템 설치 표준공법"에서는 배관 및 케이블 배선 시 다음의 사항들에 주의하여 시공하도록 하고 있다.

○ 배관배선 일반

- 모든 현장설치 완제품과 조립품을 설계도면에 따라 설치하여 연결하도록 하며, 금속 재질 배관 및 강관 등에 대하여는 본딩을 하여야 한다.
- 배선과 배관은 미려하게 배치하고, 케이블타이 등으로 견고히 지지시켜야 하며, 최소한의 이음부위를 통해 단말 사이를 연결하여야 한다.

- 현장여건, 설치조건 및 특수상황 등에 대하여 충분히 숙지한 후 작업에 임하여야 한다.
- 옥내 · 외에 포설하는 케이블은 배관을 사용하여 외부적인 각종 환경변화 및 인의적인 요인으로부터 보호되어야 하며, 그러하지 못할 경우는 그에 대한 조치를 강구하여야 한다.
- 전원선은 동축선 및 신호선과 분리시켜 전기적인 영향을 주지 않도록 포설하여야 하고, 신호선로를 포함한 모든 케이블류는 가능한 배관에 인입하여 포설하여야 한다.
- 각 배관은 평형으로 지지 표면과 가깝게 설치하여야 하며, 노출배관 고정지지대는 적당한 간격으로 설치하여 처지는 것을 방지하여야 한다.
- 곡부는 변형이나 배관 두께가 얇아지지 않도록 적절한 공구를 사용하여 설치하여야 하며, 플라스틱 배관은 플라스틱 클립 등을 사용하여 평행이 유지되도록 하여야 한다.
- 배관 선단은 가능한 직각으로 절단하고, 이형관에 삽입하기 전에 이물질 제거 등 청소를 하여야 한다.
- 배관은 녹슬지 않는 아연도 강관이나 철재 플렉시블 전선관으로 하되 케이블 무게에 의하여 처짐이 없도록 새들이나 금구를 사용하여 견고히 고정시켜야 하며, 옥외 매설에 사용하는 배관은 방수되도록 설치하여야 한다.
- 가능한 이음이 발생하지 않도록 하여야 하며, 부득이한 경우에는 반드시 방수처리 여야 하고, 추후 유지보수를 감안하여 배선 또는 배관에는 식별이 가능한 표시명찰을 부착시켜야 한다.

옥외에 케이블을 포설하는 방법은 여러 가지가 있지만 가장 확실하게 케이블을 보호할 수 있는 방법은 바로 지중매설이다. 지중매설은 굴착에 상당한 비용이 들지만 외부 환경으로부터 케이블을 보호하는 데 탁월하며 케이블의 존재 자체를 숨길 수 있어서 외관상 가장 한 방법이다. 다만, 케이블을 매설하고자 할 때에는 부분적으로 과도한 하중이 가해지는 지점이 있는지 가장 먼저 조사해 보아야 하는데, 과도한 압력으로 케이블이 손상되면 이를 수리하기가 아주 어렵고 비용도 많이 들기 때문이다.

▲ 그림 20-6 케이블의 매설

케이블 매설용 도랑의 깊이는 케이블이 토양의 구성이나 지표면에 가해지는 힘에 따라 달라진다. 케이블이 돌멩이가 섞여있는 단단한 흙 속에 매설할 경우에는 30 cm 정도만 굴착하면 충분하지만, 부드러운 흙으로 되어 있으면서 도로를 횡단하는 경우라면 1 m까지 굴착해야 할 수도 있다. 대부분의 경우에는 40 ~ 60 cm 깊이까지만 굴착하면 충분하며, 굴착 후에는 10 cm정도 높이로 모래를 채우고 케이블을 가설할 후 다시 10 cm 정도 모래를 덮어 케이블을 보호해 준 다음 흙으로 되메우기 한다.

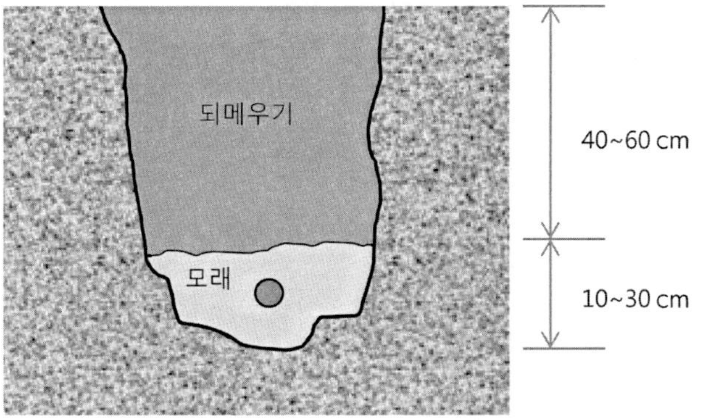

▲ 그림 20-7 케이블 매설용 도랑

지표면에 가해지는 힘이 아주 높을 것으로 예상되거나(예를 들어 도로 위로 버스나 트럭이 자주 지나가는 경우), 사정상 굴착의 깊이가 제한되는 경우에는 금속재질의 관을 매설하여 케이블을 보호하는 것이 좋다.

○ 배관작업

- 배관 재질은 설계도서에 따르되 특별한 명기가 없을 경우 부식되지 않는 금속관 또는 합성수지 전선관을 사용한다.
- 전선관용 부속품은 특수한 것을 제외하고 시방서에 적합하여야 하며, 별도 시방서가 없을 경우 박스류에는 커버부형을 사용하여야 한다.
- 배관부설 시 관을 매입, 노출, 관통이 필요한 경우 감리 또는 감독의 지시에 따르고 건축물의 구조나 강도에 지장이 없도록 하여야 한다.
- 배관의 1구간에 있어서 굴곡개소는 3개소 이내이어야 하며, 1개소의 굴곡 각도는 90°이내로 하며 3개소의 합계는 180°이내이어야 한다. 다만 옥내통신선을 수용하는 경우에는 굴곡개소를 5개소 이내로 하고 그 굴곡각도의 합계는 270° 이내로 한다.
- 관 상호 간의 접속에는 커플링을 사용하고, 관과 박스의 연결은 락너트로 내외의 양면에 견고히 고정한다.
- 케이블 접속은 Box 또는 분전반 내에서만 하여야 한다.

- 입선 시에 케이블의 절연피복이 상하지 않도록 하여야 한다.
- 입선 후 케이블 여장을 정리정돈하고, 연결부위는 방수처리하여야 한다.
- 필요한 기기에 결선할 경우 케이블이 바뀌지 않도록 미리 표시해 두어야 한다.

건물의 외벽에 카메라를 부착할 경우에는 벽체 내에 관로를 매입하는 것이 가장 효과적인 방법이지만, 이 방법은 건축물의 설계단계에서부터 고려되어야 하기 때문에 기축건물에서는 사용하기가 거의 불가능한 방법이다. 그래서 이런 경우에는 자외선으로부터 케이블을 보호할 수 있는 재질의 관로를 사용해야 하는데, 보통은 전자파 차폐가 가능한 금속재질의 관(鋼管)이나 흔히 플렉시블이라고 부르는 금속재 가요전선관(可撓電線管)을 사용하게 된다.

▲ 그림 20-8 강관과 금속제 가요전선관 시공

건물의 내부에서는 케이블 트레이(Tray)나 덕트(Duct)를 이용하는 것이 권장되지만 여의치 않을 경우에는 J훅(J Hook)을 이용하여 천장 내에 케이블을 설치할 수도 있다.

▲ 그림 20-9 케이블 트레이

○ 전원선 인입

- Main 전원선 인입 작업 시 기기의 사용전압 및 사용전류 용량을 설계용량과 검토한 후 기기의 사용전압과 전류용량을 확정하여야 한다.
- 전원선은 입선 전에 케이블의 굵기, 규격, 용도별로 구분하여 배관에 입선하여야 하며, 또한 배관의 크기도 결정하여야 한다.
- 3상 4선식 방식은 동력전원과 전류용량 소비가 많은 곳에 사용되는 전원공급방식으로 (R. S. T. N) 접지선 배선색상은 각각 다른 배선으로 구분하여 입선하여야 한다.
- 단상 2선 방식은 일반적으로 사용되는 전원공급 방식으로 공통선과 접지선은 다른 색상으로 구분하여 입선하여야 한다.
- 분전반은 도면 및 시방서에 명시되어 있는 규격을 따르고 전기방식, 개폐기의 종별, 용량, 보호판, 함규격, 외형은 설계도에 의거 제작 승인도를 작성하여 감리 또는 감독의 승인을 받고 제작한다.
- 분전반의 재료 및 부품은 KS 규격품을 사용하여야 하며, 규격품이 없을 때에는 규격에 적합한 것으로 감리 또는 감독의 승인을 받고 사용한다.
- 도선 접속부의 접속은 가능한 스프링 와셔를 사용한 나사 조임으로 한다.
- 통상 사용 상태에서 도어를 열었을 때 임의로 사용하지 못하도록 보호판을 설치하고 보호판에는 차단기의 명판꽂이를 취부하여야 한다.

CCTV용 케이블은 전원케이블과는 별도의 케이블 트레이나 덕트를 사용하는 것이 권장되지만 현장상황이 여의치 않을 경우에는 전원케이블로부터 멀리 떨어뜨려서 포설해야 한다. 아래의 표는 일반적인 LAN 케이블, 즉 UTP 케이블과 전력원과의 최소 이격거리를 보여주고 있다.

▼ 표 20-1 UTP 케이블의 최소배선 이격거리

전력원	심선의 형태	최소배선 이격거리
전력선	나선. 300 V 초과 비차폐선	1.5 m
	300 V 이하의 비차폐선	5 cm
	보호되거나 접지된 독립배관의 선	없음
라디오/TV	안테나. 접지선	10 cm
CATV	접지차폐된 동축케이블	없음
통신	모든 유형의 인입선	5 cm
네온사인	변압기로부터 인출된 선	15 cm
피뢰시스템	피뢰침 및 피뢰선	1.8 cm

○ 표식처리 및 선로정리

- 배선입선 작업 시 사용 기기의 종류 및 내역을 배선 시작부분과 종단부분에 표식 처리하여야 한다.
- 배선표식은 견출지나 라벨터치를 사용하여 표식처리 후 투명한 테이프로 밴딩 처리하여야 한다.
- 배선 입선작업 완료 후 배선 정리정돈을 하여 배선 손상을 방지하기 위하여 보호 장치를 구비하여야 한다.
- 선로정리는 진동과 차후의 유지보수를 감안하여 10 cm 정도 여유있게 정돈하여야 한다.

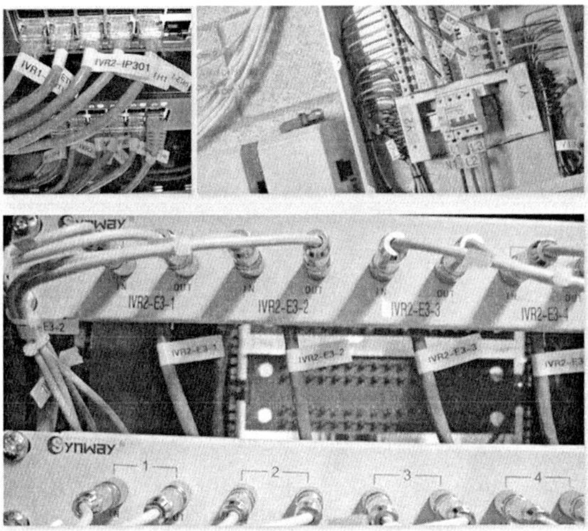

▲ 그림 20-10 배선표식

○ 케이블

- 설계 시 케이블 선택은 전파의 누설 또는 외부전파 침투차단을 위해 차폐 성능이 우수하고, 전송손실이 적은 종류를 선택한다.
- 비닐절연체는 도체 위에 동심원상으로 피복하여야 하고, 사용상 흠이나 기포가 없어야 한다.
- 절연체 또는 정전차폐 위에 케이블 심선과 동심원상으로 피복하여야 한다.
- 케이블포설은 배선방법에 따라 케이블 루트를 선정하고, 케이블허용곡률 반경을 유지하여야 하며, 케이블에 손상을 주지 않도록 포설에 주의하여야 한다.
- 케이블을 포설할 경우 케이블의 장력으로 인한 케이블 특성변화 등 여러 가지 문제를 방지하기 위하여 반드시 배관에 포설하여야 하며, 부득이 그러하지 못할 경우는 자기지지형 케이블을 사용하거나 U형 새들 또는 케이블 타이로 고정하여야 한다.

- 다심케이블은 소요 심선 수를 고무, 플라스틱 등과 같은 적당한 비 흡수성 게제물과 함께 원형으로 연합하고, 그 위에는 고무, 플라스틱 등과 같은 적당한 비 흡수성 테이프를 감아야 한다.
- 연동테이프의 표면은 침공, 박피 등 결함이 없어야 하며, 연동테이프가 연결되는 부분은 반드시 용접하여야 한다.

(2) BNC 커넥터의 결속

CCTV용으로 흔히 사용되는 동축케이블은 RG-58규격이다. 패치목적의 짧은 케이블은 이미 공장에서 양쪽의 커넥터가 부착된 제품을 구매하는 것이 효율적이지만 원거리 포설시에는 원하는 길이의 제품을 주문하는 것이 여의치 않으므로 현장에서 조립하여 사용해야 한다.

1. 원하는 길이에 맞게 케이블을 절단하고 외피와 편조실드, 절연체를 탈피한다. 외피와 편조실드의 탈피는 약 5 mm 정도면 충분하며, 너무 많이 탈피하지 않도록 주의한다. 절연체는 약 3 ~ 5 mm 정도 탈피한다. 스트리퍼의 종류에 따라 외피, 편조실드, 절연체를 한 번에 탈피할 수 있는 편리한 제품도 있다. 케이블을 탈피하기 위해서 니퍼나 문구용 칼을 사용하면 심선을 손상시킬 수 있으므로 전용 스트리퍼 사용을 권장한다.

▲ 그림 20-11 케이블 탈피

2. 중심핀을 연결하고 고정한다. 중심핀은 납땜으로 고정하는 형식과 압착하여 고정하는 형식이 있는데 압착하여 고정하는 방식이 제작하기 쉽고 신뢰성도 높다.

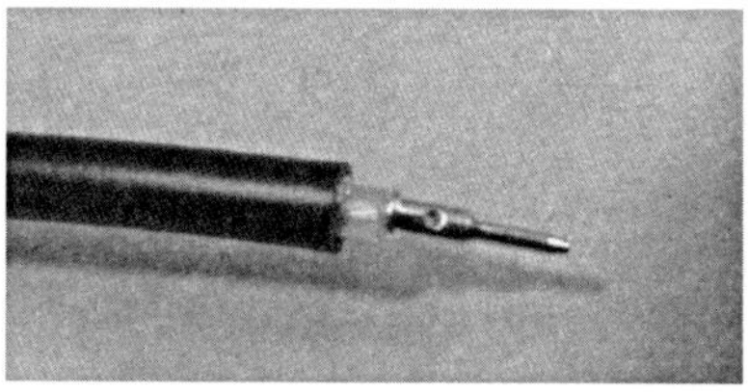

▲ 그림 20-12 중심핀 고정

3. 보호용 고무 부트, 압착링, 커넥터 바디 순으로 연결한다. 추운 날씨에는 절연체외피가 굳어서 커넥터 바디가 잘 들어가지 않으므로 라이터나 힛건으로 피복에 열을 가해주면 외피가 부드러워져서 체결하기가 쉬워진다.

▲ 그림 20-13 커넥터 바디 체결

4. 압착기로 압착링을 압착하여 고정한다.

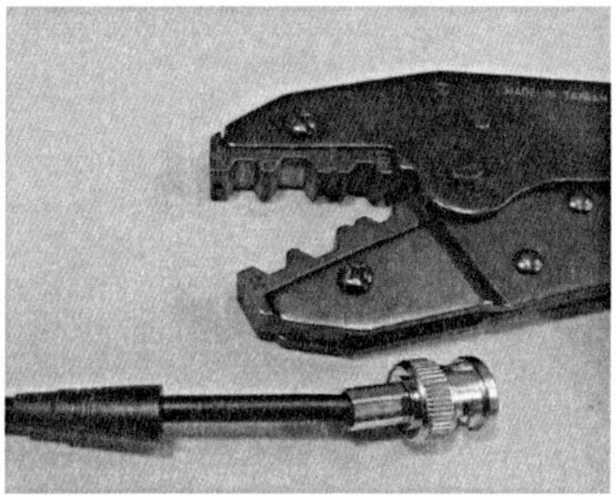

▲ 그림 20-14 압착

5. 고무부트나 수축튜브 혹은 절연테이프를 이용하여 마감한다. 양 끝단에 모두 커넥터를 부착되어 완성된 케이블은 테스터를 이용하여 정상적으로 동작하는지 확인한다.

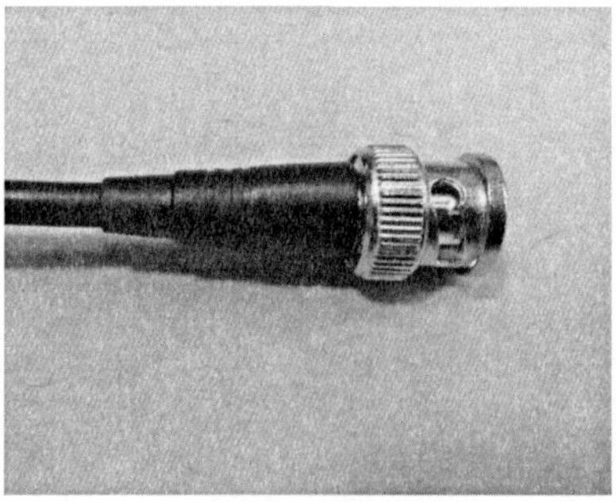

▲ 그림 20-15 완성

(3) RJ-45 커넥터의 접속

흔히 사용하는 랜 케이블은 총 8가닥의 전선으로 이루어져 있으며 2가닥씩 꼬여 있다. 2가닥씩 꼬인 것을 1페어(Pair)라고 하며 일반적으로 사용되는 랜인 이더넷과 고속 이더넷에서 사용하는 선은 페어1 과 페어 3, 즉 1,2,3,6번을 사용한다. 이 중 1,2번은 데이터의 송신에 3,6번은 데이터의 수신에 사용된다. 반면 기가비트 이더넷에서는 8가닥의 선을 모두 사용하여 데이터를 송수신한다.

선의 배열은 RJ-45 플러그의 손잡이를 밑으로 두고 위에서 봤을 때 좌측으로부터 "주황색 줄무늬-주황색-녹색 줄무늬-청색-청색 줄무늬-녹색-갈색 줄무늬-갈색"의 순서이다. 이 순서는 TIA 568B라는 국제규격이며 순서를 지키지 않았을 경우 데이터가 제대로 전송되지 않는다.

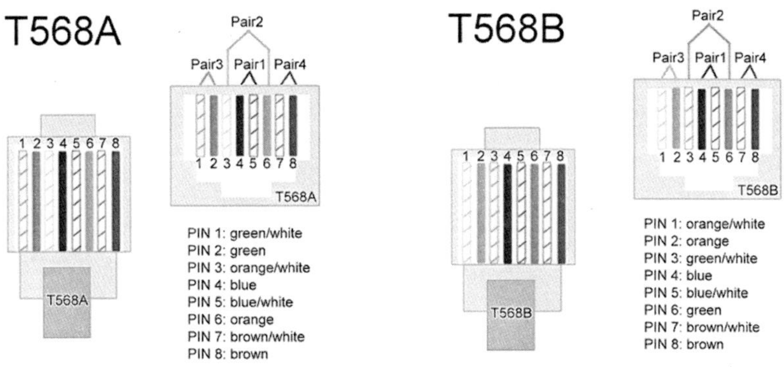

▲ 그림 20-16 RJ-45의 국제 규격

1. 스트리퍼를 사용하여 커넥터와 연결할 부분의 외측피복을 2 ~ 3 cm 정도 벗겨낸다. 이때 안쪽에 있는 선의 피복이 상하지 않도록 주의해야 한다.

▲ 그림 20-17 케이블 탈피

2. 서로 꼬인 선을 풀어가며 커넥터에 연결할 순서대로 선을 가지런히 정리한다. 선은 반듯하게 펴야 하며 너무 무리한 힘은 가하지 않도록 한다.

▲ 그림 20-18 케이블 정리

3. 정리된 케이블은 커넥터에 삽입될 부분만 남기고 잘라내야 한다. 외측 피복으로부터 2 cm 정도가 적당하며 니퍼를 사용하거나 클립핑 툴에 붙어있는 칼날을 이용하면 된다. 이때 일자로 깨끗하게 잘라야 하며 기울어지거나 울퉁불퉁하지 않도록 한다.

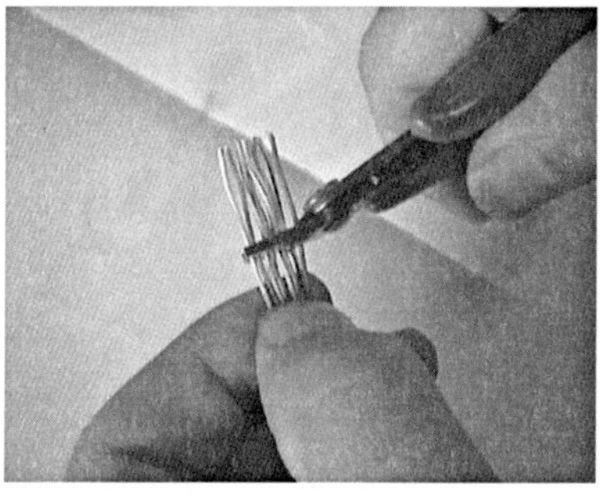

▲ 그림 20-19 케이블 절단

4. 절단된 케이블을 커넥터에 삽입한다. 어느 정도 들어가고 나면 커넥터 안쪽에 있는 돌기에 의해 제 자리를 찾아가게 된다.

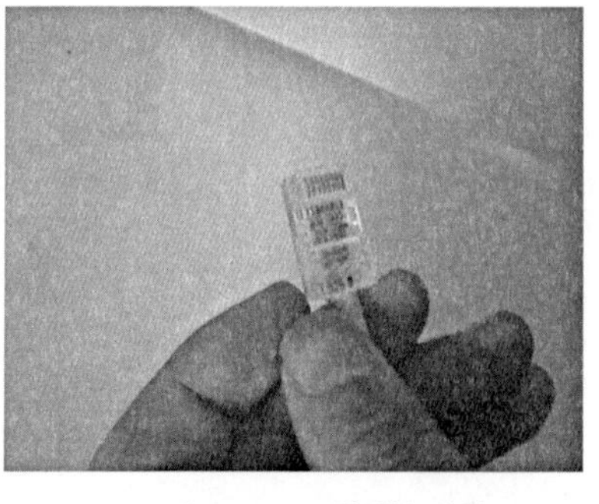

▲ 그림 20-20 케이블 삽입

5. 케이블을 삽입한 커넥터를 클립핑 툴로 압착하여 완성하고, 반대쪽도 같은 방법으로 제작한다.

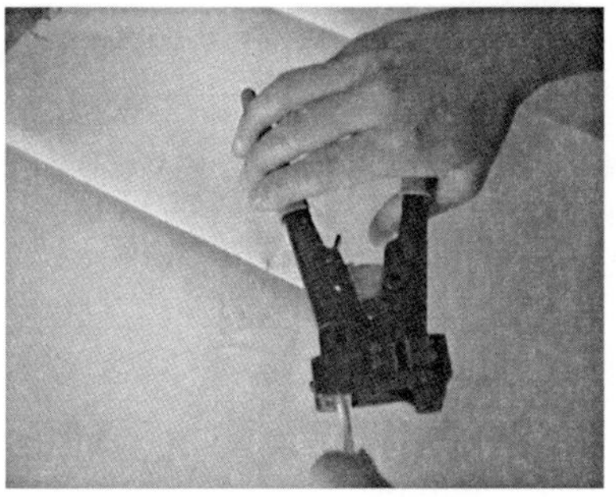

▲ 그림 20-21 케이블 클리핑

6. 완성된 케이블의 커넥터를 케이블 테스터에 끼우고 케이블이 제대로 동작하는지 확인한다.

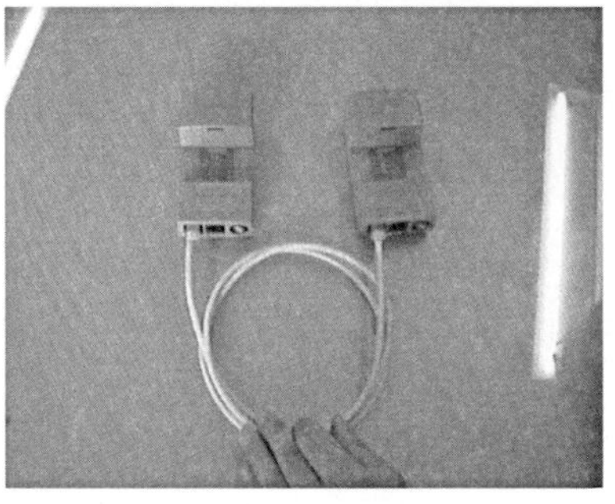

▲ 그림 20-22 케이블 테스트

3 카메라 설치

(1) 카메라 부착

전원케이블과 영상케이블의 가설이 완료되었다면 설계도에서 지정한 위치에 카메라를 부착한다. 카메라 부착은 천장 혹은 벽면에 직접 노출형으로 부착할 수도 있고, 천장 내에 카메라 몸체가 매립되도록 할 수도 있으며 상황에 따라 별도의 브래킷이 필요할 수도 있다.

작업현장은 먼지가 많기 때문에 카메라의 촬상소자면에 먼지가 묻을 수 있으므로, 렌즈분리형 카메라를 시공할 예정이라면 미리 깨끗한 곳에서 렌즈와 카메라를 조립하고 백포커스를 맞추어 두는 등의 준비를 하는 편이 좋다.

또한, 신품의 카메라라고 하더라도 초기불량이 발생할 수 있으므로 설치 전에 전원과 영상케이블을 연결하여 작동테스트를 해 보면 좀 더 원활한 시공이 가능하다.

카메라의 장착 자체는 크게 어렵지 않다. 노하우가 필요한 천장매립이나 폴설치라고 하더라도 몇 번 해 보면 쉽게 숙달될 수 있으며, 신품카메라의 패키지 내부에는 카메라의 설치를 위한 상세한 설명서와 나사구멍을 천공하기 위한 형판(천공도) 등이 포함되어 있으므로 설치 전에 설명서를 읽어보는 것을 권장한다.

카메라의 설치는 천공 ⇨ 부착 ⇨ 배선연결 ⇨ 방향 및 화각 조절 ⇨ 세부설정의 순서로 이루어진다.

○ 천장 매립

천장 내에 매립하는 방식은 주로 스피드돔 카메라를 실내에 설치할 때 사용하며, 몸체 대부분이 매립되고 돔 부분만 노출되므로 노출면적이 적어서 미관상 좋다.

매립을 위해서는 천장의 마감재를 홀커터나 서클커터를 이용하여 카메라 설치 설명서에 규정된 지름만큼 잘라내고 매립용 하우징을 부착한다. 매립용 하우징은 별도의 공구 없이 부착이 가능하지만 천장이 카메라의 무게(보통 1.5 ~ 3 kg)을 지지하지 못할 정도로 약하다고 판단되면 별도의 보강이 필요하다.

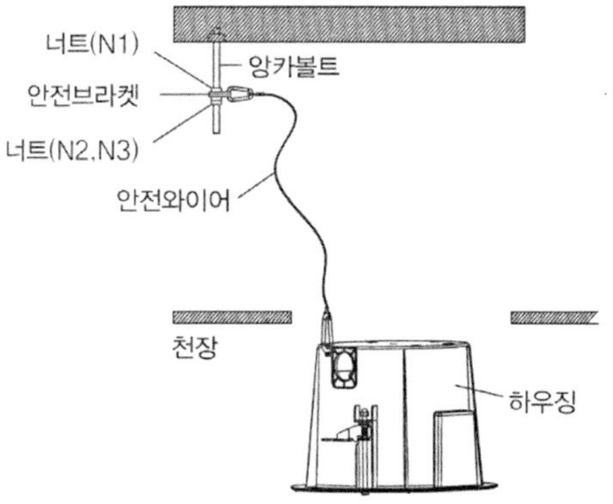

▲ 그림 20-23 매립용 하우징 설치

케이블을 연결하고 카메라가 정상적으로 작동하는지 테스트한다. 모든 카메라의 매뉴얼에는 해당 카메라의 커넥터가 어떤 역할을 하는지 상세히 표시되어 있으므로 이를 이용하여 필요한 커넥터를 연결하면 된다. 또한 스피드돔 카메라는 전동으로 렌즈가 조절되기 때문에 별도의 화각조절이 필요하지 않으므로 영상이 정상적으로 나오는지와 통신상태만 점검하면 충분하다.

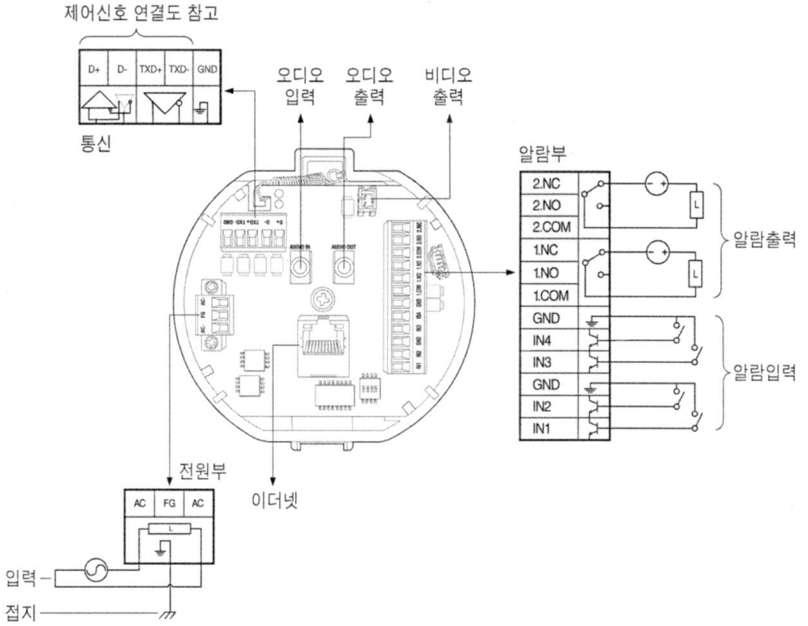

▲ 그림 20-24 케이블 연결도

정상적으로 작동한다면 브래킷과 카메라를 결합하여 고정한다.

○ 천장/벽 부착

돔카메라나 불릿카메라는 천장 혹은 벽에 바로 고정할 수 있도록 되어 있으므로 설치가 매우 간단하다. 설치할 위치에 청공위치도를 부착하고 드릴로 구멍을 낸 후 볼트로 고정하기만 하면 된다.

그런데 천장이 석고보드로 되어 있는 현장에서 볼트로만 시공할 경우에는 나중에 카메라가 떨어질 수 있으므로 동공앵커를 사용하는 것이 바람직하다.

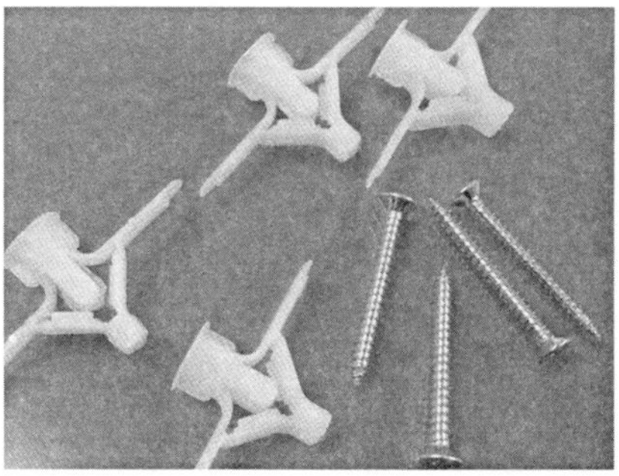

▲ 그림 20-25 석고보드용 앵커

○ 화각 조절

별도의 풀박스를 사용하였다면 카메라를 임시 또는 완전 고정한 후 영상을 보면서 화각과 포커스를 조절한다. 이 조절을 위해서는 별도의 모니터가 필요하며, 소형의 TV를 사용할 수도 있지만 배터리가 내장된 전용의 모니터를 사용하면 좀 더 간편하다.

▲ 그림 20-26 CCTV 점검용 모니터

대부분의 카메라에는 영상조정을 위한 아날로그(NTSC)출력단자를 가지고 있으므로 IP 카메라라고 하더라도 일반적인 아날로그 모니터로 충분히 화각이나 포커스의 조절이 가능하다. 아울러 최신의 CCTV 점검용 모니터는 아날로그 카메라뿐만 아니라 IP, CVI, TVI, AHD, SDI등 모든 영상신호의 수신이 가능하고, 특히 OnVIF를 지원하는 IP 카메라의 세부적인 설정까지 가능하다.

(2) 카메라 설정

카메라의 설치가 이루어지고 화각이나 포커스의 조절도 완료되었다면 카메라의 작동옵션들을 설정한다. 특히 아날로그, AHD, HD-SDI 카메라와는 달리 IP 카메라는 카메라에 반드시 IP 주소가 설정되어 있어야 녹화장치에서 카메라로 접속이 가능하므로 가장 먼저 해 주어야 할 작업이다.

모든 IP 카메라는 IP 주소가 제조사에서 출고시에 미리 설정되어 있으며 기본값(디폴트 값)은 매뉴얼에 기록되어 있다. 또한, IP 주소가 변경되거나 잊어버릴 경우를 위하여 별도의 IP 설정용 프로그램도 제공되고 있으므로 이 프로그램을 사용하면 카메라의 IP 주소를 쉽게 설정할 수 있다.

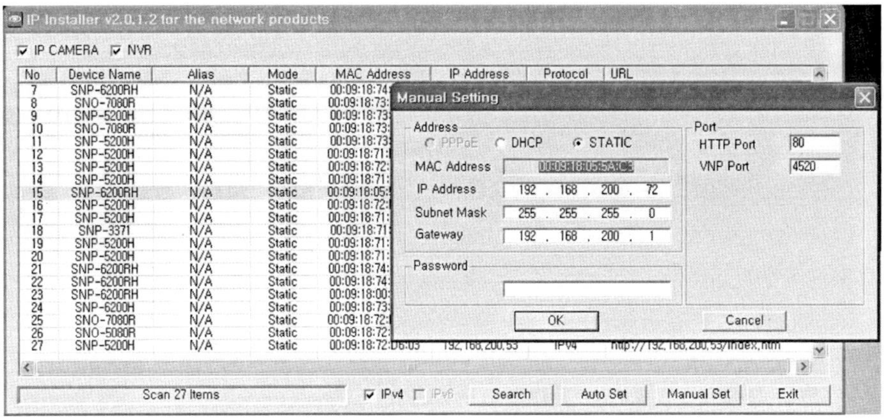

▲ 그림 20-27 IP 설정 프로그램

카메라의 IP 주소가 설정되고 나면 카메라에서 자체적으로 제공하는 웹사이트를 이용하여 모든 세부사항을 설정할 수 있다. 설정기능과 방법은 카메라별로 모두 상이하므로 카메라의 매뉴얼을 참고하여 설정하면 된다.

부록

Appendix 1

CCTV 관련 법령 및 규정

1. 정보통신공사업법

가. 정보통신공사업법[2015.12.22. 법률 제13589호]

제2조(정의) 이 법에서 사용하는 용어의 뜻은 다음과 같다.

1. "정보통신설비"란 유선, 무선, 광선, 그 밖의 전자적 방식으로 부호·문자·음향 또는 영상 등의 정보를 저장·제어·처리하거나 송수신하기 위한 기계·기구(器具)·선로(線路) 및 그 밖에 필요한 설비를 말한다.
2. "정보통신공사"란 정보통신설비의 설치 및 유지·보수에 관한 공사와 이에 따르는 부대공사(附帶工事)로서 대통령령으로 정하는 공사를 말한다.

제3조(공사의 제한) 공사(工事)는 정보통신공사업자(이하 "공사업자"라 한다)가 아니면 도급받거나 시공할 수 없다. 다만, 다음 각 호의 어느 하나에 해당하면 그러하지 아니하다.

1. 「전기통신사업법」 제5조에 따라 미래창조과학부장관의 허가를 받은 기간통신사업자가 허가받은 역무를 수행하기 위하여 공사를 시공하는 경우
2. 대통령령으로 정하는 경미한 공사를 도급받거나 시공하는 경우
3. 통신구(通信溝) 설비공사 또는 도로공사에 딸려서 그와 동시에 시공되는 정보통신 지하관로(地下管路)의 설비공사를 대통령령으로 정하는 바에 따라 도급받거나 시공하는 경우

제29조(공사의 도급) 발주자는 공사를 공사업자에게 도급하여야 한다. 다만, 제3조 각호의 어느 하나에 해당하는 경우에는 그러하지 아니하다.

제74조(벌칙) 다음 각호의 어느 하나에 해당하는 자는 3년 이하의 징역 또는 2천만원 이하의 벌금에 처한다.

1. 제12조를 위반하여 공사와 감리를 함께 한 자
2. 제14조제1항에 따른 등록을 하지 아니하거나 부정한 방법으로 등록을 하고 공사업을 경영한 자
3. 제17조제1항에 따른 신고를 하지 아니하거나 부정한 방법으로 신고를 하고 공사업을 경영한 자
4. 제24조를 위반하여 타인에게 등록증이나 등록수첩을 빌려 준 자 또는 타인의 등록증이나 등록수첩을 빌려서 사용한 자
5. 제66조에 따른 영업정지처분을 받고 그 영업정지기간 중에 영업을 한 자

제76조(벌칙) 다음 각호의 어느 하나에 해당하는 자는 500만원 이하의 벌금에 처한다.

1. 제6조에 따른 기술기준을 위반하여 설계 또는 감리를 한 자
2. 제7조제1항을 위반하여 발주한 자
3. 제8조제1항을 위반하여 발주한 자
4. 제25조를 위반하여 분리하여 도급하지 아니한 자
5. 제29조를 위반하여 공사업자가 아닌 자에게 도급한 자
6. 제33조제1항에 따른 정보통신기술자를 공사현장에 배치하지 아니한 자

나. 정보통신공사업법시행령[2016.4.29. 대통령령 제27115호]

제2조(공사의 범위) ①「정보통신공사업법」(이하 "법"이라 한다) 제2조제2호에 따른 정보통신설비의 설치 및 유지·보수에 관한 공사와 이에 따른 부대공사는 다음 각 호와 같다.

1. 전기통신관계법령 및 전파관계법령에 따른 통신설비공사
2. 「방송법」 등 방송관계법령에 따른 방송설비공사
3. 정보통신관계법령에 따라 정보통신설비를 이용하여 정보를 제어·저장 및 처리하는 정보설비공사
4. 수전설비를 제외한 정보통신전용 전기시설설비공사 등 그 밖의 설비공사
5. 제제1호부터 제4호까지의 규정에 따른 공사의 부대공사
6. 제1호부터 제5호까지의 규정에 따른 공사의 유지·보수공사

② 제1항에 따른 공사의 종류는 별표 1과 같다.

[별표1]

구분	공사의 종류	공사의 예시
정보설비 공사	정보제어·보안 설비 공사	인공지능빌딩시스템(IBS)설비, 관제(항공·교통·기상·주차)설비, 원격조정·자동제어(SCADA, TM/TC, 공장자동화 등의 정보통신설비를 포함한다)설비, 정보시스템관리설비, 방향탐지설비, 위치측정설비, 전자신호제어설비, 폐쇄회로 텔레비전(CCTV)설비, 경비보안설비, 터널군관리(TGMS) 설비, 수계통합자동제어설비, 수문제어설비, 홍수예경보설비, 민방공경보설비, 수도시설제어설비, 재해방지설비, 수처리(상수·하수 및 폐수 등을 포함한다)계측제어설비, 긴급구조시스템설비, 텔레메틱스(Telematics)설비 등의 공사

2. 정보통신망 이용촉진 및 정보보호 등에 관한 법률

가. 정보통신망 이용촉진 및 정보보호 등에 관한 법률 [2016.3.22. 법률 제14080호]

제24조의2(개인정보의 제공 동의 등) ① 정보통신서비스 제공자는 이용자의 개인정보를 제3자에게 제공하려면 제22조제2항제2호 및 제3호에 해당하는 경우 외에는 다음 각 호의 모든 사항을 이용자에게 알리고 동의를 받아야 한다. 다음 각 호의 어느 하나의 사항이 변경되는 경우에도 또한 같다.

1. 개인정보를 제공받는 자
2. 개인정보를 제공받는 자의 개인정보 이용 목적
3. 제공하는 개인정보의 항목
4. 개인정보를 제공받는 자의 개인정보 보유 및 이용 기간

② 제1항에 따라 정보통신서비스 제공자로부터 이용자의 개인정보를 제공받은 자는 그 이용자의 동의가 있거나 다른 법률에 특별한 규정이 있는 경우 외에는 개인정보를 제3자에게 제공하거나 제공받은 목적 외의 용도로 이용하여서는 아니 된다.

③ 제25조제1항에 따른 정보통신서비스 제공자등은 제1항에 따른 제공에 대한 동의와 제25조제1항에 따른 개인정보 처리위탁에 대한 동의를 받을 때에는 제22조에 따른 개인정보의 수집·이용에 대한 동의와 구분하여 받아야 하고, 이에 동의하지 아니한다는 이유로 서비스 제공을 거부하여서는 아니 된다.

3. 개인정보 보호법

가. 개인정보 보호법[2016.3.29. 법률 제14107호]

제2조(정의) 이 법에서 사용하는 용어의 뜻은 다음과 같다.

7. "영상정보처리기기"란 일정한 공간에 지속적으로 설치되어 사람 또는 사물의 영상 등을 촬영하거나 이를 유·무선망을 통하여 전송하는 장치로서 대통령령으로 정하는 장치를 말한다.

제25조(영상정보처리기기의 설치·운영 제한) ① 누구든지 다음 각 호의 경우를 제외하고는 공개된 장소에 영상정보처리기기를 설치·운영하여서는 아니 된다.

1. 법령에서 구체적으로 허용하고 있는 경우
2. 범죄의 예방 및 수사를 위하여 필요한 경우
3. 시설안전 및 화재 예방을 위하여 필요한 경우
4. 교통단속을 위하여 필요한 경우
5. 교통정보의 수집·분석 및 제공을 위하여 필요한 경우

② 누구든지 불특정 다수가 이용하는 목욕실, 화장실, 발한실(發汗室), 탈의실 등 개인의 사생활을 현저히 침해할 우려가 있는 장소의 내부를 볼 수 있도록 영상정보처리기기를 설치·운영하여서는 아니 된다. 다만, 교도소, 정신보건 시설 등 법령에 근거하여 사람을 구금하거나 보호하는 시설로서 대통령령으로 정하는 시설에 대하여는 그러하지 아니하다.

③ 제1항 각 호에 따라 영상정보처리기기를 설치·운영하려는 공공기관의 장과 제2항 단서에 따라 영상정보처리기기를 설치·운영하려는 자는 공청회·설명회의 개최 등 대통령령으로 정하는 절차를 거쳐 관계 전문가 및 이해관계인의 의견을 수렴하여야 한다.

④ 제1항 각 호에 따라 영상정보처리기기를 설치·운영하는 자(이하 "영상정보처리기기운영자"라 한다)는 정보주체가 쉽게 인식할 수 있도록 대통령령으로 정하는 바에 따라 안내판 설치 등 필요한 조치를 하여야 한다. 다만, 대통령령으로 정하는 시설에 대하여는 그러하지 아니하다.

⑤ 영상정보처리기기운영자는 영상정보처리기기의 설치 목적과 다른 목적으로 영상정보처리기기를 임의로 조작하거나 다른 곳을 비춰서는 아니 되며, 녹음기능은 사용할 수 없다.

⑥ 영상정보처리기기운영자는 개인정보가 분실·도난·유출·위조·변조 또는 훼손되지 아니하도록 제29조에 따라 안전성 확보에 필요한 조치를 하여야 한다.

⑦ 영상정보처리기기운영자는 대통령령으로 정하는 바에 따라 영상정보처리기기 운영·관리 방침을 마련하여야 한다. 이 경우 제30조에 따른 개인정보 처리방침을 정하지 아니할 수 있다.

⑧ 영상정보처리기기운영자는 영상정보처리기기의 설치·운영에 관한 사무를 위탁할 수 있다. 다만, 공공기관이 영상정보처리기기 설치·운영에 관한 사무를 위탁하는 경우에는 대통령령으로 정하는 절차 및 요건에 따라야 한다.

제29조(안전조치의무) 개인정보처리자는 개인정보가 분실·도난·유출·위조·변조 또는 훼손되지 아니하도록 내부 관리계획 수립, 접속기록 보관 등 대통령령으로 정하는 바에 따라 안전성 확보에 필요한 기술적·관리적 및 물리적 조치를 하여야 한다.

제30조(개인정보 처리방침의 수립 및 공개) ① 개인정보처리자는 다음 각 호의 사항이 포함된 개인정보의 처리 방침(이하 "개인정보 처리방침"이라 한다)을 정하여야 한다. 이 경우 공공기관은 제32조에 따라 등록대상이 되는 개인정보파일에 대하여 개인정보 처리방침을 정한다.

1. 개인정보의 처리 목적
2. 개인정보의 처리 및 보유 기간
3. 개인정보의 제3자 제공에 관한 사항(해당되는 경우에만 정한다)
4. 개인정보처리의 위탁에 관한 사항(해당되는 경우에만 정한다)
5. 정보주체와 법정대리인의 권리·의무 및 그 행사방법에 관한 사항
6. 제31조에 따른 개인정보 보호책임자의 성명 또는 개인정보 보호업무 및 관련 고충사항을 처리하는 부서의 명칭과 전화번호 등 연락처
7. 인터넷 접속정보파일 등 개인정보를 자동으로 수집하는 장치의 설치·운영 및 그 거부에 관한 사항(해당하는 경우에만 정한다)
8. 그 밖에 개인정보의 처리에 관하여 대통령령으로 정한 사항

② 개인정보처리자가 개인정보 처리방침을 수립하거나 변경하는 경우에는 정보주체가 쉽게 확인할 수 있도록 대통령령으로 정하는 방법에 따라 공개하여야 한다.

③ 개인정보 처리방침의 내용과 개인정보처리자와 정보주체 간에 체결한 계약의 내용이 다른 경우에는 정보주체에게 유리한 것을 적용한다.

④ 행정자치부장관은 개인정보 처리방침의 작성지침을 정하여 개인정보처리자에게 그 준수를 권장할 수 있다.

나. 개인정보 보호법 시행령[2015.12.30. 대통령령 제26776호]

제3조(영상정보처리기기의 범위) 법 제2조제7호에서 "대통령령으로 정하는 장치"란 다음 각 호의 장치를 말한다.

1. 폐쇄회로 텔레비전: 다음 각 목의 어느 하나에 해당하는 장치
   가. 일정한 공간에 지속적으로 설치된 카메라를 통하여 영상 등을 촬영하거나 촬영한 영상정보를 유무선 폐쇄회로 등의 전송로를 통하여 특정 장소에 전송하는 장치
   나. 가목에 따라 촬영되거나 전송된 영상정보를 녹화·기록할 수 있도록 하는 장치
2. 네트워크 카메라: 일정한 공간에 지속적으로 설치된 기기로 촬영한 영상정보를 그 기기를 설치·관리하는 자가 유무선 인터넷을 통하여 어느 곳에서나 수집·저장 등의 처리를 할 수 있도록 하는 장치

제22조(영상정보처리기기 설치·운영 제한의 예외) ① 법 제25조제2항 단서에서 "대통령령으로 정하는 시설"이란 다음 각 호의 시설을 말한다.

1. 「형의 집행 및 수용자의 처우에 관한 법률」 제2조제4호에 따른 교정시설
2. 「정신보건법」 제3조제3호부터 제5호까지의 규정에 따른 정신의료기관(수용시설을 갖추고 있는 것만 해당한다), 정신질환자사회복귀시설 및 정신요양시설

② 중앙행정기관의 장은 소관 분야의 개인정보처리자가 법 제25조제2항 단서에 따라 제1항 각 호의 시설에 영상정보처리기기를 설치·운영하는 경우 정보주체의 사생활 침해를 최소화하기 위하여 필요한 세부사항을 개인정보 보호지침으로 정하여 그 준수를 권장할 수 있다.

제23조(영상정보처리기기 설치 시 의견 수렴) ① 법 제25조제1항 각 호에 따라 영상정보처리기기를 설치·운영하려는 공공기관의 장은 다음 각 호의 어느 하나에 해당하는 절차를 거쳐 관계 전문가 및 이해관계인의 의견을 수렴하여야 한다.

1. 「행정절차법」에 따른 행정예고의 실시 또는 의견청취

2. 해당 영상정보처리기기의 설치로 직접 영향을 받는 지역 주민 등을 대상으로 하는 설명회·설문조사 또는 여론조사

② 법 제25조제2항 단서에 따른 시설에 영상정보처리기기를 설치·운영하려는 자는 다음 각 호의 사람으로부터 의견을 수렴하여야 한다.

1. 관계 전문가
2. 해당 시설에 종사하는 사람, 해당 시설에 구금되어 있거나 보호받고 있는 사람 또는 그 사람의 보호자 등 이해관계인

제24조(안내판의 설치 등) ① 법 제25조제1항 각 호에 따라 영상정보처리기기를 설치·운영하는 자(이하 "영상정보처리기기운영자"라 한다)는 영상정보처리기기가 설치·운영되고 있음을 정보주체가 쉽게 알아볼 수 있도록 법 제25조제4항 본문에 따라 다음 각 호의 사항이 포함된 안내판을 설치하여야 한다. 다만, 건물 안에 여러 개의 영상정보처리기기를 설치하는 경우에는 출입구 등 잘 보이는 곳에 해당 시설 또는 장소 전체가 영상정보처리기기 설치지역임을 표시하는 안내판을 설치할 수 있다.

1. 설치 목적 및 장소
2. 촬영 범위 및 시간
3. 관리책임자의 성명 및 연락처

② 제1항에도 불구하고 영상정보처리기기운영자가 설치·운영하는 영상정보처리기기가 다음 각 호의 어느 하나에 해당하는 경우에는 안내판설치를 갈음하여 영상정보처리기기운영자의 인터넷 홈페이지에 제1항각 호의 사항을 게재할 수 있다.

1. 공공기관이 원거리 촬영, 과속·신호위반 단속 또는 교통흐름조사 등의 목적으로 영상정보처리기기를 설치하는 경우로서 개인정보 침해의 우려가 적은 경우
2. 산불감시용 영상정보처리기기를 설치하는 경우 등 장소적 특성으로 인하여 안내판을 설치하는 것이 불가능하거나 안내판을 설치하더라도 정보주체가 쉽게 알아볼 수 없는 경우

③ 제2항에 따라 인터넷 홈페이지에 제1항 각 호의 사항을 게재할 수 없으면 영상정보처리기기운영자는 다음 각 호의 어느 하나 이상의 방법으로 제1항 각 호의 사항을 공개하여야 한다.

1. 영상정보처리기기운영자의 사업장·영업소·사무소·점포 등(이하 "사업장등"이라 한다)의 보기 쉬운 장소에 게시하는 방법
2. 관보(영상정보처리기기운영자가 공공기관인 경우만 해당한다)나 영상정보처리기기운영자의 사업장등이 있는 특별시·광역시·도 또는 특별자치도(이하 "시·도"라 한다) 이상의 지역을 주된 보급지역으로 하는 「신문 등의 진흥에 관한 법률」 제2조제1호가목·다목 및 같은 조 제2호에 따른 일반일간신문, 일반주간신문 또는 인터넷신문에 싣는 방법

④ 법 제25조제4항 단서에 따라 공공기관의 장은 다음 각 호의 어느 하나에 해당하는 시설에 설치하는 영상정보처리기기에 대해서는 안내판을 설치하지 아니할 수 있다.

1. 「군사기지 및 군사시설 보호법」 제2조제2호에 따른 군사시설
2. 「통합방위법」 제2조제13호에 따른 국가중요시설
3. 「보안업무규정」 제36조에 따른 국가보안시설

제30조(개인정보의 안전성 확보 조치) ① 개인정보처리자는 법 제29조에 따라 다음 각 호의 안전성 확보 조치를 하여야 한다.

1. 개인정보의 안전한 처리를 위한 내부 관리계획의 수립·시행
2. 개인정보에 대한 접근 통제 및 접근 권한의 제한 조치

3. 개인정보를 안전하게 저장 · 전송할 수 있는 암호화 기술의 적용 또는 이에 상응하는 조치
4. 개인정보 침해사고 발생에 대응하기 위한 접속기록의 보관 및 위조 · 변조 방지를 위한 조치
5. 개인정보에 대한 보안프로그램의 설치 및 갱신
6. 개인정보의 안전한 보관을 위한 보관시설의 마련 또는 잠금장치의 설치 등 물리적 조치

② 행정자치부장관은 개인정보처리자가 제1항에 따른 안전성 확보 조치를 하도록 시스템을 구축하는 등 필요한 지원을 할 수 있다.

③ 제1항에 따른 안전성 확보 조치에 관한 세부 기준은 행정자치부장관이 정하여 고시한다.

4. 전자정부법

가. 전자정부법 시행령 [2016.4.26. 대통령령 제27103호]

제6조(전자화문서의 진본성 확인) ① 행정기관등의 장은 민원인 또는 이해관계자 등이 법 제7조제3항에 따라 전자문서로 통지등을 하는 경우에 첨부되는 전자화문서가 행정기관등이 보관하고 있는 전자화문서와 일치하는지에 대하여 확인을 요청한 경우에는 그 진본성을 확인하여 주어야 한다.

② 행정자치부장관은 전자화문서의 진본성 확인 및 위조 · 변조의 방지를 위한 기술적인 대책을 마련하여야 한다.

제69조(전자문서의 보관 · 유통 관련 보안조치) ① 행정기관의 장은 정보통신망을 이용하여 전자문서를 보관 · 유통할 때에는 법 제56조제3항에 따라 국가정보원장이 안전성을 확인한 다음 각 호의 보안조치를 하여야 한다.

1. 국가정보원장이 개발하거나 안전성을 검증한 암호장치와 정보보호시스템의 도입 · 운용
2. 전자문서가 보관 · 유통되는 정보통신망에 대한 보안대책의 시행

② 행정기관의 장이 제1항의 보안조치를 이행하는 경우에는 미리 국가정보원장에게 보안성 검토를 요청하여야 한다.

③ 제1항 및 제2항에서 규정한 사항 외에 정보통신망을 이용한 전자문서의 보관 · 유통 관련 보안조치에 관하여 필요한 사항은 국가정보원장이 따로 지침으로 정할 수 있다.

5. 주택법

가. 주택법 시행령 [2016.4.29. 대통령령 제27115호]

제48조(주택관리업자 등에 의한 의무관리대상 공동주택의 범위) 법 제43조제1항에서 "대통령령이 정하는 공동주택"이라 함은 다음 각 호의 어느 하나에 해당하는 공동주택(「건축법」 제11조에 따른 건축허가를 받아 주택 외의 시설과 주택을 동일건축물로 건축한 건축물과 부대시설 및 복리시설을 포함하되, 복리시설 중 일반에게 분양되는 시설은 제외한다. 이하 같다)을 말한다.

1. 300세대 이상의 공동주택
2. 150세대 이상으로서 승강기가 설치된 공동주택
3. 150세대 이상으로서 중앙집중식 난방방식(지역난방방식을 포함한다)의 공동주택
4. 「건축법」 제11조에 따른 건축허가를 받아 주택 외의 시설과 주택을 동일건축물로 건축한 건축물로서 주택이 150세대 이상인 건축물

나. 주택법 시행규칙 [2015.12.23. 국토해양부령 제262호]

제24조의2(폐쇄회로 텔레비전의 설치 절차 및 관리) ① 주택단지에 폐쇄회로 텔레비전을 설치하거나 설치된 폐쇄회로 텔레비전을 보수하려는 경우에는 법 제47조에 따른 장기수선계획(이하 "장기수선계획"이라 한다)에 반영하여야 한다.

② 주택단지에 설치하는 폐쇄회로 텔레비전은 다음 각 호의 기준에 적합하게 관리하여야 한다.

1. 선명한 화질이 유지될 수 있도록 관리할 것
2. 촬영된 자료는 컴퓨터보안시스템을 설치하여 30일 이상 보관할 것
3. 폐쇄회로 텔레비전이 고장 난 경우에는 지체 없이 수리할 것
4. 폐쇄회로 텔레비전의 안전관리자를 지정하여 관리할 것

다. 주택건설기준 등에 관한 규정 [2016.3.29. 대통령령 제27062호]

제39조(폐쇄회로 텔레비전의 설치) 「주택법 시행령」 제48조 각 호의 공동주택을 건설하는 주택단지에는 국토교통부령으로 정하는 기준에 따라 보안 및 방범 목적을 위한 폐쇄회로 텔레비전을 설치하여야 한다.

라. 주택건설기준 등에 관한 규칙 [2015.12.29. 국토교통부령 제268호]

제9조(폐쇄회로 텔레비전의 설치 기준) ① 영 제39조에서 "국토교통부령으로 정하는 기준"이란 다음 각 호의 기준을 말한다.

1. 승강기, 어린이놀이터 및 각 동의 출입구마다 폐쇄회로 텔레비전 카메라(이하 "카메라"라 한다)를 설치할 것
2. 카메라는 전체 또는 주요 부분이 조망되고 잘 식별될 수 있도록 설치하되, 카메라의 해상도는 41만 화소 이상일 것
3. 카메라 수와 녹화장치의 모니터 수가 같도록 설치할 것. 다만, 모니터 화면이 다채널로 분할 가능하고 다음 각 목의 요건을 모두 충족하는 경우에는 그러하지 아니하다.
   가. 다채널의 카메라 신호를 1대의 녹화장치에 연결하여 감시할 경우에 연결된 카메라 신호가 전부 모니터 화면에 표시되어야 하며 1채널의 감시화면의 대각선방향 크기는 최소한 4인치 이상일 것
   나. 다채널 신호를 표시한 모니터 화면은 채널별로 확대감시기능이 있을 것
   다. 녹화된 화면의 재생이 가능하며 재생할 경우에 화면의 크기조절기능이 있을 것

6. 도로교통법

가. 도로교통법 시행령 [2016.2.11. 대통령령 제26965호]

제88조(과태료 부과 및 징수 절차 등) ① 지방경찰청장, 시장등 또는 교육감은 법 제160조 및 법 제161조에 따라 과태료를 부과하려는 경우에는 행정자치부령으로 정하는 단속대장과 과태료 부과대상자 명부에 그 내용을 기록하여야 한다. 이 경우 단속대장은 특별한 사유가 없으면 전자적 처리가 가능한 방법으로 작성·관리하여야 한다.

② 시장등은 법 제160조제3항에 따라 법 제32조부터 제34조까지의 규정을 위반한 차의 운전자를 고용하고 있는 사람이나 직접 운전자나 차를 관리하는 지위에 있는 사람 또는 차의 사용자(이하 "고용주

등"이라 한다)에게 과태료를 부과하려는 경우에는 주차 · 정차위반 차에 과태료부과대상차표지를 붙인 후 해당 차를 촬영하거나 무인 교통단속용 장비로 주차 · 정차위반 차를 촬영한 사진증거 등의 증거자료를 갖추어 부과하여야 하고, 증거자료는 관련 번호를 부여하여 보존하여야 한다.

7. 주차장법

가. 주차장법 시행규칙 [2016.4.12. 국토교통부령 제302호]

제6조(노외주차장의 구조 및 설비기준) ① 법 제6조제1항에 따른 노외주차장의 구조 · 설비기준은 다음 각 호와 같다.

1.~ 10. (생 략)

11. 주차대수 30대를 초과하는 규모의 자주식주차장으로서 지하식 또는 건축물식 노외주차장에는 관리사무소에서 주차장 내부 전체를 볼 수 있는 폐쇄회로 텔레비전 및 녹화장치를 포함하는 방범설비를 설치 · 관리하여야 하되, 다음 각 목의 사항을 준수하여야 한다.

   가. 방범설비는 주차장의 바닥면으로부터 170센티미터의 높이에 있는 사물을 알아볼 수 있도록 설치하여야 한다.

   나. 폐쇄회로 텔레비전과 녹화장치의 모니터 수가 같아야 한다.

   다. 선명한 화질이 유지될 수 있도록 관리하여야 한다.

   라. 촬영된 자료는 컴퓨터보안시스템을 설치하여 1개월 이상 보관하여야 한다.

나. 주차장내의 방범설비설치 세부지침 [2015.8.11. 국토교통부 훈령 제388호]

제2조(사각지대의 방지) 방범설비설치기준은 주차장내에 사각지대가 발생하지 않도록 주차장에 설치된 카메라 간에 상호감시체계로 사물의 움직임을 포착하도록 설치하여야 한다.

제3조(폐쇄회로텔레비전과 모니터 일치) 폐쇄회로텔레비전 카메라수와 모니터 화면은 1:1로 대응하는 것을 원칙으로 하되, 폐쇄회로텔레비전 모니터 화면이 다채널로 분할 가능하고 다음 각 호의 요건을 충족할 경우에는 폐쇄회로텔레비전과 녹화장치의 모니터수가 일치하는 것으로 본다.

1. 다채널의 폐쇄회로텔레비전 카메라 신호를 1대의 녹화장치에 연결하여 감시할 경우에 연결된 카메라 신호가 전부 모니터 화면에 표시되어야 하며 1채널의 감시화면의 크기는 최소한 4인치(대각선방향) 이상이 되어야 한다.
2. 다채널 신호를 표시한 모니터 화면은 채널별로 확대감시기능이 있어야 한다.
3. 녹화된 화면의 재생이 가능하며 재생할 경우에 화면의 크기조절기능이 있어야 한다.

제4조(화질의 유지 · 관리) 녹화장치의 저장해상도는 1채널당 최소한 320x240이상이어야 하며, 녹화된 화면을 반복하여 재생하여도 처음의 화질상태를 유지하여야 한다.

제5조(자료보관) 자료보관을 위한 저장장치의 용량은 촬영된 자료를 1개월 이상 보관하여야 하며, 촬영된 자료는 영상변조방지기능을 갖추고 저장되어야 한다.

제6조(관리사무소) 관리자 등이 상주하여 방범설비의 폐쇄회로텔레비전 모니터 화면을 항상 감시할 수 있도록 관리사무소(경비실 포함)를 운영하여야 한다.

8. 아동복지법

가. 아동복지법 [2016.3.22. 법률 제14085호]

제32조(아동보호구역에서의 폐쇄회로 텔레비전 설치 등) ① 국가와 지방자치단체는 유괴 등 범죄의 위험으로부터 아동을 보호하기 위하여 필요하다고 인정하는 경우에는 다음 각 호의 어느 하나에 해당되는 시설의 주변구역을 아동보호구역으로 지정하여 범죄의 예방을 위한 순찰 및 아동지도 업무 등 필요한 조치를 할 수 있다.

1. 「도시공원 및 녹지 등에 관한 법률」 제15조에 따른 도시공원
2. 「영유아보육법」 제10조에 따른 어린이집
3. 「초·중등교육법」 제38조 따른 초등학교 및 같은 법 제55조에 따른 특수학교
4. 「유아교육법」 제2조에 따른 유치원

② 제1항에 따른 아동보호구역의 지정 기준 및 절차 등에 필요한 사항은 대통령령으로 정한다.

③ 국가와 지방자치단체는 제1항에 따라 지정된 아동보호구역에 「개인정보 보호법」 제2조제7호에 따른 영상정보처리기기를 설치하여야 한다.

④ 이 법에서 정한 것 외에 영상정보처리기기의 설치 등에 관한 사항은 「개인정보 보호법」에 따른다.

나. 아동복지법 시행령 [2015.11.30. 대통령령 제26683호]

제30조(영상정보처리기기의 설치 및 관리 등) ① 법 제32조제1항에 따라 특별자치도지사·시장·군수·구청장은 예산의 범위에서 제29조제4항에 따라 지정된 아동보호구역에 영상정보처리기기를 설치하여야 한다.

② 특별자치도지사·시장·군수·구청장은 영상정보처리기기를 고장·노후화 등의 이유로 교체·수리하거나 영상정보처리기기의 설치 장소를 변경할 필요가 있는 경우에는 지체 없이 그에 필요한 조치를 하여야 한다.

③ 제29조제4항에 따라 지정된 아동보호구역을 관할하는 경찰서장은 아동에 대한 범죄 예방 및 수사를 위하여 해당 아동보호구역에 설치된 영상정보처리기기의 화상정보를 적극 활용하여야 한다.

제31조(영상정보처리기기 설치 등의 지원) 국가와 지방자치단체는 예산의 범위에서 제30조에 따른 영상정보처리기기의 설치 및 관리 등에 드는 비용을 지원할 수 있다.

9. 산림보호법

가. 산림보호법 시행규칙 [2015.12.31. 농림축산식품부령 제185호]

제5조(산림보호구역에서의 사업허가·신고 등) ① 법 제9조제2항에 따라 산림보호구역에서 법 제9조제1항 각 호의 행위를 하기 위해 허가를 받거나 신고를 하려는 자는 별지 제2호서식에 따른 신청서(신고서)에 다음 각 호의 서류를 첨부하여 관할 특별자치시장·특별자치도지사·시장·군수·구청장(자치구의 구청장을 말한다. 이하 같다) 또는 지방산림청 국유림관리소장(이하 "국유림관리소장"이라 한다)에게 제출하여야 한다.

1. 사업계획서
2. 사업구역도(축척 6천분의 1부터 1천 200분의 1까지의 임야도에 사업면적을 표시한 것을 말한다)

또는 위성항법장치(GPS)를 이용한 실측도

② 법 제9조제2항제1호에서 "농림축산식품부령으로 정하는 산림보호시설"이란 산불예방 안내간판, 산림보호 안내간판, 근무초소, 관리사(管理舍), 산림유전자원 증식 및 연구 시설, 소화전, 무인감시카메라 시설물, 무인안내방송 시설물, 차량차단기 등을 말한다.

10. 공중위생관리법

가. 공중위생관리법 시행규칙 [2016.1.5. 보건복지부령 제390호]

[별표 1] 2. 목욕장업

사. 목욕실 발한실 및 탈의실 외의 시설에 무인감시카메라(CCTV)를 설치할 수 있으며, 무인감시카메라를 설치하는 경우에는 반드시 그 설치여부를 이용객이 잘 알아볼 수 있게 안내문을 게시하여야 한다.

11. 폐광지역 개발 지원에 관한 특별법

가. 폐광지역 개발 지원에 관한 특별법 시행령 [2016.4.28. 대통령령 제27113호]

제14조(카지노업의 영업에 관한 제한 등) ① 문화체육관광부장관은 법 제11조제3항 단서에 따라 카지노업의 영업에 관하여 다음 각 호의 제한을 할 수 있다.

1. ~ 5. (생 략)

② 카지노사업자는 호텔의 내부 및 외부의 주요 지점에 폐쇄회로 텔레비전을 설치·운영하여야 한다.

③ 카지노영업소의 이용자는 다음 각 호의 요구를 받은 때에는 그 요구에 따라야 한다.

1. 카지노사업자가 제1항제1호 또는 제2호에 해당되는지를 확인하기 위하여 신분확인에 필요한 서류의 제시를 요구한 때

2. 제1항제1호 또는 제2호에 해당되거나 이 항 제1호의 요구에 따르지 아니하여 카지노사업자가 퇴장을 요구한 때

12. 관광진흥법

가. 관광진흥법 [2016.2.3. 법률 제13958호]

제28조(카지노사업자 등의 준수 사항) ①카지노사업자(대통령령으로 정하는 종사원을 포함한다. 이하 이 조에서 같다)는 다음 각 호의 어느 하나에 해당하는 행위를 하여서는 아니 된다.

1. ~ 9. (생 략)

② 카지노사업자는 카지노업의 건전한 육성·발전을 위하여 필요하다고 인정하여 문화체육관광부령으로 정하는 영업준칙을 지켜야 한다. 이 경우 그 영업준칙에는 다음 각 호의 사항이 포함되어야 한다.

1. ~ 3. (생 략)

4. 전산시설·환전소·계산실·폐쇄회로의 관리기록 및 회계와 관련된 기록의 유지 의무

5. 생략

13. 사격 및 사격장 안전관리에 관한 법률

가. 사격 및 사격장 안전관리에 관한 법률 [2016.1.27. 법률 제13832호]

제5조(사격장의 종류 등) ① 사격장은 실외사격장과 실내사격장으로 구분하고, 그 종류 · 구조 · 위치 · 설비 및 기준은 대통령령으로 정한다.

② 사격장설치자는 안전사고를 방지하기 위하여 대통령령으로 정하는 바에 따라 사격장의 주요 지점에 폐쇄회로 텔레비전을 설치하여야 한다.

제2차 개정

공공기관 영상정보처리기기 설치·운영 가이드라인

2015. 1. 12.

행정자치부

행 정 자 치 부

본 가이드라인은 개인정보 보호법 제25조, 같은 법 시행령 제22조부터 제27조까지 및 표준개인정보보호지침 제3장의 내용을 설명한 것입니다.

본 가이드라인은 2012년 3월 5일 제정하고, 2012년 12월 1일 1차 개정한 바 있으며, 일부 수정사항을 반영하여 2차 개정, 2015년 1월 12일부터 시행합니다.

주요 개정사항

○ 공개 · 비공개된 장소 추가 · 보완

○ 안내판 설치 장소 구체화

○ 영상정보 보관 및 파기, 위수탁 내용 보완

○ 제공 시 준수사항 및 절차 구체화 등

목 차

제1장 개요

1. 제정 목적

이 가이드라인은 민간부문의 영상정보처리기기 설치·운영 및 개인영상정보 보호에 대하여 준수하여야 할 사항을 업무담당자가 쉽게 이해할 수 있도록 기준을 제시함을 목적으로 합니다.

2. 용어 정의

○ "영상정보처리기기"란 일정한 공간에 지속적으로 설치되어 사람 또는 사물의 영상 등을 촬영하거나 이를 유·무선망을 통하여 전송하는 일체의 장치로써 시행령 제3조에 따른 폐쇄회로 텔레비전(CCTV) 및 네트워크 카메라를 의미합니다.(법 제2조제7호, 시행령 제3조)

※ 본 가이드라인에서, 「개인정보 보호법」은 '법', 「개인정보 보호법」 시행령은 '시행령, 「개인정보 보호법」 시행규칙은 '시행규칙, 「표준 개인정보 보호지침」은 '표준지침'으로 표기함

1. 폐쇄회로 텔레비전: 다음 각 목의 어느 하나에 해당하는 장치
   가. 일정한 공간에 지속적으로 설치된 카메라를 통하여 영상 등을 촬영하거나 촬영한 영상정보를 유무선 폐쇄회로 등의 전송로를 통하여 특정 장소에 전송하는 장치
   나. 가목에 따라 촬영되거나 전송된 영상정보를 녹화·기록할 수 있도록 하는 장치
2. 네트워크 카메라: 일정한 공간에 지속적으로 설치된 기기로 촬영한 영상정보를 그 기기를 설치·관리하는 자가 유무선 인터넷을 통하여 어느 곳에서나 수집·저장 등의 처리를 할 수 있도록 하는 장치

○ "개인영상정보"라 함은 영상정보처리기기에 의하여 촬영·처리되는 영상정보 중 개인의 초상, 행동 등 사생활과 관련된 영상으로서 해당 개인의 동일성 여부를 식별할 수 있는 정보를 의미합니다.(표준지침 제2조제9호)

○ "영상정보처리기기운영자"라 함은 법 제25조제1항 각 호에 따라 영상정보처리기기를 설치·운영하는 자를 의미합니다.

※ 법 제25조제1항에 따라 영상정보처리기기를 설치·운영하는 자가 아닌 경우(비공개 장소에 설치된 영상정보처리기기)에는 「개인정보 보호법」상 "개인정보처리자"임

○ "공개된 장소"란 공원, 도로, 지하철, 상가 내부, 주차장 등 불특정 다수(정보주체)가 접근 및 통행하는 데에 제한을 받지 아니하는 장소를 의미합니다.

○ "비공개된 장소"인 경우에는 법 제15조제1항에 따라 정보주체의 동의나 다음과 같이 법률에 특별한 규정이 있는 경우 등에만 영상정보처리기기의 설치·운영(개인영상정보의 수집 및 이용)이 가능합니다.

['법률에 특별한 규정이 있는 경우'의 예]

- 「근로자참여 및 협력증진에 관한 법률」 제20조제1항제14호
  - 사업장 내 근로자 감시 설비의 설치는 노사협의회의 협의사항
- 「초·중등교육법」 제30조의8
  - 학교의 장은 학생의 안전을 위하여 영상정보처리기기 설치에 관한 사항을 시행해야함

[참고] "공개된 장소"의 예시

- 도로, 공원, 공항, 항만, 주차장, 놀이터, 지하철역 등의 공공장소
- 백화점, 대형마트, 상가, 놀이공원, 극장 등 시설
- 버스, 택시 등 누구나 탑승할 수 있는 대중교통
- 병원 대기실, 접수대, 휴게실
- 구청 · 시청 · 주민센터의 민원실 등 국가 또는 지방자치단체가 운영하는 시설로 민원인 또는 주민의 출입에 제한이 없는 공공기관 내부

[참고] "비공개된 장소"의 예시

- 입주자만 이용 가능한 시설, 직원만 출입이 가능한 사무실, 권한이 있는 자만 접근 가능한 통제구역
- 학생, 교사 등 학교관계자만 출입이 가능한 학교시설(교실, 실험실 등)
- 진료실, 입원실, 수술실, 비디오 감상실, 노래방의 개별 방, 지하철 내 수유실 등 사생활 침해 위험이 큰 공간

【Q】 사무실은 공개된 장소인지?

A. 출입이 통제되어 해당 사무실에 직원 등 특정한 사람만 들어갈 수 있다면 공개된 장소로 볼 수 없습니다.
사무실이라고 하더라도 출입이 통제되지 않아 민원인이나 불특정 다수인이 아무런 제약 없이 출입이 가능하다면 공개된 장소에 해당합니다.

【Q】 출입이 통제되는 사무실에 CCTV를 설치하는 경우?

A. 비공개된 장소에 설치된 영상정보처리기기는 법 제25조가 적용되지 않으나 이를 통해 수집되는 영상정보는 개인정보에 해당하므로 법 제15조가 적용됩니다.
특정인에 한하여 출입할 수 있는 사무실 등 비공개된 장소에 영상정보처리기기를 설치하고자 하는 경우에는 촬영 범위에 포함된 모든 정보주체의 동의를 받는 것이 바람직하며, 안내판 설치나 보호조치 등은 공개된 장소에 설치된 영상정보처리기기 규정을 준용하는 것을 권장합니다.

【Q】 외부를 촬영하는 차량용 블랙박스가 영상정보처리기기인지?

A. 영상정보처리기기는 일정한 공간에 지속적으로 설치되어 해당 공간을 지속적으로 촬영(촬영의 지속성)하는 것을 말하므로, 차량 외부를 촬영하는 블랙박스는 「개인정보 보호법」상 영상정보처리기기에 해당하지 않습니다.
다만, 차량에 설치되어 차량 내부를 촬영하는 CCTV는 차량 내부라는 일정한 공간을 지속적으로 촬영하는 것으로 「개인정보 보호법」상 영상정보처리기기에 해당합니다.

3. 기본원칙 및 주요내용

영상정보처리기기를 설치・운영하려는 공공기관은 개인의 사생활이 침해되지 않도록 영상정보처리기기를 최소한으로 설치・운영하여야 하며, 개별 구체적 사안에서 아래의 각 원칙이 구현될 수 있도록 적용・운영하여야 함

○ 영상정보처리기기 설치・운영 제한 및 필요 최소한 촬영 (항목별 세부내용 1,2 참조)

○ 영상정보처리기기 임의조작・녹음 금지 (항목별 세부내용 3 참조)

○ 설치 시 의견수렴 및 안내판 설치를 통한 설치 사실 공지 (항목별 세부내용 4,5 참조)

○ 영상정보처리기기 운영・관리 방침 수립・공개 및 책임자 지정 (항목별 세부내용 6,7 참조)

○ 영상정보의 목적 외 이용・제공 제한 및 보관・파기 철저 (항목별 세부내용 8,9 참조)

○ 영상정보처리기기의 설치・운영 위탁 시 관리・감독 철저 (항목별 세부내용 10 참조)

○ 정보주체의 자기영상정보 열람권 보장 (항목별 세부내용 11 참조)

○ 개인영상정보의 안전성 확보 조치 및 자체 점검 현황 등록 (항목별 세부내용 12,13 참조)

제2장 항목별 세부내용

1. (영상정보처리기기 설치・운영 제한) 누구든지 공개된 장소에 영상정보처리기기를 설치・운영하는 것은 원칙적으로 금지되며 다른 법익의 보호를 위하여 필요한 경우 예외적으로 설치・운영이 허용됨

○ 공개된 장소에서의 영상정보처리기기 설치는 원칙적으로 금지되고, 예외적으로 법 제25조에서 정하는 사유에 해당하는 경우에만 영상정보처리기기를 설치・운영할 수 있습니다.(법 제25조제1항)

영상정보처리기기 설치・운영 허용

1. 법령에서 구체적으로 허용하고 있는 경우
2. 범죄의 예방 및 수사를 위하여 필요한 경우
3. 시설안전 및 화재 예방을 위하여 필요한 경우
4. 교통단속을 위하여 필요한 경우
5. 교통정보의 수집・분석 및 제공을 위하여 필요한 경우

○ 영상정보처리기기는 개인의 의사와 무관하게 초상 및 활동 정보가 수집되어 무단 공개나 유출 등으로 인한 사생활 침해 우려가 높은 만큼 영상정보처리기기임을 쉽게 인식할 수 있는 형태의 영상정보처리기기를 정보주체 눈에 잘 띄는 곳에 설치・운영하는 것이 바람직합니다.

○ 개인정보의 최소 수집원칙에 따라 영상정보처리기기의 설치목적을 달성할 수 있는 최소한의 범위(촬영장소, 촬영각도 및 시간) 내에서 개인정보를 수집해야 합니다.(법 제3조제1항)

2. (사생활침해 우려 장소 설치·운영 금지) 불특정 다수가 이용하는 공개된 장소라도 현저히 사생활 침해 우려가 있는 장소는 영상정보처리기기 설치·운영이 금지됨

○ 개인의 신체를 노출시킬 우려가 있는 목욕실, 화장실, 발한실(發汗室), 탈의실, 기타 신체의 노출 외에도 개인의 사생활을 현저히 침해할 우려가 있는 장소의 내부를 볼 수 있도록 영상정보처리기기를 설치·운영하는 행위는 금지됩니다. (법 제25조제2항)

【Q】 범죄 예방 및 시설안전을 확인하기 위하여 민원실의 화장실 내부에 CCTV를 설치할 수 있는지?

A. 어떤 목적으로든 화장실 등 사생활침해 우려 장소에 CCTV를 설치할 수 없습니다. 또한 외부에 설치하였더라도 화장실 등 사생활침해 우려 장소의 내부가 촬영되도록 설치하여서는 아니 됩니다.

○ 다만, 교도소, 정신보건시설 등과 같이 법령에 근거하여 사람을 보호하는 시설로서 대통령령으로 정한 시설에 대해서는 예외적으로 영상정보처리기기를 설치·운영 할 수 있습니다. (법 제25조제2항)

※ 개별 법령상 특별한 절차가 있는 경우 이에 따라야 함

개인의 사생활을 현저히 침해할 우려가 있는 장소의 예외적 설치·운영 허용

1. 「형의 집행 및 수용자의 처우에 관한 법률」 제2조제4호에 따른 교정시설(교도소·구치소 및 그 지소)
2. 「정신보건법」 제3조제3호부터 제5호까지의 규정에 따른 정신의료기관(수용시설을 갖추고 있는 것만 해당), 정신질환자사회복귀시설, 정신요양시설

3. (임의조작·녹음 금지) 영상정보처리기기에는 녹음 기능을 사용할 수 없고, 설치 목적과 다른 목적으로 임의 조작할 수 없음

○ 영상정보처리기기운영자는 녹음 기능을 사용할 수 없습니다. (법 제25조제5항)

【Q】 교통단속과 위반행위 처분을 하는 부서인데, 민원인의 폭언·폭행 방지를 위하여 CCTV를 설치하고 녹음도 할 수 있는지?

A. 공공기관의 사무실이라도 민원인이 자유롭게 출입하는 공간은 공개된 장소에 해당하며, 이 경우 법 제25조에 따라 CCTV를 설치할 수 있습니다. 하지만 어떤 목적으로든 CCTV를 통한 녹음은 금지됩니다.

○ 영상정보처리기기운영자는 영상정보처리기기의 설치 목적과 다른 목적으로 영상정보처리기기를 임의로 조작하거나 다른 곳을 비출 수 없습니다.(법 제25조제5항)

【Q】 민원실에 설치한 CCTV로 방문기록 등을 촬영할 수 있는지?

A. 공개된 민원실에는 범죄예방 등의 목적으로만 CCTV를 설치할 수 있는 바, 방문기록을 촬영하기 위해 CCTV를 설치하는 것은 법으로 금지되어 있고, 기존 CCTV로 방문기록을 위해 촬영하는 것은 설치 목적을 벗어난 촬영이므로, 이 경우 촬영 각도를 조절해야 합니다.

【Q】 영상정보처리기기의 줌(Zoom) 기능이나 촬영방향 전환 기능을 이용할 수 있는지?

A. 영상정보처리기기를 당초 설치 목적이 아닌 다른 목적으로 임의로 조작하거나 다른 곳을 촬영하는 것을 금지하는 것으로, 당초 설치목적 범위 내에서 이용하는 것은 가능합니다.

---

4. **(영상정보처리기기 설치 시 의견 수렴)** 공개된 장소 및 교도소·정신보건시설 등 대통령령으로 정한 장소에 영상정보처리기기를 설치·운영하려는 공공기관의 장은 관계 전문가 및 이해관계인의 의견을 수렴하여야 함

○ 공공기관은 영상정보처리기기 설치·운영 시 다음 중 어느 하나에 해당하는 절차를 거쳐 관계인의 의견을 수렴하여 반영하여야 합니다.(법 제25조제3항)

1. 「행정절차법」에 따른 행정예고의 실시 또는 의견 청취(공청회 등)
2. 해당 영상정보처리기기의 설치로 직접 영향을 받는 지역 주민 등을 대상으로 하는 설명회·설문조사 또는 여론조사

【Q】 공익목적으로 CCTV를 설치할 경우 행정자치부와 사전 협의를 하여야 하는지?

A. 구 「공공기관의 개인정보 보호에 관한 법률」에서는 개인정보파일 보유 시 사전 협의를 하게 되어 있었으나, 「개인정보 보호법」에서는 사전 협의 제도를 두고 있지 않으므로, 관계인의 의견 수렴 절차를 거쳐 설치할 수 있습니다.

다만, 공공기관의 장은 영상정보처리기기 관련 지침의 준수 여부에 대한 자체점검을 실시하여 매년 3월 31일까지 그 결과를 행정자치부 장관에게 통보하고 개인정보보호종합지원시스템(http://intra.privacy.go.kr)에 등록하여야 합니다.

○ 영상정보처리기기의 설치 목적 변경 및 추가 설치 등의 경우에도 관계 전문가 및 이해관계인의 의견을 수렴하여야 합니다. 다만 동일 목적 내 단순히 추가적으로 설치하는 경우에는 의견 수렴을 하지 않을 수 있습니다.(표준지침 제42조)

[통합관리를 위한 목적사항 추가 시 절차]
1. 목적 변경에 따른 관계 전문가 및 이해관계인의 의견 수렴
2. 안내판에 추가된 설치 목적 및 통합관리에 관한 내용을 기재

※ 기존 영상정보처리기기의 설치목적 사항 변경, 통합관리를 위한 목적 추가 등

❍ 교도소, 정신보건 시설 등 법령에 근거하여 사람을 구금하거나 보호하는 시설에 영상정보처리기기를 설치하는 경우 다음 각 호에 해당하는 사람으로부터 의견을 수렴하여야 합니다.(법 제25조제3항)

1. 관계 전문가
2. 해당 시설에 종사하는 사람, 해당 시설에 구금되어 있거나 보호받고 있는 사람 또는 그 사람의 보호자 등 이해관계인

5. **(안내판의 설치)** 공공기관의 장은 영상정보처리기기 설치 시 정보주체가 쉽게 알아볼 수 있도록 안내판을 설치하여야 함

❍ 안내판은 촬영범위 내에서 정보주체가 알아보기 쉬운 장소에 설치하며 안내판의 크기나 위치는 자율적으로 정하되, 정보주체가 손쉽게 인식할 수 있도록 다음 사항을 유의하여 설치하여야 합니다.(법 제25조제4항, 시행령 제24조제1항)

1. 안내판은 정보주체가 쉽게 알아볼 수 있는 출입구, 정문 등 눈에 잘 띄는 장소에 설치해야 함
2. 건물 내, 공원 등 설치 장소에 따라 정보주체가 쉽게 판독할 수 있도록 안내판의 글자 크기와 높이를 조절하여 설치해야 함

[참고] 안내판 설치 장소의 예시
- 건물: 건물 1층 출입구 또는 정문, 기타 사람들의 이동이 빈번한 각 층의 출입구, 안내데스크 등 눈에 잘 띄는 곳
- 건물외의 장소(공원 등): 각 출입구, 기둥 또는 시설물 등 눈에 잘 띄는 곳
- 상가: 주(主)출입문, 계산대 등 눈에 잘 띄는 곳
- 버스 등 대중교통: 승하차 출입문, 버스내 노선도 옆 등 승객의 눈에 잘 띄는 곳
- 택시: 보조석 앞, 좌석 머리받침 뒤편 등 승객의 눈에 잘 띄는 곳
- 주차장: 입구, 정산소, 주차장 내 기둥 등 눈에 잘 띄는 곳

❍ 특히, 외국인이 자주 이용하는 장소인 경우, 안내판은 한국어와 외국어로 병기하는 것이 바람직합니다.

❍ 영상정보처리기기의 설치·운영을 위탁한 경우에는 영상정보처리기기 위탁자의 관리책임자와 더불어 수탁관리자의 성명(또는 직책)·업체명 및 연락처를 함께 기재하여야 합니다.(시행령 제26조제2항, 표준지침 제47조제1항)

안내판에 기재하여야 할 사항

1. 설치 목적 및 장소
2. 촬영 범위 및 시간
3. 관리책임자의 성명(또는 직책) 및 연락처
4. (영상정보처리기기 설치 · 운영을 위탁한 경우) 수탁관리자 성명(또는 직책) · 업체명 및 연락처

○ 건물 안에 여러 개의 영상정보처리기기를 설치하는 경우에는 출입구 등 잘 보이는 곳에 해당 시설 또는 장소 전체가 영상정보처리기기 설치지역임을 표시하는 안내판을 설치할 수 있습니다.(시행령 제24조제1항)

※ 주차장 등과 같이 건물 주(主)출입문과 동선이 분리된 장소에는 출입구 마다 안내판을 부착하는 것이 바람직합니다.

○ 영상정보처리기기의 효율적 관리와 정보 연계를 위하여 통합 관리하는 경우에는 설치목적 등 통합 관리에 관한 내용을 정보주체가 쉽게 알아볼 수 있도록 안내판에 기재하여야 합니다.(표준지침 제43조제3항)

○ 영상정보처리기기운영자가 서로 다른 경우에는 동일한 장소 또는 건물이라고 하더라도 영상정보처리기기운영자 별로 안내판을 각각 설치하여야 합니다.

○ 다음에 해당하는 경우에는 안내판 설치를 갈음하여 해당 공공기관의 인터넷 홈페이지에 안내판에 기재하여야 할 사항을 게재할 수 있습니다.(시행령 제24조제2항 · 제3항)

※ 홈페이지가 없는 경우 관보 또는 해당 공공기관 소재지에서 시 · 도 이상의 지역을 주된 보급지역으로 하는 일반일간신문, 일반주간신문 등에 게재 가능

1. 공공기관이 원거리 촬영, 과속 · 신호위반 단속 또는 교통흐름조사 등의 목적으로 영상정보처리기기를 설치하는 경우로서 개인정보 침해의 우려가 적은 경우
2. 산불감시용 영상정보처리기기를 설치하는 경우 등 장소적 특성으로 인하여 안내판 설치가 불가능하거나 설치하더라도 정보주체가 쉽게 알아볼 수 없는 경우

〈안내판 및 홈페이지 게재 내용 예시〉

CCTV 설치 안내

◆ 설치목적: 범죄 예방 및 시설안전
◆ 설치장소: 출입구의 벽면/천장, 엘리베이터/ 각층의 천장
◆ 촬영범위: 출입구, 엘리베이터 및 각층 복도(360° 회전)
◆ 촬영시간: 24시간 연속 촬영
◆ 관리책임자: OOOO과 홍길동(02-OOO-OOOO)
(설치 · 운영을 위탁한 경우)
◆ 수탁관리자: OOOO업체 박길동(02-OOO-OOOO)

※ 안내판에 CCTV 그림을 표시하여 정보주체가 쉽게 인식할 수 있도록 하는 것이 바람직합니다.

○ 다음에 해당하는 시설에 설치하는 영상정보처리기기에 대해서는 안내판을 설치하지 않을 수 있습니다.(시행령 제24조제4항)

1. 「군사기지 및 군사시설 보호법」 제2조제2호에 따른 군사시설
2. 「통합방위법」 제2조제13호에 따른 국가중요시설
3. 「보안업무규정」 제36조에 따른 보안목표시설

【Q】 보안목표시설인 공공기관의 민원실에는 CCTV 안내판을 설치하지 않아도 되는지?

A. 보안목표시설인 경우에는 안내판을 부착하지 않을 수도 있습니다. 하지만, 민원인들이 출입하는 민원실의 경우 공개된 장소로 민원인의 자기정보결정권 보장 등을 위해 안내판을 부착하는 것이 바람직합니다.

6. (영상정보처리기기 운영·관리 방침 수립) 공공기관의 장은 영상정보처리기기 운영·관리 방침을 마련하여 공개하여야 함

○ 공공기관은 영상정보처리기기 운영·관리 방침을 수립하고 이를 해당 기관의 인터넷 홈페이지에 게재하여 정보주체에게 공개하여야 합니다.(법 제25조제7항, 시행령 제25조 및 제31조제2항·제3항)

※ 홈페이지가 없는 경우 관보 또는 해당 공공기관 소재지에서 시·도 이상의 지역을 주된 보급지역으로 하는 일반일간신문, 일반주간신문 등에 게재 가능

※ 영상정보처리기기 운영·관리 방침 수립 대신에 영상정보처리기기 설치·운영에 관한 사항을 개인정보 처리방침에 포함하여 공개하는 것도 가능

방침에 포함하여야 할 사항

1. 영상정보처리기기의 설치 근거 및 설치 목적
2. 영상정보처리기기의 설치 대수, 설치 위치 및 촬영 범위
3. 관리책임자, 담당 부서 및 영상정보에 대한 접근 권한이 있는 사람
4. 영상정보의 촬영시간, 보관기간, 보관장소 및 처리방법
5. 영상정보 확인 방법 및 장소
6. 정보주체의 영상정보 열람 등 요구에 대한 조치
7. 영상정보 보호를 위한 기술적·관리적 및 물리적 조치
8. 그 밖에 영상정보처리기기의 설치·운영 및 관리에 필요한 사항

※ [별첨 1] 영상정보처리기기 운영·관리 방침 예시

7. (관리책임자 지정) 각급기관에서 개인영상정보의 처리에 관한 업무를 총괄하여 책임질 개인영상정보 관리책임자를 지정하여야 함

○ 개인영상정보 관리책임자는 각 기관 자체적으로 지정하여 관리하는 것을 원칙으로 합니다.(표준지침 제41조제1항)

관리책임자의 업무
1. 개인영상정보 보호 계획의 수립 및 시행 2. 개인영상정보 처리 실태 및 관행의 정기적인 조사 및 개선 3. 개인영상정보 처리와 관련한 불만의 처리 및 피해구제 4. 개인영상정보 유출 및 오용·남용 방지를 위한 내부통제시스템의 구축 5. 개인영상정보 보호 교육 계획 수립 및 시행 6. 개인영상정보 파일의 보호 및 파기에 대한 관리·감독 7. 그 밖에 개인영상정보의 보호를 위하여 필요한 업무

○ 이미 개인정보 보호책임자가 지정되어 있는 경우에는 그 개인정보 보호책임자가 개인영상정보 관리책임자의 업무를 수행할 수 있습니다.(표준지침 제41조제3항)

8. (영상정보의 목적 외 이용 및 제3자 제공) 공공기관은 법률에서 정하는 등 특별한 경우를 제외하고 개인영상정보를 수집 목적 이외로 이용하거나 제3자에게 제공할 수 없음

○ 공공기관은 원칙적으로 수집 목적을 넘어서 개인영상정보를 이용하거나 제3자에게 제공할 수 없으며, 다음의 예외사유에 해당하는 경우에 한하여 목적 외 이용·제공이 가능합니다.(법 제18조제1항·제2항)

【Q】 당초 범죄예방 목적으로 설치한 CCTV 영상자료를 민원인의 방문 여부를 확인하기 위해 열람하거나 제공할 수 있는지?

A. 원칙적으로 수집 목적을 넘어서 영상정보를 이용하거나 제3자에게 제공할 수 없으며, 정보주체의 동의, 다른 법률의 특별한 규정 등 예외 사유에 해당하는 경우에 한하여 이용 또는 제공할 수 있습니다.

개인영상정보 목적 외 이용 · 제3자 제공 제한의 예외

1. 정보주체의 별도의 동의를 얻은 경우
2. 다른 법률에 특별한 규정이 있는 경우
3. 정보주체 또는 그 법정대리인이 의사표시를 할 수 없는 상태에 있거나 주소불명 등으로 사전 동의를 받을 수 없는 경우로서 명백히 정보주체 또는 제3자의 급박한 생명, 신체, 재산의 이익을 위하여 필요하다고 인정되는 경우
4. 통계작성 및 학술연구 등의 목적을 위하여 필요한 경우로서 특정 개인을 알아볼 수 없는 형태로 개인영상정보를 제공하는 경우
5. 개인영상정보를 목적 외의 용도로 이용하거나 이를 제3자에게 제공하지 아니하면 다른 법률에서 정하는 소관 업무를 수행할 수 없는 경우로서 보호위원회의 심의 · 의결을 거친 경우
6. 조약, 그 밖의 국제협정의 이행을 위하여 외국정부 또는 국제기구에 제공하기 위하여 필요한 경우
7. 범죄의 수사와 공소의 제기 및 유지를 위하여 필요한 경우
8. 법원의 재판업무 수행을 위하여 필요한 경우
9. 형(刑) 및 감호, 보호처분의 집행을 위하여 필요한 경우

※ 단, 5 ~ 9호는 공공기관의 목적 외 이용 · 제공 시에만 적용

【Q】 경찰이나 검찰에서 수사목적으로 CCTV 자료를 요청했는데, 본인 동의 없이 제공해도 되는지?

A. 범죄수사와 공소제기 유지를 위해 수사기관에서 요청하는 경우 법 제18조제2항제7호 및 표준지침 제44조제1항제7호에 따라 본인 동의 없이 제공할 수 있습니다.
이 경우 본인 동의 없이 CCTV를 제공한다고 하더라도 수사에 필요한 최소한의 범위에서 제한적으로 제공하여야 하며, 요청기관에서도 관련 법령 및 요청 목적 등을 명확히 하고 최소한의 범위 내에서 자료제공을 요청하여야 합니다.

【Q】 통계작성 및 학술연구 목적으로 영상정보를 요청하는 경우, 본인 동의 없이 제공해도 되는지?

A. 법 제18조제2항제4호에 따라 특정 개인을 알아볼 수 없도록 모자이크, 마스킹 처리 등 비식별화 조치 후 제공하는 것은 가능합니다.

【Q】 쓰레기를 무단투기 한 자의 신원 등을 확인하기 위한 목적으로 CCTV 영상을 공개하는 것이 가능한지?

A. 지방자치단체는 「폐기물관리법」 제8조 및 제68조에 따라 쓰레기 무단투기를 단속할 의무가 있습니다. 다만, 불특정 다수에게 무단투기자의 CCTV 영상을 공개하는 것은 법 제15조제1항제2호 및 제17조제1항제2호에 따른 법령상 의무를 준수하기 위한 '불가피한' 경우에 해당된다고 볼 수 없습니다.
다만, 법 제17조제1항제2호에 따라 공공기관이 법령 등에서 정하는 소관업무 수행을 위하여 불가피하게 수집한 개인정보는 당초 수집 목적 내에서 제3자에게 제공할 수 있는 바, 무단투기자의 CCTV 영상을 공개하여서는 아니되나 신원 확인을 위해 인근 주민 등 제한된 범위 내의 자에게 영상의 일부를 확인시키고 인적사항을 묻는 것은 가능합니다.

○ 개인영상정보를 제공받고자 하는 기관은 명칭/취급자, 목적/사유, 근거, 기간(파기예정일자 포함), 제공형태를 모두 기재한 문서(전자문서 포함)로 신청하여야 합니다.(표준지침 제9조)

※ 제공목적 달성을 위한 최소한의 기간으로 파기예정일자를 산정하기 곤란한 경우에는 30일 이내로 함

1. 요청기관의 명칭 및 요청 일자
2. 요청의 법적 근거
   - 「개인정보 보호법」 제18조제2항제2호 및 「민사집행법」 제74조 등
3. 이용 목적 및 이용 기간
4. 파기 일시 및 파기 방법
   - 다른 법령에 따라 보관해야 하는 경우에는 그 근거를 명시
5. 요청하는 개인영상정보의 내용 ※ 예) 영상촬영일시, ○○장면
6. 요청하는 개인영상정보의 형태 ※ 예) 전자파일, 영상출력물 등
7. 제공 요청 방법 ※ 예) 이메일, 저장매체(USB 등)를 통한 직접(또는 우편)제공, 영상출력물의 직접(또는 우편)제공 등
8. 해당 업무 책임자 성명 및 연락처

○ 개인영상정보를 수집 목적 외로 이용하거나 제3자에게 제공하는 경우에는 다음의 사항을 기록하고 관리하여야 하며, 파기 등 개인영상정보의 안전성 확보를 위하여 필요한 조치를 하도록 요청하여야 합니다.(법 제18조제5항, 시행령 제15조, 표준지침 제46조제1항)

1. 개인영상정보 파일의 명칭 및 생성기간(녹화된 기간)
2. 이용하거나 제공받은 공공기관의 명칭 및 취급자(소속/ 직급/성명/연락처)
3. 이용 또는 제공의 목적
4. 법령상 이용 또는 제공근거가 있는 경우 그 근거
5. 이용 또는 제공의 기간이 정하여져 있는 경우에는 그 기간 (제공의 경우 파기예정일자를 반드시 포함)
6. 이용 또는 제공의 형태
7. 제공한 이후 파기 여부 등 그 결과와 처리일자
8. 안전성 확보를 위하여 필요한 조치를 요청한 경우 그 내용 및 결과

※ [별첨 2] 개인영상정보 관리대장 활용 예시

○ 개인영상정보를 목적 외의 용도로 제공하는 기관은 제공사실을 관보 또는 홈페이지에 공개하여야 합니다.(법 제18조제4항, 시행규칙 제2조)

※ 제공한 날로부터 30일 이내에 "제공한 날짜 · 법적 근거 · 목적 · 개인정보의 항목"을 관보 게재 또는 홈페이지에 10일 이상 계속 게재함

○ 개인영상정보를 제공받은 기관은 개인영상정보의 안전성 확보를 위하여 필요한 조치와 안전한 관리를 위해 노력하여야 하며, 보유기간 만료, 목적 달성 등의 경우 제공받은 개인영상정보를 지체없이 파기하고 그 결과와 처리일자를 제공한 기관에 통보하여야 합니다. 또한, 파기예정일자가 도래할 경우 파기기간 연장을 문서(전자문서 포함)로 다시 요청하여야 합니다.

※ 다른 법령의 특별한 규정에 따라 사건기록 등 기록물에 포함하여 보존하여야 하는 경우에는 그 내용을 회신

※ 건별 통보가 곤란할 경우 제공하는 기관과 사전에 협의하여 분기 이내의 단위 기간을 정해 일괄적으로 회신할 수 있음

○ 개인영상정보를 제공한 기관은 제공이후 파기 등 결과 회신 여부를 분기 이내 단위 기간을 정하여 정기적으로 점검하여야 하며, 제공받은 기관이 파기 등 결과와 처리일자를 회신하여 오면 이를 개인영상정보 관리대장에 기록하고 관리하여야 합니다.

※ 미회신이 있는 경우 회신을 독려하고 필요한 관련 조치를 취하여야 함

개인영상정보 제공 시 준수사항 및 절차

□ 준수사항

- 문서(전자문서 포함)로 명확한 목적 명시와 필요한 최소한의 자료 요청 및 제공
- 제공받은 자는 제공받은 목적 범위 내에서 이용과 안전한 관리
- 제공한 기관은 제공 사실에 대해 인터넷 등 공개 및 기록·관리
- 목적 달성 등 불필요하게 된 경우, 즉시 파기 및 파기사실 통보

□ 요청·제공 절차

정보주체/경찰등		공공기관(개인정보처리자)		
사유 발생	신청서 제출 [공문 제출]	본인 여부, 신청서 확인	영상 유무, 3자포함 확인	마스킹 등 처리후 제공

- (신 청) 정보주체 또는 수사관서에서 신청서 또는 공문으로 요청
- (접수·확인) 본인 여부, 신청서 내용 확인 및 해당 영상 유무 파악
- (내용 검토) 제3자 영상 포함 및 타인의 사생활 침해 등 검토
- (열람·제공) 영상화면의 현장 열람 또는 영상파일/출력물 등 제공, 필요시 제3자의 영상 모자이크 또는 마스킹 처리후 제공
- (안전 관리) 제공받은 자는 제공받은 목적 범위 내 이용 및 안전한 관리
- (파 기) 제공받은 자는 제공목적 달성한 후 즉시 파기 및 통보

9. (보관 및 파기) 영상정보처리기기에 의하여 수집된 영상정보는 보유기간이 만료된 후 지체 없이 삭제하여야 함. 다만, 다른 법령에 특별한 규정이 있는 경우에는 그러지 않음

○ 보유기간이 경과하면 개인영상정보를 지체 없이 파기해야 하며'지체 없이'란 보유기간 종료일로부터 5일 이내를 의미합니다.(표준지침 제11조제1항)

○ 해당기관의 특성에 따라 보유목적의 달성을 위한 최소한의 기간을 산정하기 곤란한 때에는 보유기간을 영상정보의 수집 후 30일 이내로 합니다.(표준지침 제45조제2항)

【Q】 영상정보의 보관기간은 반드시 30일 이내로 정해야 하는지?

A. 반드시 30일 이내로 하여야 하는 것은 아닙니다. CCTV 설치 목적 등 해당기관의 특성에 따라 보관 목적 달성을 위해 필요한 최소한의 기간이 30일을 초과하는 경우에는 이를 CCTV 운영·관리 방침에 반영하고 그 기간 동안 보관할 수 있습니다. 또한 다른 법령에 보관기간이 정해져 있는 경우에는 그에 따라야 합니다.

❍ 공공기관이 개인영상정보를 파기하는 경우에는 다음 사항을 기록하고 관리하여야 합니다.(표준지침 제46조제2항)

1. 파기하는 개인영상정보 파일의 명칭
2. 개인영상정보 파기일시(사전에 파기 시기 등을 정한 자동 삭제의 경우에는 파기 주기 및 자동 삭제 여부에 대한 확인 시기)
3. 개인영상정보 파기 담당자

※ 표준지침 별지 서식 제3호 개인영상정보 관리대장 활용 가능

❍ 영상정보의 파기시 출력물과 전자형태 등 존재 형태에 따라 복구 또는 재생이 불가능한 방법으로 파기해야 합니다.(법 제21조제2항)

❍ 다른 법령에 따라 파기하지 아니하고 보존해야 하는 영상정보는 다른 영상정보와 분리하여 저장·관리해야 합니다.(법 제21조제3항)

10. **(영상정보처리기기 설치·운영 사무의 위탁)** 공공기관이 영상정보처리기기의 설치·운영에 관한 사무를 위탁하는 경우에는 문서로 하여야 함

❍ 공공기관이 영상정보처리기기 설치·운영에 관한 사무를 위탁하는 경우에는 다음의 내용이 포함된 문서로 하여야 합니다.(법 제26조제1항, 시행령 제26조제1항)

1. 위탁업무 수행 목적외 개인정보의 처리 금지에 관한 사항
2. 개인정보의 기술적·관리적 보호조치에 관한 사항
3. 위탁하는 사무의 목적 및 범위
4. 재위탁 제한에 관한 사항
5. 영상정보에 대한 접근 제한 등 안전성 확보 조치에 관한 사항
6. 영상정보의 관리 현황 점검에 관한 사항
7. 위탁받는 자가 준수하여야 할 의무를 위반한 경우의 손해배상 등 책임에 관한 사항

❍ 업무를 위탁한 공공기관은 인터넷 홈페이지에 수탁자와 위탁하는 업무의 내용을 지속적으로 게재하여야 합니다. 다만, 인터넷 홈페이지에 공개가 불가능한 경우에는 다음 어느 하나의 방법으로 공개해야 합니다.(법 제26조제2항, 시행령 제28조제2항·제3항)

1. 위탁자의 사업장 등의 보기 쉬운 장소에 게시
2. 일반일간신문, 일반주간신문 또는 인터넷신문에 게재
3. 연 2회 이상 발행하여 정보주체에게 배포하는 간행물·소식지·홍보지 또는 청구서 등에 지속적으로 게재
4. 위탁자와 정보주체가 작성한 계약서 등에 실어 정보주체에게 발급

○ 또한, 업무를 위탁한 공공기관은 개인영상정보가 분실·도난·유출·변조 또는 훼손되지 아니하도록 수탁자를 교육하고, 수탁자가 개인영상정보를 안전하게 처리하는지를 감독하여야 하며, 수탁자는 위탁 받은 업무 범위를 초과하여 개인영상정보를 이용하거나 제3자에게 제공을 하여서는 아니 됩니다.(법 제26조제4항·제5항)

11. (열람등의 청구) 공공기관의 장은 정보주체에게 영상정보의 존재확인 및 열람·삭제를 요청받은 경우 지체 없이 필요한 조치를 취해야 함

○ 정보주체는 영상정보처리기기운영자가 처리하는 개인영상정보에 대하여 열람 또는 존재확인을 해당 영상정보처리기기운영자에게 요구할 수 있습니다.(법 제35조제1항, 표준지침 제48조제1항)

○ 정보주체가 열람등을 요구할 수 있는 개인영상정보는 정보주체 자신이 촬영된 개인영상정보 및 명백히 정보주체의 급박한 생명, 신체, 재산의 이익을 위하여 필요한 개인영상정보에 한합니다.(법 제35조제1항 및 제18조제2항)

○ 정보주체는 해당 공공기관의 장에게 개인영상정보에 대하여 열람 또는 존재확인을 요구할 수 있으며, 공공기관의 장은 이에 대하여 지체 없이 필요한 조치를 취하여야 합니다.(법 제35조제1항·제3항)

※ 공공기관의 경우 정보주체는 개인영상정보 열람·존재확인 청구서(표준지침 별지 서식 제2호)를 작성하여 청구하여야 함

○ 공공기관의 장은 열람등 요구를 한 자가 본인이거나 정당한 대리인인지를 주민등록증·운전면허증·여권 등의 신분증명서를 제출받아 확인하여야 합니다.(표준지침 제48조제3항)

○ 다만, 정보주체의 개인영상정보 열람등 요구가 다음 각 호의 사항에 해당하는 경우 요구를 거부할 수 있습니다. 이때에는 거부사유를 10일 이내에 서면으로 정보주체에게 통지하여야 합니다.(법 제35조제5항, 시행령 제42조제2항)

개인영상정보 열람등의 청구를 거부할 수 있는 사유

1. 범죄수사·공소유지·재판수행에 중대한 지장을 초래하는 경우
2. 개인영상정보의 보관기간이 경과하여 파기한 경우
3. 기타 정보주체의 열람등 요구를 거부할 만한 정당한 사유가 존재하는 경우(ex. 개인영상정보 열람으로 인하여 다른 사람의 사생활이나 정당한 이익을 침해할 우려가 큰 경우)

○ 열람등 조치를 취하는 때에는 정보주체 이외의 자를 명백히 알아볼 수 있거나 정보주체 이외의 자의 사생활 침해 우려가 있는 경우 해당되는 정보주체 이외의 자의 개인영상정보를 알아볼 수 없도록 보호조치를 취해야 합니다.(법 제35조제4항, 시행령 제42조제1항, 표준지침 제50조)

【Q】 본인이 영상자료 열람을 요청하는데 다른 사람이 함께 찍힌 경우에는 어떻게야 하나?

A. 영상자료에 다른 사람이 함께 찍힌 경우 원칙적으로 다른 사람은 식별할 수 없도록 모자이크 처리 등을 해서 최소한으로 제공하여야 합니다.

【Q】 민원인이 지갑을 두고 가서, 이를 가져간 사람의 확인을 위해 CCTV 자료 열람을 요청한 경우 열람이 가능한지?

A. 정보주체는 자신의 영상정보가 아니더라도 해당 영상정보주체의 주소 불명 등으로 동의 얻을 수 없는 경우이면서 정보주체의 급박한 생명, 신체, 재산상 이익을 위하여 필요한 경우에 한해서 타인에 관한 영상자료를 열람할 수 있습니다.
다만, 그 범위는 필요 최소한도로 제한되며, 영상정보처리기기운영자나 개인정보처리자가 관련 영상을 먼저 확인 후 해당 부분에 대해서만 열람시켜주는 것이 바람직합니다.
※ 이 경우 영상정보처리기기의 특성상 일정기간이 지나면 영상자료가 삭제된다는 점에서 CCTV 영상자료는 그 자체로 급박성이 있다고 봄.

○ 공공기관은 정보주체가 개인영상정보에 대한 열람등 요구를 한 경우 그에 대한 조치사항과 내용을 기록・관리하여야 합니다.(표준지침 제48조제5항 및 제49조)

정보주체의 개인영상정보 열람 등 요구 시 기록사항

1. 개인영상정보 열람 등을 요구한 정보주체의 성명 및 연락처
2. 정보주체가 열람 등을 요구한 개인영상정보 파일의 명칭 및 내용
3. 개인영상정보 열람 등의 목적
4. 개인영상정보 열람 등을 거부한 경우 그 거부의 구체적 사유
5. 정보주체에게 개인영상정보 사본을 제공한 경우 해당 영상정보의 내용과 제공한 사유

※ 표준지침 별지 서식 제3호 개인영상정보 관리대장 활용 가능

12. **(개인영상정보의 안전성 확보를 위한 조치)** 공공기관의 장은 개인영상정보가 분실・도난・유출・변조 또는 훼손되지 아니하도록 안전성 확보에 필요한 조치를 강구하여야 함

○ 공공기관의 장은 영상정보가 분실・도난・유출・변조 또는 훼손되지 아니하도록 안전성 확보에 필요한 조치를 취하여야 합니다.(법 제29조, 시행령 제30조제1항, 표준지침 제51조)

○ 공공기관의 장은 영상정보처리기기에 의하여 수집・처리되는 영상정보로의 접근권한을 총괄책임자 및 운영책임자 등 지정된 최소한의 인원으로 제한하여야 합니다.

개인영상정보에 대한 안전성 확보조치

1. 개인영상정보의 안전한 처리를 위한 내부 관리계획의 수립 · 시행
   ① 개인영상정보 관리책임자 지정
   ② 개인영상정보 관리책임자 및 취급자의 역할 및 책임에 관한 사항
   ③ 안전성 확보조치에 관한 사항
   ④ 개인영상정보 취급자 교육
   ⑤ 그 밖에 개인영상정보의 안전성 확보에 필요한 조치에 관한 사항
2. 개인영상정보에 대한 접근 통제 및 접근 권한의 제한 조치
3. 개인영상정보를 안전하게 저장 · 전송할 수 있는 기술의 적용
   (네트워크 카메라의 경우 안전한 전송을 위한 암호화 조치, 개인영상정보파일에 대한 비밀번호 설정 등)
   ※ 괄호안의 내용은 안전한 저장 전송 방법의 예시를 든 것이며, 상황에 맞게 적절한 안전조치 기술을 적용하시면 됩니다.
4. 처리기록의 보관 및 위조 · 변조 방지를 위한 조치
5. 개인영상정보의 안전한 물리적 보관을 위한 보관시설 마련 또는 잠금장치 설치

※ 비공개 장소에 설치된 영상정보처리기기에 대한 안전성 확보조치는 공개된 장소에 대한 영상정보처리기기에 관한 규정을 준용하는 것이 바람직합니다.

○ 공공기관의 장은 영상정보처리기기에 접근 권한이 없는 자가 영상정보처리기기를 함부로 조작하거나 모니터링 할 경우 관련 법령에 따라 처벌받을 수 있다는 사실의 안내판을 모니터링 화면 옆이나 영상정보처리기기 관리 본체에 부착하여 접근 권한 없는 자의 임의적 접근 및 조작 등을 방지하는 것이 바람직합니다.

13. **(개인영상정보처리기기의 설치 · 운영에 대한 점검)** 공공기관의 장이 영상정보처리기기를 설치 · 운영하는 경우 표준개인정보지침 준수 여부에 대한 자체점검을 한 후 관련 내용을 행정자치부장관에게 통보해야 함

○ 공공기관의 장이 영상정보처리기기를 설치 · 운영하는 경우에는 표준개인정보보호지침의 준수 여부에 대한 자체점검을 실시하여 다음 해 3월 31일까지 그 결과를 행정자치부장관에게 통보하고, 개인정보보호종합지원시스템(http://intra.privacy.go.kr)에 등록하여야 합니다.(표준지침 제52조제1항)

※ 매년 자체점검 결과를 다음 해 3월 31일까지 등록(시스템 등록으로 통보 갈음함)

자체 점검 시 고려사항

1. 영상정보처리기기의 운영 · 관리 방침에 열거된 사항
2. 관리책임자의 업무 수행 현황
3. 영상정보처리기기의 설치 및 운영 현황
4. 개인영상정보 수집 및 이용 · 제공 · 파기 현황
5. 위탁 및 수탁자에 대한 관리 · 감독 현황
6. 정보주체의 권리행사에 대한 조치 현황
7. 기술적 · 관리적 · 물리적 조치 현황
8. 영상정보처리기 설치 · 운영의 필요성 지속 여부 등

○ 공공기관의 장은 제1항과 3항에 따른 영상정보처리기기 설치 · 운영에 대한 자체점검을 완료한 후에는 그 결과를 홈페이지 등에 공개하여야 합니다. (표준지침 제52조제2항)

[별첨 1] 영상정보처리기기 운영·관리 방침 예시

【 영상정보처리기기 운영·관리 방침 】

본 ________(이하 본 기관이라 함)는 영상정보처리기기 운영·관리 방침을 통해 본 기관에서 처리하는 영상정보가 어떠한 용도와 방식으로 이용 관리되고 있는지 알려드립니다.

1. 영상정보처리기기의 설치 근거 및 설치 목적

본 기관은「개인정보 보호법」제25조 제1항에 따라 다음과 같은 목적으로 영상정보처리기기를 설치·운영 합니다.

- 시설안전 및 화재 예방
- 고객의 안전을 위한 범죄 예방

(주차장에 설치하는 경우)

- 차량도난 및 파손방지

※ 주차대수 30대를 초과하는 규모의 경우「주차장법 시행규칙」제6조제1항을 근거로 설치·운영 가능

2. 설치 대수, 설치 위치 및 촬영범위

설치 대수	설치 위치 및 촬영 범위
00대	건물로비, 주차장 입구

3. 관리책임자 및 접근권한자

귀하의 영상정보를 보호하고 개인영상정보와 관련한 불만을 처리하기 위하여 아래와 같이 개인영상정보 보호책임자를 두고 있습니다.

	이름	직위	소속	연락처
관리책임자	홍길동		0000과	00-0000-0000
접근권한자				

4. 영상정보의 촬영시간, 보관기간, 보관장소 및 처리방법

촬영시간	보관기간	보관장소
24시간	촬영일로부터 30일	000실 (보관시설 명)

- 처리방법: 개인영상정보의 목적 외 이용, 제3자 제공, 파기, 열람 등 요구에 관한 사항을 기록·관리하고, 보관기간 만료 시 복원이 불가능한 방법으로 영구 삭제(출력물의 경우 파쇄 또는 소각)합니다.

5. 영상정보처리기기 설치 및 관리 등의 위탁에 관한 사항 (해당하는 경우만)

본 기관은 아래와 같이 영상정보처리기기 설치 및 관리 등을 위탁하고 있으며, 관계 법령에 따라 위탁계약 시 개인정보가 안전하게 관리될 수 있도록 필요한 사항을 규정하고 있습니다.

수탁업체	담당자	연락처
OO시스템	홍길동	02) 000-0000

6. 개인영상정보의 확인 방법 및 장소에 관한 사항

- 확인 방법: 영상정보 관리책임자에게 미리 연락하고 본 기관을 방문하시면 확인 가능합니다.
- 확인 장소: OO부서 OO팀

7. 정보주체의 영상정보 열람 등 요구에 대한 조치

귀하는 개인영상정보에 관하여 열람 또는 존재확인・삭제를 원하는 경우 언제든지 영상정보처리기기 운영자에게 요구하실 수 있습니다. 단, 귀하가 촬영된 개인영상정보 및 명백히 정보주체의 급박한 생명, 신체, 재산의 이익을 위하여 필요한 개인영상정보에 한정됩니다.

본 기관은 개인영상정보에 관하여 열람 또는 존재확인・삭제를 요구한 경우 지체 없이 필요한 조치를 하겠습니다.

8. 영상정보의 안전성 확보조치

본 기관에서 처리하는 영상정보는 암호화 조치 등을 통하여 안전하게 관리되고 있습니다. 또한 본 기관은 개인영상정보보호를 위한 관리적 대책으로서 개인정보에 대한 접근 권한을 차등부여하고 있고, 개인영상정보의 위・변조 방지를 위하여 개인영상정보의 생성 일시, 열람 시 열람 목적・열람자・열람 일시 등을 기록하여 관리하고 있습니다. 이 외에도 개인영상정보의 안전한 물리적 보관을 위하여 잠금장치를 설치하고 있습니다.

9. 개인정보 처리방침 변경에 관한 사항

이 영상정보처리기기 운영・관리방침은 2012년 O월 OO일에 제정되었으며 법령・정책 또는 보안기술의 변경에 따라 내용의 추가・삭제 및 수정이 있을 시에는 시행하기 최소 7일전에 본 기관 홈페이지를 통해 변경사유 및 내용 등을 공지하도록 하겠습니다.

- 공고일자: 2012년 O월 OO일/시행일자: 2012년 O월 OO일

[별첨 2] 개인영상정보 관리대상 활용 예시

【 개인영상정보 관리대장 】

번호	구분	일시	파일명/형태	담당자	목적/사유	이용·제공받는 제3자/열람등 요구자	이용·제공 근거	이용·제공 형태	기간 및 파기 예정 일자	파기 등 결과 및 처리 일자	안전 관리 요청 및 결과
1	□ 이용 □ 제공 □ 열람 □ 파기										
2	□ 이용 □ 제공 □ 열람 □ 파기										
3	□ 이용 □ 제공 □ 열람 □ 파기										
4	□ 이용 □ 제공 □ 열람 □ 파기										
5	□ 이용 □ 제공 □ 열람 □ 파기										
6	□ 이용 □ 제공 □ 열람 □ 파기										
7	□ 이용 □ 제공 □ 열람 □ 파기										

[참고]

개인영상정보 관리대장 작성요령

ㅇ 구분: 이용/제공/열람/파기 중 1개에 √ 표시
- 이용: 개인정보처리자가 영상자료 관리 등을 위해 이용하는 경우
- 제공: 개인정보처리자 및 정보주체가 아닌 제3자에게 주는 경우
  (제3자가 방문하여 현장에서 화면을 확인한 경우에도 제공에 해당)
- 열람: 정보주체에게 본인의 영상자료를 주는 경우
  (정보주체에게 출력물 등 영상자료를 교부하는 경우에도 열람에 해당)
- 파기: 이용·제공·열람 후 파기한 경우 파기 내용을 기재(자동 삭제 포함)

ㅇ 일시: 신청받은 일시 기재('12.10.10. 14:00 등)

ㅇ 파일명/형태: 관리하고 있는 파일 명칭과 파일형태를 기재('12.10.5일 3~10번 CCTV/동영상, 121005-0003-00동.mp4 등)

ㅇ 담당자: 제공기관의 업무처리 담당자 소속/직급/성명 기재(00과 00직급 홍길동)

ㅇ 목적/사유: 신청기관이 제시한 목적/사유를 구체적으로 기재(청소년 범죄수사, 가출자녀 경로확인, 자전거 도난확인 등)

ㅇ 이용·제공받는 제3자/열람 등 요구자: 책임 소재 명확화 및 사후 관리를 위해 신청기관 명칭과 취급자의 소속, 직급, 성명, 연락처 등을 기재(00경찰서 00계 직급 박길동 02-123-4567)

ㅇ 이용·제공하는 근거: 법령상 이용 또는 제공근거가 있는 경우 법령의 명칭과 조항을 기재
- 근거 법령이 없을 경우 신청 문서의 제목과 문서번호 등을 기재

ㅇ 이용·제공 형태: 자료열람, 자료복제(프린트, F/D, CD, USB), 기타(000형태)로 구분하여 기재

ㅇ 기간 및 파기예정일자: 이용 또는 제공의 기간이 정하여져 있는 경우에는 그 기간을 기재('12.10.11.~11.10.)
- 제공의 경우에는 파기예정일자를 반드시 기재(파기예정 '12.11.10.)
- 사전에 파기 시기를 정하여 자동 삭제하는 경우에는 파기 주기 및 자동 삭제 여부에 대한 확인 시기를 기재(30일 주기 자동 파기, 매월 1일 확인)

ㅇ 파기 등 결과 및 처리일자
- 결과 회신: 통보받음(수사종결 파기, '12.10.10. 파기자 김길동), 통보받음(기록물 보존, '12.10.10.), 통보받음(검찰 등 타기관 이첩, '12.10.10.)
- 자료 반환: 자료반환('12.10.11.) 받은 후 파기함(12.10.11. 파기자 이길동)
- 기타: 개인 등에게 타인의 얼굴을 모두 가리고 열람·제공하여 파기 결과 확인이 불필요한 경우에는 "타인영상 제거 후 제공('12.10.10.)" 등으로 기재
- 파기기간 연장: 연장 내용을 우선 기재하고, 향후 회신 등 결과를 추가 기재

ㅇ 안전관리 요청 및 결과: 영상자료를 제공할 때 안전한 관리에 대하여 따로 요청한 내용이 있는 경우에는 그 내용과 결과를 기재

제2차 개정

민간분야 영상정보처리기기 설치·운영 가이드라인

2015. 1. 12.

행정자치부

행 정 자 치 부

본 가이드라인은 개인정보 보호법 제25조, 같은 법 시행령 제22조부터 제27조까지 및 표준개인정보보호지침 제3장의 내용을 설명한 것입니다.

본 가이드라인은 2012년 3월 5일 제정하고, 2012년 12월 1일 1차 개정한 바 있으며, 일부 수정사항을 반영하여 2차 개정, 2015년 1월 12일부터 시행합니다.

주요 개정사항

○ 공개 · 비공개된 장소 추가 · 보완
○ 안내판 설치 장소 구체화
○ 영상정보 보관 및 파기, 위수탁 내용 보완 등

목 차

제1장 개요

1. 제정 목적

이 가이드라인은 민간부문의 영상정보처리기기 설치・운영 및 개인영상정보 보호에 대하여 준수하여야 할 사항을 업무담당자가 쉽게 이해할 수 있도록 기준을 제시함을 목적으로 합니다.

2. 용어 정의

○ "영상정보처리기기"란 일정한 공간에 지속적으로 설치되어 사람 또는 사물의 영상 등을 촬영하거나 이를 유・무선망을 통하여 전송하는 일체의 장치로써 시행령 제3조에 따른 폐쇄회로 텔레비전(CCTV) 및 네트워크 카메라를 의미합니다. (법 제2조제7호, 시행령 제3조)

※ 본 가이드라인에서, 「개인정보 보호법」은 '법', 「개인정보 보호법」 시행령은 '시행령, 「표준 개인정보 보호지침」은 '표준지침'으로 표기함

1. 폐쇄회로 텔레비전: 다음 각 목의 어느 하나에 해당하는 장치
   가. 일정한 공간에 지속적으로 설치된 카메라를 통하여 영상 등을 촬영하거나 촬영한 영상정보를 유무선 폐쇄회로 등의 전송로를 통하여 특정 장소에 전송하는 장치
   나. 가목에 따라 촬영되거나 전송된 영상정보를 녹화・기록할 수 있도록 하는 장치
2. 네트워크 카메라: 일정한 공간에 지속적으로 설치된 기기로 촬영한 영상정보를 그 기기를 설치・관리하는 자가 유무선 인터넷을 통하여 어느 곳에서나 수집・저장 등의 처리를 할 수 있도록 하는 장치

○ "개인영상정보"라 함은 영상정보처리기기에 의하여 촬영・처리되는 영상정보 중 개인의 초상, 행동 등 사생활과 관련된 영상으로서 해당 개인의 동일성 여부를 식별할 수 있는 정보를 의미합니다. (표준지침 제2조제9호)

○ "영상정보처리기기운영자"라 함은 법 제25조제1항 각 호에 따라 영상정보처리기기를 설치・운영하는 자를 의미합니다.

※ 법 제25조제1항에 따라 영상정보처리기기를 설치・운영하는 자가 아닌 경우(비공개 장소에 설치된 영상정보처리기기)에는「개인정보 보호법」상 "개인정보처리자"임

○ "공개된 장소"란 공원, 도로, 지하철, 상가 내부, 주차장 등 불특정 다수(정보주체)가 접근 및 통행하는 데에 제한을 받지 아니하는 장소를 의미합니다.

○ "비공개된 장소"인 경우에는 법 제15조제1항에 따라 정보주체의 동의나 다음과 같이 법률에 특별한 규정이 있는 경우 등에만 영상정보처리기기의 설치・운영(개인영상정보의 수집 및 이용)이 가능합니다.

['법률에 특별한 규정이 있는 경우'의 예]

• 「근로자참여 및 협력증진에 관한 법률」 제20조제1항제14호
  - 사업장 내 근로자 감시 설비의 설치는 노사협의회의 협의사항
• 「사격 및 사격장 안전관리에 관한 법률」 제5조제2항
  - 안전사고 방지를 위해 사격장의 주요 지점에 폐쇄회로 텔레비전 설치

[참고] "공개된 장소"의 예시

- 도로, 공원, 공항, 항만, 주차장, 놀이터, 지하철역 등의 공공장소
- 백화점, 대형마트, 상가, 놀이공원, 극장 등 시설
- 버스, 택시 등 누구나 탑승할 수 있는 대중교통
- 병원 대기실, 접수대, 휴게실
- 구청·시청·주민센터의 민원실 등 국가 또는 지방자치단체가 운영하는 시설로 민원인 또는 주민의 출입에 제한이 없는 공공기관 내부

[참고] "비공개된 장소"의 예시

- 입주자만 이용 가능한 시설, 직원만 출입이 가능한 사무실, 권한이 있는 자만 접근 가능한 통제구역
- 학생, 교사 등 학교관계자만 출입이 가능한 학교시설(교실, 실험실 등)
- 진료실, 입원실, 수술실, 비디오 감상실, 노래방의 개별 방, 지하철 내 수유실 등 사생활 침해 위험이 큰 공간

[참고] 순수한 사적 장소에 영상정보처리기기를 설치·운영하는 경우

- 영상정보처리기기가 개인의 주택 내부, 개인소유의 차량 등 순수한 사적 공간에 설치되어 있는 경우에는 이 법 적용이 배제됩니다. 예를 들어 단독주택·연립주택 등의 대문, 현관 등에 범죄예방(방범) 목적으로 감시용 CCTV를 설치하는 경우가 이에 해당합니다. 이 경우에는 그 영상정보처리기기가 설치된 장소는 공개된 장소가 아니며, 그 영상정보처리기기를 설치·운영하는 개인 등도 '개인정보처리자'에 해당한다고 보기 어려워 이 법이 적용되지 않습니다.
- 다만, 이러한 경우에도 CCTV 각도를 최대한 주택 내부로 하는 등의 조치를 취하여 다른 사람들의 사생활 침해가 발생하지 않도록 하여야 합니다.

【Q】 사무실은 공개된 장소인지?

A. 출입이 통제되어 해당 사무실에 직원 등 특정한 사람만 들어갈 수 있다면 공개된 장소로 볼 수 없습니다.
사무실이라고 하더라도 출입이 통제되지 않아 민원인이나 불특정 다수인이 아무런 제약 없이 출입이 가능하다면 공개된 장소에 해당합니다.

【Q】 출입이 통제되는 사무실에 CCTV를 설치하는 경우?

A. 비공개된 장소에 설치된 영상정보처리기기는 법 제25조가 적용되지 않으나 이를 통해 수집되는 영상정보는 개인정보에 해당하므로 법 제15조가 적용됩니다.
특정인에 한하여 출입할 수 있는 사무실 등 비공개된 장소에 영상정보처리기기를 설치하고자 하는 경우에는 촬영 범위에 포함된 모든 정보주체의 동의를 받는 것이 바람직하며, 안내판 설치나 보호조치 등은 공개된 장소에 설치된 영상정보처리기기 규정을 준용하는 것을 권장합니다.

【Q】 외부를 촬영하는 차량용 블랙박스가 영상정보처리기기인지?

A. 영상정보처리기기는 일정한 공간에 지속적으로 설치되어 해당 공간을 지속적으로 촬영(촬영의 지속성)하는 것을 말하므로, 차량 외부를 촬영하는 블랙박스는 「개인정보 보호법」상 영상정보처리기기에 해당하지 않습니다.

다만, 차량에 설치되어 차량 내부를 촬영하는 CCTV는 차량 내부라는 일정한 공간을 지속적으로 촬영하는 것으로 「개인정보 보호법」상 영상정보처리기기에 해당합니다.(개인 사적 소유 차량 제외)

따라서, 회사차량, 택시나 버스 내부를 촬영하는 CCTV는 법 제25조에 따라 안내판 설치, 임의 조작 및 녹음 금지 등의 의무를 준수하여야 하며, 개인의 초상권과 사생활 침해가 최소화될 수 있도록 노력하여야 합니다.

ex) 택시기사를 중심으로 촬영범위를 고정, 영상정보처리기기의 촬영방향을 뒤에서 앞을 향하도록 하여 택시기사와 승객의 뒷모습만을 촬영하는 방법 등

【Q】 근로 모니터링을 위한 CCTV 설치가 가능한지?

A. 외부인의 출입이 통제되는 근로공간은 원칙적으로 '비공개 장소'에 해당하므로 법 제25조가 아닌 제15조가 적용됩니다.

이와 관련하여 「근로자참여 및 협력증진에 관한 법률」에서는 CCTV와 같은 근로자 감시 장비는 노사 양자의 협의사항으로 규정하고 있으므로, 근로모니터링 목적의 CCTV 설치 범위 및 사생활 침해 방지 조치 등을 노사 협의로 정하여 설치·운영할 수 있습니다.

3. 기본원칙 및 주요내용

영상정보처리기기를 설치·운영하려는 자는 개인의 사생활이 침해되지 않도록 영상정보처리기기를 최소한으로 설치·운영하여야 하며, 개별 구체적 사안에서 아래의 각 원칙이 구현될 수 있도록 적용·운영하여야 함

○ 영상정보처리기기 설치·운영 제한 및 필요 최소한 촬영 (항목별 세부내용 1,2 참조)

○ 영상정보처리기기 임의조작·녹음 금지 (항목별 세부내용 3 참조)

○ 안내판 설치를 통한 설치 사실 공지 (항목별 세부내용 4 참조)

○ 영상정보처리기기 운영·관리 방침 수립·공개 및 책임자 지정 (항목별 세부내용 5,6 참조)

○ 영상정보의 목적 외 이용·제공 제한 및 보관·파기 철저 (항목별 세부내용 7,8 참조)

○ 영상정보처리기기의 설치·운영 위탁 시 관리·감독 철저 (항목별 세부내용 9 참조)

○ 정보주체의 자기영상정보 열람권 보장 (항목별 세부내용 10 참조)

○ 개인영상정보의 안전성 확보 조치 및 자체 점검 실시 (항목별 세부내용 11,12 참조)

제2장 항목별 세부내용

1. (영상정보처리기기 설치 · 운영 제한) 누구든지 공개된 장소에 영상정보처리기기를 설치 · 운영하는 것은 원칙적으로 금지되며 다른 법익의 보호를 위하여 필요한 경우 예외적으로 설치 · 운영이 허용됨

○ 공개된 장소에서의 영상정보처리기기 설치는 원칙적으로 금지되고, 예외적으로 법 제25조에서 정하는 사유에 해당하는 경우에만 영상정보처리기기를 설치 · 운영할 수 있습니다.(법 제25조제1항)

영상정보처리기기 설치 · 운영 허용

1. 법령에서 구체적으로 허용하고 있는 경우
2. 범죄의 예방 및 수사를 위하여 필요한 경우
3. 시설안전 및 화재 예방을 위하여 필요한 경우
4. 교통단속을 위하여 필요한 경우
5. 교통정보의 수집 · 분석 및 제공을 위하여 필요한 경우

○ 영상정보처리기기는 개인의 의사와 무관하게 초상 및 활동 정보가 수집되어 무단 공개나 유출 등으로 인한 사생활 침해 우려가 높은 만큼 영상정보처리기기임을 쉽게 인식할 수 있는 형태의 영상정보처리기기를 정보주체 눈에 잘 띄는 곳에 설치 · 운영하는 것이 바람직합니다.

○ 개인정보의 최소 수집원칙에 따라 영상정보처리기기의 설치목적을 달성할 수 있는 최소한의 범위(촬영장소, 촬영각도 및 시간) 내에서 개인정보를 수집해야 합니다.(법 제3조제1항)

2. (사생활침해 우려 장소 설치 · 운영 금지) 불특정 다수가 이용하는 공개된 장소라도 현저히 사생활 침해 우려가 있는 장소는 영상정보처리기기 설치 · 운영이 금지됨

○ 개인의 신체를 노출시킬 우려가 있는 목욕실, 화장실, 발한실(發汗室), 탈의실, 기타 신체의 노출 외에도 개인의 사생활을 현저히 침해할 우려가 있는 장소의 내부를 볼 수 있도록 영상정보처리기기를 설치 · 운영하는 행위는 금지됩니다.(법 제25조제2항)

【Q】 옷을 입고 들어가는 찜질방 휴게실이 사생활을 현저히 침해할 우려가 있는 장소인지?

A. 목욕실, 화장실, 발한실, 탈의실은 개인의 신체가 노출되어 사생활 침해가 발생할 소지가 있는 장소를 예시적 나열한 것입니다.
찜질방의 불가마 외부 공간에서 옷을 입고 출입한다면 이러한 장소는 개인의 사생활을 현저히 침해할 우려가 있는 장소로 보기 어려우므로 이 경우 물품도난 방지를 위해 제한적으로 CCTV설치가 가능하나 최대한 고객의 사생활 침해가 발생하지 않도록 조치를 해야 합니다.

○ 다만, 교도소, 정신보건시설 등과 같이 법령에 근거하여 사람을 보호하는 시설로서 대통령령으로 정한 시설에 대해서는 예외적으로 영상정보처리기기를 설치 · 운영 할 수 있습니다.(법 제25조제

2항)
※ 개별 법령상 특별한 절차가 있는 경우 이에 따라야 함

개인의 사생활을 현저히 침해할 우려가 있는 장소의 예외적 설치·운영 허용

1. 「형의 집행 및 수용자의 처우에 관한 법률」 제2조제4호에 따른 교정시설(교도소·구치소 및 그 지소)
2. 「정신보건법」 제3조제3호부터 제5호까지의 규정에 따른 정신의료기관(수용시설을 갖추고 있는 것만 해당), 정신질환자사회복귀시설, 정신요양시설

3. (임의조작·녹음 금지) 영상정보처리기기에는 녹음 기능을 사용할 수 없고 설치 목적과 다른 목적으로 임의 조작할 수 없음

○ 영상정보처리기기운영자는 녹음 기능을 사용할 수 없습니다.(법 제25조제5항)

【Q】 고질민원 고객이나 고객의 폭력 행사에 대비해 매장 내 설치된 CCTV를 통해 녹음도 할 수 있는지?

A. 상점이나 매장은 일반인이 자유롭게 출입할 수 있어 공개된 장소에 해당하며, 이 경우 법 제25조에 따라 CCTV를 설치할 수 있습니다. 하지만 어떤 목적으로든 CCTV를 통한 녹음은 금지됩니다.

○ 영상정보처리기기운영자는 영상정보처리기기의 설치 목적과 다른 목적으로 영상정보처리기기를 임의로 조작하거나 다른 곳을 비출 수 없습니다.(법 제25조제5항)

【Q】 은행의 현금인출기 부스 천장에 CCTV를 설치할 수 있는지?

A. 범죄 예방 및 시설안전을 위해 은행의 현금인출기 부스 천장에도 CCTV를 설치할 수 있습니다. 하지만, 고객의 계좌번호, 비밀번호까지 촬영하는 것은 설치 목적을 벗어난 과도한 촬영이므로 계좌번호, 비밀번호 등이 노출되지 않도록 촬영 각도를 조절해야 합니다. 참고로, 비밀번호 등으로 출입하는 상가의 출입문을 비추는 경우에도 이와 같이 촬영 각도를 조절해야 합니다.

【Q】 주차장에 설치된 CCTV로 길거리까지 촬영할 수 있는지?

A. 주차장에 설치된 CCTV가 타인이 통행하는 길거리까지 비추고 있다면 타인의 사생활을 침해할 우려가 높으므로, 길거리나 다른 집 대문 등을 비추지 않도록 촬영 각도를 조절해야 합니다.

【Q】 영상정보처리기기의 줌(Zoom) 기능이나 촬영방향 전환 기능을 이용할 수 있는지?

A. 영상정보처리기기를 당초 설치 목적이 아닌 다른 목적으로 임의로 조작하거나 다른 곳을 촬영하는 것을 금지하는 것으로, 당초 설치목적 범위 내에서 이용하는 것은 가능합니다.

【Q】 개인이 자신의 비용으로 인도(人道), 골목 등과 같은 "공개된 장소"에 방범목적으로 영상정보처리기기를 설치·운영할 수 있는지?

A. 영상정보처리기기는 자신의 정당한 권한이 미치는 장소적 범위 내에서 설치·운영하여야 합니다. 비록, 공개된 장소에 범죄예방, 시설안전 등의 목적으로 CCTV 설치·운영이 가능하다고 하더라도 공개된 장소에서의 촬영은 타인의 사생활을 침해할 우려가 높으므로 정당한 관리권한을 가진 기관·단체, 개인 등이 설치·운영 하여야 합니다.

4. **(안내판의 설치)** 영상정보처리기기 설치·운영 시 정보주체가 쉽게 알아볼 수 있도록 안내판을 설치하여야 함

○ 안내판은 촬영범위 내에서 정보주체가 알아보기 쉬운 장소에 설치하며 안내판의 크기나 위치는 자율적으로 정하되, 정보주체가 손쉽게 인식할 수 있도록 다음 사항을 유의하여 설치하여야 합니다.(법 제25조제4항, 시행령 제24조제1항)

1. 안내판은 정보주체가 쉽게 알아볼 수 있는 출입구, 정문 등 눈에 잘 띄는 장소에 설치해야 함
2. 건물 내, 공원 등 설치 장소에 따라 정보주체가 쉽게 판독할 수 있도록 안내판의 글자 크기와 높이를 조절하여 설치해야 함

[참고] 안내판 설치 장소의 예시

• 건물: 건물 1층 출입구 또는 정문, 기타 사람들의 이동이 빈번한 각 층의 출입구, 안내데스크 등 눈에 잘 띄는 곳
• 건물외의 장소(공원 등): 각 출입구, 기둥 또는 시설물 등 눈에 잘 띄는 곳
• 상가: 주(主)출입문, 계산대 등 눈에 잘 띄는 곳
• 버스 등 대중교통: 승하차 출입문, 버스내 노선도 옆 등 승객의 눈에 잘 띄는 곳
• 택시: 보조석 앞, 좌석 머리받침 뒤편 등 승객의 눈에 잘 띄는 곳
• 주차장: 입구, 정산소, 주차장 내 기둥 등 눈에 잘 띄는 곳

○ 특히, 외국인이 자주 이용하는 장소인 경우, 안내판은 한국어와 외국어로 병기하는 것이 바람직합니다.

○ 영상정보처리기기의 설치·운영을 위탁한 경우에는 영상정보처리기기 위탁자의 관리책임자와 더불어 수탁관리자의 성명(또는 직책)·업체명 및 연락처를 함께 기재하여야 합니다.(표준지침 제47조제1항)

안내판에 기재하여야 할 사항

1. 설치 목적 및 장소
2. 촬영 범위 및 시간
3. 관리책임자의 성명(또는 직책) 및 연락처
4. (영상정보처리기기 설치·운영을 위탁한 경우) 수탁관리자 성명(또는 직책)·업체명 및 연락처

○ 건물 안에 여러 개의 영상정보처리기기를 설치하는 경우에는 출입구 등 잘 보이는 곳에 해당 시설 또는 장소 전체가 영상정보처리기기 설치지역임을 표시하는 안내판을 설치할 수 있습니다.(시행령 제24조제1항)

※ 주차장 등과 같이 건물 주(主)출입문과 동선이 분리된 장소에는 출입구 마다 안내판을 부착하는 것이 바람직합니다.

【Q】 매장 내에 여러 대의 CCTV가 설치되어 있는데, 모두 몇 개의 안내판을 부착하여야 하는지?

A. 매장 내부 전체가 설치지역임을 표시한 안내판을 출입구에 부착하면 됩니다. 다만, 출입구가 여러 곳이거나 주차장 등 동선이 분리된 장소가 있다면 별도로 안내판을 부착하여야 합니다.

○ 영상정보처리기기운영자가 서로 다른 경우에는 동일한 장소 또는 건물이라고 하더라도 영상정보처리기기운영자 별로 안내판을 각각 설치하여야 합니다.

○ 산불감시용 영상정보처리기기를 설치하는 경우 등 장소적 특성으로 인하여 안내판 설치가 불가능하거나, 설치하더라도 정보주체가 쉽게 알아볼 수 없는 경우에는 안내판 설치를 갈음하여 인터넷 홈페이지에 안내판에 기재하여야 할 사항을 게재할 수 있습니다.(시행령 제24조제3항)

[인터넷 홈페이지를 운영하고 있지 않아 게재가 불가능한 경우 게시방법]

1. 영상정보처리기기운영자의 사업장·영업소·사무소·점포 등 보기 쉬운 장소에 게시하는 방법
2. 영상정보처리기기운영자의 사업장 등이 있는 특별시·광역시·도 또는 특별자치도(이하 "시·도"라 한다)이상의 지역을 주된 보급지역으로 하는 「신문 등의 진흥에 관한 법률」 제2조제1호가목·다목 및 같은 조 제2호에 따른 일반일간신문, 일반주간신문 또는 인터넷신문에 싣는 방법

〈안내판 및 홈페이지 게재 내용 예시〉

CCTV 설치 안내

◈ 설치목적: 범죄 예방 및 시설안전
◈ 설치장소: 출입구의 벽면/천장, 엘리베이터/ 각층의 천장
◈ 촬영범위: 출입구, 엘리베이터 및 각층 복도(360° 회전)
◈ 촬영시간: 24시간 연속 촬영
◈ 관리책임자: OOOO과 홍길동(02-000-0000)
(설치·운영을 위탁한 경우)
◈ 수탁관리자: OOOO업체 박길동(02-000-0000)

※ 안내판에 CCTV 그림을 표시하여 정보주체가 쉽게 인식할 수 있도록 하는 것이 바람직합니다.

5. (영상정보처리기기 운영·관리 방침 수립) 영상정보처리기기운영자는 영상정보처리기기 운영·관리 방침을 마련하여 공개하여야 함

○ 영상정보처리기기운영자는 영상정보처리기기 운영 · 관리 방침을 수립하고 이를 해당 인터넷 홈페이지에 게재하여 정보주체에게 공개하여야 합니다.(법 제25조제7항, 시행령 제25조 및 제31조제2항 · 제3항)

[인터넷 홈페이지를 운영하고 있지 않아 게재가 불가능한 경우 게시방법]

1. 영상정보처리기기운영자의 사업장 · 영업소 · 사무소 · 점포 등 보기 쉬운 장소에 게시하는 방법
2. 영상정보처리기기운영자의 사업장 등이 있는 특별시 · 광역시 · 도 또는 특별자치도(이하 "시 · 도"라 한다)이상의 지역을 주된 보급지역으로 하는 「신문 등의 진흥에 관한 법률」 제2조제1호가목 · 다목 및 같은 조 제2호에 따른 일반일간신문, 일반주간신문 또는 인터넷신문에 싣는 방법 등

방침에 포함하여야 할 사항

1. 영상정보처리기기의 설치 근거 및 설치 목적
2. 영상정보처리기기의 설치 대수, 설치 위치 및 촬영 범위
3. 관리책임자, 담당 부서 및 영상정보에 대한 접근 권한이 있는 사람
4. 영상정보의 촬영시간, 보관기간, 보관장소 및 처리방법
5. 영상정보 확인 방법 및 장소
6. 정보주체의 영상정보 열람 등 요구에 대한 조치
7. 영상정보 보호를 위한 기술적 · 관리적 및 물리적 조치
8. 그 밖에 영상정보처리기기의 설치 · 운영 및 관리에 필요한 사항

※ [별첨 1] 영상정보처리기기 운영 · 관리 방침 예시

○ 영상정보처리기기 운영 · 관리 방침 수립 대신에 영상정보처리기기 설치 · 운영에 관한 사항을 개인정보 처리방침에 포함하여 공개하는 것도 가능합니다.(법 제25조제7항)

6. (관리책임자 지정) 영상정보처리기기운영자는 개인영상정보의 처리에 관한 업무를 총괄하여 책임질 개인영상정보 관리책임자를 지정하여야 함

○ 개인영상정보 관리책임자는 자체적으로 지정하여 관리하는 것을 원칙으로 합니다.(표준지침 제41조제1항)

관리책임자의 업무

1. 개인영상정보 보호 계획의 수립 및 시행
2. 개인영상정보 처리 실태 및 관행의 정기적인 조사 및 개선
3. 개인영상정보 처리와 관련한 불만의 처리 및 피해구제
4. 개인영상정보 유출 및 오용 · 남용 방지를 위한 내부통제시스템의 구축
5. 개인영상정보 보호 교육 계획 수립 및 시행
6. 개인영상정보 파일의 보호 및 파기에 대한 관리 · 감독
7. 그 밖에 개인영상정보의 보호를 위하여 필요한 업무

○ 이미 개인정보 보호책임자가 지정되어 있는 경우에는 그 개인정보 보호책임자가 개인영상정보 관리책임자의 업무를 수행할 수 있습니다.(표준지침 제41조제3항)

7. (영상정보의 목적 외 이용 및 제3자 제공) 영상정보처리기기운영자는 법률에서 정하는 등 특별한 경우를 제외하고 개인영상정보를 수집 목적 이외로 이용하거나 제3자에게 제공할 수 없음

○ 영상정보처리기기운영자는 원칙적으로 수집 목적을 넘어서 개인영상정보를 이용하거나 제3자에게 제공할 수 없으며, 다음의 예외 사유에 해당하는 경우에 한하여 목적 외 이용·제공이 가능합니다.(법 제18조제1항·제2항)

개인영상정보 목적 외 이용·제3자 제공 제한의 예외

1. 정보주체의 별도의 동의를 얻은 경우
2. 다른 법률에 특별한 규정이 있는 경우
3. 정보주체 또는 그 법정대리인이 의사표시를 할 수 없는 상태에 있거나 주소불명 등으로 사전 동의를 받을 수 없는 경우로서 명백히 정보주체 또는 제3자의 급박한 생명, 신체, 재산의 이익을 위하여 필요하다고 인정되는 경우
4. 통계작성 및 학술연구 등의 목적을 위하여 필요한 경우로서 특정 개인을 알아볼 수 없는 형태로 개인영상정보를 제공하는 경우

【Q】 당초 범죄예방 목적으로 설치한 CCTV 영상자료를 민원인의 방문 여부를 확인하기 위해 열람하거나 제공할 수 있는지?

A. 원칙적으로 수집 목적을 넘어서 영상정보를 이용하거나 제3자에게 제공할 수 없으며, 정보주체의 동의, 다른 법률의 특별한 규정 등 예외 사유에 해당하는 경우에 한하여 이용 또는 제공할 수 있습니다.

【Q】 경찰이나 검찰에서 수사목적으로 CCTV 자료를 요청했는데, 본인 동의 없이 제공해도 되는지?

A. 범죄수사와 공소제기 유지를 위해 수사기관 등에서 개인정보가 포함된 자료제출을 요구하는 경우 원칙적으로 법관의 영장이나 법원의 제출명령이 있는 경우에만 본인 동의 없이 제공할 수 있습니다.

법 제18조제2항제3호 및 표준지침 제44조제1항제3호에 따라 정보주체나 제3자의 급박한 생명, 신체, 재산상 이익을 위해 필요한 경우 형사소송법 또는 「경찰관직무집행법」상 협조요청만으로도 본인 동의 없이 CCTV 자료를 제공할 수 있습니다.

이 경우 본인 동의 없이 CCTV를 제공한다고 하더라도 수사에 필요한 최소한의 범위에서 제한적으로 제공하여야 하며, 요청기관에서도 관련 법령 및 요청 목적 등을 명확히 하고 최소한의 범위 내에서 자료제공을 요청하여야 합니다.

※ 영상정보처리기기의 특성상 일정기간이 지나면 영상자료가 삭제된다는 점에서 CCTV영상자료는 그 자체로 급박성이 있다고 봄.

【Q】 통계작성 및 학술연구 목적으로 영상정보를 요청하는 경우, 본인 동의 없이 제공해도 되는지?

A. 법 제18조제2항제4호에 따라 특정 개인을 알아볼 수 없도록 모자이크, 마스킹 처리 등 비식별화 조치 후 제공하는 것은 가능합니다.

【Q】 아파트 단지 내 놀이터에 입주민이 본인 자녀의 안전을 위하여 CCTV를 설치 · 운영할 수 있는지?

A. 아파트 등 공동주택의 경우, 아파트 입주민이 놀이터 등 공용부분에 임의로 CCTV를 설치 · 운영할 수 있는 권한이 있는지 여부는 「주택법」등 근거규정에 따라야 할 것이며, 비록 CCTV를 설치 · 운영하더라도 「개인정보 보호법」상의 관련 규정을 준수하여야 합니다.

○ 개인영상정보를 수집 목적 외로 이용하거나 제3자에게 제공하는 경우에는 다음의 사항을 기록하고 관리하여야 합니다.(표준지침 제46조제1항)

1. 개인영상정보 파일의 명칭
2. 이용하거나 제공받은 자의 명칭
3. 이용 또는 제공의 목적
4. 법령상 이용 또는 제공근거가 있는 경우 그 근거
5. 이용 또는 제공의 기간이 정하여져 있는 경우에는 그 기간
6. 이용 또는 제공의 형태

※ 표준지침 별지 서식 제3호 개인영상정보 관리대장 활용 가능

8. (보관 및 파기) 영상정보처리기기에 의하여 수집된 영상정보는 보유기간이 만료된 후 지체 없이 삭제하여야 함. 다만, 다른 법령에 특별한 규정이 있는 경우에는 그러지 아니함

○ 보유기간이 경과하면 개인영상정보를 지체 없이 파기해야 하며'지체 없이'란 보유기간 종료일로부터 5일 이내를 의미합니다.(표준지침 제11조제1항)

○ 해당사업 등의 특성에 따라 보유목적의 달성을 위한 최소한의 기간 산정이 곤란한 때에는 보유기간을 영상정보의 수집 후 30일 이내로 합니다.(표준지침 제45조제2항)

【Q】 영상정보의 보관기간은 반드시 30일 이내로 정해야 하는지?

A. 반드시 30일 이내로 하여야 하는 것은 아닙니다. CCTV 설치 목적 등 해당기관의 특성에 따라 보관 목적 달성을 위해 필요한 최소한의 기간이 30일을 초과하는 경우에는 이를 CCTV 운영 · 관리 방침에 반영하고 그 기간 동안 보관할 수 있습니다. 또한 다른 법령에 보관기간이 정해져 있는 경우에는 그에 따라야 합니다.

○ 영상정보처리기기운영자가 개인영상정보를 파기하는 경우에는 다음 사항을 기록하고 관리하여야 합니다.(표준지침 제46조제2항)

1. 파기하는 개인영상정보 파일의 명칭
2. 개인영상정보 파기일시 (사전에 파기 시기 등을 정한 자동 삭제의 경우에는 파기 주기 및 자동 삭제 여부에 대한 확인 시기)
3. 개인영상정보 파기 담당자

※ 표준지침 별지 서식 제3호 개인영상정보 관리대장 활용 가능

○ 영상정보의 파기시 출력물과 전자형태 등 존재 형태에 따라 복구 또는 재생이 불가능한 방법으로 파기해야 합니다.(법 제21조제2항)
○ 다른 법령에 따라 파기하지 아니하고 보존해야 하는 영상정보는 다른 영상정보와 분리하여 저장·관리해야 합니다.(법 제21조제3항)

9. (영상정보처리기기 설치·운영 사무의 위탁) 영상정보처리기기운영자는 영상정보처리기기의 설치·운영에 관한 사무를 위탁할 수 있음

○ 영상정보처리기기운영자는 영상정보처리기기 설치·운영에 관한 사무를 위탁할 수 있습니다. 이 경우 법 제26조에 따른 업무위탁 규정이 적용됩니다.
○ 따라서, 위탁을 하는 경우 다음의 내용이 포함된 문서로 하여야 합니다. (법 제26조제1항, 시행령 제28조제1항)

1. 위탁업무 수행 목적외 개인정보의 처리 금지에 관한 사항
2. 개인정보의 기술적·관리적 보호조치에 관한 사항
3. 위탁하는 사무의 목적 및 범위
4. 재위탁 제한에 관한 사항
5. 영상정보에 대한 접근 제한 등 안전성 확보 조치에 관한 사항
6. 영상정보의 관리 현황 점검에 관한 사항
7. 위탁받는 자가 준수하여야 할 의무를 위반한 경우의 손해배상 등 책임에 관한 사항

○ 또한, 위탁자는 위탁자의 홈페이지에 수탁자와 위탁하는 업무의 내용을 지속적으로 게재하여야 합니다. 다만, 인터넷 홈페이지에 공개가 불가능한 경우에는 다음 어느 하나의 방법으로 공개해야 합니다.(법 제26조제2항, 시행령 제28조제2항·제3항)

1. 위탁자의 사업장 등의 보기 쉬운 장소에 게시
2. 일반일간신문, 일반주간신문 또는 인터넷신문에 게재
3. 연 2회 이상 발행하여 정보주체에게 배포하는 간행물·소식지·홍보지 또는 청구서 등에 지속적으로 게재
4. 위탁자와 정보주체가 작성한 계약서 등에 실어 정보주체에게 발급

○ 위탁자는 개인영상정보가 분실 · 도난 · 유출 · 변조 또는 훼손되지 아니하도록 수탁자를 교육하고, 수탁자가 개인영상정보를 안전하게 처리하는지를 감독하여야 하며, 수탁자는 위탁 받은 업무 범위를 초과하여 개인영상정보를 이용하거나 제3자에게 제공을 하여서는 아니 됩니다.(법 제26조제4항 · 제5항)

10. (열람등의 청구) 영상정보처리기기운영자는 정보주체에게 영상정보의 존재확인 및 열람 · 삭제를 요청받은 경우 지체 없이 필요한 조치를 취해야 함

○ 정보주체는 영상정보처리기기운영자가 처리하는 개인영상정보에 대하여 열람 또는 존재확인을 해당 영상정보처리기기운영자에게 요구할 수 있습니다.(법 제35조제1항, 표준지침 제48조제1항)

○ 정보주체가 열람등을 요구할 수 있는 개인영상정보는 정보주체 자신이 촬영된 개인영상정보 및 주소불명 등으로 정보주체의 동의를 받을 수 없으면서 명백히 정보주체 또는 제3자의 급박한 생명, 신체, 재산의 이익을 위하여 필요한 개인영상정보에 한합니다.(법 제35조제1항 및 제18조제2항)

○ 정보주체는 해당 영상정보처리기기운영자에게 개인영상정보에 대하여 열람 또는 존재확인을 요구할 수 있으며, 영상정보처리기기운영자는 이에 대하여 지체 없이 필요한 조치를 취하여야 합니다. (법 제35조제1항 · 제3항)

○ 영상정보처리기기운영자는 열람등 요구를 한 자가 본인이거나 정당한 대리인인지를 주민등록증 · 운전면허증 · 여권 등의 신분증명서를 제출받아 확인하여야 합니다.(표준지침 제48조제3항)

○ 다만, 정보주체의 개인영상정보 열람등 요구가 다음 각 호의 사항에 해당하는 경우 요구를 거부할 수 있습니다. 이때에는 거부사유를 10일 이내에 서면으로 정보주체에게 통지하여야 합니다.(법 제35조제5항, 시행령 제42조제2항)

개인영상정보 열람등의 청구를 거부할 수 있는 사유

1. 개인영상정보의 보관기간이 경과하여 파기한 경우
2. 기타 정보주체의 열람등 요구를 거부할 만한 정당한 사유가 존재하는 경우(ex. 개인영상정보 열람으로 인하여 다른 사람의 사생활이나 정당한 이익을 침해할 우려가 큰 경우)

○ 열람등 조치를 취하는 때에는 정보주체 이외의 자를 명백히 알아볼 수 있거나 정보주체 이외의 자의 사생활 침해 우려가 있는 경우 해당되는 정보주체 이외의 자의 개인영상정보를 알아볼 수 없도록 보호조치를 취해야 합니다.(법 제35조제4항, 시행령 제42조제1항, 표준지침 제50조)

【Q】 본인이 영상자료 열람을 요청하는데 다른 사람이 함께 찍힌 경우에는 어떻게 해야 하나?

A. 영상자료에 다른 사람이 함께 찍힌 경우 원칙적으로 다른 사람은 식별할 수 없도록 모자이크 처리 등을 해서 최소한으로 제공하여야 합니다.

【Q】 고객이 지갑을 두고 가서, 이를 가져간 사람의 확인을 위해 CCTV 자료 열람을 요청한 경우 열람이 가능한지?

A. 정보주체는 자신의 영상정보가 아니더라도 해당 영상정보주체의 주소 불명 등으로 동의 얻을 수 없는 경우이면서 정보주체의 급박한 생명, 신체, 재산상 이익을 위하여 필요한 경우에 한해서 타인에 관한 영상자료를 열람할 수 있습니다.
다만, 그 범위는 필요 최소한도로 제한되며, 영상정보처리기기운영자나 개인정보처리자가 관련 영상을 먼저 확인 후 해당 부분에 대해서만 열람시켜주는 것이 바람직합니다.

○ 영상정보처리기기운영자는 정보주체가 개인영상정보에 대한 열람등 요구를 한 경우 그에 대한 조치사항과 내용을 기록·관리하여야 합니다.(표준지침 제48조제5항 및 제49조)

정보주체의 개인영상정보 열람등 요구 시 기록사항

1. 개인영상정보 열람등을 요구한 정보주체의 성명 및 연락처
2. 정보주체가 열람등을 요구한 개인영상정보 파일의 명칭 및 내용
3. 개인영상정보 열람등의 목적
4. 개인영상정보 열람등을 거부한 경우 그 거부의 구체적 사유
5. 정보주체에게 개인영상정보 사본을 제공한 경우 해당 영상정보의 내용과 제공한 사유

※ 표준개인정보보호지침 별지 서식 제3호 개인영상정보 관리대장 활용 가능

11. (개인영상정보의 안전성 확보를 위한 조치) 영상정보처리기기운영자는 개인영상정보가 분실·도난 ·유출·변조 또는 훼손되지 아니하도록 안전성 확보에 필요한 조치를 강구하여야 함

○ 영상정보처리기기운영자는 영상정보가 분실·도난·유출·변조 또는 훼손되지 아니하도록 안전성 확보에 필요한 조치를 취하여야 합니다.(법 제29조, 시행령 제30조제1항, 표준지침 제51조)

○ 영상정보처리기기운영자는 영상정보처리기기에 의하여 수집·처리되는 영상정보로의 접근권한을 총괄책임자 및 운영책임자 등 지정된 최소한의 인원으로 제한하여야 합니다.

개인영상정보에 대한 안전성 확보조치

1. 개인영상정보의 안전한 처리를 위한 내부 관리계획의 수립 · 시행
   ① 개인영상정보 관리책임자 지정
   ② 개인영상정보 관리책임자 및 취급자의 역할 및 책임에 관한 사항
   ③ 안전성 확보조치에 관한 사항
   ④ 개인영상정보 취급자 교육
   ⑤ 그 밖에 개인영상정보의 안전성 확보에 필요한 조치에 관한 사항
2. 개인영상정보에 대한 접근 통제 및 접근 권한의 제한 조치
3. 개인영상정보를 안전하게 저장 · 전송할 수 있는 기술의 적용
   (네트워크 카메라의 경우 안전한 전송을 위한 암호화 조치, 개인영상정보파일에 대한 비밀번호 설정 등)
   ※ 괄호안의 내용은 안전한 저장 전송 방법의 예시를 든 것이며, 상황에 맞게 적절한 안전조치 기술을 적용하시면 됩니다.
4. 처리기록의 보관 및 위조 · 변조 방지를 위한 조치
5. 개인영상정보의 안전한 물리적 보관을 위한 보관시설 마련 또는 잠금장치 설치

※ 비공개장소에 설치된 영상정보처리기기에 대한 안전성 확보조치는 공개된 장소에 대한 영상정보처리기기에 관한 규정을 준용하는 것이 바람직합니다.

○ 소상공인은 안전성 확보조치 의무 중 내부관리계획 수립 의무가 면제됩니다.(표준지침 제51조제1호)

소상공인(「소기업 및 소상공인 지원을 위한 특별조치법 시행령」 제2조)

1. 광업 · 제조업 · 건설업 및 운수업의 경우에는 10인 미만
2. 제1호외의 업종의 경우에는 5인 미만

○ 영상정보처리기기에 접근 권한이 없는 자는 영상정보처리기기를 함부로 조작하거나 모니터링 할 수 없다는 사실 및 이를 위반할 경우 관련 법령에 따라 처벌받을 수 있다는 사실의 안내판을 모니터링 화면 옆이나 영상정보처리기기 관리 본체에 부착하여 접근 권한 없는 자의 임의적 접근 및 조작 등을 방지하는 것이 바람직합니다.

12. (개인영상정보처리기기의 설치 · 운영에 대한 점검) 영상정보처리기기운영자는 표준개인정보지침 준수 여부에 대한 자체점검을 통해 개인영상정보의 침해 방지를 위한 노력을 하여야 함

○ 영상정보처리기기운영자는 영상정보처리기기 설치 · 운영으로 인하여 정보주체의 개인영상정보의 침해가 우려되는 경우에는 자체점검 등 개인영상정보의 침해방지를 위해 적극 노력하여야 합니다.(표준지침 제52조제1항 및 제3항)

자체 점검 시 고려사항

1. 영상정보처리기기의 운영 · 관리 방침에 열거된 사항
2. 관리책임자의 업무 수행 현황
3. 영상정보처리기기의 설치 및 운영 현황
4. 개인영상정보 수집 및 이용 · 제공 · 파기 현황
5. 위탁 및 수탁자에 대한 관리 · 감독 현황
6. 정보주체의 권리행사에 대한 조치 현황
7. 기술적 · 관리적 · 물리적 조치 현황
8. 영상정보처리기 설치 · 운영의 필요성 지속 여부 등

[별첨 1] 영상정보처리기기 운영·관리 방침 예시

※ 회사 사정에 맞게 수정하여 사용가능합니다.

【 영상정보처리기기 운영·관리 방침 】

본 ________(이하 본 사라 함)는 영상정보처리기기 운영·관리 방침을 통해 본 사에서 처리하는 영상정보가 어떠한 용도와 방식으로 이용·관리되고 있는지 알려드립니다.

1. 영상정보처리기기의 설치 근거 및 설치 목적

본 사는「개인정보 보호법」제25조 제1항에 따라 다음과 같은 목적으로 영상정보처리기기를 설치·운영 합니다.

- 시설안전 및 화재 예방
- 고객의 안전을 위한 범죄 예방

(주차장에 설치하는 경우)

- 차량도난 및 파손방지

※ 주차대수 30대를 초과하는 규모의 경우「주차장법 시행규칙」제6조제1항을 근거로 설치·운영 가능

2. 설치 대수, 설치 위치 및 촬영범위

설치 대수	설치 위치 및 촬영 범위
00대	건물로비, 주차장 입구

3. 관리책임자 및 접근권한자

귀하의 영상정보를 보호하고 개인영상정보와 관련한 불만을 처리하기 위하여 아래와 같이 개인영상정보 보호책임자를 두고 있습니다.

	이름	직위	소속	연락처
관리책임자	홍길동		0000과	00-0000-0000
접근권한자				

4. 영상정보의 촬영시간, 보관기간, 보관장소 및 처리방법

촬영시간	보관기간	보관장소
24시간	촬영일로부터 30일	000실 (보관시설 명)

- 처리방법: 개인영상정보의 목적 외 이용, 제3자 제공, 파기, 열람 등 요구에 관한 사항을 기록·관리하고, 보관기간 만료 시 복원이 불가능한 방법으로 영구 삭제(출력물의 경우 파쇄 또는 소각)합니다.

5. 영상정보처리기기 설치 및 관리 등의 위탁에 관한 사항 (해당하는 경우만)

본 사는 아래와 같이 영상정보처리기기 설치 및 관리 등을 위탁하고 있으며, 관계 법령에 따라 위탁계약 시 개인정보가 안전하게 관리될 수 있도록 필요한 사항을 규정하고 있습니다.

수탁업체	담당자	연락처
OO시스템	홍길동	02) 000-0000

6. 개인영상정보의 확인 방법 및 장소에 관한 사항

- 확인 방법: 영상정보 관리책임자에게 미리 연락하고 본 사를 방문하시면 확인 가능합니다.
- 확인 장소: OO부서 OO팀

7. 정보주체의 영상정보 열람 등 요구에 대한 조치

귀하는 개인영상정보에 관하여 열람 또는 존재확인・삭제를 원하는 경우 언제든지 영상정보처리기기 운영자에게 요구하실 수 있습니다. 단, 귀하가 촬영된 개인영상정보 및 명백히 정보주체의 급박한 생명, 신체, 재산의 이익을 위하여 필요한 개인영상정보에 한정됩니다.

본 사는 개인영상정보에 관하여 열람 또는 존재확인・삭제를 요구한 경우 지체 없이 필요한 조치를 하겠습니다.

8. 영상정보의 안전성 확보조치

본 사는 처리하는 영상정보는 암호화 조치 등을 통하여 안전하게 관리되고 있습니다. 또한 본 사는 개인영상정보보호를 위한 관리적 대책으로서 개인정보에 대한 접근 권한을 차등부여하고 있고, 개인영상정보의 위・변조 방지를 위하여 개인영상정보의 생성 일시, 열람 시 열람 목적・열람자・열람 일시 등을 기록하여 관리하고 있습니다. 이 외에도 개인영상정보의 안전한 물리적 보관을 위하여 잠금장치를 설치하고 있습니다.

9. 개인정보 처리방침 변경에 관한 사항

이 영상정보처리기기 운영・관리방침은 2012년 O월 OO일에 제정되었으며 법령・정책 또는 보안기술의 변경에 따라 내용의 추가・삭제 및 수정이 있을 시에는 시행하기 최소 7일전에 본 사 홈페이지를 통해 변경사유 및 내용 등을 공지하도록 하겠습니다.

- 공고일자: 2012년 O월 OO일/시행일자: 2012년 O월 OO일

찾아보기

ㅍ

ㅎ

| 저자약력 |

이진범

창원대학교 CALS/ILS 연구센터 연구원
창원대학교, 동명정보대학교 IT 강사
㈜포토제니아 개발실장
현. ㈜넥스파시스템 고객만족팀 차장

월간 마이크로소프트 네트워크 칼럼 연재
천리안 네트워크 동호회 운영자
온라인 사진인화 사이트 Photozenia 개발기획 및 운영
LG Dacom 온라인 유아사진 사이트 Imory Kids 개발기획 및 운영
연극뮤지컬 커뮤니티 TheaterM 운영

저서

- 서버조립과 구축[영진닷컴]
- 네트워크 구축과 활용[대림 출판사]
- 유무선 네트워크 구축과 활용[대림 출판사]
- 네트워크 입문자를 위한 시스코 네트워킹 기초[대림 출판사]

정가 32,000원

CCTV 시스템

2016년 6월 30일 초판 인쇄
2016년 7월 10일 초판 발행
저 자 : 이진범
발행자 : 우명찬·송 준
발행처 : 홍릉과학출판사
주 소 : 서울시 강북구 인수봉로 50길 10
01093
등 록 : 1976년 10월 21일 제5-66호
전 화 : (02) 999-2274~5, 903-7037
팩 스 : (02) 905-6729
e-mail: hongpub@hongpub.co.kr
http://www.hongpub.co.kr
ISBN: 979-11-5600-446-2

저자와의 협의하에 인지생략